JN441041

[제3판]

Mathematical Thinking을 키우는

해석학 입문 연습문제 탐구

김태화 지음

Mathematical Thinking

敎友社

머 리 말

본서는 2006년에 발행된 「Mathematical Thinking을 키우는 해석학입문」(제2판)의 개정된 '연습문제탐구' 가이드북이다. 그 동안 충실히 학생들에게 연습지도를 하면서 본 탐구서를 수정·보완했다. 본 탐구서의 인용번호는 가능한 저서의 인용번호와 일치시켰지만, 문제풀이 중에서는 카드기호인 ♣, ♢, ♡, ♠ 등으로 구분하여 사용했다.

이제 앞에 소개한 저서의 내용과 그 구성을 간략하게 소개하면

1장에서는 본문의 내용을 이해하는데 필요한 논리와 증명기법을

2장에서는 집합과 함수의 간단한 소개와 함께 실수 $\mathbb{R}$의 기본 공리와 성질들을

3장에서는 실수열의 극한개념을

4장에서는 함수의 극한과 연속을

5장에서는 미분을 다루었으며

6장에서는 적분을 다루었고

7장에서는 여러 가지 급수의 수렴판정법을

8장에서는 함수들의 수열과 급수를 다루었다.

이 책의 수준은 아주 초보적인 과정에 주안점을 두어 $\mathbb{R}$안에서 모든 내용들을 국한하였다. 처음 다루는 내용에 대해서는 풍부한 예제를 수록하여 새로운 개념이나 내용을 이해하는데 도움이 되게 하였으며, 각 절의 뒤에는 연습문제를 수록하여 학생들로 하여금 스스로 문제를 해결할 수 있는 능력을 기르도록 하였으며, 특히 연습문제는 본문에서 배운 증명기법을 활용하고 단계적으로 창의력을 키워 갈 수 있도록 배려하였고 난이도에 따라 힌트를 주었고, 각 단원이 끝나면서 배운 내용을 스스로 점검해 볼 수 있도록 구성하였다. 더욱, †표시를 하여 학습자가 스스로 학습을 하도

록 하였으며, 강의 진도에 따라 거리공간(*metric spaces*)으로의 단계적 보충(또는 심층)학습을 할 수 있도록 ‡표시를 배려하였으며, 특히 자주 인용되는 중요한 정리들은 ⋆표시를 해두었다. 그리고, 각 장의 마지막에는 ♠잠시 쉬어가는 코너♠를 마련하였다. 나름대로의 성의를 다했으나 부족한 점이 많을 것이므로 많은 질책과 협조를 기대한다.

끝으로 본 저서의 개정된 풀이집으로 말미암아 많은 학생들이 해석학의 이론적인 이해와 논리적 사고력을 함양함은 물론이고, 나아가 더 고차원의 추상적인 해석학(예를 들면, 거리공간 등)에 적용할 수 있는 응용력을 키울 수 있다면 저자로서는 감사하고 기쁠 것이다.

2007년 2월

저자 씀

제 3판을 출판하면서

제 3판은 2000년에 출간된 Robert G. Bartle & Donald R. Sherbert의 "Introduction to Real Analysis"의 제 3판을 토대로 본문의 체제도 부분적으로 개편하였으며, 제 2판의 오타와 부족한 내용들을 보충하는 측면에서 다음 내용들을 수정하였다. 또한, 중등교원임용시험을 준비하는 학생들을 위하여 연습문제도 대폭 강화하였다.

1. 각 절에 있는 모든 정의, 정리, 예제 등은 쉽게 찾아 보기 쉽도록 (구분없이) 차례로 번호를 매겼다.
2. 제 1장의 명제 표기를 익숙한 소문자로 통일했다.
3. 본문 내용을 보충하는 식으로 ◀스스로 배우는 코너▶의 내용을 대폭 바꾸었다.
4. 연습문제들을 더욱 보충하였으며, 본문의 내용과 일치하도록 그 순서도 일부분 이동시켰다.
5. 제 2판에 있는 본문의 오타도 수정하고 미미한 점을 보다 세밀하게 보충했다.

가능한 수정을 하였지만 미미한 점은 앞으로 강의를 해가면서 더 보완할 계획이다.

2010년 6월

저자 씀

해석학이란?

수학(Mathematics)은 정리(theorem), 정의(definition), 문제(problem)들과 기법들로 이루어진 어떤 모임이다. 아니, 그 이상이라고 말할 수 있다. 왜냐하면 바로 생각하는 길잡이(the way of thought)[1]이기 때문이다. 이와 같은 논거로 해석학도 면적, 체적, 무게중심과 곡선의 길이와 접선 등을 찾는 기법들을 개발했던 Archimedes(287–212 B.C.)와 다른 고대 그리이스 기하학자들의 업적에 그 뿌리를 두고 있다고 할 수 있다. 17세기에 Newton(1642–1727)과 Leibniz(1646–1716)가 거의 같은 시기에 각각 독립적으로 발견한「미분적분(calculus)」의 창출로 이러한 기법들은 더욱 발전되었다. 18세기동안에는 미적분은 많은 계산력(computational power)이 필요했고 나아가 실질적이고 이론적 관심이 있는 다양한 문제에 응용되었다. 그러나 같은 시기에 여러 가지 방법들을 성공적으로 수행하기 위한 논리적 정당성인 해석학의 기초는 절름발이로 남게 되었다. 실제로 이러한 결과가 있었다. 예를 들면, 18세기의 최고의 수학자인 Leonhard Euler(1707–1783)는 Fourier 급수의 연구에 필요한 기법을 개발했지만 결코 그 프로젝트를 수행하지 못했다. 반대로 그는 Daniel Bernoulli(1700–1782)에 의하여 제기되었던 함수들을 Fourier 급수로 표현할 수 있다는 가능성에 반대하는 원고를 냈다. 이러한 논쟁은 함수와 급수의 본질에 관한 근본적인 오해에 근거하고 있었다.

19세기에 기하학과 대수학의 해방과 함께 해석학의 산술화(arithmetrization)가 시작되었다. 이탈리아계 프랑스 수학자 Lagrange(1736–1813)와 Gauss(1777–1855)에 의하여 해석학의 엄밀화(rigorization)가 시작되었다. 이러한 외침과 함께 해석학의 근본 문제는 크게 부각되었고 해결의 실마리도 찾게 되었다. 이 당시에 개발되었던 이론들이 오늘날의 해석학 교재의 내용들이다. 집합과 실수의 가장 기본적인 개념으로 출발하여 극한(limit), 연속(continuity), 도함수(derivative) 그리고 적분(integral) 순으로 다루게 된다. 실제로 발견된 순서는 거의 그 역

[1]Robert S. Strichartz, *The Way of Analysis*, Jones and Bartlett Publishers, Inc., New York, 1999, pp. xiii–xiv.

순이다. 양배추를 벗기듯이 수학자들은 가장 바깥 층에서부터 시작하여 안으로 작업을 해나갔다. 1821년에 Cauchy(1789–1857)는 실수를 엄밀히 정의하지 않은 상태에서 극한이론을 개발하여 무한급수의 수렴과 발산을 연구했으며 처음으로 극한을 써서 연속함수에 대한 정적분을 정의하였다. 그리고 첫 번째 실수계의 엄격한 정의는 Dedkind(1831–1916), Weierstrass(1815-1897) 그리고 Heine에 의하여 1860년대에 시작되었다(그 후 집합론의 이론도 Cantor(1845–1918), Peano(1858–1932) 그리고 Frege(1848–1925)에 의하여 구축되었다). 특히 독일 수학자 Weierstrass는 실수계(real number system)로부터 해석학의 기초개념들을 유도하여야 한다는 새로운 프로그램을 제시하였고 이러한 작업의 성과로 실수계에 대한 엄밀한 구축이 1872년에 Dedekind와 Cantor에 의하여 독립적으로 완성되었다. Cantor는 유리수들의 집합 $\mathbb{Q}$ 내에 있는 Cauchy 수열들을 이용하여 실수계 $\mathbb{R}$을 만들었고 같은 해에 Dedekind는 $\mathbb{Q}$의 절단(cut)을 이용하여 실수계를 구축했다.

19세기에 행해진 기초작업의 결과는 실로 막대하다. 아마 가장 중요한 결과는 미적분학의 논리적 해석의 확립과 함께 20세기 수학의 길잡이 역할을 하였다는 것이다. 오늘날 해석학은 18세기의 계산력과 19세기의 논리적 정교함을 토대로 추상에서부터 구체적인 문제의 광범위한 내용을 취급하는 아름다운 학문이라 할 수 있다.

목 차

제 1 장

논리와 증명

1.1 명제와 결합

정의 1.1.1 참과 거짓이 명백히 구별되는 선언문 또는 의미있는 일련의 기호들을 **명제**(*state-ments*)라 한다.

정의 1.1.2 q가 참일 때만 반드시 p가 참일 때, 두 명제 p와 q가 **논리적으로 동치**(*logically equivalent*)라 하고 $p \equiv q$로 표기한다.

정의 1.1.3 p와 q가 명제라 하자.

(a) p의 **부정**(*negation*)은 not p이다. 그 표기는 $\sim p$ (또는 $\neg p$)로 표기한다. $p \equiv \sim (\sim p)$, 이것을 **이중부정의 원리**(*principle of the double negative*)라 한다.

(b) p와 q의 **논리곱**(*conjunction*)은 p 이고 q이다. 그 표기는 $p \wedge q$이나.

(c) p와 q의 **논리합**(*disjunction*)은 p 또는 q이다. 그 표기는 $p \vee q$이다.

[주의] 명제 P가 참(거짓)이면 그 부정 $\sim P$는 거짓(참)이다.

- **배중률**(*Law of the excluded middle*) : $p \vee \sim p$
- **모순의 법칙**(*Law of the contradiction*) : $p \wedge \sim p \;\Rightarrow\;$ 모순($\otimes$)

정리 1.1.4 (**De Morgan법칙**) p와 q가 명제라 하자.

(a) $\sim(p \vee q) \equiv \sim p \wedge \sim q$.

(b) $\sim(p \wedge q) \equiv \sim p \vee \sim q$.

연 습 문 제 1.1

1. 다음 문장 중에서 명제가 아닌 것은?

   (a) 2004년 6월 1일 부산에 비가 왔다.

   (b) 무수히 많은 쌍둥이 소수(*twin primes*)가 있다.

   (c) 병아리는 예쁘다.

   (d) 철수는 영희보다 키가 크다.

   (e) 이 문장은 거짓이다.

2. 두 명제 p와 q에 대하여 진리표를 이용하여 다음 **교환법칙**(*commutative laws*)이 성립함을 보여라.

$$p \wedge q \equiv q \wedge p, \qquad p \vee q \equiv q \vee p.$$

3. 명제 p, q, r에 대하여 다음 성질들이 성립함을 진리표를 이용하여 보여라.

   (a) **결합법칙**(*associative laws*)

$$p \wedge (q \wedge r) \equiv (p \wedge q) \wedge r \quad (\equiv p \wedge q \wedge r),$$
$$p \vee (q \vee r) \equiv (p \vee q) \vee r \quad (\equiv p \vee q \vee r).$$

   (b) **분배법칙**(*distributive laws*)

$$p \wedge (q \vee r) \equiv (p \wedge q) \vee (p \wedge r),$$
$$p \vee (q \wedge r) \equiv (p \vee q) \wedge (p \vee r).$$

4. 항진 t, 모순 c, 임의의 명제 p에 대하여 다음이 성립함을 진리표를 이용하여 보여라.

   (a) $p \wedge t \equiv p, \quad p \vee t \equiv t.$ (b) $p \vee c \equiv p, \quad p \wedge c \equiv c.$

연습문제풀이 및 힌트 1.1

1. (c), (e) "이 문장은 거짓이다."라는 문장을 p라 하자. p가 참이면 주어진 진술에 따라 p 자체는 분명히 거짓이 된다. 반대로 만약 p가 거짓이면 주어진 진술은 다시 참이 되고, 결국 p는 참이 되어야 한다. 따라서 주어진 문장 p는 참과 거짓을 분명히 구분할 수 없으므로 명제가 아니다.

2. 이것은 자명하다.

3. (a)는 생략하고 (b)의 첫 부분만 증명한다.

p	q	r	$p \wedge q$	$p \wedge r$	$q \vee r$	$p \wedge (q \vee r)$	$(p \wedge q) \vee (p \wedge r)$
T	T	T	T	T	T	T	T
T	T	F	T	F	T	T	T
T	F	T	F	T	T	T	T
T	F	F	F	F	F	F	F
F	T	T	F	F	T	F	F
F	T	F	F	F	T	F	F
F	F	T	F	F	T	F	F
F	F	F	F	F	F	F	F

진리표 우측에 있는 $p \wedge (q \vee r)$와 $(p \wedge q) \vee (p \wedge r)$의 진리값이 똑같음에 주목하여라. 그러므로 $p \wedge (q \vee r) \equiv (p \wedge q) \vee (p \wedge r)$이다. 같은 방법으로, 진리표를 이용하여 $p \vee (q \wedge r) \equiv (p \vee q) \wedge (p \vee r)$임을 보일 수 있다.

1.2 함의

$$p \Rightarrow q, \qquad \text{if } p \quad \text{then } q, \qquad \text{또는}$$

p는 q를 함의한다 (p implies q).

정리 1.2.1 $(p \Rightarrow q) \equiv \sim (p \wedge \sim q) \equiv (\sim p) \vee q.$

함의문 $p \Rightarrow q$에서 p를 **가정**(*hypothesis or assumption*) 또는 **조건**(*condition*)이라 하고 q를 **결론**(*conclusion*)이라 한다.

[**주의**] 함의문 $p \Rightarrow q$는 언제 거짓인가? 오직 $p \wedge \sim q$인 경우에만 거짓임을 주목하여라.

연 습 문 제 1.2

1. 진리표를 이용하여 정리 1.2.1을 증명하여라.

2. 명제 p와 q에 대하여 다음 명제도 항상 참임을 보여라.

   (a) **합의 법칙**(*law of addition*) $p \Rightarrow p \vee q, \quad q \Rightarrow p \vee q.$

   (b) **단순화법칙**(*law of simplification*) $p \wedge q \Rightarrow p, \quad p \wedge q \Rightarrow q.$

   (c) **논리합삼단법**(*disjunctive syllogism*) $(p \vee q) \wedge \sim p \Rightarrow q.$

3. 명제 p, q, r에 대하여 다음 명제도 항상 참임을 보여라.

$$(p \Rightarrow q) \wedge (q \Rightarrow r) \Rightarrow (p \Rightarrow r).$$

   위 추론을 **삼단논법**(*law of syllogism*) 또는 **추이법칙**(*transitive law*)이라 한다.

연습문제풀이 및 힌트 1.2

1. (a) p와 q가 동시에 참(T)이면 논리합 $p \vee q$도 참(T)이다 그러므로 p와$p \vee q$가 동시에 참이므로 조건문 $p \Rightarrow (p \vee q)$ 도 참(T)이다. p와 q 중 어느 하나만 참인 경우와 둘 다 거짓인 경우도 같은 방법으로 조건문 $p \Rightarrow (p \vee q)$가 참(T)이 됨을 보여라. 이것을 진리표로 나타내어 보면 다음과 같다.

p	q	$p \vee q$	$p \Rightarrow (p \vee q)$
T	T	T	T
T	F	T	T
F	T	T	T
F	F	F	T

즉, $p \Rightarrow (p \vee q)$의 진리값은 모두 참이다. 이러한 명제를 **항진**(*tautology*)이라 한다.
(a)$'$도 같은 방법으로 증명할 수 있다.

(b)도 같은 방법으로 증명하여라.

2. 주어진 명제의 진리표를 작성하고, 진리표에 나타난 모든 논리적 가정의 경우에 있어서 그 진리값이 항상 참(T)임을 확인하여라.

3. 진리표를 작성한 후 진리값을 서로 비교하여 보아라. 여기서는 분배법칙(연습문제 1.1.3 (b)), 정리 1.2.1, 연습문제 1.1.4 (b)와 단순화법칙(연습문제 1.2.2 (b))의 성질만 이용하여 증명한다.

$$
\begin{aligned}
& (p \Rightarrow q) \wedge (q \Rightarrow r) \\
\equiv\ & (\sim p \vee q) \wedge (\sim q \vee r) \qquad (\text{정리 } 1.2.1) \\
\equiv\ & [(\sim p \vee q) \wedge \sim q] \vee [(\sim p \vee q) \wedge r] \qquad (\text{분배법칙}) \\
\equiv\ & [(\sim p \wedge \sim q) \vee c] \vee [(\sim p \vee q) \wedge r] \qquad (\text{분배법칙}, c \equiv q \wedge \sim q) \\
\equiv\ & (\sim p \wedge \sim q) \vee [(\sim p \vee q) \wedge r] \qquad (\text{연습문제 } 1.1.4\,(\text{b})) \\
\equiv\ & [(\sim p \wedge \sim q) \vee (\sim p \vee q)] \wedge [(\sim p \wedge \sim q) \vee r] \qquad (\text{분배법칙}) \\
\Rightarrow\ & (\sim p \wedge \sim q) \vee r \qquad (\text{단순화법칙}) \\
\equiv\ & (\sim p \vee r) \wedge (\sim q \vee r) \qquad (\text{분배법칙}) \\
\Rightarrow\ & \sim p \vee r \qquad (\text{단순화법칙}) \\
\equiv\ & p \Rightarrow r \qquad (\text{정리 } 1.2.1).
\end{aligned}
$$

1.3 대우와 역

정의 1.3.1 p와 q를 명제라 하자.

(a) 함의문 $(p \Rightarrow q)$의 **대우**(*contrapositive*)는 $(\sim q \Rightarrow \sim p)$이다.

(b) $(p \Rightarrow q)$의 **역**(*converse*)은 $(q \Rightarrow p)$이다.

$$p \Leftrightarrow q \quad \Leftrightarrow \quad (p \Rightarrow q) \wedge (q \Rightarrow p).$$

연 습 문 제 1.3

1. 명제 p, q에 대하여 다음을 증명하여라.

$$p \Rightarrow q \ \equiv \ (\sim q \Rightarrow \sim p).$$

2. 쌍조건문 $p \Leftrightarrow q$의 진리표를 그려라.

3. $p \Rightarrow (q \wedge r)$와 $p \Rightarrow (q \vee r)$의 대우는 각각

$$(\sim q \vee \sim r) \Rightarrow \sim p, \qquad (\sim q \wedge \sim r) \Rightarrow \sim p$$

임을 보여라. 정리 1.2.1을 이용하여 다음을 증명하여라.

$$p \Rightarrow (q \vee r) \ \equiv \ (p \wedge \sim q) \Rightarrow r \ \equiv \ (p \wedge \sim r) \Rightarrow q,$$
$$p \Rightarrow (q \wedge r) \ \equiv \ (p \Rightarrow q) \wedge (p \Rightarrow r).$$

4. 연습문제 1.3.1과 1.3.3을 이용하여 다음을 증명하여라.

$$(p \wedge q) \Rightarrow r \ \equiv \ (p \wedge \sim r) \Rightarrow \sim q \ \equiv \ (q \wedge \sim r) \Rightarrow \sim p,$$
$$(p \vee q) \Rightarrow r \ \equiv \ (p \Rightarrow r) \wedge (q \Rightarrow r).$$

5. 명제 p, q에 대하여 $p \vee q \equiv (\sim p \Rightarrow q) \equiv (\sim q \Rightarrow p)$임을 보여라.

6. 다음을 증명하여라.

$$\begin{aligned}\sim(p\wedge q\wedge r) &\equiv (\sim p)\vee(\sim q)\vee(\sim r) \equiv (p\wedge q\Rightarrow\sim r)\\ &\equiv (p\wedge r\Rightarrow\sim q) \equiv (q\wedge r\Rightarrow\sim p).\end{aligned}$$

연습문제풀이 및 힌트 1.3

1.

$$\begin{aligned}(p\Rightarrow q) &\equiv \sim(p\wedge\sim q) \quad (\text{정리 } 1.2.1)\\ &\equiv \sim(\sim q\wedge p) \quad (\text{교환법칙})\\ &\equiv \sim[\sim q\wedge\sim(\sim p)] \quad (\text{이중부정의 원리})\\ &\equiv \sim q\Rightarrow\sim p \quad (\text{정리 } 1.2.1).\end{aligned}$$

2. 먼저 $(p\Leftrightarrow q)\equiv(p\Rightarrow q)\wedge(q\Rightarrow p)$임을 주목하여라.

p	q	$p\Rightarrow q$	$q\Rightarrow p$	$p\Leftrightarrow q$	$(p\Rightarrow q)\wedge(q\Rightarrow p)$
T	T	T	T	T	T
T	F	F	T	F	F
F	T	T	F	F	F
F	F	T	T	T	T

[주의] 분명히 $p\Leftrightarrow q$의 진리값은 p와 q의 진리값이 서로 같으면 참(T)이고 그렇지 않으면 거짓(F)임을 알 수 있다. 즉, 주어진 두 명제 p,q에 대하여 $p\Leftrightarrow q$가 항상 참이 될려면 $p\equiv q$이어야 한다. 그러므로 두 기호 $\Leftrightarrow$와 $\equiv$는 서로 같은 의미를 준다. (앞으로 이 두 기호는 편의에 따라 구분없이 사용하고자 한다.)

3. 정리 1.1.4(De Morgan 법칙)를 이용하면 앞 부분은 분명하다.

$$\begin{aligned}p\Rightarrow(q\vee r) &\equiv \sim[p\wedge\sim(q\vee r)] \quad (\text{정리 } 1.2.1)\\ &\equiv \sim[p\wedge(\sim q\wedge\sim r)] \quad (\text{De Morgan 법칙})\\ &\equiv \sim[(p\wedge\sim q)\wedge\sim r] \quad (\text{결합법칙})\\ &\equiv (p\wedge\sim q)\Rightarrow r \quad (\text{정리 } 1.2.1)\end{aligned}$$

이고, 유사하게 $[p \Rightarrow (q \vee r)] \equiv (p \wedge \sim r \Rightarrow q)$도 쉽게 보일 수 있다. 한편,

$$\begin{aligned} p \Rightarrow (q \wedge r) &\equiv \sim [p \wedge \sim (q \wedge r)] \quad (\text{정리 } 1.2.1) \\ &\equiv \sim [p \wedge (\sim q \vee \sim r)] \quad (\text{De Morgan 법칙}) \\ &\equiv \sim [(p \wedge \sim q) \vee (p \wedge \sim r)] \quad (\text{분배법칙}) \\ &\equiv \sim (p \wedge \sim q) \wedge \sim (p \wedge \sim r) \quad (\text{De Morgan 법칙}) \\ &\equiv (p \Rightarrow q) \wedge (p \Rightarrow r) \quad (\text{정리 } 1.2.1) \end{aligned}$$

이다.

4.

$$\begin{aligned} (p \wedge q) \Rightarrow r &\equiv \sim r \Rightarrow \sim (p \wedge q) \quad (\text{연습문제 } 1.3.1) \\ &\equiv \sim r \Rightarrow (\sim p \vee \sim q) \quad (\text{De Morgan 법칙}) \\ &\equiv \sim r \wedge \sim (\sim p) \Rightarrow \sim q \quad (\text{연습문제 } 1.3.3) \\ &\equiv \sim r \wedge p \Rightarrow \sim q \quad (\text{이중부정의 원리}) \\ &\equiv p \wedge \sim r \Rightarrow \sim q \quad (\text{교환법칙}) \end{aligned}$$

이다. 위의 증명에서 p와 q의 위치를 서로 바꾸면 곧바로

$$(p \wedge q) \Rightarrow r \equiv q \wedge \sim r \Rightarrow \sim p$$

을 얻는다. 한편,

$$\begin{aligned} (p \vee q) \Rightarrow r &\equiv \sim r \Rightarrow \sim (p \vee q) \quad (\text{연습문제 } 1.3.1) \\ &\equiv \sim r \Rightarrow (\sim p \wedge \sim q) \quad (\text{De Morgan 법칙}) \\ &\equiv (\sim r \Rightarrow \sim p) \wedge (\sim r \Rightarrow \sim q) \quad (\text{연습문제 } 1.3.3) \\ &\equiv (p \Rightarrow r) \wedge (q \Rightarrow r) \quad (\text{연습문제 } 1.3.1) \end{aligned}$$

을 얻는다.

5.

$$\begin{aligned} p \vee q &\equiv \sim (\sim p) \vee \sim (\sim q) \quad (\text{이중부정의 원리}) \\ &\equiv \sim (\sim p \wedge \sim q) \quad (\text{De Morgan 법칙}) \\ &\equiv (\sim p \Rightarrow q) \quad (\text{정리 } 1.2.1) \end{aligned}$$

이다. 위의 증명에서 p와 q의 위치를 서로 바꾸면 곧바로 $(p \vee q) \equiv (\sim q \Rightarrow p)$ 을 얻는다. 또는 $\sim p \Rightarrow q$의 대우가 $\sim q \Rightarrow p$임을 주목하여라.

6. 결합법칙과 De Morgan 법칙을 반복 적용하면

$$\sim (p \wedge q \wedge r) \equiv (\sim p) \vee (\sim q) \vee (\sim r)$$

을 쉽게 얻는다. 그리고 연습문제 1.3.5와 De Morgan 법칙을 다시 적용하면

$$\begin{aligned}(\sim p) \vee (\sim q) \vee (\sim r) &\equiv \; \sim (p \wedge q) \vee (\sim r) \qquad (\text{De Morgan 법칙}) \\ &\equiv \; \sim [\sim (p \wedge q)] \Rightarrow \sim r \qquad (\text{연습문제 1.3.5}) \\ &\equiv \; (p \wedge q) \Rightarrow \sim r \qquad (\text{이중부정의 원리})\end{aligned}$$

을 얻는다. 위의 증명에서 교환법칙을 적용하여 q와 r, p와 r의 위치를 각각 바꾸면 곧바로

$$(\sim p) \vee (\sim q) \vee (\sim r) \; \equiv \; (p \wedge r \Rightarrow \sim q) \; \equiv \; (q \wedge r \Rightarrow \sim p)$$

을 얻는다.

1.4 한정기호

한정기호에는 전체를 나타내는 한정기호(universal quantifier)인 $\forall$과 존재를 나타내는 한정기호(existential quantifier) $\exists$가 있다.

$\forall$는 "for all, for every (모든 것에 대하여)"를 뜻한다.

$\exists$는 "there exists (존재한다)"를 뜻한다.

$\exists!$는 "there exists one and only one (오직 하나 존재한다)"를 뜻한다.

[표기] $\mathbb{N}$, $\mathbb{Z}$, $\mathbb{Q}$, $\mathbb{R}$, $\mathbb{C}$를 각각 자연수(*natural number*), 정수(*integer*), 유리수(*rational number*), 실수(*real number*), 복소수(*complex number*)들의 집합이라 하자.

이제 한정기호의 부정에 대하여 알아보자. $p(x)$는 x에 관한 명제이다.

$$\sim[\forall x \in A,\ p(x)] \equiv \exists x \in A : \sim p(x),$$

$$\sim[\exists x \in A : p(x)] \equiv \forall x \in A,\ \sim p(x).$$

[주의] $[\forall x \in A,\ p(x)]$를 영어로 나타내면 다음과 같다.

For all x in A, the statement $p(x)$ holds true.

분명히 위 문장을 다음과 같이 표현해도 좋다.

The statement $p(x)$ holds for all x in A.

위의 문장을 한정기호로 나타낸 것이 바로 $[p(x) \quad \forall x \in A]$이다. 이 책에서는 앞으로 이것을 $[p(x) \quad (x \in A)]$와 같이 표기한다.

연습문제 1.4

1. 다음 명제들을 한정기호를 사용하여 간략하게 나타내어 보아라.

   (a) 모든 $\delta > 0$에 대하여 열린구간(또는 개구간) $(-\delta, \delta)$는 집합 A에 속하는 점을 포함한다.

   (b) $(x_n)_{n=1}^{\infty}$은 $\mathbb{R}$내에 있는 수열이고 $x \in \mathbb{R}$이라 하자. 모든 양의 ϵ에 대하여 어떤 자연수 K가 존재하여 K보다 크거나 같은 모든 자연수 n에 대하여 $|x_n - x| < \epsilon$를 만족한다(정의 3.1.3).

   (c) $(x_n)_{n=1}^{\infty}$은 $\mathbb{R}$내에 있는 수열이라 하자. 모든 양의 ϵ에 대하여 어떤 자연수 K가 존재하여 K보다 크거나 같은 모든 자연수 n, m에 대하여 $|x_n - x_m| < \epsilon$를 만족한다(정의 3.5.1).

2. 연습문제 1.4.1에 있는 명제들의 부정을 한정기호를 사용하여 나타내고 그 뜻을 말하여라.

   〈힌트〉 (b)는 수열 $(x_n)_{n=1}^{\infty}$이 극한 x에 **수렴한다**는 뜻이다. (b)의 부정을 한정기호로 써 보면 다음과 같다.

$$\exists \epsilon > 0 : \forall k \in \mathbb{N},\ \exists n \geq k : |x_n - x| \geq \epsilon. \tag{1.3}$$

[주의] (1.3)으로부터

$$|x_{n_k} - x| \geq \epsilon \qquad (k \in \mathbb{N})$$

를 만족하는 $n_1 < n_2 < \cdots < n_k < \cdots$ 되는 $(n)_{n=1}^{\infty}$의 부분수열 $(n_k)_{k=1}^{\infty}$ (정의 3.1.1)와 $\epsilon > 0$이 존재함을 보일 수 있다. 그러므로 주어진 명제의 부정을 달리 표현하면 x에 수렴하지 않는 $(x_n)_{n=1}^{\infty}$의 부분수열 $(x_{n_k})_{k=1}^{\infty}$가 존재한다는 것이다. 이 사실은 앞으로 많이 이용될 것이다.

연습문제풀이 및 힌트 1.4

1. (a) $\forall \delta > 0, \ \ (-\delta, \delta) \cap A \neq \emptyset$.

   (b) $\forall \epsilon > 0, \ \ \exists K \in \mathbb{N} : p$, 여기서 명제 p는 「 K보다 크거나 같은 모든 자연수 n에 대하여 $|x_n - x| < \epsilon$ 」이다. 즉, 한정기호로 표기하면

   $$p : \ \forall n \geq K, \ \ |x_n - x| < \epsilon \ \ \equiv \ \ |x_n - x| < \epsilon \quad (n \geq K)$$

   이다. 따라서 주어진 명제를 간략하게

   $$\forall \epsilon > 0, \ \ \exists K \in \mathbb{N} : |x_n - x| < \epsilon \qquad (n \geq K)$$

   로 나타낼 수 있다.

   (c) $\forall \epsilon > 0, \ \ \exists K \in \mathbb{N} : |x_n - x_m| < \epsilon \ \ (n, m \geq K)$.

2. (a) $\exists \delta > 0 \ : \ (-\delta, \delta) \cap A = \emptyset$.

   (b)

$$\begin{aligned}
& \sim [\forall \epsilon > 0, \ \ \exists K \in \mathbb{N} : |x_n - x| < \epsilon \ \ (n \geq K)] \\
\equiv \ \ & \exists \epsilon > 0 : \sim [\exists K \in \mathbb{N} : |x_n - x| < \epsilon \ \ (n \geq K)] \\
\equiv \ \ & \exists \epsilon > 0 : \forall k \in \mathbb{N}, \ \ \sim [\, |x_n - x| < \epsilon \ \ (n \geq k)] \\
\equiv \ \ & \exists \epsilon > 0 : \forall k \in \mathbb{N}, \ \ \sim [\forall n (\geq k), |x_n - x| < \epsilon] \\
\equiv \ \ & \exists \epsilon > 0 : \forall k \in \mathbb{N}, \ \ \exists n (\geq k) \ : \sim [\, |x_n - x| < \epsilon] \\
\equiv \ \ & \exists \epsilon > 0 : [\forall k \in \mathbb{N}, \ \ \exists n \geq k \ : \ |x_n - x| \geq \epsilon].
\end{aligned}$$

[주의] (b)는 수열 $(x_n)_{n=1}^{\infty}$가 극한 x에 **수렴한다**는 뜻이다. 그러므로 이것의 부정인 (1.1)에서 먼저 $k = 1$에 대하여 $n_1 \geq 1$를 선택한 후 수학적귀납법의 가정에 의하여

$n_1 < n_2 < \cdots < n_k$가 성립한다고 가정하자. 그러면, 다시 $k = n_k + 1$에 대하여 $n \geq k$되는 점을 n_{k+1}로 택할 수 있으므로 수학적귀납법에 의하여

$$|x_{n_k} - x| \geq \epsilon \qquad (k \in \mathbb{N})$$

를 만족하는 $n_1 < n_2 < \cdots < n_k < \cdots$ 되는 $(n)_{n=1}^{\infty}$의 부분수열 $(n_k)_{k=1}^{\infty}$ (정의 3.1.1)와 $\epsilon > 0$이 존재한다고 말할 수 있다. 그러므로 주어진 명제의 부정을 달리 표현하면 x에 수렴하지 않는 $(x_n)_{n=1}^{\infty}$의 어떤 부분수열 $(x_{n_k})_{k=1}^{\infty}$가 존재한다는 것이다.

(c) (b)의 증명과 유사하게

$$\begin{aligned}
& \sim [\forall \epsilon > 0,\ \exists K \in \mathbb{N} : |x_n - x_m| < \epsilon\ (n, m \geq K)] \\
\equiv\ & \exists \epsilon > 0 : \sim [\exists K \in \mathbb{N} : |x_n - x_m| < \epsilon\ (n, m \geq K)] \\
\equiv\ & \exists \epsilon > 0 : \forall k \in \mathbb{N},\ \sim [\,|x_n - x_m| < \epsilon\ (n, m \geq k)] \\
\equiv\ & \exists \epsilon > 0 : \forall k \in \mathbb{N},\ \sim [\forall n, m(\geq k), |x_n - x_m| < \epsilon] \\
\equiv\ & \exists \epsilon > 0 : \forall k \in \mathbb{N},\ \exists n, m(\geq k) : \sim [\,|x_n - x_m| < \epsilon] \\
\equiv\ & \exists \epsilon > 0 : [\forall k \in \mathbb{N},\ \exists n, m \geq k : |x_n - x_m| \geq \epsilon]
\end{aligned}$$

가 됨을 보일 수 있다.

[주의] (c)는 수열 $(x_n)_{n=1}^{\infty}$가 코시(Cauchy)라는 뜻이다. (b)와 유사하게 이것의 부정은 수열 $(x_n)_{n=1}^{\infty}$의 두 부분수열 $(x_{n_k})_{k=1}^{\infty}$, $(x_{n_k})_{k=1}^{\infty}$와 $\epsilon > 0$가 존재하여

$$|x_{n_k} - x_{m_k}| \geq \epsilon \qquad (k \in \mathbb{N})$$

가 됨을 쉽게 알 수 있다.

1.5 증명

$$\text{증명} = \begin{cases} \text{삼단논법} \\ \text{대우증명, 모순증명(귀류법)} \end{cases}$$

$$[\text{모순증명}]: \quad p \wedge (\sim q) \Rightarrow \text{모순}.$$

[주의] 이것은 p가 참이면 q도 항상 참이 되어야하므로 결국 함의문 $p \Rightarrow q$가 참임을 주장한다.

정리 1.5.1 홀수인 정수의 제곱도 홀수이다.

정리 1.5.2 만약 x가 정수이고 x^2이 짝수이면 x도 짝수이다.

정리 1.5.3 소수(*prime number*)는 무수히 많이 존재한다.

연 습 문 제 1.5

1. 두 홀수의 합은 짝수임을 보여라(직접증명).

   [주의] 홀수와 짝수는 정수들의 집합 $\mathbb{Z}$에서 정의되는 용어이다. 임의로 선택한 $x \in \mathbb{Z}$에 대하여, x가 짝수면 어떤 정수 $a \in \mathbb{Z}$가 존재하여 $x = 2a$로, 홀수이면 $x = 2a+1$로 표현된다. 분명히, 0은 짝수이다.

2. p가 소수(*prime number*)일 때, $x^2 = p$를 만족하는 유리수가 존재하지 않음을 보여라(모순증명).

3. 만약 m과 n이 $m + n \geq 20$을 만족하는 자연수라면 $m \geq 10$ 이거나 $n \geq 10$임을 보여라(대우증명).

4. a가 실수라 하자. 만약 $a > 0$이면 $1/a > 0$임을 보여라(모순증명).

5. 다음을 증명하여라.

$$p \Rightarrow (q \wedge r) \quad \equiv \quad [(p \wedge \sim q) \vee (p \wedge \sim r) \Rightarrow (\text{모순})].$$

   [주의] 연습문제 1.3.3의 $p \Rightarrow (q \wedge r) \equiv (p \Rightarrow q) \wedge (p \Rightarrow r)$와 그 의미를 서로 비교하여 보아라.

연습문제풀이 및 힌트 1.5

1. x, y를 임의로 선택한 두 정수라 하자. 그러면 홀수의 정의에 의하여 각각 a, $b \in \mathbb{Z}$가 존재하여 $x = 2a+1$, $y = 2b+1$이다. 간단히 하면 $x+y = 2(a+b+1)$가 되므로 $x+y$는 짝수이다.

2. $\mathbb{Q} = \{a/b : a, b(\neq 0) \in \mathbb{Z}\}$로 표현됨을 이용한다(연습문제 2.1.12). 만약 $a, b(\neq 0) \in \mathbb{Z}$, $(a,b) = 1$, $(a/b)^2 = p$라 가정하자, 여기서 $(a,b) = 1$은 a와 b의 최대공약수가 1, 즉 a와 b가 **서로 소**(*relatively prime*)라는 의미이다. $a^2 = pb^2\,(\neq 0)$이므로 $p|a^2$이다. 그러면 $p|a$이다(왜?). 이제 $a = pm$인 $m \in \mathbb{Z}$이라 하자. 유사하게 $a^2 = pb^2$에 대입하여 정리하면 $b^2 = pm^2$을 얻는다. 앞과 같은 방법으로 $p|b^2$이므로 $p|b$이다. 이것은 $(a,b) = 1$라는 가정에 모순이다.

3. $m < 10$, $n < 10$이라 가정하면 $m+n < 20$, 즉 $m+n \geq 20$이 아니다.

4. $a > 0$이고 $1/a > 0$가 아니라 가정하자. 즉, $1/a \leq 0$. $a > 0$을 양변에 곱하면

$$1 = a \cdot \frac{1}{a} \leq a \cdot 0 = 0 < 1$$

이다. 이것은 모순이다(왜?).

5.

$$p \Rightarrow (q \wedge r) \quad \equiv \quad [p \wedge \sim (q \wedge r) \Rightarrow (\text{모순})]$$

이다. 이제 De Morgan 법칙 1.1.4와 연습문제 1.1.3 (분배법칙)에 의하여 $p \wedge \sim (q \wedge r) \equiv (p \wedge \sim q) \vee (p \wedge \sim r)$임을 보여라.

제 2 장

실수

2.1 집합과 함수

정의 2.1.1 두 집합 A, B에 대하여 $A \subset B$라 함은 「$x \in A \Rightarrow x \in B$」를 의미하고, $A = B$ iff $A \subset B$, $B \subset A$이다.

[**주의**] 집합기호 $\subset$과 $\subsetneq$는 각각 **부분집합**(*subset*)과 **진부분집합**(*proper subset*)를 의미한다. $A \subset A$이고, $A = B$의 증명은 동시에 「$x \in A \Leftrightarrow x \in B$」를 보이면 된다.

집합 A와 B의 **합집합**(*union*), **교집합**(*intersection*), **차집합**(*difference*)을 차례로 $A \cup B$, $A \cap B$, $A \setminus B$로 표기하자. 이들 집합연산들에 관한 다음 대수적 성질을 살펴보자. 그 증명은 초보적인 계산에 의하여 쉽게 보일 수 있으므로 생략한다.

1. $(A \cup B) \cap C = (A \cap C) \cup (B \cap C)$.
2. $(A \cap B) \cup C = (A \cup C) \cap (B \cup C)$.
3. $(A \cup B) \setminus C = (A \setminus C) \cup (B \setminus C)$, $\qquad A \setminus (B \cup C) = (A \setminus B) \cap (A \setminus C)$.
4. $(A \cap B) \setminus C = (A \setminus C) \cap (B \setminus C)$, $\qquad A \setminus (B \cap C) = (A \setminus B) \cup (A \setminus C)$.

집합족(*a family of sets*) $\{A_i : i \in I\}$가 서로 다른 $i, j \in I$에 대하여 $A_i \cap A_j = \emptyset$를 만족할 때 **서로 소**(*pairwise disjoint*)라 한다. 집합 A의 모든 부분집합들의 족 $\mathcal{P}(A)$를 A의 **멱집합** (*power set*)이라 한다. 분명히, $\emptyset, A \in \mathcal{P}(A)$이다. X가 고정된 집합이고 $A \subset X$일 때, $A^c = X \setminus A$로 정의하고 A의 **여집합**(*complement*)이라 한다. 이제 $A, B \subset X$라면, 다음 성질들은 여집합연산(^{c})과 집합연산($\cup$, $\cap$, $\setminus$) 또는 포함관계($\subset$)사이에 성립하는 잘 알려진 것이다.

5. $A \setminus B = A \cap B^c$.
6. $A \subset B \quad \Leftrightarrow \quad B^c \subset A^c$.
7. $(A \cup B)^c = A^c \cap B^c$.
8. $(A \cap B)^c = A^c \cup B^c$.

[주의] (7)과 (8)을 집합에 관한 **De Morgan 법칙**이라 한다. 특히, (5)에서 「$A \cap B^c = \emptyset$ iff $A \subset B$」이다.

다음은 집합족에 대한 일반화된 De Morgan의 법칙이다.

정리 2.1.2 (De Morgan) X의 부분집합 A_i들로 구성된 어떤 집합족 $\{A_i : i \in I\}$에 대하여 다음이 성립한다.

$$\left(\bigcup_{i \in I} A_i\right)^c = \bigcap_{i \in I} A_i^c, \qquad \left(\bigcap_{i \in I} A_i\right)^c = \bigcup_{i \in I} A_i^c.$$

정의 2.1.3 A, B를 집합이라 하자.

$$A \times B = \{(a, b) : a \in A,\ b \in B\}$$

를 A와 B의 **Cartesian 곱**(*Cartesian product*)이라 하고 그 원소 (a, b)들을 **순서쌍**(*ordered pair*)이라 한다. 분명히, $(a_1, b_1) = (a_2, b_2) \ \Leftrightarrow\ a_1 = a_2,\ b_1 = b_2$이다.

정의 2.1.4 X, Y를 집합이라 하자. X에서 Y로의 **함수**(*function*) f는

$$\forall x \in X, \quad \exists!\ y \in Y \ :\ (x, y) \in f$$

($\Leftrightarrow\ (x, y), (x, y') \in f\ \Rightarrow\ y = y'$)를 만족하는 $f\,(\subset X \times Y)$를 말한다. $(x, y) \in f$ 대신에 보통 $y = f(x)$로 표기하고 f에 의한 x의 **상**(*image*)이라 한다. 집합 X를 f의 **정의역**(*domain*)이라 하고 가끔 $D(f)$로 표기하기도 한다. 집합

$$\{y \in Y : \exists x \in X \ \text{s.t.}\ y = f(x)\}$$

를 f의 **치역**(*range*)이라 하며 가끔 $R(f)$로 나타내기도 한다.

정의 2.1.5 $f : X \to Y$를 함수라 하자. 함수 f의 치역이 Y와 같을 때 f를 **전사**(*surjective*) 또는 **위로의**(*onto*) 함수라 하고, 또한

$$f(x_1) = f(x_2) \quad \Rightarrow \quad x_1 = x_2$$

를 만족할 때 f를 **단사**(*injective*) 또는 **일대일**(*onto-to-one*) 함수라 한다. 그리고 전사이고 단사인 함수 f를 **전단사**(*bijective*) 또는 **일대일 대응**(*one-to-one correspondence*)이라 한다. 또한 두 함수 $f, g : X \to Y$가 모든 $x \in X$에 대하여 $f(x) = g(x)$일 때 **서로 같다**라고 하고 $f = g$로 나타낸다.

$f : X \to Y$는 함수라 하자. $A \subset X$, $B \subset Y$라 하자. 그러면 A의 f에 의한 **상**(*image*)은

$$f(A) = \{f(x) \in Y : x \in A\}$$

이고 B의 f에 의한 **역상**(*inverse image*)은

$$f^{-1}(B) = \{x \in X : f(x) \in B\}$$

이다. 모든 $x \in X$에 대하여 $I_X(x) = x$인 함수 $I_X : X \to X$를 X의 **항등함수**(*identity function*)라 한다. 집합의 상과 역상에 대한 다음 관계식이 성립한다. 여기서 $\{A_i : i \in I\}$는 집합족이다.

9. $f(\cup_{i \in I} A_i) = \cup_{i \in I} f(A_i)$.
10. $f(\cap_{i \in I} A_i) \subset \cap_{i \in I} f(A_i)$.
11. $f^{-1}(\cup_{i \in I} A_i) = \cup_{i \in I} f^{-1}(A_i)$.
12. $f^{-1}(\cap_{i \in I} A_i) = \cap_{i \in I} f^{-1}(A_i)$.
13. $f^{-1}(B^c) = (f^{-1}(B))^c$.

정의 2.1.6 $f : X \to Y$이고 $g : Y \to Z$가 주어졌을 때, 모든 $x \in X$에 대하여 $(g \circ f)(x) = g(f(x))$로 정의된 함수 $g \circ f : X \to Z$를 f와 g의 **합성함수**(*composite function*)라 한다.

만약 $f : X \to Y$가 전단사함수이면 모든 $y \in Y$에 $y = f(x)$를 만족하는 오직 하나의 원소 $x \in X$가 존재한다. 이 x를 $f^{-1}(y)$로 표기하면 $f^{-1} : Y \to X$이고

$$f^{-1}(y) = x \quad \leftrightarrow \quad y = f(x) \tag{2.1}$$

이다. 그리고 함수 f^{-1}를 f의 **역함수**(*inverse function*)라 한다.

선택공리 2.1.7 집합족 $\{A_i : i \in I\}$에 대하여 $A_i \neq \emptyset$ $(i \in I)$이면 $\prod_{i\in I} A_i \neq \emptyset$이다.

$X \times X$의 부분집합 $\mathcal{R}$를 집합 X 상의 (이항)**관계**(*relation*)라 한다. 만약 $(x, y) \in \mathcal{R}$이면 x는 y와 관계가 있다고 하고 $x\mathcal{R}y$ 또는 $x \overset{\mathcal{R}}{\sim} y$로 표기한다.

집합 X 상의 관계 $\mathcal{R}$가 다음 $(R_1)-(R_3)$를 만족할 때, $\mathcal{R}$를 **동치관계**(*equivalent relation*)라 한다.

(R_1) $x\mathcal{R}x$ $(x \in X)$ (반사성).

(R_2) $x\mathcal{R}y \Rightarrow y\mathcal{R}x$ (대칭성).

(R_3) $x\mathcal{R}y,\ y\mathcal{R}z \Rightarrow x\mathcal{R}z$ (추이성).

$\mathcal{R}$이 X 상의 동치관계일 때, $x \in X$에 의하여 결정된 **동치류**(*equivalent class*)을

$$[x] = \{y \in X : x\mathcal{R}y\}$$

로 정의하고 가끔 $[x]$를 $\mathbf{x}$로 표기하기도 한다. 다음 사실은 분명하다(연습문제 2.1.1(b)).

$$[x] \cap [y] = \emptyset \quad \text{또는} \quad [x] = [y]$$

각 $x \in X$에 대하여 $x \in [x]$이므로 $X = \cup_{x\in X}[x]$이다. 이 때, $\mathcal{R}$은 X를 **분할한다**고 말한다. 즉, $\mathcal{R}$이 X 상의 동치관계이면 X의 분할(즉, 서로 소인 집합족 $\{A_i : i \in I\}$(동치류들의 족))이 존재함을 뜻한다. 역으로, 서로 소인 집합족 $\{A_i : i \in I\}$가 X를 분할(즉, $X = \cup A_i$)하면,

$$\mathcal{R} = \{(x, y) \in X \times X : \text{어떤 } i \in I\text{에 대하여 } x, y \in A_i\} \tag{2.2}$$

로 정의하면 $\mathcal{R}$은 X 상의 동치관계이고 A_i는 동치류이다(연습문제 2.1.1(c)). 따라서, 어떤 집합상의 동치관계는 그 분할들과 반드시 일대 일로 대응한다.

보조정리 2.1.8 (Zorn) 반순서집합 X의 모든 연쇄(*chain*)가 상계를 가지면 X는 극대원소를 갖는다.

정의 2.1.9 $A \subset X$일 때 A의 특성함수 χ_A는 다음과 같이 정의된다.

$$\chi_A(x) = \begin{cases} 1 & \text{if } x \in A \\ 0 & \text{if } x \in A^c. \end{cases}$$

[주의] $A = B \Leftrightarrow \chi_A = \chi_B$ 임을 주목하여라.

연 습 문 제 2.1

1. (a) (1)~(13)을 증명하여라.

   (b) $x, y \in X$에 대하여 $[x] \cap [y] = \emptyset$ 또는 $[x] = [y]$가 성립함을 보여라.

   (c) (2.2)의 $\mathcal{R}$은 X 상의 동치관계이고 각 $A_i\,(i \in I)$가 동치류임을 보여라.

2. $A \triangle B = (A \setminus B) \cup (B \setminus A)$로 정의할 때 집합 A, B, C에 대하여

$$(A \triangle B) \triangle C = A \triangle (B \triangle C)$$

   임을 보여라.

3. 어떤 $A, B \subset X$에 대하여 $f(A \cap B) \neq f(A) \cap f(B)$를 만족하는 함수 $f : X \to Y$의 예를 주어라.

4. 함수 $f : X \to Y$에 대하여 다음을 증명하여라.

$$A \subset f^{-1}(f(A)) \quad (A \subset X), \qquad f(f^{-1}(B)) \subset B \quad (B \subset Y).$$

5. 함수 $f : X \to Y$에 대하여 다음을 증명하여라.

   (a) f가 단사이다 iff $A = f^{-1}(f(A))$ $(A \subset X)$이다.

   (b) f는 전사이다 iff $f(f^{-1}(B)) = B$ $(B \subset Y)$이다.

6. 함수 $f : X \to Y$에 대하여 다음 성질들이 모두 동치임을 보여라.

   (a) f는 단사이다.

   (b) $f(A \cap B) = f(A) \cap f(B) \qquad (A, B \in \mathcal{P}(X))$

   (c) $A \cap B = \emptyset$인 모든 $A, B \subset X$에 대하여 $f(A) \cap f(B) = \emptyset$이다.

7. $f : X \to Y$라 할 때 다음을 증명하여라.

   (a) 모든 $B \subset A \subset X$에 대하여 $f(A) \setminus f(B) \subset f(A \setminus B)$이다.

   (b) $f(A) \setminus f(B) = f(A \setminus B)$ $(B \subset A \subset X)$ iff f가 단사이다.

   (c) $D \subset C \subset Y$에 대하여 $f^{-1}(C) \setminus f^{-1}(D) = f^{-1}(C \setminus D)$이다.

8. $f : X \to Y$, $g : Y \to Z$라 하자. 만약 $A \subset Z$이면 $(g \circ f)^{-1}(A) = f^{-1}(g^{-1}(A))$임을 증명하여라.

9. X와 Y가 집합이면 $\mathcal{P}(X) \cap \mathcal{P}(Y) = \mathcal{P}(X \cap Y)$이고 $\mathcal{P}(X) \cup \mathcal{P}(Y) \subset \mathcal{P}(X \cup Y)$임을 증명하여라.

10. $A, B \subset X$라 할 때 다음 성질들을 증명하여라.

(a) $\chi_{A\cup B} = \chi_A \vee \chi_B$, 여기서 $(\chi_A \vee \chi_B)(x) = \max\{\chi_A(x), \chi_B(x)\}$이다.

(b) $\chi_{A\cap B} = \chi_A \wedge \chi_B = \chi_A\chi_B$, 여기서 $(\chi_A \wedge \chi_B)(x) = \min\{\chi_A(x), \chi_B(x)\}$이다.

(c) $B \subset A \quad \Rightarrow \quad \chi_{A\setminus B} = \chi_A - \chi_B$.

(d) $\chi_{A^c} = 1_X - \chi_A$, 여기서 $1_X(x) = 1\ (x \in X)$이다.

(e) $\chi_X = 1_X, \quad \chi_\emptyset = 0$.

11. 자연수들의 집합 $\mathbb{N}$이 덧셈과 곱셈에 대하여 교환법칙, 결합법칙, 배분법칙 (2.3절의 체 공리 A_1 - A_3) 그리고 소거법칙, 즉

$$a + c = b + c, \quad ca = cb\ (a, b, c \in \mathbb{N}) \quad \Rightarrow \quad a = b$$

가 성립한다고 가정하자. 그리고 $\mathbb{N} \times \mathbb{N}$ 내에서

$$(a, b) \overset{\mathcal{R}}{\sim} (c, d) \quad \Leftrightarrow \quad a + d = b + c$$

로 정의할 때 다음 사실들을 보여라.

(a) $\overset{\mathcal{R}}{\sim}$는 $\mathbb{N} \times \mathbb{N}$ 상의 동치관계이다.

(b) $\mathbb{N} \times \mathbb{N}$의 동치류 $[(a, b)]$들의 집합을 $\mathbb{Z}$라 하고,

$$[(a, b)] + [(c, d)] = [(a + c, b + d)], \quad [(a, b)] \cdot [(c, d)] = [(ad + bc, ac + bd)]$$

로 정의하면 덧셈$(+)$과 곱셈$(\cdot)$이 $\mathbb{Z}$ 내에서 잘 정의되며 교환법칙, 결합법칙, 그리고 배분법칙이 성립한다.

(c) 모든 $[(n, n)]$과 $[(n, n + 1)]$이 각각 덧셈과 곱셈의 항등원이다.

(d) $[(a, b)]$의 덧셈에 대한 역원은 $[(b, a)]$이다.

(e) $[(a, b)] - [(c, d)] = [(a, b)] + [(d, c)]$라 하고 $n \equiv [(1, n + 1)]$라 하면 $\mathbb{N}$을 $\mathbb{Z}$의 부분집합으로 볼 수 있다. 각 $n \in \mathbb{N}$에 대하여

$$-n \equiv [(n + 1, 1)], \quad 0 \equiv [(n, n)], \quad 1 \equiv [(n, n + 1)]$$

라 하자. (d)에 의하여 $-n$은 n의 역원이다. 뺄셈으로 $-$ 부호를 사용하고 $[(a, b)]$를 $b - a$로 표기하는 것도 자연스럽다. $b - a = [(a, b)]$라 하면 $a - b = a + (-b)$ 이고 $-(-b) = b$이다. $-$ 부호를 사용하면, $(a, b) \overset{\mathcal{R}}{\sim} (c, d)$ iff $b - a = d - c$이다.

12. 연습문제 2.1.11은 $\mathbb{N}$로부터 $\mathbb{Z}$를 구축하는 과정을 설명하고 있다. 유사한 방법으로, $\mathbb{Z}$로부터 $\mathbb{Q}$를 구축하여라.

연습문제풀이 및 힌트 2.1

1. (a) 연습문제 1.1.2를 이용하여 (1)만 증명한다. 나머지도 같은 방법으로 증명할 수 있다.

$$\begin{aligned} x \in A \cap (B \cup C) &\Leftrightarrow x \in A \quad \wedge \quad x \in B \cup C \\ &\Leftrightarrow x \in A \quad \wedge \quad (x \in B \ \vee \ x \in C) \\ &\Leftrightarrow (x \in A \ \wedge \ x \in B) \quad \vee \quad (x \in A \ \wedge \ x \in C) \\ &\Leftrightarrow x \in A \cap B \quad \vee \quad x \in A \cap C \\ &\Leftrightarrow x \in (A \cap B) \cup (A \cap C). \end{aligned}$$

(b) 연습문제 1.3.5에 의하여

$$[x] \cap [y] \neq \emptyset \ \Rightarrow \ [x] = [y]$$

임을 보이면 충분하다. $z \in [x] \cap [y]$라 하자. 그러면 $x\mathcal{R}z$이고 $y\mathcal{R}z$이다. (R_2)와 (R_3)에 의하여 $x\mathcal{R}y$이다. 따라서 $[x] = [y]$이다 왜냐하면

$$z \in [x] \ \Leftrightarrow \ (z\mathcal{R}x) \wedge (x\mathcal{R}y) \ \Leftrightarrow \ (z\mathcal{R}y) \ \Leftrightarrow \ z \in [y]$$

이기 때문이다.

(c) $x, y \in X = \cup A_i$이고

$$x\mathcal{R}y \quad \Leftrightarrow \quad \exists i \in I \ : \ x, \, y \in A_i$$

이다. (R_1)과 (R_2)는 자명하다. (R_3)을 보이기 위하여 $x\mathcal{R}y$, $y\mathcal{R}z$라 가정하자. $x\mathcal{R}y$이므로 $x, y \in A_i$인 $i \in I$가 존재한다. $y\mathcal{R}z$이고 $y \in A_i$이므로 $z \in A_i$이다. 그러므로 $x, \, z \in A_i$이므로 $x\mathcal{R}z$이다. 따라서, $\mathcal{R}$은 X 상의 동치관계이다. 각 $x \in X = \cup_{i \in I} A_i$이므로 $x \in A_i$를 만족하는 $i \in I$가 존재하고 $[x] = A_i$이다. 그러므로 각 $A_i \ (i \in I)$는 X의 동치류이다.

2. 먼저 다음 두 사실을 고찰하자.

$$\begin{aligned} x \in A\triangle B \quad &\Leftrightarrow \quad (x \in A \wedge x \notin B) \quad \vee \quad (x \in B \wedge x \notin A), \\ x \notin A\triangle B \quad &\Leftrightarrow \quad (x \notin A \vee x \in B) \quad \wedge \quad (x \notin B \vee x \in A) \\ &\equiv \quad (x \notin A \wedge x \notin B) \quad \vee \quad (x \in A \wedge x \in B). \end{aligned}$$

이것과 연습문제 1.1.2를 계속 이용하면 다음을 얻는다.

$$\begin{aligned} & x \in (A\triangle B)\triangle C \\ \Leftrightarrow \quad & (x \in A\triangle B \wedge x \notin C) \vee (x \in C \wedge x \notin A\triangle B) \\ \Leftrightarrow \quad & (x \in A \wedge x \notin B \wedge x \notin C) \vee (x \notin A \wedge x \in B \wedge x \notin C) \vee \\ & (x \in C \wedge x \notin A \wedge x \notin B) \vee (x \in C \wedge x \in A \wedge x \in B) \\ \Leftrightarrow \quad & (x \in A \wedge x \notin B \wedge x \notin C) \vee (x \in A \wedge x \in B \wedge x \in C) \vee \\ & (x \in B \wedge x \notin C \wedge x \notin A) \vee (x \in C \wedge x \notin B \wedge x \notin A) \\ \Leftrightarrow \quad & x \in A\triangle(B\triangle C). \end{aligned}$$

3. $X = Y = \mathbb{R}$라 하고 $f(x) = x^2$ $(x \in \mathbb{R})$라 하고 $A = [-1, 0]$, $B = [0, 1]$라 두면 $f(A \cap B) = \{0\}$이고 $f(A) = f(B) = [0, 1]$임을 주목하여라.

4. 모든 $A \subset X$에 대하여 $A \subset f^{-1}(f(A))$임을 보이자. $x \in A$라 하자. 그러면 $f(x) \in f(A)$이므로 $x \in f^{-1}(f(A))$, 즉 $A \subset f^{-1}(f(A))$이다. 같은 방법으로 $y \in f(f^{-1}(B))$라 하자. 그러면 $y = f(x)$되는 $x \in f^{-1}(B)$가 존재하므로 $y = f(x) \in B$이다. 따라서 $f(f^{-1}(B)) \subset B$이다.

5. (a) ($\Rightarrow$) 연습문제 2.1.4에 의하여, $A \subset f^{-1}(f(A))$이다. 역 포함관계($\supset$)를 보이기 위하여 $x \in f^{-1}(f(A))$이라 하자. 그러면 $f(x) \in f(A)$이다. 즉 $x' \in A$가 존재하여 $f(x) = f(x')$이다. f가 단사이므로 $x = x' \in A$이다. 그러므로 $f^{-1}(f(A)) \subset A$이다. ($\Leftarrow$) 모든 $A \subset X$에 대하여 $A = f^{-1}(f(A))$라 가정하자. f가 단사함수임을 보이기 위하여 $f(x) = f(x')$ $(x, x' \in X)$라 하자. $A = \{x'\}$로 취하면 가정으로부터 $f^{-1}(f(\{x'\})) = \{x'\}$이다. $f(x) = f(x') \in f(\{x'\})$이므로 역상의 정의에 의하여 $x \in f^{-1}(f(\{x'\})) = \{x'\}$, 즉 $x = x'$이다. 그러므로 f는 단사이다.

(b) ($\Rightarrow$) f가 전사일 때 모든 $B \subset Y$에 대하여 $B \subset f(f^{-1}(B))$임을 보이면 충분하다. 사실, $y \in B$라 하면, f가 전사이므로 $y = f(x)$를 만족하는 $x \in X$가 존재한다.

$f(x) = y \in B$이므로 $x \in f^{-1}(B)$이다. 따라서 $y = f(x) \in f(f^{-1}(B))$이다. ($\Leftarrow$) 모든 $B \subset Y$에 대하여 $f(f^{-1}(B)) = B$라 가정하자. 특히 $B = Y$로 취하면, $f(f^{-1}(Y)) = Y$이다. 분명히 $f^{-1}(Y) = X$ (왜?)이므로 $f(X) = Y$이다. 그러므로 f는 전사이다.

6. (a)$\Rightarrow$(b). f가 단사이고 $A, B \in \mathcal{P}(X)$라 하자. $f(A \cap B) \subset f(A) \cap f(B)$는 자명하다. 역 포함관계($\supset$)를 보이기 위하여 $y \in f(A) \cap f(B)$라 하자. 그러면 $x_1 \in A$, $x_2 \in B$가 존재하여 $f(x_1) = y = f(x_2)$를 만족한다. f가 단사이므로 $x_1 = x_2\,(= x)$이다. 그러므로 $x \in A \cap B$이고 $y = f(x)$, 즉 $y \in f(A \cap B)$이다. 따라서 $f(A \cap B) \supset f(A) \cap f(B)$이다.

   (b)$\Rightarrow$(c). $f(\emptyset) = \emptyset$이므로 자명하다.

   (c)$\Rightarrow$(a). $x_1, x_2 \in X$이고 $x_1 \neq x_2$라 하자. 이 때, $A = \{x_1\}$, $B = \{x_2\}$로 잡으면 $A \cap B = \emptyset$이다. 가정 (c)에 의하여 $f(A) \cap f(B) = \emptyset$이다. 이것은 $f(x_1) \neq f(x_2)$을 의미한다. 따라서 f는 단사이다.

7. (a) $z \in f(A) \setminus f(B)$라 하자. 그러면 $z = f(x)$이고 $z \notin f(B)$를 만족하는 $x \in A$가 존재한다. 이제 $x \notin B$임을 보이자. 만약 $x \in B$이면 $z = f(x) \in f(B)$이고 이것은 모순이다. 따라서 $x \in A \setminus B$이고 $z = f(x)$이므로 $z \in f(A \setminus B)$이다.

   (b) ($\Rightarrow$) $x, y \in X$이고 $x \neq y$라 하자. $A = \{x, y\}$, $B = \{y\}$로 택하면 가정에서

$$\{f(x), f(y)\} \setminus \{f(y)\} = f(\{x, y\} \setminus \{y\}) = \{f(x)\}$$

   이므로 $f(x) \notin \{f(y)\}$이다. 이것은 $f(x) \neq f(y)$을 의미한다. 따라서, f는 단사이다. ($\Leftarrow$) (a)에 의하여 $f(A) \setminus f(B) \supset f(A \setminus B)$을 보이면 충분하다. $z \in f(A \setminus B)$라 하자. 그러면 $z = f(x)$를 만족하는 $x \in A \setminus B$가 존재한다. $z \notin f(B)$임을 보이자. 만약 $z = f(y)$를 만족하는 $y \in B$가 존재한다면 $f(x) = z = f(y)$이고 f가 단사이므로 $x = y$이다. 즉 $x \in B \cap B^c = \emptyset$이다. 이것은 모순이다. 따라서 $z \in f(A) \setminus f(B)$이다.

   (c)

$$x \in f^{-1}(C) \setminus f^{-1}(D) \;\Leftrightarrow\; f(x) \in C,\, f(x) \notin D \;\Leftrightarrow\; f(x) \in C \setminus D \;\Leftrightarrow\; x \in f^{-1}(C \setminus D).$$

8. $x \in (g \circ f)^{-1}(A) \Leftrightarrow (g \circ f)(x) = g(f(x)) \in A \Leftrightarrow f(x) \in g^{-1}(A) \Leftrightarrow x \in f^{-1}(g^{-1}(A))$

   이므로 $(g \circ f)^{-1}(A) = f^{-1}(g^{-1}(A))$이다.

9. 분명히

$$A \in \mathcal{P}(X) \cap \mathcal{P}(Y) \Leftrightarrow A \subset X \cap Y \Leftrightarrow A \in \mathcal{P}(X \cap Y)$$

이다. 한편, $A \in \mathcal{P}(X) \cup \mathcal{P}(Y)$이면, $A \subset X$ 또는 $A \subset Y$이다. 그러므로 $A \subset X \cup Y$, 즉 $A \in \mathcal{P}(X \cup Y)$이다.

일반적으로 $\mathcal{P}(X) \cup \mathcal{P}(Y) \neq \mathcal{P}(X \cup Y)$이다. 왜냐하면, $X = \{0\}$, $Y = \{1\}$를 잡으면 $\mathcal{P}(X) \cup \mathcal{P}(Y) = \{\emptyset, \{0\}, \{1\}\}$이고 $\mathcal{P}(X \cup Y) = \{\emptyset, \{0\}, \{1\}, \{0, 1\}\}$이기 때문이다.

10. (a) $x \in A \cup B$라 가정하자. 그러면, $\chi_{A\cup B}(x) = 1$이다. 다음 두 경우가 가능하다. $x \in A$ 또는 $x \in B$ 이다. 어느 경우라도 $\chi_A(x) = 1$ 또는 $\chi_B(x) = 1$이므로 $(\chi_A \vee \chi_B)(x) = 1$이다. 따라서,

$$\chi_{A\cap B}(x) = 1 = (\chi_A \vee \chi_B)(x) \quad (x \in A \cup B)$$

이다. 한편, $x \notin A \cup B$라면, $\chi_{A\cup B}(x) = 0$이다. 집합에 관한 De Morgan 법칙에 의하여 $x \in A^c \cap B^c$이다. 그러므로 $\chi_A(x) = 0 = \chi_B(x)$이고 $(\chi_A \vee \chi_B)(x) = 0$이다. 따라서,

$$\chi_{A\cap B}(x) = 0 = (\chi_A \vee \chi_B)(x) \quad (x \notin A \cup B)$$

을 얻는다.

(b)–(e)의 증명도 유사하게 증명할 수 있다.

11. (a) $a + b = b + a$이므로 $(a, b) \overset{\mathcal{R}}{\sim} (a, b)$이다. 따라서, (R_1)가 성립한다. 만약 $(a, b) \overset{\mathcal{R}}{\sim} (c, d)$이면 $a + d = b + c$이고, $\mathbb{N}$의 덧셈에 대한 교환법칙에 의하여 $c + b = d + a$이므로 $(c, d) \overset{\mathcal{R}}{\sim} (a, b)$이다. 따라서 (R_2)가 성립한다. (R_3)을 보이기 위하여 $(a, b) \overset{\mathcal{R}}{\sim} (c, d)$이고 $(c, d) \overset{\mathcal{R}}{\sim} (e, f)$라 하자. 그러면 $a + d = b + c$이고 $c + f = d + e$이다. 변변 더하면 $a + d + c + f = b + c + d + e$이다. $\mathbb{N}$의 덧셈에 대한 소거법칙에 의하여 $a + f = b + e$이고 정의에 의하여 $(a, b) \overset{\mathcal{R}}{\sim} (e, f)$이다. 따라서 (R_3)가 성립한다.

(b) 덧셈과 곱셈에 대한 교환법칙만 증명하고 나머진 생략한다.

$$[(a, b)] + [(c, d)] = [(a + c, b + d)] = [(c + a, d + b)] = [(c, d)] + [(a, b)],$$
$$[(a, b)] \cdot [(c, d)] = [(ad + bc, ac + bd)] = [(cb + da, ca + db)] = [(c, d)] \cdot [(a, b)].$$

(c) 임의의 동치류 $[(a, b)] \in \mathbb{Z}$에 대하여

$$[(a, b)] + [(n, n)] = [(a + n, b + n)] = [(a, b)],$$
$$[(a, b)] \cdot [(n, n + 1)] = [(an + bn + a, an + bn + b)] = [(a, b)]$$

이므로 $[(n, n)]$과 $[(n, n + 1)]$은 각각 덧셈과 곱셈의 항등원이다.

(d) $[(a, b)] + [(b, a)] = [(a + b, b + a)] = [(n, n)]$임을 주목하여라.

(e) $a, b \in \mathbb{N}$에 대하여

$$a + (-b) = [(1, a+1)] + [(b+1, 1)] = [(b+2, a+2)] = [(b, a)] = a - b$$

이고, $-(-b) = -[(b+1, 1)] = [(1, b+1)] = b$이다.

12. $F = \mathbb{Z} \times (\mathbb{Z} \setminus \{0\})$에서

$$(a, b) \overset{\mathcal{R}}{\sim} (c, d) \quad \Leftrightarrow \quad ad = bc$$

로 정의하면 다음 사실들이 성립한다.

(a) $\overset{\mathcal{R}}{\sim}$는 F 상의 동치관계이다. ($\because$ $ab = ba$이므로 $(a, b) \overset{\mathcal{R}}{\sim} (a, b)$이다. $\therefore$ (R_1)이 성립한다. $(a, b) \overset{\mathcal{R}}{\sim} (c, d)$이면 $ad = bc$이다. $\mathbb{Z}$의 곱셈에 대한 교환법칙에 의하여 $cb = da$이므로 $(c, d) \overset{\mathcal{R}}{\sim} (a, b)$이다. 따라서 (R_2)가 성립한다. (R_3)을 보이기 위하여 $(a, b) \overset{\mathcal{R}}{\sim} (c, d)$이고 $(c, d) \overset{\mathcal{R}}{\sim} (e, f)$라 하자. 그러면, $ad = bc$이고 $cf = de$이다. 변변 곱하면 $adcf = bcde$이다. $d \neq 0$이므로 $\mathbb{Z}$의 곱셈에 대한 소거법칙에 의하여 $acf = bce$이다. 만약 $c \neq 0$이면 $af = be$, 즉 $(a, b) \overset{\mathcal{R}}{\sim} (e, f)$이다. 만약 $c = 0$이면 $ad = bc = 0$, $0 = cf = de$이다. $d \neq 0$이므로 $a = e = 0$이다. 그러므로 $af = 0 = be$이다. 즉 $(a, b) \overset{\mathcal{R}}{\sim} (e, f)$이다. 따라서 (R_3)가 성립한다.)

(b) 동치관계 $\overset{\mathcal{R}}{\sim}$에 의한 F의 동치류 $[(a, b)]$들의 집합을 $\mathbb{Q}$라 하고, 앞으로 $[(a, b)]$를 간단히 $\frac{a}{b}$ 또는 a/b로 표기한다. (a, b)와 (c, d)가 같은 동치류에 속하면 $\frac{a}{b} = \frac{c}{d}$로 쓴다. 특히 $\mathbf{0} = \frac{0}{1}$, $\mathbf{1} = \frac{1}{1}$로 정의한다. $\frac{a}{b}$, $\frac{c}{d} \in \mathbb{Q}$에 대하여

$$\frac{a}{b} + \frac{c}{d} = \frac{ad + bc}{bd}, \qquad \frac{a}{b} \cdot \frac{c}{d} = \frac{ac}{bd}$$

로 정의하면 덧셈(+)과 곱셈($\cdot$)이 $\mathbb{Q}$ 내에서 잘 정의되며 교환법칙, 결합법칙, 그리고 배분법칙(2.3절의 체공리 A_1 - A_3)가 성립한다. $ab > 0$ 일 때 유리수 $\frac{a}{b}$가 **양수**(*positive*)라 말한다.

2.2 유한집합과 무한집합

정의 2.2.1 전단사 함수 $f : A \to B$가 존재할 때 A와 B가 **동치**(*equivalent*)라 하고 $A \approx B$로 표기한다.

다음 성질들이 성립함을 알 수 있다(연습문제 2.2.1).

1. $A \approx A$ (반사성).

2. $A \approx B \Leftrightarrow B \approx A$ (대칭성).

3. $A \approx B,\ B \approx C \Rightarrow A \approx C$ (추이성).

정의 2.2.2 $A \approx \mathbb{N}$ 또는 A가 유한집합일 때 집합 A를 **가산**(*countable*)이라 한다. 가산이 아닌 무한집합을 **비가산**(*uncountable*)이라 한다.

[주의] 특히 $\mathbb{N} \approx A$일 때 집합 A를 **가부번**(*denumerable*) 또는 **가산무한**(*countably infinite*)이라 한다. 앞으로 이러한 경우 $A = \{a_1, a_2, \ldots\}$로 쓰기로 한다.

정리 2.2.3 모든 무한집합은 가부번인 부분집합을 포함한다.

정리 2.2.4 ($\mathbb{N}$의 정렬)

$\mathbb{N}$의 공집합이 아닌 모든 부분집합은 항상 최소원소(*least element*)를 갖는다.

정리 2.2.5 (수학적귀납법의 원리)

$\mathbb{N}$의 부분집합 S가 다음 두 조건을 만족하면 $S = \mathbb{N}$이다.

(a) $1 \in S$.

(b) $k \in S \Rightarrow k + 1 \in S$.

정리 2.2.6 (수학적귀납법)

각 $n \in \mathbb{N}$에 대하여 $P(n)$를 n에 관한 명제라 하자.

(i) $P(1)$이 참이다.

(ii) 만약 $P(k)$가 참이라면 $P(k+1)$도 참이다.

(i), (ii)가 성립하면, 모든 $n \in \mathbb{N}$에 대하여 $P(n)$이 참이다.

[주의] 수학적귀납법 2.2.6는 어떤 $n_o \in \mathbb{Z}$에서 시작해서 $q(n_0), q(n_0{+}1), \ldots, q(n), \ldots$ $(n \geq n_0)$로 주어진 명제에 대해서도 성립한다. 즉,

(i)$'$ $q(n_0)$이 참이다.

(ii)$'$ 모든 $k \geq n_0$에 대하여 $q(k)$가 참이라면 $q(k+1)$도 참이다.

(i), (ii)가 성립하면, 모든 $n \geq n_0$에 대하여 $q(n)$이 참이다.

이것의 증명을 위해서는 모든 $n \in \mathbb{N}$에 대하여 $p(n) = q(n + n_0 - 1)$라 두고 정리 2.2.6 (수학적귀납법)을 적용하면 곧바로 얻어짐을 주목하여라.

정리 2.2.7 집합 A가 가산이고 $B \subset A$이면 B도 가산이다.

정리 2.2.8 무한집합 A에 대하여 다음은 모두 동치이다.

(a) A는 가산이다.

(b) 함수 $f: B \to A$가 전사가 되는 $B \subset \mathbb{N}$가 존재한다.

(c) 단사함수 $g: A \to \mathbb{N}$가 존재한다.

정리 2.2.9 A_n이 가산이면 $\cup_{n=1}^{\infty} A_n$도 역시 가산이다.

따름정리 2.2.10 $\mathbb{Q}$는 가산이다.

정리 2.2.11 $A_i\,(i = 1, 2, \ldots, n)$가 가산이면 $A_1 \times A_2 \times \cdots \times A_n$도 가산이다.

정리 2.2.12 $[0, 1]$는 비가산이다.

따름정리 2.2.13 $\mathbb{R}$는 비가산이다.

연 습 문 제 2.2

1. 정의 2.2.1을 뒤따르는 성질 (1)–(3)을 증명하여라.

2. 가산과 비가산에 대하여 다음 성질들이 성립함을 보여라.

   (a) $f: A \to B$이고 f의 치역이 비가산이면 그 정의역도 비가산이다.

   (b) 0과 1로 된 모든 수열(*sequence*)(정의 3.1.1)들의 집합은 비가산이다.

   (c) 집합 A가 비가산이고 B가 A의 가산인 부분집합이면 $A \approx A \setminus B$이다.

   (d) $(0, 1) \approx [0, 1]$이다. 또한 $a < b$ $(a, b \in \mathbb{R})$이면 $[a, b] \approx [0, 1]$이다.

   (e) 가산집합 A의 모든 유한인 부분집합들의 집합족도 역시 가산이다.

   [주의] (c)에서 특히 $x_0 \in A$이면 $A \approx A \setminus \{x_0\}$이다. 다시 말하면, 모든 무한집합은 자신의 진부분집합과 동치가 됨을 말한다. 1882년 R. Dedekind(1831–1916)는 이러한 성질을 **무한집합**(*infinite set*)의 정의로 처음 사용하였다.

3. $[0,1]$내에서 자릿수(*digits*)가 0과 2인 **3진법의 전개식**(*ternary expansion*)들의 집합을 K라 하자(연습문제 7.1.14). 즉,

$$x \in K \quad \Leftrightarrow \quad x = \sum_{n=1}^{\infty} \frac{a_n}{3^n} = (0.a_1a_2a_3\cdots)_3$$

여기서 a_n는 0 또는 2이다. 이 집합 K를 **Cantor 집합**(*Cantor set*)이라 한다.

Cantor 집합 K가 비가산임을 증명하여라.

4. Cantor 집합 K의 구축을 생각해보자. 먼저 $K_0 = [0,1]$라 하자. K_0를 3등분하여 중간에 있는 구간 $\left(\frac{1}{3}, \frac{2}{3}\right)$ 를 제거하고 나머지 구간을 K_1이라 두자. K_1을 다시 삼등분하고 중간에 있는 두 구간 $\left(\frac{1}{9}, \frac{2}{9}\right)$와 $\left(\frac{7}{9}, \frac{8}{9}\right)$를 제거하고 남은 구간을 K_2라 하자. 이러한 과정을 계속 반복하면 K_n의 집합은 다음과 같이 주어진다.

$$K_n = K_{n-1} \setminus \bigcup_{k=0}^{\infty} \left(\frac{3k+1}{3^n}, \frac{3k+2}{3^n}\right) \qquad \left(n \in \mathbb{N},\ 0 \le k < \frac{3^n-2}{3}\right)$$

(a) Cantor 집합 $K = \cap_{n=1}^{\infty} K_n$ 임을 보여라.

(b) $2 = \{0,1\}$라 할 때, $K \approx 2^{\mathbb{N}}$임을 보여라.

5. A를 주어진 집합이라 할때, 다음이 성립함을 보여라.

(a) $A \not\approx \mathcal{P}(A)$이다.

(b) $2^{\mathbb{N}} \approx \mathcal{P}(\mathbb{N})$이다.

6. $\mathbb{N}$ 상에 정의되는 모든 특성함수들의 집합이 비가산임을 보여라.

7. 차수가 n인 **다항함수**(*polynomial function*)는 일반적으로

$$P(x) = a_nx^n + a_{n-1}x^{n-1} + \cdots + a_1x + a_0 \quad (a_n \neq 0)$$

로 주어진다. $a_k\,(k = 0, 1, \ldots, n)$를 P의 **계수**(*coefficient*)라 한다. 앞으로 간단히 다항함수를 **다항식**(*polynomial*)이라 말한다.

유리계수를 갖는 모든 다항식들의 집합은 가산임을 보여라.

8. $x \in \mathbb{R}$가 유리계수를 갖는 어떤 다항함수 f의 근 $(f(x) = 0)$ 일 때 **대수**(*algebraic number*)라 한다. 대수가 아닌 실수를 **초월수**(*transcendental number*)라 한다. 차수가 n인 다항함수는 기껏해야 n개의 근을 가진다고 가정하자. (이것은 현대대수학에서 잘 알려진 사실이다.) 모든 대수들의 집합 A는 가산임을 보여라.

9. 수학적귀납법의 원리 2.2.5로부터 $\mathbb{N}$의 정렬정리 2.2.4를 증명하여라.

10. (⋆ Bernoulli 부등식 ⋆)

$x > -1$ ($x \neq 0$) 일 때, 다음 부등식이 성립함을 보여라 (예제 5.2.13(a)).

$$(1+x)^n > 1 + nx \qquad (n \geq 2). \tag{2.3}$$

[주의] $x = 0$ 또는 $n = 1$ 일 경우에만 등호(=)가 성립한다.

11. $n \geq 2$인 모든 $n \in \mathbb{N}$에 대하여 다음을 증명하여라.

(a) $\left(1 - \frac{1}{n^2}\right)^n > 1 - \frac{1}{n}$.

(b) $\left(1 + \frac{1}{n-1}\right)^{n-1} < \left(1 + \frac{1}{n}\right)^n$.

(c) $\left(1 + \frac{1}{n-1}\right)^n > \left(1 + \frac{1}{n}\right)^{n+1}$.

12. $n \geq 2$이고 $x_i > 0$ $(i = 1, 2, \ldots, n)$ 또는 $-1 < x_i < 0$ $(i = 1, 2, \ldots, n)$이면

$$\prod_{i=1}^{n} (1 + x_i) > 1 + \sum_{i=1}^{n} x_i$$

가 성립함을 증명하여라. 특히, 위 결과로부터 Bernoulli 부등식 (연습문제 2.2.10)을 유도하여라.

13. 수학적귀납법 2.2.6을 이용하여 다음을 보여라.

(a) $2^n \leq (n+1)!$ $\quad (n \in \mathbb{N})$.

(b) $\left(\frac{x+y}{2}\right)^n \leq \frac{x^n + y^n}{2}$ $\quad (x,\, y \geq 0,\ n \in \mathbb{N})$.

(c) $\sum_{i=0}^{n} \binom{i}{k} = \binom{n+1}{k+1}$ $\quad (n,\, k \in \mathbb{N})$, 여기서 $\binom{n}{k} = \frac{n!}{k!(n-k)!}$이다.

(d) $\sum_{i=0}^{n} i = \frac{n(n+1)}{2}$, $\quad \sum_{i=0}^{n} i^2 = \frac{n(n+1)(2n+1)}{6}$, $\quad \sum_{i=0}^{n} i^3 = \left(\frac{n(n+1)}{2}\right)^2$.

14. $\binom{n}{k} = \frac{n!}{k!(n-k)!}$라 할 때, Pascal의 공식 $\binom{n}{k} + \binom{n}{k-1} = \binom{n+1}{k}$ $(k = 1, 2, \ldots, n)$와 수학적 귀납법을 이용하여 다음 **이항공식**(*binimial formula*)을 증명하여라.

$$(a+b)^n = \sum_{k=0}^{n} \binom{n}{k} a^{n-k} b^k. \tag{2.4}$$

15. $a_n = \sum_{k=1}^{2n} 1/\binom{2n}{k}$라 할 때 다음을 증명하여라.

$$1 + \frac{1}{n} \leq a_n \quad (n \geq 2), \qquad a_n \leq 1 + \frac{1}{n} + \frac{3}{n^2} \quad (n \geq 3).$$

(위 부등식의 응용: 연습문제 3.3.17.)

16. $m_1 + m_2 + \cdots + m_k = n$를 만족하는 양의 실수 m_j $(j = 1, 2, \ldots, k)$에 대하여

$$\sum_{i<j} m_i m_j \leq \left(1 - \frac{1}{k}\right) \frac{n^2}{2}$$

이고, $m_1 = \cdots = m_k$일 때만 등호가 성립함을 보여라.

17.‡ $n \in \mathbb{N}$이고 $a_k, b_k \in \mathbb{R}$ $(k = 1, 2, \ldots, n)$라 할 때, 다음이 성립함을 보여라.

$$\sum_{k=1}^{n} a_k b_k \le \left(\sum_{k=1}^{n} a_k^2\right)^{1/2} \left(\sum_{k=1}^{n} b_k^2\right)^{1/2}. \tag{2.5}$$

더욱, 모든 b_k가 0이 아니면 위 부등식의 등호가 성립할 동치조건은 $r \in \mathbb{R}$가 존재하여 $a_k = rb_k$ $(k = 1, 2, \ldots, n)$를 만족하는 경우이다. (이것을 **Cauchy 부등식**(*Cauchy's inequality*)이라 한다.)

18. $x_i > 0$ $(i = 1, 2, \ldots, n)$일 때 다음을 보여라.

(a) $n^2 \le (x_1 + x_2 + \cdots + x_n)\left(\frac{1}{x_1} + \frac{1}{x_2} + \cdots + \frac{1}{x_n}\right)$.

(b) $\frac{x_1+x_2+\cdots+x_n}{\sqrt{n}} \le \left(x_1^2 + x_2^2 + \cdots + x_n^2\right)^{1/2} \le x_1 + x_2 + \cdots + x_n$.

(c) $x_1 x_2 \cdots x_n \le \left(\frac{x_1+x_2+\cdots+x_n}{n}\right)^n \quad \left(\Leftrightarrow \sqrt[n]{x_1 x_2 \cdots x_n} \le \frac{x_1+x_2+\cdots+x_n}{n}\right)$.

[주의] 위의 (c)를 다시 말하면, **기하평균**(*geometric mean*)이 **산술평균**(*arithmetic mean*)보다 크지 않다는 것을 의미한다. 연습문제 8.3.16과 비교하여라.

19. 수학적귀납법 2.2.6을 뒤따르는 주의를 이용하여 다음처럼 강화된 수학적귀납법을 증명하여라.

$n_o \in \mathbb{Z}$이고, $p(n_0), p(n_0 + 1), \ldots, p(n), \ldots$ $(n \ge n_0)$는 명제라 하자.

(i) $p(n_0)$이 참이다.

(ii) 각 $k \ge n_0$에 대하여, 모든 $p(n_0), p(n_0 + 1), \ldots, p(k)$가 참이라면 $p(k+1)$도 참이다.

(i), (ii)가 성립하면, 모든 $n \ge n_0$에 대하여 $p(n)$이 참이다.

연습문제풀이 및 힌트 2.2

1. (1) 항등사상 $I_A : A \to A$를 생각하면 분명히 $A \approx A$이다.

(2) $f : A \to B$가 전단사이다 iff $f^{-1} : B \to A$가 전단사이다.

(3) $f : A \to B$, $g : B \to C$가 전단사이면 $g \circ f : A \to C$도 전단사이다.

2. (a) (대우증명) 정의역 A가 가산이라 가정하자. 먼저 A가 유한이면 치역 $f(A)$도 유한이므로 증명이 곧바로 끝난다. 이제 $A \approx \mathbb{N}$이면 전단사함수 $g : \mathbb{N} \to A$가 존재한다. 그때, 각 $n \in \mathbb{N}$에 대하여 $h(n) = f(g(n))$로 정의된 함수 $h : \mathbb{N} \to f(A)$가 전사함수임을 보여라. 그러면 정리 2.2.8 (b)에 의하여 $f(A)$가 가산이고, 대우증명이 모두 끝난다.

(b) A를 0과 1로 된 모든 수열들의 집합이라 하고 정리 2.2.12의 증명과 같은 방법으로 모순증명을 하자. $A = \{x_1, x_2, \ldots\}$라 가정하자. 각 $k \in \mathbb{N}$에 대하여 $x_k = (a_1^k, a_2^k, \ldots, a_n^k, \ldots) \in$

A라 하자. A가 0과 1로 된 수열들의 집합이므로 모든 a_n^k는 0 또는 1이다. 이제 각 $k \in \mathbb{N}$에 대하여

$$a_k = \begin{cases} 1 & a_k^k = 0\text{일 때} \\ 0 & a_k^k = 1\text{일 때} \end{cases}$$

로 정의된 수열 $x = (a_k)$는 모든 x_n과 다르면서 역시 A 내에 있다는 모순이 제기된다.

(c) 가정에 의하여 $A \setminus B$도 비가산이다. 정리 2.2.3에 의하여 $A \setminus B$는 가부번인 부분집합 C를 포함한다. $D = B \cup C$도 가부번이다. 그러므로 $D \approx C$이다. 즉, 전단사 함수 $h : D \to C$가 존재한다. 이제

$$f(x) = \begin{cases} x & x \in A \setminus D\text{일 때} \\ h(x) & x \in D\text{일 때} \end{cases}$$

로 정의하면 $f : A \to A \setminus B$이고 f는 전단사이다(따라서, $A \approx A \setminus B$이다). 먼저 f가 단사임을 보이기 위하여 $f(x) = f(y)$ $(x, y \in A)$라 하자. 「x(또는 y)$\in A \setminus D$이고 y(또는 x)$\in D$」인 경우는 절대로 일어나지 않는다. ($\because$ 만약 $x \in A \setminus D$이고 $y \in D$라면 $f(x) = x \in A \setminus D, f(y) = h(y) \in C \subset D$이다. 즉, $x = h(y) \in D \cap (A \setminus D) = \emptyset$이고 이것은 모순이다. $y \in A \setminus D$이고 $x \in D$인 경우에도 마찬가지로 모순을 낳는다.) 따라서 (i) $x, y \in A \setminus D$ 또는 (ii) $x, y \in D$인 경우만 가능하다. (i)의 경우는 자명하고 (ii)인 경우는 $h(x) = h(y)$이고 h가 단사이므로 $x = y$가 곧바로 얻어진다. 따라서 f는 단사이다. 이제 f가 전사임을 보이자. $z \in A \setminus B$을 임의로 선택하고 $z \in f(A)$임을 보이면 충분하다. $z \in A$이고 $z \notin B$이므로 (i) $z \in A \setminus D$ 또는 (ii) $z \in C$인 두 경우가 가능하다. (i)인 경우에는 $z = f(z) \in f(A)$이므로 분명하다. (ii)인 경우에는 $h : D \to C$가 전사이므로 $h(x) = z$를 만족하는 $x \in D\,(\subset A)$가 존재한다. 그러므로 $z = h(x) = f(x) \in f(A)$이다. 따라서 f는 전사이다.

(d) (c)에서 $A = [0, 1]$, $B = \{0, 1\}$로 선택하면 $[0, 1] \approx (0, 1)$이다.

$$f(x) = \frac{x - a}{b - a} \qquad (x \in [a, b])$$

라 두면 $f : [a, b] \to [0, 1]$는 전단사함수임을 주목하여라.

(e) 일반성을 잃지 않고 $A \approx \mathbb{N}$라 하자. 각 $n \in \mathbb{N}$에 대하여

$$P_n = \{I \subset A : |I| = n\}$$

이라 하자. 단, $|I|$는 I의 원소들의 갯수를 의미한다. $I = \{a_1, a_2, \ldots, a_n\} \in P_n$에 대하여

$$f(I) = (a_1, a_2, \ldots, a_n)$$

로 정의하면 $f: P_n \to A^n$는 단사함수이다. ($\because$ $J \in P_n$이고 $f(I) = f(J)$라 하자. $I, J \in P_n$이므로 $I = \{a_1, a_2, \ldots, a_n\}$, $J = \{b_1, b_2, \ldots, b_n\}$라 하자. $f(I) = f(J)$이므로 $(a_1, a_2, \ldots, a_n) = (b_1, b_2, \ldots, b_n)$이다. Cartesian 곱의 정의에 의하여 $a_i = b_i\,(i = 1, 2, \ldots, n)$이어야 한다. 그러므로 $I = J$이다.) 한편, 정리 2.2.11에 의하여 A^n도 가산이므로 $A^n \approx \mathbb{N}$이다. 즉, 전단사 함수 $g: A^n \to \mathbb{N}$가 존재하고, $g \circ f: P_n \to \mathbb{N}$는 분명히 단사이다. 정리 2.2.8(c)에 의하여 P_n은 가산이다. A의 모든 유한인 분분집합들의 집합족 P는 $P = \emptyset \cup (\cup_{n=1}^{\infty} P_n)$로 주어지고 정리 2.2.9에 의하여 P는 가산이다.

3. K가 가산이라 가정하자. 그러면

$$K = \{x^{(1)}, x^{(2)}, \ldots\},$$

여기서, 모든 $n \in \mathbb{N}$에 대하여

$$x^{(n)} = \left(0.x_1^{(n)} x_2^{(n)} x_3^{(n)} \cdots\right)_3$$

이고 $x_k^{(n)}\,(k = 1, 2, \ldots)$는 0 또는 2이다. 각 $n \in \mathbb{N}$에 대하여

$$x_n = \begin{cases} 2 & x_n^{(n)} = 0\text{일 때} \\ 0 & x_n^{(n)} = 2\text{일 때} \end{cases}$$

라면 $x = (0.x_1 x_2 \cdots)_3 \in K$이고 $x \neq x^{(n)}\,(n \in \mathbb{N})$이다. 이것은 서로 모순이다.

[별해] 연습문제 7.1.14 $(p = 2)$에 의하여

$$z \in [0, 1] \;\Leftrightarrow\; z = (0.z_1 z_2 \cdots)_2 = \sum_{n=1}^{\infty} \frac{z_n}{2^n} \qquad (z_n = 0 \text{ 또는 } 1)$$

임을 주목하여라. 그러면

$$f(x) = \sum_{n=1}^{\infty} \frac{(x_n/2)}{2^n} \qquad \left(x = \sum_{n=1}^{\infty} \frac{x_n}{3^n} \in K\right)$$

로 정의된 함수 $f: K \to [0, 1]$는 전사임을 밝힌 후, Cantor 집합 K가 비가산임을 보이기 위하여 정리 2.2.12와 연습문제 2.2.2 (a)를 적용하여라.

4. (a) $[0, 1]$의 제거된 모든 열린구간들은 3진법 표현에서 1의 자릿수(*digit*)를 항상 갖는다. $x \in \left(\frac{1}{3}, \frac{2}{3}\right)$라면 $x = (0.1x_2x_3\ldots)_3$으로 표현된다. 그리고 제거된 구간의 끝점들은 두 가지 3진법 표현이 가능하다. 예를 들면 $\frac{1}{3} = (0.100\cdots)_3 = (0.022\cdots)_3$이다. 또한, $x \in \left(\frac{1}{9}, \frac{2}{9}\right)$ 또는 $x \in \left(\frac{7}{9}, \frac{8}{9}\right)$이면

$$x = (0.01x_3x_4\cdots)_3 \quad \text{또는} \quad x = (0.21x_3x_4\cdots)_3$$

로 표현된다. 일반적으로 $x \in \left(\frac{3k+1}{3^n}, \frac{3k+2}{3^n}\right)$ $(0 \le k < \frac{3^n-2}{3})$ 이면

$$x = (0.x_1x_2\cdots x_{n-1}1x_{n+1}\cdots)_3,$$

여기서 각 x_i는 0 또는 2이다. 그러므로 $x = (0.x_1x_2\cdots) \in K$이면 3진표현에서 $x_k = 1$의 자릿수(*digit*)를 절대로 갖지 않는다.

(b) $x \in 2^{\mathbb{N}} \;\Leftrightarrow\; x = (x_1, x_2, \ldots, x_n, \ldots)$, 여기서 각 $x_i = 0$ 또는 1이다. 이제 $x = (x_n) \in 2^{\mathbb{N}}$ $(x_i = 0$ 또는 $1)$에 대하여 $f(x) = \sum_{n=1}^{\infty} \frac{2x_n}{3^n}$로 정의된 함수 $f : 2^{\mathbb{N}} \to K$가 전단사임을 보인다. 먼저 f가 단사임을 보이자. $x = (x_n) \neq y = (y_n)$라 하자. $k = \min\{n \in \mathbb{N} : x_n \neq y_n\}$이고 $y_k = 1, x_k = 0$이라 하자. $2\sum_{n=k+1}^{\infty} 3^{-n} = 3^{-k}$이므로

$$\begin{aligned}
f(y) &= 2\sum_{n=1}^{\infty}\frac{y_n}{3^n} \ge 2\sum_{n=1}^{k}\frac{y_n}{3^n} = 2\sum_{n=1}^{k-1}\frac{y_n}{3^n} + \frac{2}{3^k} \qquad (\because\ y_k = 1)\\
&> 2\sum_{n=1}^{k-1}\frac{y_n}{3^n} + \frac{1}{3^k} \qquad \left(\because\ \frac{2}{3^k} > \frac{1}{3^k}\right)\\
&= 2\left(\sum_{n=1}^{k-1}\frac{y_n}{3^n} + \sum_{n=k+1}^{\infty}\frac{1}{3^n}\right)\\
&= 2\left(\sum_{n=1}^{k-1}\frac{x_n}{3^n} + 0 + \sum_{n=k+1}^{\infty}\frac{1}{3^n}\right) \qquad (\because\ x_k = 0)\\
&\ge 2\sum_{n=1}^{\infty}\frac{x_n}{3^n} = f(x)
\end{aligned}$$

이다. 따라서 f는 단사이다. 이제 f가 전사임을 보이자. $y \in K$라 하자. Cantor 집합 K의 정의(연습문제 2.2.3)에 의하여

$$y = \sum_{n=1}^{\infty}\frac{y_n}{3^n} \qquad (\text{단, } y_n\text{은 0 또는 2이다})$$

로 주어진다. $x_n = y_n/2\,(n \in \mathbb{N})$로 취하면 $x = (x_n) \in 2^{\mathbb{N}}$이고

$$f(x) = \sum_{n=1}^{\infty}\frac{2x_n}{3^n} = \sum_{n=1}^{\infty}\frac{y_n}{3^n} = y$$

이다. 그러므로 f는 전사이다.

5. (a) 만약 $A = \emptyset$이면 자명하다. 이제 $A \neq \emptyset$이고 $A \approx \mathcal{P}(A)$라 가정하면 전단사함수 $g : A \to \mathcal{P}(A)$가 존재한다.

$$B = \{x \in A : x \notin g(x)\} \in \mathcal{P}(A)$$

을 생각하자. g가 전사이므로 $g(a_0) = B$을 만족하는 $a_0 \in A$가 존재한다. 그러면 $a_0 \in B \quad\Leftrightarrow\quad a_0 \notin B$이다. 이것은 모순이다.

(b) 모든 $x = (x_1, x_2, \ldots) \in 2^{\mathbb{N}}$에 대하여

$$H(x) = \{n \in \mathbb{N} : x_n = 1\}$$

로 정의 하면 $H : 2^{\mathbb{N}} \to \mathcal{P}(\mathbb{N})$는 분명히 전단사이다. 먼저 H가 단사임을 보이자. $x = (x_1, x_2, \ldots)$, $y = (y_1, y_2, \ldots) \in 2^{\mathbb{N}}$이고 $H(x) = H(y)(:= J)$라 가정하자. 먼저 모든 $n \in J$에 대하여 $x_n = 1 = y_n$이다. 반면에 $n \in \mathbb{N} \setminus J$이면 $x_n = 0 = y_n$이다. 따라서 $x = y$, 즉 H는 단사이다. H가 전사임을 보이기 위하여 $J \in \mathcal{P}(\mathbb{N})$를 임의로 선택하자. 즉 $J \subset \mathbb{N}$이다.

$$f(n) = \begin{cases} 1 & n \in J\text{일 때} \\ 0 & n \in \mathbb{N} \setminus J\text{일 때} \end{cases}$$

로 정의하자. 그러면 $f \in 2^{\mathbb{N}}$이고 $H(f) = J$이다. 따라서 H는 전사이다.

6. $\mathbb{N}$ 상에 정의되는 모든 특성함수들의 집합을 Γ, 즉 $\Gamma = \{\chi_J : J \subset \mathbb{N}\}$라 두고 $\Gamma \approx \mathcal{P}(\mathbb{N})$임을 주목하여라. 동시에 연습문제 2.2.5 (b)를 이용하여라.

7. $a_k \in \mathbb{Q}$ $(k = 0, 1, \ldots, n)$, $a_n \neq 0 \quad \Leftrightarrow \quad (a_0, a_1, \ldots, a_n) \in \mathbb{Q}^n \times (\mathbb{Q} \setminus \{0\})$ 이다. 따름정리 2.2.10과 정리 2.2.11에 의하여 $\mathbb{Q}^n \times (\mathbb{Q} \setminus \{0\})$는 가산이다. 그러므로 차수가 n인 유리계수를 갖는 모든 다항함수들의 집합 P_n은 가산이다. P_r을 유리계수를 갖는 모든 다항함수들의 집합이라 하자. 그러면 $P_r = \cup_{n=0}^{\infty} P_n$이므로 정리 2.2.9에 의하여 P_r도 역시 가산이다.

8. 연습문제 2.2.7의 증명에서 P_r은 유리계수를 갖는 모든 다항식들의 집합이다. 만약 $P \in P_r$라면

$$P(x) = a_n x^n + a_{n-1} x^{n-1} + \cdots + a_1 x + a_0 \quad (a_n \neq 0),$$

여기서, 모든 계수 a_k $(k = 0, 1, \ldots, n)$는 유리수이다. $\{x : P(x) = 0\}$은 기껏해야 n 개의 대수를 갖는다. 연습문제 2.2.7에서 P_r은 가산이므로

$$A = \bigcup_{P \in P_r} \{x : P(x) = 0\}$$

도 가산이다(왜?).

9. $\emptyset \neq S\,(\subset \mathbb{N})$이고, 집합 S에 (가장 작은) 최소원소가 없다고 가정하자.

$$M = \{x \in \mathbb{N} : x < a \quad (a \in S)\}$$

라 하면 $M \cap S = \emptyset$이고 $1 \notin S$이므로 (a) $1 \in M$이다. 만약 $k \in M$이면 (i) $k + 1$가 S의 원소일 경우는 $k + 1$이 S의 최소원소이다. (ii) $k + 1$가 S의 원소가 아닐 경우는

$k+1 \in M$이다. 이것을 요약하면, (b) $k \in M \Rightarrow k+1 \in M$이다. 수학적귀납법의 원리에 의하여 $M = \mathbb{N}$이다. 즉 $S = \emptyset$이다. 이것은 모순이다.

10. 증명은 수학적귀납법을 적용한다. $x > -1$ $(x \neq 0)$이라 하자. $n = 2$이면 $x \neq 0$이므로 $(1+x)^2 = 1+2x+x^2 > 1+2x$이다. 그러므로 (2.3)이 성립한다. $n = k$에 대하여 (2.3)이 성립한다고 가정하자. 즉, $(1+x)^k > 1+kx$이다. 가정에 의하여 $1+x > 0$, $x \neq 0$이므로

$$\begin{aligned}(1+x)^{k+1} &= (1+x)^k(1+x)\\ &> (1+kx)(1+x) = 1+(k+1)x+kx^2\\ &> 1+(k+1)x\end{aligned}$$

가 성립하므로 $n = k+1$에 대하여 (2.3)이 성립한다. 수학적귀납법에 의하여 모든 $n \in \mathbb{N}$에 대하여 (2.3)이 성립한다.

11. (a) $1 - \frac{1}{n^2} > 0$이므로 **Bernoulli 부등식** (연습문제 2.2.10)을 적용하여라. 즉,

$$\left(1-\frac{1}{n^2}\right)^n > 1+n\left(-\frac{1}{n^2}\right) = 1-\frac{1}{n}$$

(b) (a)의 좌변을 다시 쓰면 $\left(1-\frac{1}{n^2}\right)^n = \left(1-\frac{1}{n}\right)^n\left(1+\frac{1}{n}\right)^n$이다. 그러므로 (a)에 의하여

$$\left(1+\frac{1}{n}\right)^n > \left(1-\frac{1}{n}\right)^{1-n} = \left(\frac{n}{n-1}\right)^{n-1} = \left(1+\frac{1}{n-1}\right)^{n-1}$$

을 얻는다.

[별해] $e_n = \left(1+\frac{1}{n}\right)^n$라 두고 **Bernoulli 부등식**을 적용하면

$$\frac{e_{n+1}}{e_n} = \left(1-\frac{1}{(n+1)^2}\right)^{n+1}\left(1+\frac{1}{n}\right) > \left(1-\frac{1}{n+1}\right)\left(1+\frac{1}{n}\right) = 1$$

을 얻는다.

(c) 먼저 **Bernoulli 부등식** (연습문제 2.2.10)에 의하여

$$\begin{aligned}\left(1+\frac{1}{n^2-1}\right)^n &> 1+\frac{n}{n^2-1} \qquad (\because \textbf{Bernoulli 부등식})\\ &> 1+\frac{n}{n^2} = 1+\frac{1}{n} \qquad (n \geq 2)\end{aligned}$$

이므로 모든 $n \geq 2$에 대하여

$$\begin{aligned}\left(1+\frac{1}{n^2-1}\right)^n > 1+\frac{1}{n} &\Leftrightarrow \left(\frac{1+1/(n-1)}{1+1/n}\right)^n > 1+\frac{1}{n}\\ &\Leftrightarrow \left(1+\frac{1}{n-1}\right)^n > \left(1+\frac{1}{n}\right)^{n+1}\end{aligned}$$

을 얻는다.

12. 수학적귀납법으로 증명하여라. Bernoulli 부등식을 유도하기 위해서는 $x > 0$ 또는 $-1 < x < 0$인 두 경우로 나누어 생각하여라.

13. (a) $2 \leq 2! = 2 \cdot 1$이므로 $n = 1$인 경우는 자명하다. $n \geq 2$에 대하여 $2^n \leq (n+1)!$가 성립한다고 가정하자. 그러면 곧바로 다음을 얻는다.,

$$2^{n+1} = 2 \cdot 2^n \leq 2 \cdot (n+1)! < (n+2) \cdot (n+1)! = (n+2)!$$

(b) $n = 1$일 때는 분명하다. 만약 $n = k$일 때 주어진 부등식이 성립한다고 가정하면 $\left(\frac{x+y}{2}\right)^k \leq \frac{x^k+y^k}{2}$이다. 그러면

$$\begin{aligned} \left(\frac{x+y}{2}\right)^{k+1} &= \left(\frac{x+y}{2}\right)^k \frac{x+y}{2} \leq \left(\frac{x^k+y^k}{2}\right) \frac{x+y}{2} \\ &= \frac{x^{k+1}+y^{k+1}+x^k y + x y^k}{4} \leq \frac{x^{k+1}+y^{k+1}}{2} \end{aligned}$$

을 얻는다. (마지막 부등식은 $x^{k+1} - x^k y + y^{k+1} - y^k x = (x-y)(x^k - y^k) \geq 0$임을 주목하여라.)

(c) $n = 1$일 때 주어진 식이 성립함을 보이기 위하여, 모든 $k \in \mathbb{N}$에 대하여 $\sum_{i=0}^{1} \binom{i}{k} = \binom{0}{k} + \binom{1}{k} = \binom{2}{k+1}$임을 주목하여라. 이제 $n = p$에서 $\sum_{i=0}^{p} \binom{i}{k} = \binom{p+1}{k+1}$가 성립한다고 가정하면 Pascal의 공식 $\binom{n}{k} + \binom{n}{k-1} = \binom{n+1}{k}$에 의하여

$$\sum_{i=0}^{p+1} \binom{i}{k} = \sum_{i=0}^{p} \binom{i}{k} + \binom{p+1}{k} = \binom{p+1}{k+1} + \binom{p+1}{k} = \binom{p+2}{k+1}$$

을 얻는다. 그러므로 주어진 식은 $n = p+1$에 대하여 성립한다. 따라서, 수학적귀납법에 의하여 모든 $n \in \mathbb{N}$에 대하여 주어진 식이 성립한다.

(d) $i = \binom{i}{1}$이므로 (c)에 의하여 $\sum_{i=0}^{n} i = \sum_{i=0}^{n} \binom{i}{1} = \binom{n+1}{2} = \frac{n(n+1)}{2}$을 얻는다. 유사한 방법으로 $i^2 = 2\binom{i}{2} + \binom{i}{1}$이므로 (c)에 의하여

$$\begin{aligned} \sum_{i=0}^{n} i^2 &= 2\sum_{i=0}^{n} \binom{i}{2} + \sum_{i=0}^{n} \binom{i}{1} \\ &= 2\binom{n+1}{3} + \binom{n+1}{2} = \frac{n(n+1)(2n+1)}{6} \end{aligned}$$

이다. 먼저 $i^3 = (3!)\binom{i}{3} + (3!)\binom{i}{2} + \binom{i}{1}$임을 주목하여라. (c)를 적용하여 간단히 계산하면 다음이 얻어진다.

$$\sum_{i=0}^{n} i^3 = (3!)\binom{n+1}{4} + (3!)\binom{n+1}{3} + \binom{n+1}{2} = \left(\frac{n(n+1)}{2}\right)^2$$

14. $n = 1$때는 자명하다. $n = m$일 때 (2.4)가 성립한다고 가정하자. 즉,

$$(a+b)^m = \sum_{k=0}^{m} \binom{m}{k} a^{m-k} b^k$$

이 성립한다. 이제 $n = m + 1$일 때 (2.4)가 성립함을 보이자.

$$\begin{aligned}(a+b)^{m+1} &= (a+b)(a+b)^m = (a+b)\sum_{k=0}^{m}\binom{m}{k}a^{m-k}b^k \\ &= \sum_{k=0}^{m}\binom{m}{k}a^{m+1-k}b^k + \sum_{k=0}^{m}\binom{m}{k}a^{m-k}b^{k+1} \\ &= \sum_{k=0}^{m}\binom{m}{k}a^{m+1-k}b^k + \sum_{k=1}^{m+1}\binom{m}{k-1}a^{m+1-k}b^k \\ &= a^{m+1} + \sum_{k=1}^{m}\left[\binom{m}{k}+\binom{m}{k-1}\right]a^{m+1-k}b^k + b^{m+1} \\ &= \sum_{k=0}^{m+1}\binom{m+1}{k}a^{m+1-k}b^k\end{aligned}$$

이므로 수학적귀납법에 의하여 증명이 끝난다.

15. 첫 번째 부등식은 $a_n \geq \frac{1}{\binom{2n}{2n}} + \frac{1}{\binom{2n}{2n-1}} + \frac{1}{\binom{2n}{1}} = 1 + \frac{1}{n}$이고 두 번째 부등식은 $\binom{n}{k} = \binom{n}{n-k}$를 이용하여 다음처럼 그룹핑하면 된다.

$$\begin{aligned} a_n &= \frac{1}{\binom{2n}{2n}} + \left[\frac{1}{\binom{2n}{2n-1}} + \frac{1}{\binom{2n}{1}}\right] + \left[\frac{1}{\binom{2n}{2n-2}} + \frac{1}{\binom{2n}{2}}\right] \\ &\quad + \left[\frac{1}{\binom{2n}{2n-3}} + \cdots + \frac{1}{\binom{2n}{3}}\right] \qquad (\text{나머지 } 2n-5\text{개 항}) \\ &\leq 1 + \frac{2}{2n} + \frac{2}{n(2n-1)} + \frac{3!(2n-5)}{2n(2n-1)(2n-2)} \\ &= 1 + \frac{1}{n} + \frac{2}{n(2n-1)} + \frac{3}{n(2n-1)} \cdot \frac{2n-5}{2n-2} \\ &< 1 + \frac{1}{n} + \frac{5}{n(2n-1)} \leq 1 + \frac{1}{n} + \frac{3}{n^2} \qquad (n \geq 3)\end{aligned}$$

16. 수학적귀납법으로 증명하자. 먼저, $m_1 + m_2 = n$이라 하자. 기하평균보다 산술평균이 크므로 (연습문제 2.2.18 (c))

$$m_1 m_2 \leq \left(\frac{m_1+m_2}{2}\right)^2 = \left(1 - \frac{1}{2}\right)\frac{n^2}{2}$$

이다. 그러므로, $k = 2$일 때 성립한다. 분명히, $m_1 = m_2 = \frac{n}{2}$일 때 등호가 성립한다. $k = p$에 대하여 성립한다고 가정하고 $\sum_{i<j} m_i m_j \leq \left(1 - \frac{1}{p}\right)\frac{n^2}{2}$이고, $m_1 + m_2 + \cdots + m_{p+1} = n$이라 하자. 만약 $t = m_1 \vee \cdots \vee m_{p+1}$, 일반성을 잃지 않고 $t = m_{p+1}$

$(\geq \frac{n}{p+1})$라 하자. $m_1 + m_2 + \cdots + m_p = n - t$이므로 귀납법의 가정에 의하여

$$\begin{aligned}\sum_{i<j} m_i m_j &= \left(\sum_{i<j;1\leq i,j\leq p} m_i m_j\right) + m_{p+1}(m_1 + m_2 + \cdots + m_p)\\ &\leq \left(1 - \frac{1}{p}\right)\frac{(n-t)^2}{2} + t(n-t) = f(t)\end{aligned}$$

얻는다. 우변의 2차 함수를 간단히 계산하면

$$f(t) = -\frac{p+1}{2p}\left(t - \frac{n}{p+1}\right)^2 + \left(1 - \frac{1}{p+1}\right)\frac{n^2}{2} \qquad \left(t \geq \frac{n}{p+1}\right)$$

임을 쉽게 알 수 있다. $t = \frac{n}{p+1}$ 일 때 $f(t)$는 최대값 $\left(1 - \frac{1}{p+1}\right)\frac{n^2}{2}$을 갖는다. 그러므로

$$\sum_{i<j} m_i m_j \leq \left(1 - \frac{1}{p+1}\right)\frac{n^2}{2}$$

이고 $k = p+1$에 대하여도 성립한다. 수학적귀납법에 의하여 모든 $k \in \mathbb{N}$에 대하여도 성립한다.

분명히 $m_1 = \cdots = m_k = \frac{n}{k}$ 일 때 등호가 성립한다. 왜냐하면,

$$\sum_{i<j} m_i m_j = \binom{k}{2} \cdot \frac{n^2}{k^2} = \left(1 - \frac{1}{k}\right)\frac{n^2}{2}$$

이기 때문이다.

17.[‡] $F(t) = \sum_{k=1}^{n}(a_k - tb_k)^2$ $(t \in \mathbb{R})$라 하면 분명히 $F(t) \geq 0$ $(t \in \mathbb{R})$이다.

$$A = \sum_{k=1}^{n} a_k^2, \qquad B = \sum_{k=1}^{n} a_k b_k, \qquad C = \sum_{k=1}^{n} b_k^2$$

라 두면 $F(t) = A - 2Bt + Ct^2 \geq 0$ $(t \in \mathbb{R})$이 된다. $F(t)$는 t에 관한 2차방정식이고 모든 $t \in \mathbb{R}$에 관하여 $F(t) \geq 0$이므로 $D/4 = (-B)^2 - AC \leq 0$이어야 한다. 여기서 D는 2차 방정식의 **판별식**(*discriminant*)을 말한다. 따라서 $B^2 \leq AC$이고 주어진 부등식 (2.5)가 얻어진다.

$b_k = 0$ $(k = 1, 2, \ldots, n)$이면 a_k의 어떤 값에도 (2.5)의 등식이 성립한다. 이제 모든 $b_k = 0$은 아니라고 하자. $(\Leftarrow)$ $t \in \mathbb{R}$가 존재하여 $a_k = tb_k$ $(k = 1, 2, \ldots, n)$라 하자. 그러면 (2.5)의 양변은 $t^2\left(\sum_{k=1}^{n} b_k^2\right)^2$로 등호가 성립한다. $(\Rightarrow)$ (2.5)의 등식이 성립한다고 가정하자. 그러면 2차방정식 $F(t) = 0$가 중근 r (즉, $D/4 = 0$)을 가져야 한다. 이 경우에 곧바로 $a_k = rb_k$ $(k = 1, 2, \ldots, n)$가 성립한다. 왜냐하면,

$$F(r) = A - 2Br + Cr^2 = 0 \;\Leftrightarrow\; \sum_{k=1}^{n}(a_k - rb_k)^2 = 0$$

이기 때문이다.

18. (a)와 (b)는 Cauchy 부등식 (연습문제 2.2.17)을 이용하여라. (c)를 수학적귀납법으로 증명해보자. 먼저 $n = 2$이면

$$\left(\frac{x_1 + x_2}{2}\right)^2 - x_1 x_2 = \left(\frac{x_1 - x_2}{2}\right)^2 \geq 0$$

이므로 주어진 식이 곧바로 성립한다. (i) $n = 2^k$인 경우 주어진 식이 성립한다고 가정하고 $n = 2^{k+1}$라 두면

$$\begin{aligned}
x_1 \cdots x_{2^{k+1}} &= (x_1 \cdots x_{2^k})\left(x_{2^k+1} \cdots x_{2^{k+1}}\right) \\
&\leq \left(\frac{x_1 \cdots x_{2^k}}{2^k}\right)^{2^k} \left(\frac{x_{2^k+1} \cdots x_{2^{k+1}}}{2^k}\right)^{2^k} \\
&= \left[\left(\frac{x_1 \cdots x_{2^k}}{2^k}\right)\left(\frac{x_{2^k+1} \cdots x_{2^{k+1}}}{2^k}\right)\right]^{2^k} = (ab)^{2^k} \\
&\leq \left(\frac{a+b}{2}\right)^{2^{k+1}} \qquad \left[\because\ ab \leq \left(\frac{a+b}{2}\right)^2\right] \\
&= \left(\frac{x_1 \cdots x_{2^{k+1}}}{2^{k+1}}\right)^{2^{k+1}}
\end{aligned}$$

이므로 주어진 식이 성립한다. (ii) $n > 2$이고 2^k꼴이 아니라 하자. 그러면 적당한 $m \in \mathbb{N}$이 존재하여 $2^m < n < 2^{m+1} (= p)$이다. 이제 n개의 주어진 $x_1, x_2, \ldots, x_n$에 $n - p$개의 다른 수 $x_{n+1}, x_{n+2}, \ldots, x_p$를 더하여 생각하자. 여기서

$$x_i = \frac{x_1 + x_2 + \cdots + x_n}{n} \ (= x) \qquad (i = n+1, \ldots, p)$$

이다. 앞의 증명 (i)에 의하여 다음 부등식이 성립한다.

$$x_1 \cdots x_p \leq \left(\frac{x_1 + \cdots + x_p}{p}\right)^p$$

위의 부등식에서 $x_1 x_2 \cdots x_p = x_1 x_2 \cdots x_n x^{p-n}$와

$$x_1 + \cdots + x_p = (x_1 + \cdots + x_n) + (p - n)x = nx + (p - n)x = p\,x,$$

즉, $(x_1 + \cdots + x_p)/p = x$로 바꾸면 곧바로

$$x_1 \cdots x_n x^{n-p} \leq x^p \quad \Leftrightarrow \quad x_1 \cdots x_n \leq x^n = \left(\frac{x_1 + \cdots + x_n}{n}\right)^n$$

을 얻고 증명이 모두 끝난다.

19. 각 $n\,(\geq n_0) \in \mathbb{N}$에 대하여 $q(n)$를 명제 $p(n_0), p(n_0+1), \ldots, p(n)$가 모두 참인 명제라 두자. 그러면 (i)에 의하여 $q(n_0)$는 참이다. 한편, $q(k) \Rightarrow p(k+1)$이므로 (ii)에 의하여, 각 $k \geq n_0$에 대하여, $q(k)$가 참이면 곧바로 $q(k)$와 동시에 $p(k+1)$도 참이 된다. 즉,

$q(k+1)$가 참이다. 따라서 수학적귀납법 2.2.6을 뒤따르는 주의 (i)$'$, (ii)$'$가 만족되었기에 모든 $n \geq n_0$에 대하여 $q(n)$이 참이다. 다시 말하면, 모든 $n \geq n_0$에 대하여 $p(n)$이 참이다.

2.3 $\mathbb{R}$의 공리

체공리

달리 말하지 않으면 모든 x, y, z는 실수이다.

(A1) $x + y = y + x, \quad xy = yx.$ (교환법칙)

(A2) $x + (y + z) = (x + y) + z, \quad x(yz) = (xy)z.$ (결합법칙)

(A3) $x(y + z) = xy + xz.$ (분배법칙)

(A4) $\exists\, 0 \in \mathbb{R}$ s.t. $x + 0 = x \ (x \in \mathbb{R}).$

(A5) $\forall\, x \in \mathbb{R},\ \exists\, -x \in \mathbb{R}$ s.t. $x + (-x) = 0.$

(A6) $\exists\, 1\, (\neq 0) \in \mathbb{R}$ s.t. $1 \cdot x = x \ (x \in \mathbb{R}).$

(A7) $\forall\, x\, (\neq 0) \in \mathbb{R},\ \exists\, x^{-1} \in \mathbb{R}$ s.t. $xx^{-1} = 1.$

순서공리

이제 $\mathbb{R}$는 체(*field*)일 뿐만아니라 "순서체"(*ordered field*)이다. 이것은 $\mathbb{R}$이 다음 세 조건 $(\mathbf{P}_1)$-$(\mathbf{P}_3)$를 만족하는 공집합이 아닌 부분집합 P(이것을 앞으로 **양의 실수**(*positive real numbers*)들의 집합이라 부른다)을 갖고 있음을 뜻한다.

$(\mathbf{P}_1)$ $x, y \in P \quad \Rightarrow \quad x + y \in P.$

$(\mathbf{P}_2)$ $x, y \in P \quad \Rightarrow \quad xy \in P.$

$(\mathbf{P}_3)$ $x \in \mathbb{R}$이면 다음 중 오직 하나만 성립한다.

$$x = 0, \quad x \in P, \quad -x \in P.$$

위의 $(\mathbf{P}_3)$는 $\mathbb{R}$의 원소들을 세 개의 서로 다른 형태의 구룹, 즉 $P \cup \{0\} \cup -P$로 나누고 있으므로 **삼분성질**(*trichotomy property*)이라 불리어 진다. 여기서 $-P = \{-x : x \in P\}$이다. 앞으로 이것을 **음의 실수**(*negative real numbers*)들의 집합이라 부른다.

[표기] $x \in P$이면 $x > 0$로 표기하고 **양의 실수** 또는 간단히 **양수**(*positive number*)라 말하고, $-x \in P$이면 $x < 0$로 표기하고 음의 실수 또는 간단히 **음수**(*negative number*)라 한다. 또한 $x \in P \cup \{0\}$인 경우를 $x \geq 0$로 쓰고 앞으로 이것을 **비음**(*nonnegative*)이라 부른다. 더욱 $y - x \in P$이면 $x < y$ 또는 $y > x$로 쓰고 $y - x \in P \cup \{0\}$이면 $x \leq y$ 또는 $y \geq x$로 나타낸다. $(x < y) \wedge (y < z)$ 또는 $(x \leq y) \wedge (y < z)$인 경우를 편의상 $x < y < z$ 또는 $x \leq y < z$로 각각 표기한다.

모든 $x, y, z \in \mathbb{R}$에 대하여 $P (\subset \mathbb{R})$의 성질 $(\mathbf{P}_1)$ - $(\mathbf{P}_3)$로부터 다음 순서성질들이 성립함을 주목하여라.

$(\mathbf{P}_1)'$ $x > y$이면 $x + z > y + z$이다.

$(\mathbf{P}_2)'$ $x > y$ 일 때, $z > 0$이면 $xz > yz$이고 $z < 0$이면 $xz < yz$이다.

$(\mathbf{P}_3)'$ 모든 $x, y \in \mathbb{R}$에 대하여 $x > y$, $x = y$, $x < y$중 오직 하나만 성립한다.

$\mathbb{R}$의 순서성질 $(\mathbf{P}_1)'$ - $(\mathbf{P}_3)'$로부터 아주 유용한 다음 성질을 얻는다. 이 단순한 성질이 극한이론의 기초가 된다는 것은 아주 흥미롭다.

보조정리 2.3.1 임의의 $\epsilon > 0$에 대하여 $x \leq y + \epsilon$이면 $x \leq y$이다.

[표기] 실수 a, b에 대하여 다음 사실을 주목하자.

$$a \vee b = \max\{a, b\} = \frac{|a - b| + a + b}{2},$$
$$a \wedge b = \min\{a, b\} = \frac{-|a - b| + a + b}{2}.$$

두 함수 $f, g : A \to \mathbb{R}$에 대하여도 같은 방법으로 $f \vee g$와 $f \wedge g$를 정의 할 수 있다.

$$(f \vee g)(x) = \max\{f(x), g(x)\} = \frac{|(f - g)(x)| + (f + g)(x)}{2},$$
$$(f \wedge g)(x) = \min\{f(x), g(x)\} = \frac{-|(f - g)(x)| + (f + g)(x)}{2}.$$

앞으로 $a_1 \vee \cdots \vee a_n$와 $a_1 \wedge \cdots \wedge a_n$를 각각 간단히 $\vee_{k=1}^{n} a_k$와 $\wedge_{k=1}^{n} a_k$로 표기한다.

[표기] 집합 $A_n = \{x_n, x_{n+1}, \ldots\} = \{x_k : k \geq n\}$의 상·하한을 앞으로 각각

$$\sup A_n = \sup_{k \geq n} x_k, \qquad \inf A_n = \inf_{k \geq n} x_k$$

로 표기한다(단조수렴정리 3.3.1과 3.4절).

완비공리

(AC) A가 공집합이 아닌 $\mathbb{R}$의 부분집합이라 하자. 만약 A가 위로 유계이면 A의 상한 $\sup A$가 존재한다.

[**주의**] 앞으로 공리 **(AC)**을 **완비공리**(*axiom of completeness* or *completeness axiom*)라 부른다. 때때로 이것을 **연속공리**(*axiom of continuity*) 또는 **상한성질**(*supremum property*)이라 부르기도 한다.

A가 공집합이 아닌 $\mathbb{R}$의 부분집합일 때 **(AC)**의 다음 쌍대성질(*dual property*)은 **(AC)**과 연습문제 2.3.9 (b)로부터 자명하다.

(AC)$'$ 만약 A가 아래로 유계이면 A의 하한 $\inf A$가 존재한다.

예제 2.3.2 (a) $A = (0,1)$이면 $\sup A = 1$이다.

(b) $A = \{1/n : n \in \mathbb{N}\}$이면 $\inf A = 0$이다.

(c) $A,\ B\,(\neq \emptyset) \subset \mathbb{R}$이라 하자. 만약 $a \leq b\ (a \in A,\ b \in B)$이면 $\sup A \leq \inf B$이다.

(d) $A\,(\neq \emptyset) \subset \mathbb{R}$이라 하자. 만약 A가 위로 유계이고 A의 모든 상계들의 집합을 B라 하면 $\sup A = \inf B$이다.

보조정리 2.3.3 (상한에 대한 근사성질) u가 $\mathbb{R}$의 공집합이 아닌 부분집합 A의 상계라면 다음이 성립한다.

$$u = \sup A \quad \Leftrightarrow \quad \forall \epsilon > 0, \quad \exists x_\epsilon \in A \ : \ u - \epsilon < x_\epsilon. \tag{2.6}$$

정리 2.3.4 (Archimedian 성질)

임의 실수 x에 대하여 $n > x$를 만족하는 자연수 n이 존재한다.

정리 2.3.5 ($\mathbb{Q}$의 조밀성)

서로 다른 두 실수 사이에는 유리수가 존재한다.

정리 2.3.6 (양의 n-승근의 존재성)

$$\forall\, a\,(>0) \in \mathbb{R},\ n \in \mathbb{N}, \quad \exists!\ u(>0) \in \mathbb{R} \ : \ u^n = a.$$

따름정리 2.3.7 (제곱근의 존재성) $a \in \mathbb{R}$, $a > 0$에 대하여, $x^2 = a$를 만족하는 오직 하나의 양의 실수 x가 존재한다.

연습문제 2.3

1. $\mathbb{R}$ 내에서 다음 사실들을 증명하여라.

   (a) $(\mathbf{A}_4)$-$(\mathbf{A}_7)$의 항등원 0, 1과 역원 $-x$, x^{-1}은 일의적으로 결정된다.

   (b) $x + x = x \Leftrightarrow x = 0$ 이다.

   (c) $0 \cdot x = 0, \quad -x = (-1)x, \quad -(-x) = x, \quad (-x)(-y) = xy.$

   (d) $x - y = x + (-y) = -(y - x), \quad (x^{-1})^{-1} = x.$

2. 순서성질$(\mathbf{P}_1)'$ - $(\mathbf{P}_3)'$를 증명하고 이것을 이용하여 다음이 성립함을 보여라.

   (a) $x(\neq 0) \in \mathbb{R}$이면 $x^2 > 0$이다. 특히, $-1 < 0 < 1$이다.

   (b) $x \leq y$, $x \geq y$이면 $x = y$이다.

   (c) $x > 0$이면 $1/x > 0$이고 $x < 0$이면 $1/x < 0$이다.

   (d) $xy > 0 \quad \Leftrightarrow \quad x > 0, y > 0$ 또는 $x < 0, y < 0$이다.

   (e) $xy < 0 \quad \Leftrightarrow \quad x > 0, y < 0$ 또는 $x > 0, y < 0$이다.

   (f) $0 < x < y$ 이면 $x^2 < y^2$, $\sqrt{x} < \sqrt{y}$ 이고 $\sqrt{y} - \sqrt{x} < \sqrt{y - x}$ 이다.

3. 다음 사실을 증명하여라.

   (a) $0 < c < 1$이면 $0 < c^2 < c < 1$이다. 더욱 $c^n < c \; (n \in \mathbb{N})$이다.

   (b) $c > 1$이면 $c^2 > c > 1$이다. 더욱 $c^n > c \; (n \in \mathbb{N})$이다.

   (c) $0 < a < b$이면 $a < \sqrt{ab} < b$, $0 < 1/b < 1/a$, $0 < \sqrt[n]{a} < \sqrt[n]{b} \; (n \in \mathbb{N})$이다.

   (d) $0 < c < 1$이면 $0 < 1 - \sqrt{1 - c} < c$이다.

4. $a \in \mathbb{R}$이라 하자. 임의의 $\epsilon > 0$에 대하여 $0 \leq a < \epsilon$이면 $a = 0$임을 보여라. 더욱, 이 사실은 보조정리 2.3.1과 서로 동치임을 살펴보아라.

5. 절대값에 관한 성질 (1–3)을 증명하고, $a, b \in \mathbb{R}$라 할 때 다음을 증명하여라.

   (a) $\big| |a| - |b| \big| \leq |a - b|$.

(b) $|a-b| \le |a| + |b|$.

(c) $a \vee b = \frac{|a-b|+a+b}{2}$, $a \wedge b = \frac{-|a-b|+a+b}{2}$.

6. 모든 $x \in \mathbb{R}$는 $\emptyset$의 상계이고 동시에 하계임을 보여라. (따라서, $\sup(\emptyset)$와 $\inf(\emptyset)$는 존재하지 않음을 주목하여라.)

7. 집합 $A(\subset \mathbf{R})$의 상한과 하한이 존재하면 유일함을 보여라.

8. A은 실수 $\mathbb{R}$의 유계집합이고 A_0는 공집합이 아닌 A의 부분집합이라 할 때

$$\inf A \le \inf A_0 \le \sup A_0 \le \sup A$$

가 성립함을 증명하여라.

9. $A(\neq \emptyset) \subset \mathbb{R}$이고 $-A = \{-x : x \in A\}$라 할 때 다음 사실을 증명하여라.

(a) c가 A의 상계(또는 하계)이다 $\Leftrightarrow$ $-c$가 $-A$의 하계(또는 상계)이다.

(b) A가 상한(또는 하한)을 가지면 $-A$는 하한(또는 상한)을 갖고 $\inf(-A) = -\sup A$ (또는 $\sup(-A) = -\inf A$)이다.

[주의] (b)로부터 $-A$가 하한을 가지면 $-(-A) = A$가 상한을 갖는다. 그러므로 (b)를 다시 표현하면 다음과 같다.

A가 상한을 갖는다 iff $-A$는 하한을 갖는다.

10. $(\mathbf{AC})'$을 증명하여라.

11. v가 $\mathbb{R}$의 공집합이 아닌 부분집합 A의 하계라 할 때 보조정리 2.3.3의 다음 쌍대성질(*dual property*)을 증명하여라. (이것을 **하한에 대한 근사성질**이라 한다.)

$$v = \inf A \quad \Leftrightarrow \quad \forall \epsilon > 0, \quad \exists x_\epsilon \in A \ : \ x_\epsilon < v + \epsilon. \tag{2.7}$$

12. $a \in \mathbb{R}$이고 $\epsilon > 0$라 할 때 집합 $V_\epsilon(a) = \{x \in \mathbb{R} : |x-a| < \epsilon\}$를 a의 ϵ-**근방**(*neighborhood*)이라 한다. 먼저 다음 사실을 주목하여라.

$$x \in V_\epsilon(a) \quad \Leftrightarrow \quad a - \epsilon < x < a + \epsilon.$$

이제 임의의 $\epsilon > 0$에 대하여 $x \in V_\epsilon(a)$이면 $x = a$임을 증명하여라.

13. c는 실수이고 A가 공집합이 아닌 $\mathbb{R}$의 유계인 부분집합이라 하자.

$$c + A = \{c + x : x \in A\}, \qquad cA = \{cx : x \in A\}$$

라 할 때, 다음 성질들이 성립함을 보여라.

(a) $\sup(c+A) = c + \sup A, \qquad \inf(c+A) = c + \inf A.$

(b) $c > 0 \quad \Rightarrow \quad \sup(cA) = c \sup A, \qquad \inf(cA) = c \inf A.$

(c) $c < 0 \quad \Rightarrow \quad \sup(cA) = c \inf A, \qquad \inf(cA) = c \sup A.$

[주의] (c)에서 $c = -1$이면 $-\sup(-A) = \inf A$ 또는 $-\inf(-A) = \sup A$이다.

14. $A,\, B\, (\neq \emptyset) \subset \mathbb{R}$이고,

$$A + B = \{a + b : a \in A,\, b \in B\}, \qquad AB = \{ab : a \in A,\, b \in B\}$$

라 할 때, 다음을 증명하여라.

(a) $A,\, B$가 위로 (또는 아래로) 유계이면 $A + B$도 위로 (또는 아래로) 유계이고 다음이 성립한다.

$$\sup(A+B) = \sup A + \sup B \quad (\text{또는} \quad \inf(A+B) = \inf A + \inf B).$$

(b) $A,\, B$가 위로 유계인 양수들의 집합이면 AB도 위로 유계이고

$$\sup(AB) = (\sup A)(\sup B)$$

이다.

15. 집합 $A(\neq \emptyset)$에 대하여 함수 $f, g : A \to \mathbb{R}$가 주어졌다고 하자. 더욱 f, g의 치역 $f(A),\, g(A)$가 유계집합이면 다음이 성립함을 보여라.

(a) $f(x) \leq g(x)\ (x \in A) \quad \Rightarrow \quad \sup f(A) \leq \sup g(A), \quad \inf f(A) \leq \inf g(A).$

(b) $f(x) \leq g(y)\ (x, y \subset A) \quad \Rightarrow \quad \sup f(A) \leq \inf g(A).$

(c) $\inf f(A) + \inf g(A) \leq \inf(f+g)(A) \leq \sup(f+g)(A) \leq \sup f(A) + \sup g(A).$

16. 집합 $A,\, B\, (\neq \emptyset)$에 대하여 함수 $F : A \times B \to \mathbb{R}$가 주어졌다고 하자. 더욱 그 치역 $F(A \times B)$가 유계집합이라 할 때, 다음 **반복상한의 원리**(*Principle of iterated suprema*)를 증명하여라.

$$\sup F(A \times B) = \sup_{x \in A} \sup_{y \in B} F(x, y) = \sup_{y \in B} \sup_{x \in A} F(x, y).$$

17. Archimedian 성질 2.3.4를 이용하지 않고 완비공리 **(AC)**를 이용하여 다음을 보여라.

「임의의 양의 두 실수 a, b에 대하여 $na > b$인 자연수 n이 존재한다.」

18. 서로 다른 두 실수 사이에는 무리수가 존재함을 보여라. 즉, $x, y \in \mathbb{R}$, $x < y$라면 $x < z < y$를 만족하는 무리수 z가 존재한다.

19. 각 $x \in \mathbb{R}$에 대하여 $n \le x < n+1$을 만족하는 오직 하나의 $n \in \mathbb{Z}$가 존재함을 보여라. 이 때, $[x] = n$으로 정의된 함수 $x \mapsto [x]$를 **괄호함수**(*bracket function*) 또는 **Gauss 함수**(*Gauss function*)라 부른다.

20. 연습문제 2.3.19를 이용하여 $\mathbb{Q}$의 조밀성 (정리 2.3.5)을 증명하여라.

21. 정리 2.3.6에서 양의 n-승근의 존재성을 증명할 때, 집합 A를

$$A = \{x \in \mathbb{R} : x^n > a\}$$

라 두고 동일한 결론을 유도하여 보아라.

22. $a, b, c \in \mathbb{R}$, $a, b, c \ge 0$이고 $a \le b + c$이면 다음이 성립함을 보여라.

$$\frac{a}{1+a} \le \frac{b}{1+b} + \frac{c}{1+c}.$$

23.[‡] 1906년 Maurice Fréchet(1878-1973)는 $\mathbb{R}$ 상에서 두 점 a, b 사이의 거리인 $|a-b|$를 추상공간으로 확장하기 위하여 다음 개념을 소개하였다. M을 임의의 집합이라 할 때, 함수 $d : M \times M \to [0, \infty)$가 다음 성질 (M$_1$) - (M$_3$)을 만족할 때 M 상의 **거리**(*metric*)라 말한다.

(M$_1$) $d(x,y) \ge 0$이고 $d(x,y) = 0 \Leftrightarrow x = y$이다.

(M$_2$) $d(x,y) = d(y,x)$이다. (이것을 **대칭성**(*symmetry*)이라 한다.)

(M$_3$) $d(x,y) \le d(x,z) + d(z,y)$ $(x, y, z \in M)$이다. (**$\triangle$-부등식**)

앞으로 d가 M 상의 거리일 때, 순서쌍 (M, d)를 **거리공간**(*metric space*)이라 부른다. 이제 다음 사실들이 성립함을 보여라.

(a) $d(x,y) = |x-y|$ $(x, y \in \mathbb{R})$로 정의하면 d가 $\mathbb{R}$ 상의 거리이다. (이 경우의 거리공간 $(\mathbb{R}, d)$를 편의상 $\mathbb{R}^1$으로 표기하고 d를 **절대값거리**(*absolute value metric*)라 말한다.)

(b) 모든 $x, y \in \mathbb{R}$에 대하여

$$d(x,y) = \begin{cases} 0, & x = y\text{일 때} \\ 1, & x \ne y\text{일 때} \end{cases}$$

로 정의된 d도 $\mathbb{R}$ 상의 거리이다. (이러한 d를 **이산거리**(*discrete metric*)라 한다. 이산거리 d를 갖는 거리공간 $(\mathbb{R}, d)$를 간단히 $\mathbb{R}_d$로 표기한다.)

(c) $D(x,y) = \frac{|x-y|}{1+|x-y|}$ $(x, y \in \mathbb{R})$로 정의된 D도 $\mathbb{R}$ 상의 거리이다.

(d) 모든 $\mathbf{x} = (x_1, x_2)$, $\mathbf{y} = (y_1, y_2) \in \mathbb{R} \times \mathbb{R}$에 대하여

$$d_1(\mathbf{x}, \mathbf{y}) = |x_1 - y_1| + |x_2 - y_2|,$$

$$d_2(\mathbf{x}, \mathbf{y}) = \sqrt{(x_1 - y_1)^2 + (x_2 - y_2)^2},$$

$$d_\infty(\mathbf{x}, \mathbf{y}) = \max\{|x_1 - y_1|, |x_2 - y_2|\}$$

와 같이 정의된 d_i $(i = 1, 2, \infty)$는 $\mathbb{R} \times \mathbb{R}$ 상의 거리이다.

(앞으로 거리공간 $(\mathbb{R} \times \mathbb{R}, d_2)$를 간단히 $\mathbb{R}^2$로 쓰고 (Euclidian)**평면**이라 한다. 더 일반적으로 $\mathbb{R}^n$도 정의할 수 있음을 살펴보아라.)

24.[‡] 스칼라 Φ는 $\mathbb{R}$ 또는 $\mathbb{C}$이고 X를 (Φ에 관한) **선형공간**(a *linear space over* Φ)이라 하자(선형대수학 교재참고). 함수 $\|\cdot\| : X \to [0, \infty)$가 다음 성질 (N_1)-(N_3)을 만족할 때 X 상의 **노름**(*norm*)이라 말한다.

(N_1) $\|x\| \geq 0$이고 $\|x\| = 0 \Leftrightarrow x = 0$이다.

(N_2) $\|\alpha x\| = |\alpha|\|x\|$ $(\alpha \in \Phi)$이다.

(N_3) $\|x + y\| \leq \|x\| + \|y\|$ $(x, y \in X)$이다. **($\triangle$-부등식)**

앞으로 $\|\cdot\|$가 X 상의 노름(*norm*)일 때, 순서쌍 $(X, \|\cdot\|)$를 **노름공간**(*normed space*)이라 부른다.

$$d(x, y) = \|x - y\| \qquad (x, y \in X)$$

로 정의된 함수 d가 X 상의 거리(*metric*)가 됨을 보여라. (앞으로 이것을 **노름에 의하여 유도된 거리**(*the metric induced by the norm*)라 부른다.)

모든 $\mathbf{x} = (x_1, x_2) \in \mathbb{R} \times \mathbb{R}$에 대하여 다음과 같이 3종류의 노름을 정의할 수 있다. (독자들은 먼저 노름이 됨을 증명하여라.)

$$\|\mathbf{x}\|_1 = |x_1| + |x_2|,$$

$$\|\mathbf{x}\|_2 = \sqrt{x_1^2 + x_2^2},$$

$$\|\mathbf{x}\|_\infty = \max\{|x_1|, |x_2|\}.$$

$\|\cdot\|_i$에 의하여 유도된 거리가 연습문제 2.3.23 (d)의 d_i $(i = 1, 2, \infty)$가 됨을 살펴보아라. 더욱, $\mathbb{R} \times \mathbb{R}$ 내에서 다음 3집합들을 그려보아라.

$$A_i = \{\mathbf{x} = (x_1, x_2) \in \mathbb{R} \times \mathbb{R} : \|\mathbf{x}\|_i < 1\} \qquad (i = 1, 2, \infty).$$

연습문제풀이 및 힌트 2.3

1. (a) 모든 $x \in \mathbb{R}$에 대하여 $x+0' = x$를 만족하는 $0' \in \mathbb{R}$가 존재한다고 가정하자. (A_5)에 의하여 $-x \in \mathbb{R}$가 존재하므로 (A_4), (A_1), (A_5), (A_2)를 적용하면

$$0' = 0' + 0 = 0 + 0' = [(-x) + x] + 0' = (-x) + (x + 0') = (-x) + x = 0$$

을 얻고 증명이 끝난다. (A_5)의 $-x$의 일의성을 증명하기 위하여 $x+y = 0$이면 $y = -x$임을 보이자.

$$\begin{aligned} (-x) + (x + y) &= (-x) + 0 \\ [(-x) + x] + y &= (-x) \qquad (\because (A_2) + (A_4)) \\ 0 + y &= -x \qquad (\because (A_5)) \\ y &= -x \qquad (\because (A_4)) \end{aligned}$$

이다. 곱셈에 대한 항등원과 역원의 일의성도 같은 방법으로 보일 수 있다.

(b) ($\Rightarrow$) $x + x = x$라 하자. (A_5)에 의하여 $-x \in \mathbb{R}$가 존재하므로

$$\begin{aligned} (x + x) + (-x) &= x + (-x) \\ x + [x + (-x)] &= x + (-x) \qquad (\because (A_2)) \\ x + 0 &= 0 \qquad (\because (A_5)) \\ x &= 0 \qquad (\because (A_4)) \end{aligned}$$

이다. 역은 (A_4)에 의하여 자명하다.

(c) (A_3)에 의하여 $x0 = x(0 + 0) = x0 + x0$이다. (b)로부터 $x0 = 0$이다. (A_6), (A_3), (A_5)와 $x0 = 0$을 차례로 적용하면

$$x + (-1)x = 1x + (-1)x = [1 + (-1)]x = 0x = 0$$

을 얻는다. (a)에 증명된 덧셈에 대한 역원의 일의성으로부터 $-x = (-1)x$을 얻는다. (A_5)에 의하여 $(-x) + x = 0$이고, 역원의 일의성으로부터 $x = -(-x)$를 낳는다. 먼저 $(-1)(-1) = 1$임을 보이자. $x = -(-x)$이므로 $1 = -(-1)$이고, $-x = (-1)x$에서 $x = -1$을 대입하면 $-(-1) = (-1)(-1)$이다. 그러므로 $1 = (-1)(-1)$이다. 이 사실과

(A_1), (A_6)로부터

$$(-x)(-y) = (-1)(-1)xy = 1(xy) = xy$$

을 얻는다.

(d) $x - y = x + (-y)$는 자명하다. (A_2)와 (A_5)을 이용하면

$$x + (-y) + (y - x) = [x + (-x)] + [(-y) + y] = 0 + 0 = 0$$

이다. (c)의 증명과 유사하게 $x + (-y) = -(y - x)$을 얻는다. 나머지 증명은 유사하므로 생략한다.

2. $(x + z) - (y + z) = x - y \in P$이므로 $(P_1)'$가 성립한다. 역시 $z \in P$이면 $xz - yz = (x - y)z \in P$이다. $-z \in P$이면 $yz - xz = (x - y)(-z) \in P$이므로 $(P_2)'$가 성립한다. 삼분성질 (P_3)에 의하여

$$x - y \in P, \quad x - y = 0, \quad y - x = -(x - y) \in P$$

중에 오직 하나만 성립하므로 $(P_3)'$가 성립한다.

(a) $x \neq 0$이므로 삼분성질 $(\mathbf{P}_3)'$에 의하여 (i) $x > 0$ 또는 (ii) $x < 0$이다. (i)인 경우에는 x를 양변에 곱하면 $(\mathbf{P}_2)'$에 의하여 $x^2 = x \cdot x > 0 \cdot x = 0$이다. (ii)인 경우도 유사하게 x를 양변에 곱하면 $x^2 = x \cdot x > 0 \cdot x = 0$을 얻는다. 특히, $1 \neq 0$이므로 $1 = 1^2 > 0$이다. -1을 양변에 더하면 $0 = 1 - 1 > 0 - 1 = -1$을 얻는다.

(b) $x \neq y$라 가정하면 $(\mathbf{P}_3)'$에 의하여 (i) $x > y$ 또는 (ii) $x < y$이다. 만약 (i)이 성립한다고 가정하면 주어진 가정에서 $y \geq x$이므로 $x > y \geq x$이다. 항상 $x = x$가 성립하므로 $(\mathbf{P}_3)'$에 의하여 이것은 불가능하다. 유사하게 (ii)가 성립한다고 가정해도 모순을 낳는다. 이 두 모순은 $x = y$임을 보여준다.

(c) $x > 0$이면 $1/x \neq 0$이다. ($\because$ $1/x = 0$라 가정하면 (A_6)와 연습문제 2.3.1에 의하여 $1 = x \cdot (1/x) = x \cdot 0 = 0$라는 모순을 얻는다.) 만약 $1/x < 0$라면 역시 $(\mathbf{P}_2)'$에 의하여 $1 = x(1/x) < 0$라는 모순을 낳는다. 이 두 모순은 배제되므로 삼분성질에 의하여 $1/x > 0$이다.

(d) $(\Rightarrow)$ $xy > 0$이면 $x \neq 0$이고 $y \neq 0$이다. ($\because$ $x = 0$ 또는 $y = 0$이면 연습문제 2.3.1에 의하여 $xy = 0$이다.) 삼분성질로부터 $x > 0$ 또는 $x < 0$이다. 먼저 $x > 0$라면 (c)에 의하여 $1/x > 0$이고

$$y = 1 \cdot y = \left(\frac{1}{x} \cdot x\right) y = \frac{1}{x} \cdot (xy) > 0$$

을 얻는다. 유사하게 $x < 0$이면 (c)에 의하여 $1/x < 0$ 즉 $-1/x \in P$이므로 $-y = \left(-\frac{1}{x}\right) \cdot (xy) \in P$이다. 따라서 $y < 0$이다. ($\Leftarrow$) $x < 0$, $y < 0$라 하면 연습문제 2.3.1에 의하여 $xy = (-x)(-y) \in P$, 즉 $xy > 0$이다.

(e) (d)의 증명과 유사하게 수정하여 보아라.

(f) $0 < x < y$라 하면 $y^2 - x^2 = (y-x)(y+x)$이므로 $y^2 > x^2$은 자명하다. 한편, 위의 등식에서 x, y 대신에 $\sqrt{x}$, $\sqrt{y}$로 바꾸어 넣으면 $y - x = (\sqrt{y} - \sqrt{x})(\sqrt{y} + \sqrt{x})$를 얻고 따름정리 2.3.7에 의하여 $\sqrt{x}$, $\sqrt{y} > 0$이고 가정에 의하여 $y - x > 0$이므로 (d)에 의하여 $\sqrt{y} - \sqrt{x} > 0$이어야 한다. 즉, $\sqrt{y} > \sqrt{x}$이다. 마지막으로

$$\sqrt{y} - \sqrt{x} < \sqrt{x-y} \quad \Leftrightarrow \quad \sqrt{y} < \sqrt{x} + \sqrt{y-x} \quad \Leftrightarrow \quad 0 < \sqrt{x}\sqrt{y-x}$$

임을 주목하여라. ($\because x > 0$이고 $y - x > 0$이므로 따름정리 2.3.7에 의하여 $\sqrt{x} > 0$, $\sqrt{y-x} > 0$이다. 그러므로 $\sqrt{x}\sqrt{y-x} > 0$이다.)

3. (b) $x = c - 1 > 0$라 두면 Bernoulli 부등식 (연습문제 2.2.10)에 의하여

$$c^n = (1+x)^n \geq 1 + nx \geq c$$

이다.

(c) 먼저 모든 $x, y \in \mathbb{R}$에 대하여 다음을 주목하여라.

$$x^n - y^n = (x-y)(x^{n-1} + x^{n-2}y + \cdots + xy^{n-2} + y^{n-1}).$$

위 식에서 $x = \sqrt[n]{a}$, $y = \sqrt[n]{b}$로 바꾸면

$$a - b = \left(\sqrt[n]{a} - \sqrt[n]{b}\right)\left(\sqrt[n]{a^{n-1}} + \sqrt[n]{a^{n-2}}\,\sqrt[n]{b} + \cdots + \sqrt[n]{a}\,\sqrt[n]{b^{n-2}} + \sqrt[n]{b^{n-1}}\right)$$

를 얻는다. 더욱 $a = b$일 때만 등호가 성립함을 주목하여라.

(d) $0 < 1 - c < 1$이므로 양변에 제곱근을 취하면$0 < \sqrt{1-c} < 1$이다. 그러므로 $1 - \sqrt{1-c} > 0$을 얻는다. 더욱, (a)에 의하여 $0 < (1-c)^2 < 1 - c$이고 다시 한번 $\sqrt{\ }$를 취하면 $1 - c < \sqrt{1-c}$이고, 즉 $1 - \sqrt{1-c} < c$을 얻는다. 그러므로 $0 < 1 - \sqrt{1-c} < c$이다.

4. 모순증명으로 보이자. $a \neq 0$라 가정하면 $a > 0$이다. $\epsilon = \frac{1}{2}a > 0$로 잡으면 $0 < a < \epsilon = \frac{1}{2}a$이다. 이것은 불가능하다.

⟨**동치증명**⟩ (보조정리 2.3.1 ⇒ 연습문제 2.3.4). 먼저 보조정리 2.3.1이 성립한다고 가정하고 $0 \le a < \epsilon$ $(\epsilon > 0)$이라 하자. 보조정리 2.3.1에서 $y = a$, $x = 0$로 취하면

$$a \le \epsilon \quad (\epsilon > 0) \quad \Rightarrow \quad a \le 0 \qquad (\spadesuit)$$

이다. $0 \le a < \epsilon$ $(\epsilon > 0)$이라 하였으므로 (♠)에 의하여 $a \le 0$이다. 한편 가정에서 $a \ge 0$이므로 $a = 0$이다. 따라서 연습문제 2.3.4가 성립한다.

(보조정리 2.3.1 ⇐ 연습문제 2.3.4). 만약 $x \le y + \epsilon$ $(\epsilon > 0)$라 하고 $x > y$라 가정하자. 그러면 $0 \le |x - y| = x - y \le \epsilon < 2\epsilon$ $(\epsilon > 0)$, 즉 $0 \le a = \frac{1}{2}|x - y| < \epsilon$ $(\epsilon > 0)$이고 연습문제 2.3.4에 의하여 $a = \frac{1}{2}|x - y| = 0$, 즉 $x = y$이다. 이것은 $x > y$라는 가정에 모순이다. 이 모순은 $x \le y$임을 증명한다.

5. (1) (⇐) $a = 0$이면 절대값의 정의로부터 $|a| = 0$이다. (⇒) $a \ne 0$이라 하자. 그러면 $-a \ne 0$이다. 그러므로 $|a| \ne 0$이다.

(2) $a = 0$ (또는 $b = 0$)이면 분명하다. 이제 다음의 4가지 경우를 생각하자.

$$\text{(i)}\ \ a, b > 0 \qquad \text{(ii)}\ \ a > 0, b < 0 \qquad \text{(iii)}\ \ a < 0, b > 0 \qquad \text{(iv)}\ \ a, b < 0$$

만약 (i)과 (iv)이면 $ab > 0$이고 (ii)와 (iii)이면 $ab < 0$이다. 이것을 이용하면 어떠한 경우에도 $|ab| = |a||b|$가 성립함을 쉽게 보일 수 있다.

(3) 먼저 $c \ge 0$에 대하여

$$|a| \le c \quad \Leftrightarrow \quad (a \le c) \wedge (-a \le c) \quad \Leftrightarrow \quad -c \le a \le c \qquad (\clubsuit)$$

이다. 특히 $c = |a|$ (또는 $|b|$)로 취하면 $-|a| < a \le |a|$이고 $-|b| \le b \le |b|$이다. 변변 더하면,

$$-(|a| + |b|) \le a + b \le |a| + |b|$$

을 얻고, 다시 $c = |a| + |b|$로 취한 후 (♣)를 이용하면 $|a + b| \le |a| + |b|$가 곧바로 얻어진다.

(a) 삼각부등식 $|a + b| \le |a| + |b|$ $(a, b \in \mathbb{R})$을 이용하여라.

(b) 위의 삼각부등식에서 b 대신에 $-b$를 생각하여라.

(c) 만약 $a > b$라 가정하면 간단한 계산에 의하여 다음 식이 주어진다.

$$\begin{aligned} a \vee b &= a = \frac{(a - b) + a + b}{2} = \frac{|a - b| + a + b}{2}, \\ a \wedge b &= b = \frac{-(a - b) + a + b}{2} = \frac{-|a - b| + a + b}{2} \end{aligned}$$

6. 어떤 $u \in \mathbb{R}$가 존재하여 u가 집합 A의 상계가 아니라 가정하면 $u < x$인 $x \in A$가 반드시 존재해야 한다. 만약 $A = \emptyset$이면 그러한 점이 존재하지 않음을 주목하여라.

7. $u_1, u_2 = \sup A$라 하고 $u_1 = u_2$임을 보이자. $u_1 = \sup A$이고 u_2가 A의 상계이므로 $u_1 \le u_2$이다. 같은 방법으로 $u_2 = \sup A$이고 u_1가 A의 상계이므로 $u_2 \le u_1$이다. 그러므로 $u_1 = u_2$이다. 하한의 유일성도 유사하게 증명하여라.

8. $\inf A_0 \le \sup A_0$는 자명하다. $\sup A_0 \le \sup A$이 성립함을 보이자. $u = \sup A$는 A의 상계이므로 $x \le u\,(x \in A)$이다. $A_0 \subset A$이므로 $x \le u\,(x \in A_0)$, 즉 u는 A_0의 상계이다. 그러므로 $\sup A_0 \le u = \sup A$가 얻어진다. 같은 방법으로 $\inf A \le \inf A_0$가 성립함을 증명하여라.

9. (a) $x \le c\ (x \in A) \ \Leftrightarrow\ -c \le -x\ (x \in A)$.

(b) $u = \sup A$라 가정하자. (a)로부터 $-u$는 $-A$의 하계이다. 이제 $-u$가 $-A$의 최대하계 (따라서 $-u = \inf(-A)$이다)임을 보이면 충분하다. 이것을 보이기 위하여 v가 $-A$의 임의로 주어진 하계라 하자. 그러면

$$v \le -x\,(x \in A) \ \Rightarrow\ x \le -v\,(x \in A)$$

이다. 즉 $-v$는 A의 상계이다. 그러므로 $u \le -v$, 즉 $-u \ge v$이다. 따라서 $-u$는 $-A$의 최대하계이고, $-\sup A = -u = \inf(-A)$이다. 같은 방법으로 $v = \inf A$라 하면 $-v$는 $-A$의 최소상계이고 $\sup(-A) = -v = -\inf A$가 성립함을 쉽게 보일 수 있다.

10. $-A = \{-x : x \in A\}$라 두면 $-A$는 완비공리 (AC)의 가정을 만족한다. 따라서, $-A$의 상한 $\sup(-A) \in \mathbb{R}$이 존재한다. 연습문제 2.3.9 (b)로부터 $-(-A) = A$는 하한을 갖고 그 때 $\inf A = -\sup(-A) \in \mathbb{R}$이고 증명이 끝난다.

11. 연습문제 2.3.9에 의하여 $-v = \sup(-A)$이므로 보조정리 2.3.3을 적용하여라.

$$\begin{aligned} -v = \sup(-A) \ &\Leftrightarrow\ \forall \epsilon > 0,\ \exists x_\epsilon \in A \ \text{ s.t. } -v - \epsilon < -x_\epsilon \\ &\Leftrightarrow\ \forall \epsilon > 0,\ \exists x_\epsilon \in A \ \text{ s.t. } x_\epsilon < v + \epsilon. \end{aligned}$$

12. 먼저 $x \in V_\epsilon \Leftrightarrow 0 \le |x - a| < \epsilon$임을 주목하고 연습문제 2.3.4를 적용하여라.

13. (a) $u = \sup(c + A)$라 두면 $c + x \le u\ (x \in A)$이다. 즉 $x \le u - c\ (x \in A)$이므로 $u - c$는 A의 상계이다. 따라서, $\sup A \le u - c$, 즉

$$c + \sup A \le u = \sup(c + A) \qquad (\spadesuit_1)$$

이다. 유사하게 $v = \sup A$라 두면 $x \le v$ $(x \in A)$이다. $c + x \le c + v\,(x \in A)$이므로 $c+v$는 $c+A$의 상계이다. 따라서,

$$\sup(c+A) \le c+v = c+\sup A \qquad (♠_2)$$

이다. $(♠_1)$, $(♠_2)$에 의하여 $\sup(c+A) = c+\sup A$이다.

같은 방법으로 $\inf(c+A) = c + \inf A$가 성립함을 보일 수 있다.

(b) 아래 (c)의 증명과 유사하므로 독자에게 남겨둔다.

(c) $u = \sup(cA)$라 두면 $cx \le u$ $(x \in A)$이다. $c < 0$이므로 $x \ge u/c$ $(x \in A)$이다. 그러므로 u/c는 A의 하계이다. 따라서, $\inf A \ge u/c$이다. 다시 $c < 0$이므로

$$c \inf A \le u = \sup(cA) \qquad (♣_1)$$

이다. 유사하게 $v = \inf A$라 두면 $x \ge v$ $(x \in A)$이다. $cx \le cv$ $(x \in A)$이므로 cv는 cA의 상계이다. 그러므로

$$\sup(cA) \le cv = c\inf A \qquad (♣_2)$$

이다. $(♣_1)$, $(♣_2)$에 의하여 $\sup(cA) = c\inf A$이다.

같은 방법으로 $\inf(cA) = c\sup A$임을 증명하여라.

14. (a) 먼저 A, B가 위로 유계인 경우에 증명해보자. $C = \{\sup(A+b) : b \in B\}$라 두면 연습문제 2.3.13 (a)로부터

$$\sup(A+b) = b + \sup A \qquad (b \in B)$$

이므로 $C = B + \sup A$이다. 분명히 $b + \sup A \le \sup B + \sup A$ $(b \in B)$이므로 $\sup A + \sup B$는 C의 상계, 즉, C는 위로 유계 (따라서 $A + B$도 위로 유계)이다. (AC)에 의하여 $\sup C = \sup(B + \sup A)$가 존재하고 연습문제 2.3.13 (a)에 의하여

$$\sup C = \sup(B+\sup A) = \sup B + \sup A$$

이다. 증명을 끝내기 위하여 $\sup C = \sup(A+B)$임을 보이자.

$$\sup(A+B) \le \sup A + \sup B = \sup C$$

는 분명하다. 한편 $\sup(A+b) \le \sup(A+B)$ $(b \in B)$이므로 $\sup(A+B)$는 C의 상계이다. 그러므로 $\sup C \le \sup(A+B)$이다. 그러므로 $\sup C = \sup(A+B)$가 증명되었다.

유사하게 A, B가 아래로 유계인 경우에도 $\inf(A+B) = \inf A + \inf B$임을 보일 수 있다. (이것의 증명은 독자들에게 남겨둔다.)

(b) $D = \{\sup(Ab) : b \in B\}$라 하면 연습문제 2.3.13 (b)로부터

$$\sup(Ab) = b \sup A \qquad (b \in B)$$

이므로 $D = B(\sup A)$임을 주목하자. 분명히 $b \sup A \le (\sup B)(\sup A)$ $(b \in B)$이므로 $(\sup A)(\sup B)$는 D의 상계이고 D는 위로 유계 (따라서 AB도 위로 유계)이다. (AC)에 의하여 $\sup D = \sup(B(\sup A))$가 존재하고 $\sup A > 0$이므로 2.3.13 (b)에 의하여

$$\sup D = \sup(B(\sup A)) = (\sup B)(\sup A)$$

이다. (a)에서처럼 증명을 끝내기 위하여 $\sup D = \sup(AB)$임을 보여라 (왜?).

15. (a) $f(x) \le g(x) \le \sup g(A)$ $(x \in A)$이므로 $\sup g(A)$는 집합 $f(A)$의 상계이다. $\sup f(A)$는 $f(A)$의 최소상계이므로 $\sup f(A) \le \sup g(A)$이다. 유사하게 하한에 대한 성질도 쉽게 증명할 수 있다.

[주의] $A = (0, 1)$라 하고

$$f(x) = x^2, \quad g(x) = x \qquad (x \in A)$$

라 하면 $f(x) \le g(x)$ $(x \in A)$이다. 그러나 $\sup f(A) = 1$이고 $\inf g(A) = 0$임에 주목하여라.

(b) 먼저 $y \in A$를 고정시킨 후 (a)와 같이 생각하여라.

(c) $(f+g)(A) \subset f(A) + g(A)$이므로 연습문제 2.3.8과 2.3.14에 의하여

$$\inf f(A) + \inf g(A) \le \inf(f+g)(A),$$
$$\sup(f+g)(A) \le \sup f(A) + \sup g(A)$$

이다. 이제

$$\inf(f+g)(A) \le \sup f(A) + \inf g(A) \le \sup(f+g)(A)$$

를 보이면 충분하다. 먼저 첫 번째 부등식을 증명하기 위해서 $c = \sup f(A)$라 두자. 그러면

$$(f+g)(x) = f(x) + g(x) \le c + g(x) = (c+g)(x) \qquad (x \in A)$$

이므로

$$\begin{aligned} \inf(f+g)(A) &\le \inf(c+g)(A) \qquad (\because\ \text{(a)}) \\ &= \inf(c+g(A)) = c + \inf g(A) \qquad (\because\ \text{연습문제 } 2.3.13\,\text{(a)}) \end{aligned}$$

이고 증명이 끝난다. 두 번째 부등식도 유사하게 증명할 수 있다.

16. 먼저

$$\begin{aligned} f(x) :&= \sup_{y\in B} F(x,y) \qquad (x \in A), \\ \alpha :&= \sup F(A\times B) = \sup\{F(x,y) : x \in A,\ y \in B\} \end{aligned}$$

라 두면, $f(x) \le \alpha\ (x \in A)$이다. 즉 α는 집합 $f(A)$의 상계이다. 이것은 곧바로

$$\sup_{x\in A}\sup_{y\in B} F(x,y) = \sup_{x\in A} f(x)\ (= \sup f(A)) \le \alpha = \sup F(A\times B) \qquad (\heartsuit_1)$$

반대 부등식을 얻기 위하여

$$\beta = \sup_{x\in A}\sup_{y\in B} F(x,y)$$

라 하자. 그러면, $F(x,y) \le f(x)\ (y \in B)$이고 $f(x) \le \beta\ (x \in A)$이다. 그러므로 $F(x,y) \le \beta\ (x \in A,\ y \in B)$이다. 즉 β는 집합 $F(A\times B)$의 상계이다. 그러므로

$$\sup F(A\times B) \le \beta = \sup_{x\in A}\sup_{y\in B} F(x,y) \qquad (\heartsuit_2)$$

을 얻는다. 그러므로 $(\heartsuit_1)$와 $(\heartsuit_2)$에 의하여 주어진 식의 첫 번째 등호가 성립한다. 유사한 방법으로 $g(y) = \sup_{x\in A} F(x,y)\ (y \in B)$라 두고

$$\sup F(A\times B) = \sup_{x\in B}\sup_{y\in A} F(x,y)$$

임을 보여라.

17. $A = \{na : n \in \mathbb{N}\}$라 두고 모든 자연수 n에 대하여 $na \le b$라 가정하자. 그러면 b는 A의 상계이다. 완비공리 (AC)에 의하여 $u = \sup A \in \mathbb{R}$가 존재한다. $u-a$는 A의 상계가 아니므로 $u-a < na$를 만족하는 $n \in \mathbb{N}$가 존재한다. $u < (n+1)a\,(\in A)$이므로 u는 A의 상계가 아니다. 이것은 모순이다.

18. $\frac{x}{\sqrt{2}} < \frac{y}{\sqrt{2}}$에 대하여 $\mathbb{Q}$의 조밀성정리 2.3.5를 적용하면 $\frac{x}{\sqrt{2}} < r < \frac{y}{\sqrt{2}}$를 만족하는 유리수 $r(\ne 0)$가 존재한다. $z = r\sqrt{2}$로 취하면 $x < z < y$가 만족되므로 증명이 끝난다.

19. (일의성) $n, m \in \mathbb{Z}, n \neq m$이라 하고 $n > m$이라 가정하자. 그러면 $n - m \in \mathbb{Z}$이므로 $n - m \geq 1$이다. 즉, $n \geq m + 1$이다. 그러므로 $[m, m + 1)$과 $[n, n + 1)$은 공통으로 x를 포함할 수 없다.

(존재성) $x \in \mathbb{R}$이라 하자. $x = 0$이면 $n = 0$로 자명하다. 만약 $x < 0$이면 연습문제 2.3.17에서 $a = 1$, $b = -x$로 취하면 $p1 > -x$를 만족하는 $p \in \mathbb{N}$가 존재한다. 즉, $p + x > 0$이다. $p + x \in [k, k+1)$을 만족하는 $k \in \mathbb{Z}$를 찾으면 충분하다. ($\because\ x \in [k-p, k+1-p)$이기 때문이다.) 이제 $x > 0$이라 가정해도 좋다.

$$S = \{k \in \mathbb{N} : k > x\}$$

라 하면 Archimedian 성질 2.3.4에 의하여 $S \neq \emptyset$이다. $\mathbb{N}$의 정렬정리 2.2.4에 의하여 S는 가장 작은 원소 m을 갖는다. 즉, $m \in S$이므로 $m > x$이다. 만약 $m = 1$이면 $0 < x < 1$이므로 $n = 0$으로 잡으면 주장이 끝난다. 만약 $m > 1$이면 $m - 1 \in \mathbb{N}$이고 $m - 1 < m$이다. m이 S의 가장 작은 원소이므로 $m - 1 \notin S$이다. 즉, $m - 1 \leq x$이다. 그러므로 $x \in [m - 1, m)$이다. $n = m - 1$로 잡으면 증명이 끝난다.

20. $a, b \in \mathbb{R}$이고 $a < b$라 하자. $b - a > 0$이므로 Archimedian 성질 2.3.4에 의하여 $n(b-a) > 1$을 만족하는 $n \in \mathbb{N}$가 존재한다. 즉, $1/n < b - a$이다. 연습문제 2.3.19에서 $x = na$로 선택하면 $m \leq na < m + 1$을 만족하는 $m \in \mathbb{Z}$가 존재한다. 따라서, $m/n \leq a$이고

$$a < \frac{m+1}{n} = \frac{m}{n} + \frac{1}{n} \leq a + \frac{1}{n} < a + (b - a) = b$$

을 만족한다. $r = (m + 1)/n \in \mathbb{Q}$로 잡으면 $a < r < b$이고 증명이 끝난다.

21. 먼저 집합 $A \neq \emptyset$이고 $1 \wedge a$에 의하여 아래로 유계임을 보이자. $a > 1$와 $0 < a \leq 1$인 두 경우로 나누어 밝혀보자. 만약 $a > 1$이면 $a^n > a$ $(n \geq 2)$이므로 $a \in A$이다. 더욱, $t < 1 \Rightarrow t^n < 1 < a$이므로 $t \notin A$이다. 바꾸어 말하면 $t \geq 1$ $(t \in A)$이므로 1은 A의 하계이다. 이제 $0 < a \leq 1$이면 $2^n > 1 \geq a$이므로 $2 \in A$이고, 유사한 방법으로 $t < a \Rightarrow t^n < a^n \leq a$이므로 $t \notin A$이다. 대우로 표현하면 $t \geq a$ $(t \in A)$이므로 a가 A의 하계이다. 이제 완비공리의 쌍대성질인 $\mathbf{(AC)}'$에 의하여 $v := \inf A \in \mathbb{R}$가 존재한다. $v^n = a$를 증명하기 전에 먼저 $v > 0$임을 보이자. 분명히, $x > 0$ $(x \in A)$이므로 0은 A의 하계이다. $v = \inf A$이므로 $0 \leq v$이다. 이제 $v \neq 0$임을 보이기 위하여 $v = 0$라 가정해보자. 먼저 $a \geq 1$이면 $v = \inf A = 0$이므로 하한에 대한 근사성질 (2.7)을 적용하면

$$\exists x_0 \in A \text{ s.t. } x_0 < v + 1 = 1$$

이다. 이것은 곧바로 $a < x_0^n < 1 \leq a$라는 모순을 낳는다. 다음 $0 < a < 1$이면 $v = \inf A = 0$ 이므로 다시 한번 하한에 대한 근사성질 (2.7)을 적용하면

$$\exists x_0 \in A \text{ s.t. } x_0 < v + a = a$$

이므로 유사하게 $a < x_0^n < a^n < a$라는 모순을 낳는다. 즉, $v = 0$이라 가정하면 위 어느 경우에도 모순이 생기므로 $v \neq 0$이다. 증명을 끝내기 위하여 마지막으로 $v^n = a$임을 주장하자. 먼저 $v^n > a$라 가정하고 모순을 유도하자. $(v^n - a)/(nv^{n-1}) > 0$이므로 Archimedian성질 2.3.4에 의하여 $1/M < (v^n - a)/(nv^{n-1}) \wedge v$를 만족하는 $M \in \mathbb{N}$을 선택하면 $v - (1/M) > 0$이고

$$\begin{aligned}
\left(v - \frac{1}{M}\right)^n &= v^n\left(1 - \frac{1}{vM}\right)^n \\
&> v^n\left(1 - \frac{n}{vM}\right) \qquad (\because \text{Bernoulli부등식}) \\
&= v^n - \frac{nv^{n-1}}{M} > v^n - (v^n - a) = a
\end{aligned}$$

이므로 $v - \frac{1}{M} \in A$이고, v가 A의 하계이므로 $v \leq v - \frac{1}{M} < v$라는 모순을 낳는다. 이제 유사하게 $v^n < a$라 가정하고 모순을 유도하자. $a - v^n > 0$이고 $C = {}_nC_1 + \cdots + {}_nC_n > 0$라 하자. Archimedian성질 2.3.4에 의하여 $1/K < (a - v^n)/C$를 만족하는 $K \in \mathbb{N}$을 선택하자. 그러면

$$\begin{aligned}
\left(v + \frac{1}{K}\right)^n &= v^n {}_nC_1\frac{1}{K} + {}_nC_2\frac{1}{K^2} + \cdots + {}_nC_n\frac{1}{K^n} \\
&< v^n + \frac{C}{K} < v^n + (a - v^n) = a
\end{aligned}$$

이므로 모든 $x \in A$에 대하여 $(v + 1/K)^n < a < x^n$이다. 즉, $v + 1/K < x \ (x \in A)$이다. 이것은 $v + \frac{1}{K}$가 A의 하계이다. $v = \inf A$이므로 $v < v + \frac{1}{K} \leq v$라는 모순을 낳는다.

22. $a \leq b + c$의 양변에 $ab + ac$를 더하면 $a + ab + ac \leq b + c + ab + ac$이다. 간단히 계산하면 $a(1 + b + c) \leq (1 + a)(b + c)$이고 이것으로부터 다음 결과를 얻는다.

$$\begin{aligned}
\frac{a}{1+a} &\leq \frac{b+c}{1+b+c} = \frac{b}{1+b+c} + \frac{c}{1+b+c} \\
&\leq \frac{b}{1+b} + \frac{c}{1+c}
\end{aligned}$$

23.[‡] (a) (M_1)-(M_3)는 연습문제 2.3.5로부터 쉽게 얻어진다.

(b) (M_1)-(M_2)는 자명하다. (M_3)를 보이기 위하여 $x, y, z \in \mathbb{R}$라 하자. 만약 $x = y$이면 분명하다. $x \neq y$라 하자. $(z = x) \wedge (z = y)$ 일 수는 없다. 그러므로 $(z \neq x) \vee (z \neq y)$이다. 그러므로 $d(x, y) = 1 \leq d(x, z) + d(z, y)$이다.

(c) (M_1)-(M_2)는 자명하다. (M_3)를 보이기 위하여 $x, y, z \in \mathbb{R}$라 하자.

$$|x-y| \le |x-z| + |z-y|$$

이므로 연습문제 2.3.22에 의하여

$$\frac{|x-y|}{1+|x-y|} \le \frac{|x-z|}{1+|x-z|} + \frac{|z-y|}{1+|z-y|}$$

이다. 즉, $D(x,y) \le D(x,z) + D(z,y)$이다.

(d) d_1이 $\mathbb{R}\times\mathbb{R}$ 상의 거리가 됨을 보이는 것은 쉬우므로 독자에게 남겨둔다. 이제 d_2가 $\mathbb{R}\times\mathbb{R}$ 상의 거리가 됨을 보이자.

$$d_2(\mathbf{x},\mathbf{y}) = 0 \Leftrightarrow (x_1-y_1)^2 + (x_2-y_2)^2 = 0 \Leftrightarrow x_1 = y_1,\ x_2 = y_2 \Leftrightarrow \mathbf{x} = \mathbf{y}$$

이다. 그러므로 (M_1)이 성립한다. (M_2)는 자명하다. 이제 (M_3)를 보이기 위하여 $\mathbf{z} = (z_1, z_2) \in \mathbb{R}\times\mathbb{R}$라 하자. 먼저 다음 사실을 주목하자. Cauchy 부등식 (연습문제 2.2.17)에 의하여 분명히

$$|ab+cd| \le \sqrt{a^2+c^2}\sqrt{b^2+d^2} \qquad (a,b,c,d \in \mathbb{R}) \tag{♠}$$

가 성립한다. (♠)을 이용하면

$$\begin{aligned}(a+b)^2 + (c+d)^2 &\le (a^2+c^2) + 2|ab+cd| + (b^2+d^2) \\ &\le (a^2+c^2) + 2\sqrt{a^2+c^2}\sqrt{b^2+d^2} + (b^2+d^2) \\ &= \left(\sqrt{a^2+c^2} + \sqrt{b^2+d^2}\right)^2,\end{aligned}$$

를 얻는다. 위의 식에서 $a = (x_1 - z_1),\ b = (z_1 - y_1),\ c = (x_2 - z_2),\ d = (z_2 - y_2)$로 대치하고 양변에 제곱근을 취하면

$$\sqrt{(x_1-y_1)^2 + (x_2-y_2)^2} \le \sqrt{(x_1-z_1)^2 + (x_2-z_2)^2} + \sqrt{(z_1-y_1)^2 + (z_2-y_2)^2}$$

이 얻어진다. 따라서 $d_2(\mathbf{x},\mathbf{y}) \le d_2(\mathbf{x},\mathbf{z}) + d_2(\mathbf{z},\mathbf{y})$이다. 즉, (M_3)가 성립한다. 그러므로 d_2는 $\mathbb{R}\times\mathbb{R}$ 상의 거리이다.

끝으로 d_3가 $\mathbb{R}\times\mathbb{R}$ 상의 거리가 됨을 보이자. (M_1)-(M_2)는 분명하다. (M_3)를 보이기 위하여 위와 같이 $\mathbf{z} = (z_1, z_2) \in \mathbb{R}\times\mathbb{R}$라 하자.

$$d_3(\mathbf{x},\mathbf{y}) = \max\{|x_1-y_1|, |x_2-y_2|\}$$

이므로 먼저 $|x_1-y_1| \ge |x_2-y_2|$라 가정하자($\le$인 경우에도 유사하게 증명할 수 있다). 그러면

$$\begin{aligned} d_3(\mathbf{x},\mathbf{y}) &= |x_1-y_1| \le |x_1-z_1| + |z_1-y_1| \\ &\le \max\{|x_1-z_1|, |x_2-z_2|\} + \max\{|z_1-y_1|, |z_2-y_2|\} \\ &= d_3(\mathbf{x},\mathbf{z}) + d_3(\mathbf{z},\mathbf{y}) \end{aligned}$$

가 성립하므로 (M_3)가 성립한다. 그러므로 d_3도 $\mathbb{R}\times\mathbb{R}$ 상의 거리이다.

24.[‡] 먼저 노름에 의하여 유도된 d가 X 상의 거리가 됨을 보이자. (N_1)에 의하여

$$d(\mathbf{x},\mathbf{y}) = \|\mathbf{x}-\mathbf{y}\| = 0 \;\Leftrightarrow\; \mathbf{x}-\mathbf{y} = \mathbf{0} \;\Leftrightarrow\; \mathbf{x} = \mathbf{y}$$

이므로 (M_1)이 성립한다. (N_2)에 의하여

$$d(\mathbf{x},\mathbf{y}) = \|\mathbf{x}-\mathbf{y}\| = \|(-1)(\mathbf{y}-\mathbf{x})\| = |-1|\cdot\|\mathbf{y}-\mathbf{x}\| = \|\mathbf{y}-\mathbf{x}\| = d(\mathbf{y},\mathbf{x})$$

이므로 (M_2)가 성립한다. 끝으로 (N_3)에 의하여

$$\begin{aligned} d(\mathbf{x},\mathbf{y}) &= \|\mathbf{x}-\mathbf{y}\| = \|(\mathbf{x}-\mathbf{z}) + (\mathbf{z}-\mathbf{y})\| \\ &\le \|\mathbf{x}-\mathbf{z}\| + \|\mathbf{z}-\mathbf{y}\| \qquad ((N_3)\text{에 의하여}) \\ &= d(\mathbf{x},\mathbf{z}) + d(\mathbf{z},\mathbf{y}) \end{aligned}$$

이므로 (M_3)가 성립한다. 그러므로 d는 X 상의 거리이다.

이제 연습문제 2.3.23 (d)의 증명을 약간 수정하면 $\|\cdot\|_i$ $(i = 1, 2, \infty)$가 $\mathbb{R}\times\mathbb{R}$ 상의 노름이 됨을 쉽게 보일 수 있다. 여기서는 $\|\cdot\|_2$가 $\mathbb{R}\times\mathbb{R}$ 상의 노름이 됨을 보이자. (나머지 증명은 유사하므로 독자에게 남겨둔다.) (N_1), (N_2)는 분명하므로 (N_3)만 보이자. $\mathbf{x} = (x_1, x_2)$, $\mathbf{y} = (y_1, y_2)$, $\mathbf{z} = (z_1, z_2) \in \mathbb{R}\times\mathbb{R}$라 하자. 먼저 연습문제 2.3.23 (d)의 증명과정에서

$$(a+b)^2 + (c+d)^2 \le \left(\sqrt{a^2+c^2} + \sqrt{b^2+d^2}\right)^2 \qquad (\clubsuit)$$

임을 주목하여라. 그러면 $\mathbf{x}+\mathbf{y} = (x_1+y_1, x_2+y_2)$이고 $(\clubsuit)$에 의하여

$$\begin{aligned} \|\mathbf{x}+\mathbf{y}\|_2^2 &= (x_1+y_1)^2 + (x_2+y_2)^2 \\ &\le \left(\sqrt{x_1^2+x_2^2} + \sqrt{y_1^2+y_2^2}\right)^2 \\ &= (\|\mathbf{x}\| + \|\mathbf{y}\|)^2 \end{aligned}$$

가 성립하므로 (N_3)가 성립한다. 그러므로 $\|\cdot\|_2$는 $\mathbb{R}\times\mathbb{R}$ 상의 노름이다.

$\|\cdot\|_i$에 의하여 유도된 거리가 연습문제 2.3.23 (d)의 d_i $(i=1,2,\infty)$가 됨을 살펴보자. 여기서는 $i=2$인 경우만 증명한다. 먼저 $\mathbf{x}=(x_1,x_2)$, $\mathbf{y}=(y_1,y_2)\in\mathbb{R}\times\mathbb{R}$라 하면, $\mathbf{x}-\mathbf{y}=(x_1-y_1,x_2-y_2)$이고

$$\|\mathbf{x}-\mathbf{x}\|_2=\sqrt{(x_1-y_1)^2+(x_2-y_2)^2}=d_2(\mathbf{x},\mathbf{x})$$

이다.

마지막으로 A_1, A_2, A_∞를 그려보면 다음과 같다.

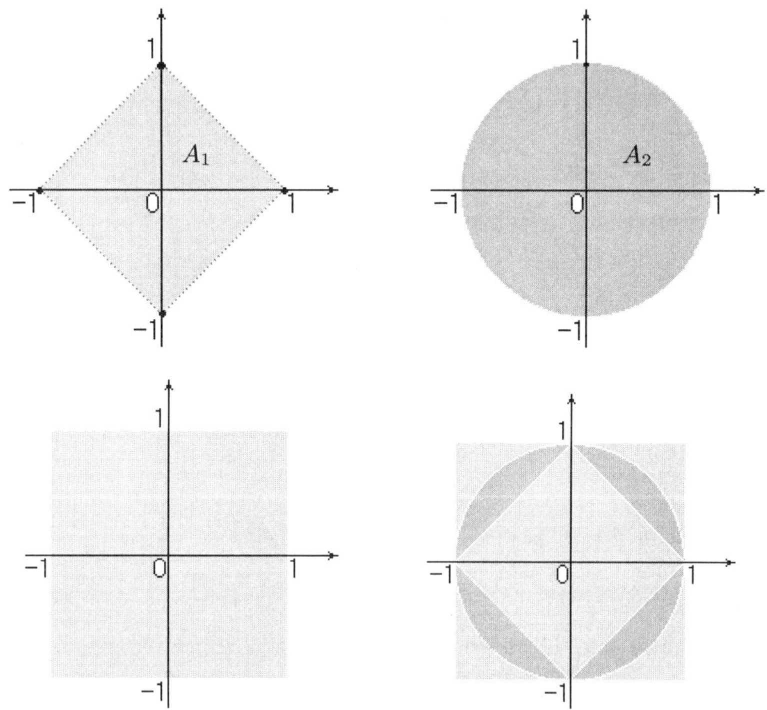

2.4 $\mathbb{R}$의 부분집합과 위상‡

$$[a,b]=\{x\in\mathbb{R}:a\le x\le b\},\qquad (a,b)=\{x\in\mathbb{R}:a<x<b\},$$

$$[a,b)=\{x\in\mathbb{R}:a\le x<b\},\qquad (a,b]=\{x\in\mathbb{R}:a<x\le b\},$$

$$[c,\infty)=\{x\in\mathbb{R}:x\ge c\},\qquad (-\infty,c]=\{x\in\mathbb{R}:x\le c\},$$

$$(c,\infty)=\{x\in\mathbb{R}:x>c\},\qquad (-\infty,c)=\{x\in\mathbb{R}:x<c\}.$$

보조정리 2.4.1 $A(\neq \emptyset, \subset \mathbb{R})$에 대하여 다음 두 사실은 동치이다.

(a) A는 구간이다.

(b) $x, y \in A,\ x \leq y \ \Rightarrow\ [x, y] \subset A$이다. (이러한 성질을 갖는 집합 A를 **볼록**(*convex*)이라 한다.)

정의 2.4.2 $G(\subset \mathbb{R})$이라 하자. 각 $x \in G$에 대하여 x의 어떤 ϵ-근방 $V_\epsilon(x) = (x - \epsilon, x + \epsilon)$ (연습문제 2.3.12)가 존재하여 $V_\epsilon(x) \subset G$를 만족할 때 G를 $\mathbb{R}$의 **열린집합**[6] (또는 **개집합**)(*open set*)이라 한다. $F\,(\subset \mathbb{R})$가 $\mathbb{R}$의 **닫힌집합** (또는 **폐집합**)(*closed set*)이라는 것은 $F^c = \mathbb{R} \setminus F$가 $\mathbb{R}$의 열린집합임을 뜻한다. 다시 말하면, 각 $y \notin F$에 대하여 $\epsilon > 0$가 존재하여 $F \cap (y - \epsilon, y + \epsilon) = \emptyset$를 만족한다는 것이다.

예제 2.4.3 (a) $\mathbb{R} = (-\infty, \infty)$과 $\emptyset$은 분명히 $\mathbb{R}$의 열린집합이다.

(b) $a, b \in \mathbb{R}$에 대하여, (a, b), $(-\infty, b)$, (a, ∞)는 $\mathbb{R}$의 열린집합이다.

(c) $a, b \in \mathbb{R}$에 대하여, $[a, b]$ (특히 $\{a\}$), $[a, \infty)$, $(-\infty, b]$는 닫힌집합이다.

정리 2.4.4 (열린집합의 성질)

(a) $G_\lambda\,(\lambda \in \Lambda)$가 $\mathbb{R}$의 열린집합이면 $\cup_{\lambda \in \Lambda} G_\lambda$도 $\mathbb{R}$의 열린집합이다.

(b) $G_i\,(i = 1, 2, \ldots, n)$가 $\mathbb{R}$의 열린집합이면 $\cap_{i=1}^{n} G_i$도 $\mathbb{R}$의 열린집합이다.

정리 2.4.5 (닫힌집합의 성질)

(a) $F_\lambda\,(\lambda \in \Lambda)$가 $\mathbb{R}$의 닫힌집합이면 $\cap_{\lambda \in \Lambda} F_\lambda$도 $\mathbb{R}$의 닫힌집합이다.

(b) $F_i\,(i = 1, 2, \ldots, n)$가 $\mathbb{R}$의 닫힌집합이면 $\cup_{i=1}^{n} F_i$도 $\mathbb{R}$의 닫힌집합이다.

정리 2.4.6 ($\mathbb{R}$의 열린집합의 특성화)

$G\,(\subset \mathbb{R})$: 열린집합 iff $G = \cup_{n=1}^{\infty} I_n$, 여기서 I_n은 $\mathbb{R}$의 열린구간, $I_n \cap I_m = \emptyset\ (n \neq m)$이다.

정리 2.4.7 (닫힘과 내부의 성질) $A \subset \mathbb{R}$이고 $x \in \mathbb{R}$이라 할 때 다음이 성립한다.

$$x \in \bar{A} \quad \Leftrightarrow \quad \forall \epsilon > 0,\ \ (x - \epsilon, x + \epsilon) \cap A \neq \emptyset, \tag{2.8}$$

$$x \in A^\circ \quad \Leftrightarrow \quad \exists\, \epsilon > 0 : (x - \epsilon, x + \epsilon) \subset A. \tag{2.9}$$

[6] 삶 속에서는 "열린"이란 의미는 일반적으로 "닫혀있지 않는" 것을 뜻한다. 그러나 $\mathbb{R}$ 내에서는 구간 $(0, 1]$처럼 닫혀있지도 열려있지도 않을 수 있음에 주의하여라.

끝으로 집합 A의 닫힘 $\bar{A}$의 여집합은 A의 여집합 A^c의 내부가 됨을 주목하여라.

$$(\bar{A})^c = (A^c)^\circ. \tag{2.10}$$

연 습 문 제 2.4[‡]

1. 보조정리 2.4.1의 증명을 완성하여라.

2. $\mathcal{S} = \{I_\lambda : \lambda \in \Lambda\}$를 $\mathbb{R}$의 구간 I_λ들의 집합족이라 할때, $J = \cap_{\lambda\in\Lambda} I_\lambda$도 구간임을 보여라.

3. 다음 사실들을 증명하여라.

   (a) $\cap_{n=1}^{\infty}[n, \infty) = \emptyset$이다.

   (b) $(0, 1] = \cap_{n=1}^{\infty}\left(0, 1 + \frac{1}{n}\right)$이다.

   (c) $\cup_{n=1}^{\infty}\left[\frac{1}{n}, 1\right] = (0, 1] = \cup_{n=1}^{\infty}\left(\frac{1}{n}, 1\right]$이다.

4. (2.9)를 증명하여라.

5. 다음을 증명하여라.

   A가 x의 근방이다 iff $x \in U \subset A$인 $\mathbb{R}$의 열린집합 U가 존재한다.

6. $A \subset \mathbb{R}$라 하자. $\bar{A} = \mathbb{R}$을 만족할 때 A는 $\mathbb{R}$ 내에서 **조밀하다**(*dense*)라고 말한다. 다음 두 성질이 동치임을 보여라.

   (a)] A는 $\mathbb{R}$에서 조밀하다.

   (b) $\mathbb{R}$내에 있는 공집합이 아닌 모든 열린집합 U에 대하여 $U \cap A \neq \emptyset$이다.

7. $A \subset \mathbb{R}$라 할 때, 다음을 증명하여라.

   (a) A는 $\mathbb{R}$내에서 조밀하다 iff $(A^c)^\circ = \emptyset$이다.

   (b) $\mathbb{Q}$와 $\mathbb{Q}^c = \mathbb{R} \setminus \mathbb{Q}$는 $\mathbb{R}$내에서 조밀하다. $\mathbb{Q}^\circ = \emptyset = (\mathbb{Q}^c)^\circ$이다.

   (c) $A(\neq \mathbb{R})$는 $\mathbb{R}$내에서 조밀하나 A^c은 조밀하지 않는 $\mathbb{R}$의 부분집합을 주어라.

8. $\mathbb{R}$의 부분집합들의 내부(*interior*)에 대한 다음 성질들을 증명하여라.

(a) $A \subset B \subset \mathbb{R}$이면 $A^\circ \subset B^\circ$이다.

(b) $A, B \subset \mathbb{R}$에 대하여 $(A \cap B)^\circ = A^\circ \cap B^\circ$이고 $(A \cup B)^\circ \supset A^\circ \cup B^\circ$이다. 후자의 경우 포함관계가 진부분인 예를 주어라.

9. $\mathbb{R}$의 부분집합들의 닫힘(*closure*)에 대한 다음 성질들을 증명하여라.

(a) $\bar{\bar{A}} = \bar{A}$이다.

(b) $A \subset B \subset \mathbb{R}$이면 $\bar{A} \subset \bar{B}$이다.

(c) $A, B \subset \mathbb{R}$에 대하여 $\overline{A \cup B} = \bar{A} \cup \bar{B}$이고 $\overline{A \cap B} \subset \bar{A} \cap \bar{B}$이다. 후자의 경우 포함관계가 진부분인 예를 주어라.

10. $A \subset \mathbb{R}$이라 할 때, A의 **경계**(*boundary or frontier*)는

$$\partial A = \bar{A} \cap \overline{A^c}$$

로 정의하고 ∂A 안에 있는 점을 **경계점**(*boundary point*)라 부른다(위의 정의로부터 곧바로 ∂A는 닫힌집합이고 $\partial A = \partial A^c$임을 주목하여라.) 경계집합에 대한 다음 사실들을 증명하여라.

(a) $\bar{A} = A \cup \partial A = A^\circ \cup \partial A$이다.

(b) $A^\circ = A \setminus \partial A,\ \ \partial A = \bar{A} \setminus A^\circ$이고 $\partial A \cap A^\circ = \emptyset$이다.

(c) $\mathbb{R} = A^\circ \cup \partial A \cup (A^c)^\circ$, 단 $\cup$의 결합은 짝으로 서로 소(*pairwise disjoint*)이다.

(d) $\partial(\partial A) \subset \partial A,\ \ \partial \bar{A} \subset \partial A$이다. 그 포함관계가 진부분인 예를 주어라.

(e) $A, B \subset \mathbb{R}$이라 할 때 다음을 증명하여라.

$$\partial(A \cup B) \subset \partial A \cup \partial B, \quad \partial(A \cap B) \subset \partial A \cup \partial B, \quad \partial(A \setminus B) \subset \partial A \cup \partial B.$$

위의 포함관계가 진부분인 예를 찾아보아라. 특히, $\partial(A \cap B) \neq \partial A \cap \partial B$인 이유를 밝혀보아라.

(f) A가 위로(아래로) 유계이면 $\sup A \in \partial A$ $(\inf A \in \partial A)$이다.

11. $A \subset \mathbb{R}$이고

$$U_n = \left\{ x \in \mathbb{R} : \exists\, a \in A \text{ s.t. } |x - a| < \frac{1}{n} \right\}$$

라 할 때 다음 사실들을 증명하여라.

(a) U_n은 $\mathbb{R}$의 열린집합이다.

(b) $\bar{A} = \cap_{n=1}^{\infty} U_n$ 이다.

(c) $\mathbb{R}$내에 있는 모든 닫힌집합은 가산인 열린집합들의 교집합으로 표현할 수있다.

12. $\mathbb{R}$내에 있는 모든 열린집합은 가산인 닫힌집합들의 합집합으로 나타낼 수 있음을 보여라.

13. 다음을 사실들을 증명하여라.

(a) $A\,(\neq \emptyset)$가 유계인 $\mathbb{R}$의 부분집합이면 $\sup A \in \bar{A}$이고 $\inf A \in \bar{A}$이다 (따름정리 3.6.6; 연습문제 2.4.10 (a)와 (f) 참고).

(b) $A\,(\neq \emptyset,\ \neq \mathbb{R})$가 $\mathbb{R}$의 닫힌 부분집합이면 $A^c = \mathbb{R} \setminus A$는 더 이상 $\mathbb{R}$의 닫힌집합이 아니다.

(c) $\mathbb{R}$의 부분집합들 중에서 닫힌집합인 동시에 열린집합은 $\emptyset$와 $\mathbb{R}$ 뿐이다.

14.[‡] (M, d)를 거리공간이라 하자 (연습문제 2.3.23). $a \in M$이고 $r > 0$라 할 때 집합

$$U_r(a) = \{x \in M : d(x, a) < r\}$$

를 **중심**이 a이고 **반경**이 r인 M의 **열린 공**(*open ball*)이라 한다. 그리고, 집합

$$B_r(a) = \{x \in M : d(x, a) \leq r\}$$

를 **중심**이 a이고 **반경**이 r인 M의 **닫힌 공**(*closed ball*)이라 한다. $G \subset M$, $x \in M$이라 하자. 정의 2.4.2와 유사하게 각 $x \in G$에 대하여 $r > 0$가 존재하여 $U_r(x) \subset G$를 만족할 때 G를 M의 **열린집합** (또는 **개집합**)(*open set*)이라 한다. $F\,(\subset M)$가 M의 **닫힌집합** (또는 **폐집합**)(*closed set*)이라는 것은 $F^c = M \setminus F$가 M의 열린집합임을 뜻한다. 다시 말하면, 각 $y \notin F$에 대하여 $r > 0$가 존재하여 $F \cap U_r(y) = \emptyset$를 만족한다는 것이다. 이제 다음 사실들을 증명하여라.

(a) 모든 열린 공은 열린집합이고 닫힌 공은 닫힌집합이다.

(b) M내에서도 $\mathbb{R}$과 마찬가지로 $A\,(\subset M)$의 **내부** A°와 **닫힘** $\bar{A}$를 정의하면 다음 두 관계 식이 성립한다.

$$x \in \bar{A} \quad \Leftrightarrow \quad \forall\, r > 0,\ \ U_r(x) \cap A \neq \emptyset, \tag{2.11}$$

$$x \in A^\circ \quad \Leftrightarrow \quad \exists\, r > 0 : U_r(x) \subset A. \tag{2.12}$$

[주의] $x \in M$이라 하자. $x \in A^\circ$일 때 x는 A의 **내점**(*interior point*)이라 하고, A는 x의 **근방**(*neighborhood*)이라 한다.

15.[‡] (M,d)를 거리공간이라 하자 (연습문제 2.3.23). 연습문제 2.4.6에서처럼 $A \subset M$이고 $\bar{A} = M$일 때 A는 M 내에서 **조밀하다**(*dense*)라고 말한다. 연습문제 2.3.23 (b)에서 정의된 $\mathbb{R}_d$는 조밀한 진부분집합(*dense proper subset*)을 갖지 않음을 보여라.

16. $A \subset \mathbb{R}$라 하자. 정의 2.4.2와 유사하게 $G_A\,(\subset A)$가 A의 **열린집합**(*open in* A)이라는 의미는 각 $x \in G_A$에 대하여 $(x - r_x, x + r_x) \cap A \subset G_A$를 만족하는 $r_x > 0$가 존재한다는 것이다. $F_A\,(\subset A)$가 A의 **닫힌집합**(*closed in* A)이라는 것은 $A \setminus F_A$가 A의 열린집합임을 뜻한다. 다음 사실이 성립함을 보여라.

    (a) $G_A\,(\subset A)$가 A의 열린집합이다 $\Leftrightarrow$ $\mathbb{R}$의 열린집합 U가 존재하여 $G_A = U \cap A$이다.

    (b) $A = [0,1]\,(\subset \mathbb{R})$이라 할 때 A의 모든 열린집합과 닫힌집합을 구하여라.

연습문제풀이 및 힌트 2.4

1. **[경우 2]**: A가 위로 유계이지만 아래로 유계가 아니라 하자. $b = \sup A$라 두면

$$(-\infty, b) \subset A \subset (-\infty, b]$$

이 성립함을 보일 수 있다. 두 번째 포함관계는 $b = \sup A$이므로 자명하다. 첫 번째 포함관계를 보이기 위하여 $r \in (-\infty, b)$라 하자. $r < b$이므로 $r < x \leq b$를 만족하는 $x \in A$가 존재한다 (왜?). 한편, A는 아래로 유계가 아니므로 $y < r$인 $y \in A$가 존재한다. 그래서, $x > r > y\,(x, y \in A)$이다. (b)에 의하여 $r \in [y, x] \subset A$이다.

[경우 3]. A가 유계라 하자. $a = \inf A$, $b = \sup A$라 두면

$$(a, b) \subset A \subset [a, b]$$

임을 보일 수 있다. 두 번째 포함관계는 $a = \inf A$, $b = \sup A$이므로 자명하다. 첫 번째 포함관계를 보이기 위하여 $r \in (a, b)$라 하자. $a < r$이므로 r은 A의 하계가 아니다. 그러므로 $a \leq x < r$을 만족하는 $x \in A$가 존재한다. 역시 $r < b$이므로 r은 A의 상계가 아니므로 $r < y \leq b$를 만족하는 $y \in A$가 존재한다. 그래서, $x < r < y\,(x, y \in A)$이다. (b)에 의하여 $r \in [x, y] \subset A$이다. 따라서, 첫 번째 포함관계가 성립한다. 이 경우 A는 4종류의 유계구간들 중의 하나이다. 즉, $a, b \in A$이면 $A = [a, b]$, $a \in A$, $b \notin A$ (또는 $a \notin A$, $b \in A$)이면 $A = [a, b)$ (또는 $A = (a, b]$)이다. 그리고 $a, b \notin A$이면 $A = (a, b)$이다.

2. $J = \emptyset$이면 자명하다. $J \neq \emptyset$이면 보조정리 2.4.1의 (b)가 성립한다. (따라서, J는 구간이다.) ($\because x, y \in J$이고 $x \leq y$라 하자. 그러면 $x, y \in I_\lambda$ $(\lambda \in \Lambda)$이다. 각 I_λ가 구간이므로 보조정리 2.4.1(b)에 의하여 $[x, y] \subset I_\lambda$ $(\lambda \in \Lambda)$이다. 그러므로 $[x, y] \subset J$이다. 따라서 보조정리 2.4.1(b)가 성립한다.)

3. (a) $\bigcap_{n=1}^{\infty} [n, \infty) \neq \emptyset$이라 하자. 그러면 $n \leq x$ $(n \in \mathbb{N})$을 만족하는 $x \in \mathbb{R}$가 존재한다. Archimedian 성질 2.3.4의 증명과 동일하게 하면 모순이 발생한다.

(b) $\subset$는 자명하다. $\supset$을 보이자. $x \in \bigcap_{n=1}^{\infty} \left(0, 1 + \frac{1}{n}\right)$이라 하자. 그러면

$$0 < x < 1 + \frac{1}{n} \qquad (n \in \mathbb{N}) \tag{$\heartsuit$}$$

이다. 분명히 $x \in (0, 1]$이다. 왜냐하면, $x > 1$이면 $x - 1 > 0$이다. Archimedian 성질 2.3.4에 의하여 $\frac{1}{K} < x - 1$을 만족하는 $K \in \mathbb{N}$가 존재한다. 그러므로 ($\heartsuit$)와 결합하면 $1 + \frac{1}{K} < x < 1 + \frac{1}{n}$ $(n \in \mathbb{N})$이고, 이것은 모순이다.

(c) $(0, 1] = \bigcup_{n=1}^{\infty} \left[\frac{1}{n}, 1\right]$을 증명하자. $\supset$는 자명하다. $\subset$을 보이기 위하여 $x \in (0, 1]$라 하자. 그러면 $0 < x \leq 1$이다. Archimedian 성질 2.3.4에 의하여 $n > \frac{1}{x}$인 $n \in \mathbb{N}$가 존재한다. 즉 $\frac{1}{n} < x \leq 1$이므로 $x \in [\frac{1}{n}, 1] \subset \bigcup_{n=1}^{\infty} \left[\frac{1}{n}, 1\right]$이다.

위의 증명으로부터 $\bigcup_{n=1}^{\infty} \left(\frac{1}{n}, 1\right] = (0, 1]$임을 유사하게 보일 수 있다. ($\because$ $\subset$을 보이기 위하여 $x \in (0, 1]$라 하자. Archimedian 성질 2.3.4에 의하여 $\frac{1}{n} < x \leq 1$ 인 $n \in \mathbb{N}$이 존재한다. $x \in (\frac{1}{n}, 1] \subset \bigcup_{n=1}^{\infty} \left(\frac{1}{n}, 1\right]$이다.)

4. ($\Rightarrow$) $x \in A^\circ$라 가정하자. A°의 정의에 의하여 $x \in U \subset A$인 $\mathbb{R}$의 열린집합 U가 존재한다. (왜냐하면 $A^\circ = \cup\{U : U$는 $\mathbb{R}$의 열린집합이고 $U \subset A\}$이기 때문이다.) 그러므로

$$\exists \epsilon > 0 : (x - \epsilon, x + \epsilon) \subset U \subset A$$

이다. ($\Leftarrow$) $(x - \epsilon, x + \epsilon) \subset A$인 $\epsilon > 0$이 존재한다고 가정하자. 그러면 $U = (x - \epsilon, x + \epsilon)$는 x를 포함하고 A내에 있는 $\mathbb{R}$의 열린집합이므로 A°의 정의에 의하여 $x \in U \subset A^\circ$이다.

5. ($\Rightarrow$) $U = A^\circ (\subset A)$로 선택하면 충분하다. ($\Leftarrow$) $x \in U \subset A$이고 U가 $\mathbb{R}$의 열린집합이므로 A°의 정의에 의하여 $U \subset A^\circ$은 분명하다. 즉, $x \in U \subset A^\circ$이므로 A는 x의 근방이다.

6. (a)$\Rightarrow$(b). $\bar{A} = \mathbb{R}$이고 $U(\neq \emptyset)$는 $\mathbb{R}$의 열린집합이라 하자. $U \neq \emptyset$이므로 $x \in U \subset \mathbb{R} = \bar{A}$을 선택하자. U는 $\mathbb{R}$의 열린집합이므로 $\epsilon > 0$이 존재하여 $(x - \epsilon, x + \epsilon) \subset U$를 만족한

다. 한편, $x \in \bar{A}$이므로 (2.8)을 응용하면 $(x-\epsilon, x+\epsilon) \cap A \neq \emptyset$이다. 따라서 $U \cap A \neq \emptyset$이다.

(b)⇒(a). $\mathbb{R} \subset \bar{A}$임을 보이면 충분하다. $x \in \mathbb{R}$이라 하자. $\epsilon > 0$에 대하여 $U = (x - \epsilon, x + \epsilon)$을 선택하면 (b)의 가정에 의하여 $(x - \epsilon, x + \epsilon) \cap A \neq \emptyset$이다. (2.8)에 의하여 $x \in \bar{A}$이다.

7. (a) (2.10)에 의하여 $\bar{A} = \mathbb{R} \Leftrightarrow (\bar{A})^c = \emptyset \Leftrightarrow (A^c)^\circ = \emptyset$가 성립함을 주목하여라.

(b) 먼저 $\mathbb{Q}$가 $\mathbb{R}$내에서 조밀함을 보이자. 연습문제 2.4.6(b)가 성립함을 보인다. U가 공집합이 아닌 $\mathbb{R}$의 열린집합이라 하자. $x \in U$을 선택하면 U가 열린집합이므로 $\epsilon > 0$이 존재하여 $(x - \epsilon, x + \epsilon) \subset U$이다. $\mathbb{Q}$의 조밀성정리 2.3.5에 의하여 $x - \epsilon < r < x + \epsilon$인 $r \in \mathbb{Q}$가 존재한다. 그러므로 $r \in U \cap \mathbb{Q}$이다. 즉, $U \cap \mathbb{Q} \neq \emptyset$이다. 연습문제 2.4.6(b)에 의하여 $\mathbb{Q}$는 $\mathbb{R}$내에서 조밀하다.

유사하게 연습문제 2.3.17을 이용하여 $\mathbb{Q}^c$도 $\mathbb{R}$내에서 조밀함을 보일 수 있다. 그리고 (a)에서 $A = \mathbb{Q}^c$로 취하면 $\mathbb{Q}^\circ = \emptyset$이고, 다시 $A = \mathbb{Q}$로 취하면 $(\mathbb{Q}^c)^\circ = \emptyset$가 얻어진다.

(c) $A = \mathbb{R} \setminus \mathbb{Z}$을 생각하여라.

8. (a) $x \in A^\circ$라 하면 (2.9)에 의하여 $(x - \epsilon, x + \epsilon) \subset A$인 $\epsilon > 0$가 존재한다. $A \subset B$이므로

$$\exists \epsilon > 0 : (x - \epsilon, x + \epsilon) \subset B$$

이다. 다시 (2.9)를 적용하면 $x \in B^\circ$이다. 그러므로 $A^\circ \subset B^\circ$이다.

(b) 먼저 $(A \cap B)^\circ = A^\circ \cap B^\circ$임을 보이자. $\subset$는 자명하다. $\supset$를 보이기 위하여 $x \in A^\circ \cap B^\circ$라 하자. $x \in A^\circ$이고 $x \in B^\circ$이므로 (2.9)에 의하여 $\epsilon_i > 0\,(i = 1, 2)$가 존재하여 $(x - \epsilon_1, x + \epsilon_1) \subset A$이고 $(x - \epsilon_2, x + \epsilon_2) \subset B$를 만족한다. $\epsilon = \epsilon_1 \wedge \epsilon_2$로 취하면 $(x - \epsilon, x + \epsilon) \subset A \cap B$이다. 다시 정리 2.4.7의 (2.9)를 적용하면 $x \in (A \cap B)^\circ$이다. 유사하게 $(A \cup B)^\circ \supset A^\circ \cup B^\circ$임을 쉽게 보일 수 있다. 만약 $A = \mathbb{Q}$, $B = \mathbb{R} \setminus \mathbb{Q}$로 택하면 연습문제 2.4.7(b)에 의하여 $A^\circ = \emptyset = B^\circ$이다. 그러나 $A \cup B = \mathbb{R}$이므로 $(A \cup B)^\circ = \mathbb{R}$이다.

9. (a) $A \subset \bar{A}$이므로 A 대신에 $\bar{A}$을 대입하면 $\bar{A} \subset \bar{\bar{A}}$이다. 이제 $\supset$가 성립함을 보이자. 분명히 $\bar{A}$는 닫힌집합이고 $\bar{A} \subset \bar{A}$이며, $\bar{\bar{A}}$는 정의에 의하여 $\bar{A}$를 포함하는 제일 작은 닫힌집합이므로 $\bar{\bar{A}} \subset \bar{A}$이다.

(b) $x \in \bar{A}$라 하면 (2.8)에 의하여

$$\forall \epsilon > 0,\ (x-\epsilon, x+\epsilon) \cap A \neq \emptyset$$

이다. $A \subset B$이므로

$$\forall \epsilon > 0,\ (x-\epsilon, x+\epsilon) \cap B \neq \emptyset$$

이다. 다시 (2.8)을 적용하면 $x \in \bar{B}$이다. 따라서, $\bar{A} \subset \bar{B}$이다.

(c) 먼저 $\overline{A \cup B} = \bar{A} \cup \bar{B}$을 보이자. $\bar{A} \cup \bar{B}$은 $A \cup B$를 포함하는 닫힌구간이므로 $\overline{A \cup B}$의 정의에 의하여 $\subset$가 성립한다. 한편, (b)에 의하여 $\bar{A},\ \bar{B} \subset \overline{A \cup B}$이므로 $\supset$가 성립한다. 유사하게 $\overline{A \cap B} \subset \bar{A} \cap \bar{B}$임을 보일 수 있다. 만약 $A = \mathbb{Q},\ B = \mathbb{R} \setminus \mathbb{Q}$로 택하면 연습문제 2.4.7(b)에 의하여 $\bar{A} = \mathbb{R} = \bar{B}$이다.

10. (a) $A \cup \partial A = A \cup (\bar{A} \cap \overline{A^c}) = (A \cup \bar{A}) \cap (A \cup \overline{A^c}) = \bar{A} \cap \mathbb{R} = \bar{A}$. 이제 $A \cup \partial A = A^\circ \cup \partial A$임을 보이기 위하여 먼저 다음 사실을 주목하여라.

$$(\partial A)^c = (\bar{A} \cap \overline{A^c})^c = (\bar{A})^c \cup (\overline{A^c})^c \subset A^c \cup A^\circ.$$

(차례로 ∂A의 정의, De Morgan의 법칙과 마지막 포함관계에는 $A \subset \bar{A}$ (따라서, $(\bar{A})^c \subset A^c$)와 $A^\circ = (\overline{A^c})^c$을 적용하였다.) 위의 포함관계는 $[x \notin \partial A,\ x \in A \ \Rightarrow\ x \in A^\circ]$임을 뜻한다. 이것으로부터 $A \cup \partial A = A^\circ \cup \partial A$는 분명하다.

(b) $A \setminus \partial A = A \setminus (\bar{A} \cap \overline{A^c}) = (A \setminus \bar{A}) \cup (A \setminus \overline{A^c}) = \emptyset \cup (A \cap (\overline{A^c})^c) = A \cap A^\circ = A^\circ$이다. $\partial A = \bar{A} \setminus A^\circ$는 (a)의 $\bar{A} = A^\circ \cup \partial A$로부터 자명하다.

[별해] $\partial A = \bar{A} \cap \overline{A^c} = \bar{A} \cap ((\overline{A^c})^c)^c = \bar{A} \setminus (\overline{A^c})^c = \bar{A} \setminus A^\circ$임을 주목하여라. 따라서 $\partial A \cap A^\circ = (\bar{A} \setminus A^\circ) \cap A^\circ = \emptyset$이 곧바로 얻어진다.

(c) 먼저 (i) $A^\circ = (\overline{A^c})^c \ \Leftrightarrow\ (A^\circ)^c = \overline{A^c}$와 (a)의 $\bar{A} = A^\circ \cup \partial A$에서 A 대신에 A^c로 바꾸면 (ii) $\overline{A^c} = (A^c)^\circ \cup \partial A^c = (A^c)^\circ \cup \partial A$ 임을 주목하여라. (i)과 (ii)로부터

$$\mathbb{R} = A^\circ \cup (A^\circ)^c = A^\circ \cup \overline{A^c} = A^\circ \cup (A^c)^\circ \cup \partial A$$

을 얻는다. 짝으로 서로 소임을 보이기 위하여 먼저 (b)의 $\partial A \cap A^\circ = \emptyset$에서 A 대신에 A^c로 바꾸고 $\partial A = \partial A^c$을 이용하면 $\partial A \cap (A^c)^\circ = \emptyset$이다. 그리고 $A^\circ \cap (A^c)^\circ = \emptyset$은 자명하다.

(d) 먼저 ∂A는 닫힌집합이므로 $\partial A = \overline{\partial A}$이고, (c)에 의하여 $(\partial A)^c = A^\circ \cup (A^c)^\circ$임을 주목하여라. 그러면

$$\partial(\partial A) = \overline{\partial A} \cap \overline{(\partial A)^c} = \partial A \cap (A^\circ \cup (A^c)^\circ) \subset \partial A$$

이다. $A = \mathbb{Q}$라 하면 $\partial A = \mathbb{R}$이지만 $\partial(\partial A) = \partial\mathbb{R} = \emptyset$임을 주목하여라.

한편, $\overline{\bar{A}} = \bar{A}$이고 $(\bar{A})^c \subset A^c$이므로 연습문제 2.4.9 (b)에 의하여 $\overline{(\bar{A})^c} \subset \overline{A^c}$이므로

$$\partial\bar{A} = \overline{\bar{A}} \cap \overline{(\bar{A})^c} \subset \bar{A} \cap \overline{A^c} = \partial A$$

이다. $A = \mathbb{R} \setminus \{1\}$라 두면 $\bar{A} = \mathbb{R}$이다. 그러므로 $\partial\bar{A} = \emptyset$이고 $\partial A = \{1\}$이다.

(e) 연습문제 2.4.9 (c) $\overline{A \cup B} = \bar{A} \cup \bar{B}$와 $\overline{A \cap B} \subset \bar{A} \cap \bar{B}$를 이용하자.

$$\begin{aligned}
\partial(A \cup B) &= \overline{A \cup B} \cap \overline{(A \cup B)^c} = (\bar{A} \cup \bar{B}) \cap (\overline{A^c \cap B^c}) \\
&\subset (\bar{A} \cup \bar{B}) \cap (\overline{A^c} \cap \overline{B^c}) = (\overline{A^c} \cap \overline{B^c} \cap \bar{A}) \cup (\overline{A^c} \cap \overline{B^c} \cap \bar{B}) \\
&= (\partial A \cap \overline{B^c}) \cup (\overline{A^c} \cap \partial B) \subset \partial A \cup \partial B.
\end{aligned}$$

유사하게

$$\begin{aligned}
\partial(A \cap B) &= \overline{A \cap B} \cap \overline{(A \cap B)^c} \subset (\bar{A} \cap \bar{B}) \cap (\overline{A^c \cup B^c}) \\
&= (\bar{A} \cap \bar{B}) \cap (\overline{A^c} \cup \overline{B^c}) = (\bar{A} \cap \bar{B} \cap \overline{A^c}) \cup (\bar{A} \cap \bar{B} \cap \overline{B^c}) \\
&= (\partial A \cap \bar{B}) \cup (\bar{A} \cap \partial B) \subset \partial A \cup \partial B.
\end{aligned}$$

임을 주목하여라. 끝으로 $A \setminus B = A \cap B^c$이므로 바로 위의 포함관계와 $\partial B^c = \partial B$로부터

$$\partial(A \setminus B) = \partial(A \cap B^c) \subset \partial A \cup \partial B^c = \partial A \cup \partial B$$

을 곧바로 얻는다. $A = \mathbb{Q}$, $B = A^c = \mathbb{R} \setminus \mathbb{Q}$로 택하면 $A \cup B = \mathbb{R}$이고 $A \cap B = \emptyset$이므로 $\partial(A \cup B) = \partial(A \cap B) = \emptyset$이다. 반면에 $\partial A = \partial B = \mathbb{R}$임을 주목하여라.

(f) $u := \sup A$라 하자. 그러면 임의의 $\epsilon > 0$에 대하여 $u - \epsilon$은 A의 상계가 아니므로 $x_\epsilon \in A$가 존재하여 $x_\epsilon > u - \epsilon$이다. 즉 $(u-\epsilon, u+\epsilon) \cap A \neq \emptyset$이다. (2.8)에 의하여 $u \in \bar{A}$이다. $(u, u+\epsilon) \cap A^c \neq \emptyset$이므로 $u \in \overline{A^c}$이다. 따라서 $u \in \bar{A} \cap \overline{A^c} = \partial A$이다. 유사하게 $v := \inf A$라두고 $v \in \partial A$임을 증명하여라.

11. (a)

$$x \in U_n \quad \Leftrightarrow \quad \exists a \in A : x \in \left(a - \frac{1}{n}, a + \frac{1}{n}\right) \ (= I_a)$$

임을 주목하자. 분명히 $U_n = \cup_{a \in A} I_a$이다. 모든 I_a는 열린구간(따라서 열린집합)이고 정리 2.4.4 (a)에 의하여 U_n도 열린집합이다.

(b) 먼저 $\subset$을 보이기 위하여 $x \in \bar{A}$라 하자. (2.8)에 의하여 모든 $\epsilon > 0$에 대하여 $(x-\epsilon, x+\epsilon) \cap A \neq \emptyset$이다. 각 $n \in \mathbb{N}$에 대하여 $\epsilon = \frac{1}{n}$로 선택하면 $(x - 1/n, x + 1.n) \cap A \neq$

$\emptyset$이다. 그러므로 $a \in A$가 존재하여 $x - \frac{1}{n} < a < x + \frac{1}{n}$(따라서, $|x-a| < \frac{1}{n}$)이다. 즉 $x \in U_n\,(n \in \mathbb{N})$이다. 그러므로 $x \in \cap_{n=1}^{\infty} U_n$이다. 이제 $\supset$을 보이기 위하여 $x \in\in \cap_{n=1}^{\infty} U_n$이라 하자. (2.8)을 응용하여 $x \in \bar{A}$를 보이자. 임의의 $\epsilon > 0$에 대하여 Archimedian 성질 2.3.4에 의하여 $\frac{1}{n} < \epsilon$인 $n \in \mathbb{N}$을 선택하자. 그러면 $x \in U_n$이므로 $\exists a \in A : x \in \left(a - \frac{1}{n}, a + \frac{1}{n}\right)$이다. 즉, $a \in A \cap (x - 1/n, x + 1/n)$이고 $\frac{1}{n} < \epsilon$이므로 $a \in A \cap (x - \epsilon, x + \epsilon)$이다. 사실,

$$\forall \epsilon > 0,\ (x - \epsilon, x + \epsilon) \cap A \neq \emptyset$$

임을 증명하였다. (2.8)에 의하여 이것은 $x \in \bar{A}$이다.

(c) A가 닫힌집합이면 $A = \bar{A}$이다. 그러므로 (a)와 (b)에 의하여 자명하다.

12. G가 $\mathbb{R}$의 열린집합이라 하면 G^c는 $\mathbb{R}$의 닫힌집합이다. 연습문제 2.4.11 (c)에 의하여 G^c는 가산인 열린집합들의 교집합으로 표현할 수 있다. 만약 $G^c = \cap_{n=1}^{\infty} U_n$ (여기서 U_n은 열린집합)이라 하자. De Morgan 법칙(정리 2.1.2)에 의하여 $G = \cup_{n=1}^{\infty} U_n^c$ (분명히 U_n^c은 닫힌집합)이다.

13. (a) 완비공리 (**AC**)와 (**AC**)$'$에 의하여 $\sup A, \inf A \in \mathbb{R}$가 존재한다. 먼저 $c := \sup A$라 하면 상한에 대한 근사성질 2.3.3에 의하여, 임의의 $\epsilon > 0$에 대하여 $x_\epsilon \in A$이 존재하여 $c - \epsilon < x_\epsilon$이다. 분명히, $x_\epsilon \leq c < c + \epsilon$이므로 $x_\epsilon \in (c - \epsilon, c + \epsilon) \cap A$이다. 그러므로 정리 2.4.4의 (2.8)에 의하여 $c \in \bar{A}$이다.

하한에 대한 근사성질(연습문제 2.3.11)을 이용하여 유사한 방법으로 $\inf A \in \bar{A}$임을 증명할 수 있으므로 이것의 증명은 독자에게 남겨둔다.

(b) $A \neq \emptyset$, $A \neq \mathbb{R}$이므로 $a \in A$와 $b \in A^c$을 선택할 수 있다. 일반성을 잃지않고 $a < b$라 가정하자($a > b$인 경우의 증명은 유사하므로 생략한다). A가 닫힌집합이므로 $A \cap [a, b]$도 유계인 닫힌집합이기에 (a)를 이용하면 $c := \sup(A \cap [a, b]) \in \bar{A} = A$이다. 반면에 $(c, b] \subset A^c$임을 주장하자. 이것의 증명은 「$x \in (c, b] \Rightarrow x \in A^c$」을 보이면 충분하다. 모순증명을 하자. $x \notin A^c$라 가정하면 $x \in A$이고 분명히 $a \leq c < x \leq b$이므로 $x \in A \cap [a, b]$이다. 한편, $c = \sup(A \cap [a, b])$이므로 $c < x \leq c$라는 모순이 생겨난다. 이 모순은 $(c, b] \subset A^c$임을 말한다. 만약 A^c가 닫힌집합이라 가정하면 연습문제 2.4.9 (b)에 의하여

$$[c, b] = \overline{(c, b]} \subset \overline{A^c} = A^c$$

이고, 이것은 곧바로 $c \in A \cap A^c = \emptyset$라는 모순을 낳는다. 따라서 A^c는 닫힌집합이 아니

다.

[별해] $A \neq \emptyset$이므로 한 점 $a \in A$를 고정하고 집합

$$B := \{r \in \mathbb{R} : r > 0,\ (a-r, a+r) \subset A$$

라 두자. $a \in A$이고 A가 열린집합이므로 $B \neq \emptyset$이다. 만약 $A \neq \mathbb{R}$라 가정하면 B는 유계집합이 된다. 이제 $\delta := \sup B$라 하자. A가 닫힌집합이므로 $a-\delta, a+\delta \in A$임을 알 수 있다. (왜냐하면, 먼저 $[a-r, a+r] = \overline{(a-r, a+r)} \subset \bar{A} = A$ $(r \in B)$임을 주목하여라. 그리고 B가 유계이므로 $a - B\,(\subset A)$와 $a + B\,(\subset A)$도 유계이다. 연습문제 2.3.13, 연습문제 2.4.10 (f)와 연습문제 2.4.9 (b)를 차례로 적용하면

$$a - \delta = a - \sup B = \inf(a - B) \in \partial(a - B) \subset \overline{a - B} \subset \bar{A} = A,$$

$$a + \delta = a + \sup B = \sup(a + B) \in \partial(a + B) \subset \overline{a + B} \subset \bar{A} = A$$

을 얻기 때문이다.) 다시 $a-\delta, a+\delta \in A$이고 A가 열린집합이므로 적당한 $\epsilon > 0$가 존재하여 $(a-\delta-\epsilon, a-\delta+\epsilon) \subset A$, $(a+\delta-\epsilon, a+\delta+\epsilon) \subset A$이다. $\delta = \sup B$이므로 주어진 $\epsilon > 0$에 대하여 $r \in B$에 존재하여 $r > \delta - \epsilon/2$이다. $r \in B$이므로 $(a-\delta+\epsilon/2, a+\delta-\epsilon/2) \subset (a-r, a+r) \subset A$이므로 $(a-\delta-\epsilon, a+\delta+\epsilon) \subset A$, 즉 $\delta+\epsilon \in B$이고 이것은 $\delta = \sup B$라는 사실에 모순이다. 이 모순은 결국 $A = \mathbb{R}$임을 주장한다.

(c) (b)에 $[(p \wedge q) \Rightarrow r] \equiv [(q \wedge \sim r) \Rightarrow \sim p]$ (연습문제 1.3.4)을 적용하자. 여기서, p는 '$(A \neq \emptyset) \wedge (A \neq \mathbb{R})$'이고, q는 'A는 $\mathbb{R}$의 닫힌 부분집합', 그리고 r은 'A^c는 $\mathbb{R}$의 닫힌집합이 아니다'라고 하자. 그러면 곧바로 $(q \wedge \sim r)$는 (c)의 가정이 되고 $\sim p$는 결론이 됨을 주목하여라.

14.[‡] (a) $a \in M$이고 $r > 0$라 하자. 먼저 열린 공 $U_r(a)$가 M의 열린집합임을 보이자. 각 $x \in U_r(a)$에 대하여 $\epsilon > 0$가 존재하여 $U_\epsilon(x) \subset U_r(a)$를 만족함을 보이면 충분하다. $t = d(x, a)$라 하면 $t = d(x, a) < r$이므로 $r - t > 0$이다. $0 < \epsilon < r - t$가 되는 $\epsilon > 0$을 선택하면 $U_\epsilon(x) \subset U_r(a)$이다. 왜냐하면 만약 $y \in U_\epsilon(x)$이면

$$d(y, a) \leq d(y, x) + d(x, a) < \epsilon + t < (r - t) + t = r,$$

즉, $y \in U_r(a)$이기 때문이다. 다음에 닫힌 공 $B_r(a)$가 닫힌집합임을 보이기 위하여 $y \notin B_r(a)$라 하자. 그러면 $d(y, a) > r$이다. $\epsilon = d(y, a) - r > 0$로 선택하면 $B_r(a) \cap U_\epsilon(y) = \emptyset$ (따라서 $B_r(a)$는 닫힌집합)이다. 왜냐하면, 만약 $z \in B_r(a) \cap U_\epsilon(y)$라면 $d(y, a) \leq d(y, z) + d(z, a) < \epsilon + r = d(y, a)$이고 이것은 모순이다.

(b) (2.11)과 (2.12)를 증명하자. 증명방법은 정리 2.4.7의 증명과 거의 같다.

$(P \Leftrightarrow Q)$는 $(\sim P \Leftrightarrow \sim Q)$와 동치이다. 그러므로 (2.11)의 동치인

$$x \notin \bar{A} \quad \Leftrightarrow \quad \exists\, r > 0 : U_r(x) \cap A = \emptyset$$

를 증명하자. ($\Rightarrow$)을 보이기 위하여 $x \notin \bar{A}$라 가정하자. $x \in (\bar{A})^c$이고 $(\bar{A})^c$는 $\mathbb{R}$의 열린 집합이므로

$$\exists\, r > 0 : U_r(x) \subset (\bar{A})^c$$

이다. 분명히 $(\bar{A})^c \subset A^c$이므로 $\exists\, r > 0 : U_r(x) \cap A = \emptyset$이다. 이제 ($\Leftarrow$)을 보이기 위하여 $U_r(x) \cap A = \emptyset$를 만족하는 $r > 0$가 존재한다고 하자. 그러면 $A \subset [U_r(x)]^c$이고, 위의 증명에서 모든 열린 공은 열린집합이므로 $[U_r(x)]^c$는 닫힌집합이다. $\bar{A}$의 정의에 의하여 $\bar{A} \subset [U_r(x)]^c$이고 $x \notin [U_r(x)]^c$이므로 $x \notin \bar{A}$이다. 연습문제 2.4.4의 증명과 유사하게 (2.12)를 증명할 수 있다.

15. 먼저 (2.11)을 이용하여 모든 $A \subset \mathbb{R}_d$에 대하여 $\bar{A} = A$임을 보이자. 만약 $x \in \bar{A}$이면 (2.11)에 의하여 $0 < r\,(< 1)$에 대하여 $U_r(x) \cap A \neq \emptyset$이다. 즉 $x_0 \in U_r(x) \cap A$라 두면 $d(x, x_0) < r < 1$이고 d가 이산거리 (연습문제 2.3.23 (b))이므로 $x = x_0 \in A$이다. 그러므로 $\bar{A} \subset A$이다. 포함관계 $\supset$는 분명하므로 $\bar{A} = A$이다. 그러므로 $A \neq \mathbb{R}_d$이면 $\bar{A} \neq \mathbb{R}_d$이므로 A는 $\mathbb{R}_d$ 내에서 조밀하지 않다.

16. (a) ($\Rightarrow$) 위의 정의에 의하여 각 $x \in G_A$에 대하여 $(x - r_x, x + r_x) \cap A \subset G_A$를 만족하는 $r_x > 0$가 존재한다.

$$U = \bigcup_{x \in G_A} I_x, \quad I_x = (x - r_x, x + r_x)$$

라 하면 예제 2.4.3 (b)와 정리 2.4.4 (a)에 의하여 분명히 U는 $\mathbb{R}$의 열린집합이다. 이제 $G_A = U \cap A$임을 보이자. ($\because$ $G_A \subset A$이므로 $\subset$는 자명하다. $\supset$는 $U \cap A = \cup_{x \in G_A}(I_x \cap A)$이고 $I_x \cap A \subset G_A$이므로 분명하다.)

($\Leftarrow$) $\mathbb{R}$의 열린집합 U가 존재하여 $G_A = U \cap A$라고 가정하자. G_A가 A의 열린집합임을 보이기 위하여 $x \in G_A$를 임의로 선택하자. $x \in U$이고 U는 $\mathbb{R}$의 열린집합이므로 $r_x > 0$가 존재하여 $(x - r_x, x + r_x) \subset U$를 만족한다. 그러면 $(x - r_x, x + r_x) \cap A \subset U \cap A = G_A$이다. 위 정의로부터 G_A는 A의 열린집합이다.

(b) $0 < a < b < 1$라 하자. 모든 $[0, a)$, (a, b), $(b, 1]$은 A의 열린집합들이다. 닫힌집합은 $[a, b]\,(0 \le a \le b \le 1)$이다.

제 3 장

수열

3.1 수열과 극한

정의 3.1.1 함수 $S : \mathbb{N} \to \mathbb{R}$를 $\mathbb{R}$ 내에 있는 **수열**(*sequence*)이라 한다.

[주의] 각 $n \in \mathbb{N}$에 대하여 $S(n) = x_n \in \mathbb{R}$라 하면 함수 S는

$$(x_n)_{n=1}^{\infty} \, : \, (x_1, x_2, x_3, \ldots, x_n, \ldots)$$

와 같이 볼 수 있다. 수열 $(x_n)_{n=1}^{\infty}$는 S의 치역 $\{x_n : n \in \mathbb{N}\} = \{x_n : n \geq 1\}$과 차이가 있음에 주의하자. 구분의 필요가 없을 때는 $(x_n)_{n=1}^{\infty}$를 간단히 (x_n)로 표기한다.

[표기] 집합 X 내에 있는 수열 $(x_n)_{n=1}^{\infty}$를 간단히 (x_n) $(\subset X)$로 쓴다. $X = \mathbb{R}$인 경우에는 (x_n) $(\subset \mathbb{R})$대신에 산난히 (x_n)로 쓴다.

정의 3.1.2 (x_n)은 수열이고 $(n_k)_{k=1}^{\infty}$는 $n_1 < n_2 < \cdots < n_k < \cdots$로 주어진 자연수들의 수열이라 하자. 그 때, 수열 $(x_{n_k})_{k=1}^{\infty}$를 주어진 수열 (x_n)의 **부분수열**(*subsequence*)이라 말하고, 앞으로 필요시 간단히 $(x_{n_k})_{k=1}^{\infty} \sqsubseteq (x_n)$로 표기한다.

정의 3.1.3 (x_n)은 수열이고 $x \in \mathbb{R}$라 하자. 임의로 주어진 $\epsilon > 0$에 대하여

$$|x_n - x| < \epsilon \qquad (n \geq K) \tag{3.1}$$

를 만족하는 $K(=K_\epsilon) \in \mathbb{N}$이 존재할 때 수열 (x_n)가 x에 **수렴한다**고 하고

$$\lim_{n\to\infty} x_n = x \quad \text{또는} \quad x_n \to x \quad (n \to \infty)$$

로 쓴다. 그리고 x를 수열 (x_n)의 **극한**(*limit*)이라고 한다. 수열 (x_n)이 수렴하지 않을 때를 **발산한다**고 한다. 앞으로 구분할 필요가 없으면 $\lim_{n\to\infty} x_n = x$를 간단히 $\lim x_n = x$로 표기한다.

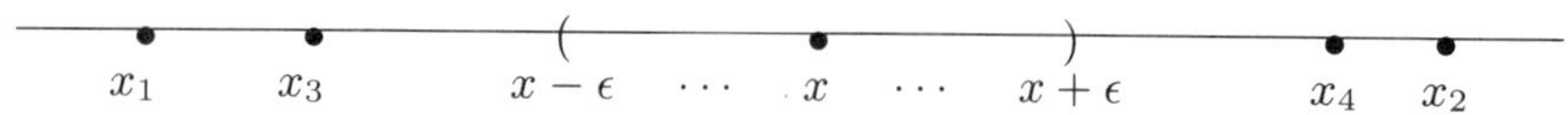

[**주의**] '임의의' 양의 ϵ에 대해서는 정의 3.1.3의 (3.1)에 있는 부등호 '$<$'를 등호가 있는 (순서)기호 '$\leq$'로 얼마든지 바꿀 수 있음에 주목하여라.

정리 3.1.4 (극한의 유일성) 수열의 극한이 존재하면 오직 하나이다.

예제 3.1.5 (a) $\lim \frac{1}{n} = 0$이다.

(b) 수열 $((-1)^n)$은 발산한다.

정리 3.1.6 $x \in \mathbb{R}$와 두 수열 (a_n) , (x_n)에 대하여

$$|x_n - x| \leq c|a_n| \qquad (n \geq K) \tag{3.2}$$

를 만족하는 $c > 0$와 $K \in \mathbb{N}$가 존재하고 만약 $\lim a_n = 0$이면 $\lim x_n = x$이다.

예제 3.1.7 (a) $|r| < 1$이면 $\lim r^n = 0$이다.

(b) $\lim n^{1/n} = 1$이다.

정리 3.1.8 (x_n)을 실수들의 수열이고 $x \in \mathbb{R}$라 하자. 만약 $\lim x_n = x$이면 (x_n)의 모든 부분수열 $(x_{n_k})_{k=1}^{\infty}$도 x에 수렴한다. 즉 $\lim x_{n_k} = x$이다.

예제 3.1.9 † (Fibonacci 수의 유래)

한 쌍의 토끼가 둘째 달부터 매달 한 쌍의 새끼를 낳는다고 한다. 토끼들은 결코 죽지 않는다고 가정할 때, 1년이 지난 후 모두 몇 쌍이 될까?

정리 3.1.10 ‡ (Fibonacci 수의 성질 [2])

(a) (Cassini의 관계식: 1680) $F(n+1)F(n-1) = F(n)^2 + (-1)^n \quad (n \geq 2)$.

(b) (de Moivre의 공식) $F(n) = [(1+\sqrt{5})^n - (1-\sqrt{5})^n]/(2^n\sqrt{5})$.

(c) (황금비) $\lim F(n+1)/F(n) = (\sqrt{5}+1)/2\,(:= \phi)$.

(d) $F(n)$, $F(n+1)$은 서로 소(relatively prime)이다.

예제 3.1.11 † (Fibonacci 수의 응용 [3])

한 꼬마요정이 n층 계단을 올라가야 한다. 꼬마요정은 매 걸음마다 한 계단 혹은 두 계단만 올라 갈 수 있다. a_n에 대한 반복 관계, 즉, 요정이 n층 계단에 도달할 수 있는 서로 다른 방법의 가지수 a_n를 모두 찾아보아라.

예제 3.1.12 예제 3.1.11과 같은 방법으로 다음의 Fibonacci 수를 관찰하여라.

① 모든 자연수들은 1과 2의 합으로 나타낼 수 있다. 임의의 자연수 n을 1과 2의 합으로 나타낼 수 있는 총 가지수?

② 가로 1, 세로 2 크기의 동일한 나무토막을 높이가 2가 되게 쌓을려고 한다. n개의 나무토막을 갖고 쌓을 수 있는 총 가지수?

③[4] 어느 거리의 길가에는 집들이 들어 서 있다. 서로 다른 두 집들은 담벼락을 사이에 두고 서로 떨어져 있거나 아니면 나란히 붙어 있다. n채의 집들이 담벼락들의 형태에 따라 들어서(또는 나열될 수) 있는 총 가지수?

연 습 문 제 3.1

1. 다음 수열 $\mathrm{F} : \mathbb{N} \to \mathbb{R}$를 관찰하여 보아라.

$$\mathrm{F}(1) = 1, \quad \mathrm{F}(2) = 1, \quad \mathrm{F}(n+1) = \mathrm{F}(n) + \mathrm{F}(n-1) \qquad (n = 2, 3, \ldots).$$

$\mathrm{F}(n)$을 제 n번째 **Fibonacci 수**라 한다. Fibonacci 수를 차례로 가능한 많이 써 보아라.

[2] http://www.mcs.surrey.ac.uk/Personal/R.Knott/Fibonacci

[3] Alan Tucker, *Applied Combinatorics*, 3rd edition, John Wiley & Sons, 1975, pp.111-113, 124-125.

[4] Paul Dixon, A Mathematics teacher at Coulby Newham School Middle brough

2. $\sigma(i) < \sigma(j)\,(i < j)$를 만족하는 함수 $\sigma : \mathbb{N} \to \mathbb{N}$을 $(n)_{n=1}^{\infty}$의 **부분수열**이라 한다. $\sigma = (n_k)_{k=1}^{\infty}$이고 $\mathrm{S} = (x_n)_{n=1}^{\infty}$이면 $\mathrm{S} \circ \sigma = (x_{n_k})_{k=1}^{\infty}$임을 보여라.

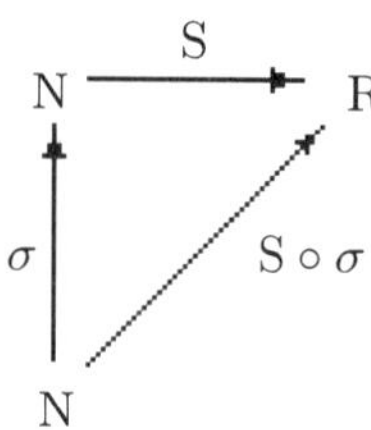

3. 이제 주어진 수열과 그 부분수열에 대한 다음 사실들을 증명하여라.

   (a) $(x_{n_k})_{k=1}^{\infty}$가 수열 (x_n)의 부분수열이면 $n_k \geq k\ (k \in \mathbb{N})$이다.

   (b) $(x_m)_{m=1}^{\infty} \sqsubseteq (x_n)$이고 $(x_{m_k})_{k=1}^{\infty} \sqsubseteq (x_m)$이면 $(x_{m_k})_{k=1}^{\infty} \sqsubseteq (x_n)$이다.

4. 다음을 증명하여라.

   (a) $\lim \frac{1}{\sqrt{n}} = 0$이다.

   (b) $\lim \frac{2^n}{n!} = 0$이다.

   (c) $\lim \sqrt{n}\left(\sqrt{n+1} - \sqrt{n}\right) = 1/2$이다.

   (d) $c > 0$이면 $\lim c^{1/n} = 1$이다.

   (e) $\lim x_n = 0$이면 $\lim(-1)^n x_n = 0$이다.

5. 다음 수열의 극한을 구하여라.

   (a) $x_n = \frac{1}{n^2} + \frac{2}{n^2} + \cdots + \frac{n}{n^2}$.

   (b) $x_n = \frac{(1/n)^2 + (2/n)^2 + \cdots + (n/n)^2}{n}$.

   (c) $x_n = \left(1 - \frac{1}{2}\right)\left(1 - \frac{1}{3}\right) \cdots \left(1 - \frac{1}{n+1}\right)$.

6. $A\,(\neq \emptyset, \subset \mathbb{R})$가 위로 (또는 아래로) 유계라 하고 $u = \sup A$ (또는 $v = \inf A$)라 하면 u (또는 v)에 수렴하는 수열 $(x_n)\,(\subset A)$가 존재함을 보여라.

7. $\lim x_n = x > 0$ (또는 < 0)라고 하면 적당한 $K \in \mathbb{N}$가 존재하여 $x_n > 0$ (또는 < 0) $(n \geq K)$임을 밝혀라.

8. 수열 (x_n)에 대하여 다음 두 사실이 동치임을 보여라.

   (a) (x_n)은 수렴하지 않는다. (즉 (x_n)은 발산한다.)

   (b) 모든 $x \in \mathbb{R}$에 대하여 $|x_{n_k} - x| \geq \epsilon\ (k \in \mathbb{N})$를 만족하는 $\epsilon > 0$과 부분수열 (x_{n_k})가 존재한다.

9. 어떤 $\epsilon > 0$에 대하여 $|x_n - x_m| \geq \epsilon \ (n \neq m)$를 만족하는 수열 (x_n)은 결코 수렴하는 부분수열을 갖지 않음을 증명하여라.

10. (x_n)은 수열이고 $x \in \mathbb{R}$라 할 때 다음을 증명하여라.

$$\lim_{n\to\infty} x_{2n} = x, \quad \lim_{n\to\infty} x_{2n-1} = x \quad \Rightarrow \quad \lim_{n\to\infty} x_n = x.$$

11. 수열 (x_n)의 모든 부분수열이 동일한 극한 x에 수렴하는 부분수열을 가진다면 $\lim x_n = x$임을 보여라.

12. 다음을 증명하여라.

    (a) $\lim x_n = 0$이고 $\sigma_n = \frac{x_1+x_2+\cdots+x_n}{n}$라면 $\lim \sigma_n = 0$이다.

    (b) $\lim x_n = x$이면 $\lim \sigma_n = x$이다.

    (c) (a)의 역은 일반적으로 성립하지 않는다 (왜?).

    (d) (σ_n)이 수렴하면 비록 (x_n)은 발산하더라도 반드시 $\lim(x_n/n) = 0$이다.

13. 수열 (x_n)에 대하여 $L = \lim \frac{x_{n+1}}{x_n}$라 할 때 다음을 증명하여라.

    (a) $0 \leq L < 1$이면 (x_n)은 수렴하고 $\lim x_n = 0$이다.

    (b) $L = 1$인 경우에는 (x_n)의 수렴·발산을 판별할 수 없다.

14. $|a| < 1$이면 $\lim(n|a|^n) = 0$임을 보여라.

15. $P_n(x) = a_1x + a_2x^2 + \cdots + a_nx^n \ (n \in \mathbb{N})$이고 수열 (a_n)이 유계라 할 때 $\lim x_n = 0$이면 $\lim P_n(x_n) = 0$임을 보여라. (연습문제 3.2.9와 비교하여라.)

16. $M \in \mathbb{N}$이라 하자. 수열 $(x_n)_{n=1}^{\infty}$의 M-꼬리 $(x_{M+k})_{k=1}^{\infty}$가 수렴할 필요충분조건은 (x_n)이 수렴하는 것이고 이 경우에 $\lim x_n = \lim x_{M+k}$ 임을 보여라.

17. (x_n)은 $\mathbb{R}$의 수렴수열이고 $\sigma : \mathbb{N} \to \mathbb{N}$가 단사라 하자. 모든 $n \in \mathbb{N}$에 대하여 $y_n = x_{\sigma(n)}$로 정의하면 수열 (y_n)도 수렴하고 $\lim y_n = \lim x_n$임을 보여라.

18. $A \subset \mathbb{R}$이라 할 때, 2.4절의 (2.8)을 이용하여 다음을 증명하여라.

    (a) $x \in \bar{A} \ \Leftrightarrow \ \exists (x_n)\,(\subset A) : x_n \to x.$

    (b) A는 닫힌집합이다 $\ \Leftrightarrow \ $「$(x_n) \subset A,\ x_n \to x \ \Rightarrow \ x \in A$」.

19. I가 $\mathbb{R}$의 구간이고 $(x_n)\,(\subset I)$이 $x \in I$에 수렴한다고 하면 x와 $\{x_n : n \in \mathbb{R}\}$을 포함하는 닫힌구간 $J\,(\subset I)$가 존재함을 보여라.

20. 주어진 수열 $(x_n)\,(\subset \mathbb{R})$이 $\pm\infty$로 발산하는 경우를 살펴보자. 먼저 $\lim_{n\to\infty} x_n = \infty$라는 의미는 모든 $M > 0$에 대하여 $x_n > M\ (n \ge K)$를 만족하는 $K = K_M \in \mathbb{N}$가 존재한다는 것이고, 유사하게, $\lim_{n\to\infty} x_n = -\infty$라는 의미는 모든 $M > 0$에 대하여 $x_n < -M\ (n \ge K)$를 만족하는 $K = K_M \in \mathbb{N}$가 존재한다는 것이다. 이제 위의 정의로부터 다음을 증명하여라.

(a) $\lim n = \infty$이고 $\lim n^2 = \infty$이다.

(b) $c > 1$이면 $\lim c^n = \infty$이다.

(c) $x_n \le y_n\ (n \in \mathbb{N})$라 하자. 만약 $\lim x_n = \infty$이면 $\lim y_n = \infty$이고, 반면에 $\lim y_n = -\infty$이면 $\lim x_n = -\infty$이다.

(d) $x_n, y_n > 0\ (n \in \mathbb{N})$이고 $L = \lim(x_n/y_n) > 0$라 하면 다음이 성립한다.

$$\lim_{n\to\infty} x_n = \infty \quad \Leftrightarrow \quad \lim_{n\to\infty} y_n = \infty.$$

(e) $x_n > 0\ (n \in \mathbb{N})$이면 다음이 성립한다.

$$\lim_{n\to\infty} x_n = 0 \quad \Leftrightarrow \quad \lim_{n\to\infty} \frac{1}{x_n} = \infty.$$

21.‡ $A \subset \mathbb{R}$, $x \in \mathbb{R}$라 하자. 모든 $\epsilon > 0$에 대하여 $(x-\epsilon, x+\epsilon) \cap (A \setminus \{x\}) \ne \emptyset$를 만족할 때 x를 A의 **집적점**(*cluster point*)라 하고 A의 모든 집적점들의 집합을 A의 **유도집합**(*derived set*)이라 하고 A'로 표기한다. 이제 다음 사실들이 성립함을 증명하여라.

(a) $x \in A' \ \Leftrightarrow\ \exists\,(x_n)\,(\subset A),\ x_n \ne x\,(n \ge 1)\ \ s.t.\ \ \lim x_n = x.$

(b) $A \subset B \subset \mathbb{R}$이면 $A' \subset B'$이다.

(c) 모든 $A, B \subset \mathbb{R}$에 대하여 $(A \cup B)' = A' \cup B'$이다.

(d) A'은 닫힌집합이다.

(e) $\bar{A} = A \cup A'\ (A \subset \mathbb{R})$이다. 특히, $A \supset A'$이면 A는 닫힌집합이다.

22.‡ d가 집합 M 상의 거리(*metric*) (연습문제 2.3.23)라 하자. $(x_n)\,(\subset M)$이 $x \in M$에 **수렴한다**는 의미는 $\lim d(x_n, x) = 0$이다. 이 때, $\lim x_n = x$ (또는 $x_n \to x$)로 표기하고 x를 (x_n)의 **극한**(*limit*)이라 한다. 다음 사실들을 증명하여라.

(a) $(x_n)\,(\subset M)$의 극한도 기껏해야 하나이다 (정리 3.1.4).

(b) $x_n \to x$이고 $y_n \to y$이면 $d(x_n, y_n) \to d(x, y)$이다.

(c) d가 이산거리(연습문제 2.3.23)일 경우, (x_n)이 수렴할 동치조건은 $K \in \mathbb{N}$가 존재하여 $x_n = x_K\ (n \ge K)$를 만족하는 것이다. (이러한 성질을 갖는 수열 (x_n)을 **궁극적으로 상수**(*ultimately constant*)라고 말한다.)

(d) $D = \frac{d}{1+d}$도 역시 M 상의 거리이다(연습문제 2.3.23(c)). $d = \frac{D}{1-D}$라면 $d(x_n, x) \to 0 \Leftrightarrow D(x_n, x) \to 0$이다.

(e) $A \subset M$일 때도 마찬가지로 연습문제 3.1.18의 (a)와 (b)가 성립한다.

(f) $A(\subset M)$가 M 내에서 조밀하면 M의 모든 점이 A의 극한임을 보여라. 즉, 모든 $x \in M$에 대하여 수열 $(x_n)(\subset A)$가 존재하여 $\lim x_n = x$라는 것이다.

연습문제풀이 및 힌트 3.1

1. 1, 1, 2, 3, 5, 8, 13, 21, 34, 55, 89, 144, 233, 377, ...

2. 각 $i \in \mathbf{N}$에 대하여 $\sigma(i) = n_i$, $\mathrm{S}(i) = x_i$이므로 $\mathrm{S} \circ \sigma(i) = \mathrm{S}[\sigma(i)] = \mathrm{S}(n_i) = x_{n_i}$이다. 그러므로 $\mathrm{S} \circ \sigma = (x_{n_k})_{k=1}^{\infty}$이다.

3. (a) 수학적귀납법으로 증명하자. $k = 1$ 일 때는 자명하다. $k = j$에 대하여 $n_j \geq j$가 성립한다고 가정하자. 그러면 $n_1 < n_2 < \cdots < n_j < n_{j+1} < \cdots$이므로 $n_{j+1} \geq n_j + 1 \geq j + 1$이다. 그러므로 $k = j + 1$에 대하여 $n_{j+1} \geq j + 1$가 성립한다. 따라서, 수학적귀납법에 의하여 모든 $k \in \mathbb{N}$에 대하여 $n_k \geq k$가 성립한다.

   (b) 증명은 연습문제 3.1.2를 이용한다. $\mathrm{S} : \mathbb{N} \to \mathbb{R}$에 대하여 $\mathrm{S} = (x_n)_{n=1}^{\infty}$이고 순증가, 즉 「$i < j \Rightarrow \sigma(i) < \sigma(j)$」를 만족하는 함수 $\sigma : \mathbb{N} \to \mathbb{N}$가 존재하여 $\mathrm{T} = \mathrm{S} \circ \sigma = (x_m)_{m=1}^{\infty}$이다. 여기서 $\mathrm{T} : \mathbb{N} \to \mathbb{R}$이고 $\mathrm{T}(m) = x_m$을 만족한다. $(x_{m_k})_{k=1}^{\infty}$가 (x_m)의 부분수열이면 순증가하는 $\tau : \mathbb{N} \to \mathbb{N}$가 존재하여 $x_{m_k} = \mathrm{T} \circ \tau(k)$ $(k \in \mathbb{N})$이다. 그러므로 $\mathrm{T} \circ \tau = (\mathrm{S} \circ \sigma) \circ \tau = \mathrm{S} \circ (\sigma \circ \tau)$이다. $\sigma \circ \tau : \mathbb{N} \to \mathbb{N}$는 순증가이다. (왜?)

4. (a) 예제 3.1.5(a)의 증명을 약간 수정하여라.

   (b) 먼저, $n \geq 3$이면 $0 < \frac{2^n}{n!} \leq 2(\frac{2}{3})^{n-2}$임을 보여라.

   (c) 분자를 유리화하여라.

   (d) $c = 1$이면 자명하다. 만약 $c > 1$이면 $c^{1/n} > 1$이므로 $h_n = c^{1/n} - 1 > 0$로 두자. $c = (1 + h_n)^n$에 Bernoulli 부등식(연습문제 2.2.10)을 적용하면

$$c = (1 + h_n)^n \geq 1 + nh_n \qquad (n \in \mathbb{N})$$

이다. 그러므로 $h_n \leq (c - 1)/n$이고

$$|c^{1/n} - 1| = h_n \leq (c - 1) \cdot \frac{1}{n} \qquad (n \in \mathbb{N})$$

을 얻는다. 정리 3.1.6을 적용하여라. 끝으로 $0 < c < 1$이면

$$c^{1/n} < 1 \Leftrightarrow \frac{1}{c^{1/n}} > 1$$

이므로 $k_n = \frac{1}{c^{1/n}} - 1 > 0$로 두고 Bernoulli 부등식을 적용하면

$$c = \frac{1}{(1+k_n)^n} \leq \frac{1}{1+nk_n} < \frac{1}{nk_n}$$

이므로

$$0 < 1 - c^{1/n} = \frac{k_n}{1+k_n} < k_n < \frac{1}{c} \cdot \frac{1}{n}$$

이다. 즉,

$$|c^{1/n} - 1| \leq \frac{1}{c} \cdot \frac{1}{n} \qquad (n \in \mathbb{N})$$

을 얻는다. 다시 정리 3.1.6을 적용하여라.

(e) $|x_n - 0| = ||x_n| - 0|$ $(n \in \mathbb{N})$이므로 곧바로 극한에 대한 정의 3.1.3으로부터

$$\lim x_n = 0 \quad \Leftrightarrow \quad \lim |x_n| = 0$$

가 성립함을 주목하여라(예제 3.1.7 (a)의 증명).

[주의] 일반적으로 $x_n = (-1)^n$ $(n \in \mathbb{N})$로 선택하면 $(|x_n|)$의 수렴이 (x_n)의 수렴을 의미하지 않음을 알 수 있다.

5. (a) 1/2 (b) 1/3 (c) 0

6. $u = \sup A$라 하자. 상한에 대한 근사성질 2.3.3에 의하여 각 $n \in \mathbb{N}$에 대하여

$$u - \frac{1}{n} < x_n \leq u < u + \frac{1}{n}$$

를 만족하는 $x_n \in A$가 존재한다. 분명히 $x_n \to u$이다. $v = \inf A$라 하면 하한에 대한 근사성질(연습문제 2.3.11)을 이용하여 유사하게 증명할 수 있다.

7. $x > 0$라 가정하면 $\epsilon = x/2 > 0$에 대하여 수열의 극한에 대한 정의 3.1.3을 적용하여라.

8. 먼저 극한의 정의 3.1.1로부터 다음 사실을 주목하여라.

(i) 수열 (x_n)가 수렴한다. $\Leftrightarrow$ (ii) $\exists x \in \mathbb{R}$ s.t. $\lim x_n = x$.

(a)⇒(b). (a)가 성립한다고 가정하자. 그러면 위의 두 관계식으로부터 (ii)가 만족되지 않는다. 즉,

$$
\begin{aligned}
& \sim [\exists x \in \mathbb{R} \text{ s.t. } \lim x_n = x] \\
\equiv\ & \forall x \in \mathbb{R},\ \sim [\lim x_n = x] \\
\equiv\ & \forall x \in \mathbb{R},\ \sim [\forall \epsilon > 0,\ \exists K = K_\epsilon \in \mathbb{N} \text{ s.t. } |x_n - x| < \epsilon\ (n \geq K)] \\
\equiv\ & \forall x \in \mathbb{R},\ \exists \epsilon > 0 \text{ s.t. } \sim [\exists K = K_\epsilon \in \mathbb{N} \text{ s.t. } \forall n \geq K,\ |x_n - x| < \epsilon] \\
\equiv\ & \forall x \in \mathbb{R},\ \exists \epsilon > 0 \text{ s.t. } \forall k \in \mathbb{N},\ \sim [\forall n \geq k,\ |x_n - x| < \epsilon] \\
\equiv\ & \forall x \in \mathbb{R},\ \exists \epsilon > 0 \text{ s.t. } \forall k \in \mathbb{N},\ \exists n \geq k \text{ s.t. } |x_n - x| \geq \epsilon]
\end{aligned}
$$

이다(연습문제 1.4.2(b)). 위의 마지막 식에 있는 $\forall k \in \mathbb{N},\ \exists n \geq k$ s.t. $|x_n - x| \geq \epsilon$라는 관계식으로부터 $|x_{n_k} - x| \geq \epsilon$ $(k \in \mathbb{N})$을 만족하는 (x_n)의 부분수열 $(x_{n_k})_{k=1}^{\infty}$을 곧바로 선택할 수 있다.

(b)⇒(a). 모순증명을 위하여 (a)이 성립하지 않는다고 가정하자. 그러면 어떤 $x \in \mathbb{R}$가 존재하여 $\lim x_n = x$이다. 정리 3.1.3에 의하여 (x_n)의 모든 부분수열도 x에 수렴한다. 반면에 (b)에 의하여

$$|x_{n_k} - x| \geq \epsilon \quad (k \in \mathbb{N})$$

을 만족하는 (x_n)의 부분수열 $(x_{n_k})_{k=1}^{\infty}$가 존재한다. 이 때, 극한에 대한 정의 3.1.3으로부터

$$\lim_{k\to\infty} x_{n_k} = x \ \Leftrightarrow\ \lim_{k\to\infty} (x_{n_k} - x) = 0 \ \Leftrightarrow\ \lim_{k\to\infty} |x_{n_k} - x| = 0$$

은 분명하므로 이것으로부터 곧바로

$$0 < \epsilon \leq \lim_{k\to\infty} |x_{n_k} - x| - 0$$

라는 모순을 얻는다.

9. (x_n)가 어떤 수렴하는 부분수열 (x_{n_k})을 갖는다고 가정하자. 즉 $\lim x_{m_k} = x \in \mathbb{R}$라 하자. 그러면 가정에 주어져 있는 $\epsilon > 0$에 대하여

$$|x_{n_k} - x| < \epsilon/2 \qquad (k \geq K)$$

을 만족한다. 이제 $l, (\neq) k \geq K$을 선택한 후 주어진 가정과 위의 부등식을 적용하면

$$\epsilon \leq |x_{n_k} - x_{n_l}| \leq |x_{n_k} - x| + |x - x_{n_l}| < \epsilon$$

이다. 이것은 모순이다.

10. $\epsilon > 0$에 대하여

$$|x_{2n} - x| < \epsilon \qquad (n \geq K_1), \qquad |x_{2n-1} - x| < \epsilon \qquad (n \geq K_2)$$

을 만족하는 $K_i \in \mathbb{N}\,(i = 1, 2)$가 존재한다. $K = K_1 \vee K_2$로 택하면

$$|x_n - x| < \epsilon \qquad (n \geq K)$$

가 성립한다.

11. 결론($\lim x_n = x$)을 부정하면 연습문제 1.4.2 (b)를 뒤 따르는 주의에 의하여 (x_n)의 부분수열 (x_{n_k})와 $\epsilon > 0$이 존재하여

$$|x_{n_k} - x| \geq \epsilon \qquad (k \in \mathbb{N}) \tag{♠}$$

를 만족한다. 분명히 이 부분수열 (x_{n_k})는 더 이상 x에 수렴하는 부분수열을 갖지 않으므로 주어진 가정에 모순을 낳는다.

12. (a) $\epsilon > 0$에 대하여 $K_1 \in \mathbb{N}$가 존재하여

$$|x_n - 0| < \frac{\epsilon}{2} \qquad (n \geq K_1)$$

이다. 만약 $M = \max\{|x_1|, |x_2|, \ldots, |x_{K_1-1}|\}$라 두고 모든 $n \geq K_1$에 대하여

$$\begin{aligned} |\sigma_n| &\leq \frac{(|x_1| + \cdots + |x_{K_1-1}|) + (|x_K| + \cdots + |x_n|)}{n} \\ &\leq \frac{(K_1 - 1)M + (n - K_1 + 1)\epsilon/2}{n}, \end{aligned}$$

즉

$$|\sigma_n| \leq \frac{(K_1 - 1)M}{n} + \frac{\epsilon}{2} \qquad (n \geq K_1)$$

이다. 한편, 연습문제 2.3.16에 의하여 $K_2\epsilon > 2(K_1 - 1)M$을 만족하는 $K_2 \in \mathbb{N}$을 선택하자. 그러면

$$\frac{(K_1 - 1)M}{n} < \frac{\epsilon}{2} \qquad (n \geq K_2)$$

가 성립한다. 이제 $K = K_1 \vee K_2$로 선택하면

$$|\sigma_n| < \epsilon \qquad (n \geq K)$$

이다. 즉 $\lim \sigma_n = 0$이다.

(b) $x \neq 0$이라 하자. $\lim(x_n - x) = 0$이므로 (a)에 의하여

$$\lim_{n \to \infty} \frac{(x_1 - x) + (x_2 - x) + \cdots + (x_n - x)}{n} = 0$$

을 얻는다. 이것은 $\lim(\sigma_n - x) = 0$과 동치이다.

(c) $x_n = (-1)^n$라 하면 수열 $(x_n)_{n=1}^{\infty}$는 발산한다. 그러나 $\lim \sigma_n = 0$임을 보여라.

(d) $\lim \sigma_n = L$이라 하자. 먼저 $x_n = n\sigma_n - (n-1)\sigma_{n-1}$ $(n \in \mathbb{N})$임을 주목하여라. 그러면 간단한 계산에 의하여 다음이 얻어진다.

$$\frac{x_n}{n} = \sigma_n - \left(1 - \frac{1}{n}\right)\sigma_{n-1} \to L - L = 0.$$

13. (a) 먼저 $0 \le L < r < 1$를 만족하는 실수 r을 선택하자. 그러면 $r - L > 0$에 대하여 $\lim \frac{x_{n+1}}{x_n} = L$이므로

$$\left| \left| \frac{x_{n+1}}{x_n} \right| - L \right| \le \left| \frac{x_{n+1}}{x_n} - L \right| < r - L \qquad (n \ge K)$$

을 만족하는 $K \in \mathbf{N}$가 존재한다(첫 번째 부등식은 연습문제 2.3.5 (a)를 적용하였다). 위 사실로부터 곧바로

$$|x_{n+1}| < r|x_n| \qquad (n \ge K)$$

가 얻어진다. 그러므로 $|x_n| \le Cr^n$ $(n \ge K)$을 얻는다. 여기서 $C = r^{-K}|x_K|$이다. 예제 3.1.7 (a)에 의하여 $\lim r^n = 0$이므로 정리 3.1.6을 적용하면 $\lim x_n = 0$을 얻는다.

(b) (x_n)을 각각 $(1/n)$과 (n)으로 선택하고 살펴보아라.

14. 연습문제 3.1.13 (a)를 이용하여라.

15. 먼저 (a_n)이 유계이므로 $|a_n| \le C$ $(n \in \mathbb{N})$를 만족하는 $C > 0$가 존재한다. 이제 $\epsilon > 0$에 대하여 $\eta < \frac{\epsilon}{C+\epsilon}$를 만족하는 $\eta > 0$을 선택하자. 그러면 $\lim x_n = 0$이므로 $K \in \mathbb{N}$가 존재하여

$$|x_n| < \eta \qquad (n \ge K)$$

이다. 그러면 $0 < \eta < 1$이므로

$$\begin{aligned} |P_n(x_n)| &\le C\left(|x_n| + |x_n|^2 + \cdots + |x_n|^n\right) \\ &< C\left(\eta + \eta^2 + \cdots + \eta^n\right) \\ &< C\frac{\eta}{1-\eta} < \epsilon \qquad (n \ge K) \end{aligned}$$

이고 증명이 끝난다.

16. $(\Rightarrow)$ $\lim_{k\to\infty} x_{M+k} = L$이라 하자. 그러면, $\epsilon > 0$에 대하여

$$|x_{M+k} - L| < \epsilon \qquad (k \ge K_0)$$

을 만족하는 $K_0 \in \mathbb{N}$ 존재한다. $K = M + K_0$로 택하면 $K \in \mathbb{N}$이고

$$|x_n - L| < \epsilon \qquad (n \geq K)$$

를 만족한다. 따라서 $\lim x_n = L$이다.

($\Leftarrow$) 유사하게 증명할 수 있다. $\lim x_n = L$이라 하자. 그러면, $\epsilon > 0$에 대하여

$$|x_n - L| < \epsilon \qquad (n \geq K)$$

을 만족하는 $K \in \mathbb{N}$가 존재한다($K > M$되게 충분히 크게 잡을 수 있다). 그러므로 $K_0 = K - M$로 택하면 $K_0 \in \mathbb{N}$이고

$$|x_{M+k} - L| < \epsilon \qquad (k \geq K_0)$$

를 만족한다. 따라서 $\lim_{k\to\infty} x_{M+k} = L$이다.

17. $x = \lim x_n$이라 하자. 정의 3.1.3에 의하여 임의의 $\epsilon > 0$에 대하여

$$|x_n - x| < \epsilon \qquad (n \geq K) \qquad (\spadesuit)$$

를 만족하는 $K \in \mathbb{N}$가 존재한다. $\sigma : \mathbb{N} \to \mathbb{N}$가 단사이고 $\sigma^{-1}\big(\{1, 2, \ldots, K\}\big)$는 유한집합이므로

$$M > k \quad \big(k \in \sigma^{-1}(\{1, 2, \ldots, K\})\big)$$

를 만족하는 $M \in \mathbb{N}$을 선택하면

$$n \geq M \;\Rightarrow\; \sigma(n) \geq K$$

이다. (왜냐하면, $m \geq M,\ \sigma(m) < K$인 $m \in \mathbb{N}$이 존재한다고 가정하면, $m \in \sigma^{-1}\big(\{1, 2, \ldots, K\}\big)$이고 $m \geq M > m$이다. 이것은 모순이다.) 그러므로 ($\spadesuit$)로부터

$$|y_n - x| = |x_{\sigma(n)} - x| < \epsilon \qquad (n \geq M)$$

이고 증명이 끝난다.

18. (a) ($\Rightarrow$) 각 $n \in \mathbb{N}$에 대하여 정리 2.4.7의 (2.8) ($\epsilon = \frac{1}{n} > 0$)을 응용하면

$$(x - 1/n,\ x + 1/n) \cap A \neq \emptyset$$

이다. $x_n \in (x - 1/n, x + 1/n) \cap A$을 선택하자. 그러면 $x_n \in A$이고 $x_n \to x$이다.

($\Leftarrow$) $\lim x_n = x$이므로 임의의 $\epsilon > 0$에 대하여 $K \in \mathbb{N}$가 존재하여

$$|x_n - x| < \epsilon \qquad (n \geq K)$$

이다. 특히, $x_K \in (x-\epsilon, x+\epsilon) \cap A$이다. 그러므로 $(x-\epsilon, x+\epsilon) \cap A \neq \emptyset$이다. 다시 정리 2.4.7의 (2.8)에 의하여 $x \in \bar{A}$이다.

(b) ($\Rightarrow$) A가 닫힌집합이고 $(x_n) \subset A$, $x_n \to x$라 하자. $x \in A$를 보이기 위하여 모순증명을 하자. 만약 $x \notin A$이면 $x \in A^c$이고 A^c는 $\mathbb{R}$의 열린집합이므로

$$\exists \epsilon > 0 : (x-\epsilon, x+\epsilon) \subset A^c$$

이다. $\lim x_n = x$이므로 적당한 $K \in \mathbb{N}$가 존재하여

$$|x_n - x| < \epsilon \qquad (n \geq K)$$

이다. 특히, $x_K \in (x-\epsilon, x+\epsilon) \subset A^c$이고, $x_K \in A \cap A^c = \emptyset$이다. 이것은 모순이다.

($\Leftarrow$) $A \supset \bar{A}$임을 보이면 충분하다. $x \in \bar{A}$이라 가정하자. (a)에 의하여 $\lim x_n = x$인 $x_n \in A$가 존재한다. 가정에 의하여 $x \in A$, 즉 $\bar{A} \subset A$이다. 따라서 A는 닫힌집합이다.

19. (i) 먼저 $x_n \geq 0$, $x_n \to 0$이라 하자. 모순증명으로 $x_n \leq x_K$ $(n \geq K)$를 만족하는 $K \in \mathbb{N}$가 존재함을 보이자. ($\because$ 모든 $k \in \mathbb{N}$에 대하여 $x_n > x_k$를 만족하는 $n(> k)$가 존재한다고 가정하자. 즉

$$x_{n_1} < x_{n_2} < \cdots < x_{n_k} < \cdots$$

를 만족하는 부분수열 (x_{n_k})가 존재한다. $\lim x_{n_k} = 0$이므로 이것은 불가능하다.) $M = x_K \vee x_{K-1} \vee \cdots \vee x_1$라 하고 $J = [0, M]$이라 하면 $J \subset I$이다.

(ii) 이제 $x_n \leq 0$, $x_n \to 0$이라 하자. 같은 방법으로 $x_n \geq x_K$ $(n \geq K)$를 만족하는 $K \in \mathbb{N}$가 존재함을 보일 수 있다. $L = x_K \wedge x_{K-1} \wedge \cdots \wedge x_1$라 하고 $J = [L, 0]$이라 하면 $J \subset I$이다.

(iii) $(x_n) (\subset I)$이고 $x_n \to x$라 하자. $z_n = (x_n - x) \to 0$이다. $z_n \geq 0$ 또는 $z_n \leq 0$인 경우로 나누워서 생각하면 (i)와 (ii)에 의하여 모든 z_n을 포함하는 구간 $[L, M]$이 존재한다. 여기서 $L = z_K \wedge z_{K-1} \wedge \cdots \wedge z_1$이고 $M = z_K \vee z_{K-1} \vee \cdots \vee z_1$이다. 그러므로 $L + x \leq x_n \leq M + x$ $(n \in \mathbb{N})$이다. $J = [L + x, M + x]$로 취하면 $J \subset I$이다.

20. (a) $M > 0$에 대하여 Archimedian 성질 2.3.4에 의하여 $K > M$인 $K = K_M \in \mathbb{N}$을 선택하여라.

(b) $h = c - 1 > 0$라 하자. $M > 0$에 대하여 Archimedian 성질 2.3.4에 의하여 $K >$

M/h인 $K = K_M \in \mathbb{N}$을 선택하자. 그러면 Bernoulli 부등식 (연습문제 2.2.10)에 의하여

$$c^n = (1+h)^n \geq 1 + nh \geq 1 + Kh > 1 + M > M \qquad (n \geq K)$$

이고 증명이 끝난다.

(c) ($\Rightarrow$)을 보이기 위하여 $\lim x_n = \infty$라 하자. 그러면 임의의 $M > 0$에 대하여 $x_n > M$ $(n \geq K)$를 만족하는 $K = K_M \in \mathbb{N}$가 존재한다. 가정에 의하여 $y_n > M$ $(n \geq K)$이므로 $\lim y_n = \infty$이다. 나머지 증명은 유사하다.

(d) 주어진 가정으로부터 $\frac{1}{2}L < \frac{x_n}{y_n} < \frac{3}{2}L$ $(n \geq K)$인 $K \in \mathbb{N}$가 존재함을 보이고 (c)를 적용하여라.

(e) $\epsilon = 1/M > 0$에 대하여 $x_n < \epsilon \Leftrightarrow 1/x_n > M$임을 이용하여라.

21. (a) ($\Rightarrow$) $x \in A'$라 하자. 그러면 각 $n \in \mathbb{N}$ $(\epsilon = 1/n > 0)$에 대하여

$$(x - 1/n, x + 1/n) \cap (A \setminus \{x\}) \neq \emptyset$$

이다. 각 $n \in \mathbb{N}$에 대하여 $x_n \in (x - 1/n, x + 1/n) \cap A \setminus \{x\}$를 택하면 $x_n \in A$, $x_n \neq x$이고 $\lim x_n = x$이다.

($\Leftarrow$) 수열 (x_n) $(\subset A)$이 $x_n \neq x$이고 $\lim x_n = x$라 하자. 임의의 $\epsilon > 0$에 대하여 $\lim x_n = x$이므로

$$|x_n - x| < \epsilon \qquad (n \geq K)$$

를 만족하는 $K = K_\epsilon \in \mathbb{N}$가 존재한다. 즉 $n \geq K$인 모든 $n \in \mathbb{N}$에 대하여 $x_n \in (x - \epsilon, x + \epsilon) \cap [A \setminus \{x\}]$이다. 그러므로 모든 $\epsilon > 0$에 대하여

$$(x - \epsilon, x + \epsilon) \cap [A \setminus \{x\}] \neq \emptyset$$

를 만족하므로 $x \in A'$이다.

(b) (a)에 의하여 자명하다.

(c) (b)에 의하여 $\supset$는 자명하다. $\subset$을 보이자. $x \in (A \cup B)'$라 하자. (a)에 의하여 다음이 성립한다.

$$\exists (x_n)\, (\subset A \cup B) : x_n \neq x\, (n \in \mathbb{N}),\ \lim x_n = x.$$

그러므로 A (또는 B)에만 속하는 (x_n)의 부분수열 (x_{n_k})가 존재하여 $\lim x_{n_k} = x$이다. 다시 (a)에 의하여 $x \in A'$ (또는 B')이다. 즉 $x \in A' \cup B'$이다.

(d) $\overline{A'} \subset A'$임을 보이면 충분하다. $x \in \overline{A'}$라 하고 $\epsilon > 0$라 하자. (2.8)에 의하여 $(x - \epsilon/2, x + \epsilon/2) \cap A' \neq \emptyset$이고 이것이 x를 포함하고 있으면 증명이 끝난다. $x_\epsilon \neq x$(분명히 $x_\epsilon = x$이면 $x \in A'$이고 증명이 끝난다.)인

$$x_\epsilon \in (x - \epsilon/2, x + \epsilon/2) \cap A'$$

를 선택하면

$$0 < |x_\epsilon - x| < \frac{\epsilon}{2} \qquad (\heartsuit_1)$$

이고 $x_\epsilon \in A'$이다. 한편, $x_\epsilon \in A'$이므로 (a)에 의하여 다음이 성립한다.

$$\exists (x_n) (\subset A) \ : \ x_n \neq x_\epsilon \, (n \in \mathbb{N}), \quad \lim x_n = x_\epsilon.$$

이제 $\lim x_n = x_\epsilon$이므로 $0 < |x_\epsilon - x|$에 대하여

$$|x_n - x_\epsilon| < |x_\epsilon - x| \qquad (n \geq K) \qquad (\heartsuit_2)$$

를 만족하는 $K \in \mathbb{N}$가 존재한다. 모든 $n \geq K$에 대하여 $x_n \neq x$이다. (왜냐하면 어떤 $m \geq K$에 대하여 $x_m = x$이면 $(\heartsuit_2)$에 의하여 $|x - x_\epsilon| < |x - x_\epsilon|$이므로 이것은 모순이다.) $(\heartsuit_1)$과 $(\heartsuit_2)$에 의하여

$$|x_n - x| \leq |x_n - x_\epsilon| + |x_\epsilon - x| < 2|x_\epsilon - x| < \epsilon \qquad (n \geq K)$$

이므로 $\lim x_n = x$이다. 다시 (a)에 의하여 $x \in A'$이다. 따라서 $\overline{A'} \subset A'$이다.

(e) $A,\ A' \subset \bar{A}$이므로 $\supset$는 자명하다. $\subset$을 보이기 위하여 $x \in \bar{A}$라 하고 $\epsilon > 0$라 하자. (2.8)에 의하여 $(x - \epsilon, x + \epsilon) \cap A \neq \emptyset$이다. 만약 $x \in (x - \epsilon, x + \epsilon) \cap A$이면 분명히 $x \in A$이다. 그렇지 않으면 분명히

$$(x - \epsilon, x + \epsilon) \cap [A \setminus \{x\}] \neq \emptyset$$

이다. 즉 $x \in A'$이다. 따라서 $x \in A \cup A'$이다.

22. (a) $x, y \in M$이고 $d(x_n, x) \to 0,\ d(x_n, y) \to 0$라 하자.

$$0 \leq d(x, y) \leq d(x, x_n) + d(x_n, y) \to 0 \qquad (n \to \infty)$$

이다. 그러므로 $d(x, y) = 0$, 즉 $x = y$이다.

(b)

$$|d(x_n, y_n) - d(x, y)| \leq d(x_n, x) + d(y_n, y) \to 0 \qquad (n \to \infty)$$

임을 보여라.

(c) $(\Rightarrow)$ $d(x_n, x) \to 0$라 하자. 그러면 극한의 정의 3.1.3에 의하여

$$d(x_n, x) < 1 \qquad (n \geq K)$$

를 만족하는 $K \in \mathbb{N}$가 존재한다. d가 이산거리이므로 모든 $n \geq K$에 대하여 $d(x_n, x) = 0$이여야 한다. $(\Leftarrow)$ 자명하다.

(d) $(\Rightarrow)$ $d(x_n, x) \to 0$라 하자. $D(x_n, x) = \frac{d(x_n,x)}{1+d(x_n,x)} \to \frac{0}{1} = 0$이다.

$(\Leftarrow)$ $d = \frac{D}{1-D}$에 의하여 자명하다.

(e) 연습문제 2.4.13를 적용하여 연습문제 3.1.18의 증명을 수정하여라. 특히, (2.8) 대신에 (2.11)을 이용하여라.

(f) $\bar{A} = M$이므로 (e)로부터 분명하다.

3.2 극한정리

정리 3.2.1 모든 수렴하는 수열은 유계이다.

정리 3.2.2 (수열에 대한 극한) (x_n)과 (y_n)을 실수들의 수열이라 하고, $\lim x_n = x$, $\lim y_n = y$ 그리고 $c \in \mathbb{R}$라 할 때 다음이 성립한다.

(a) $\lim(x_n \pm y_n) = x \pm y$.

(b) $\lim(x_n \cdot y_n) = x \cdot y, \quad \lim(c \cdot x_n) = c \cdot x$.

(c) $z_n \neq 0$이고 $\lim z_n = z \neq 0$이면 $\lim \frac{x_n}{z_n} = \frac{x}{z}$이다.

정리 3.2.3 (x_n)을 수열이라 하자. 만약 $x_n \geq 0 \ (n \in \mathbb{N})$이고 $\lim x_n = x$이면 $x \geq 0$이다.

정리 3.2.4 (수열에 대한 조임) (x_n), (y_n), (z_n)을 실수들의 수열이라 하자. 만약

$$x_n \leq y_n \leq z_n \qquad (n \in \mathbb{N})$$

이고 $\lim x_n = x$, $\lim z_n = x$이면 수열 (y_n)도 수렴하고 $\lim y_n = x$이다.

연 습 문 제 3.2

1. 수열 (x_n)에 대하여 다음 두 사실이 동치임을 보여라.

   (a) (x_n)은 유계가 아니다.

   (b) $|x_{n_k}| \geq k$ $(k \in \mathbb{N})$를 만족하는 부분수열 (x_{n_k})가 존재한다.

2. 다음처럼 정의된 수열 (x_n)은 유계가 아님을 증명하여라.

   (a) $x_n = 1 + \frac{1}{2} + \frac{1}{3} + \cdots + \frac{1}{n}$ $(n \in \mathbb{N})$.

   (b) $x_1 = 1,\ x_{n+1} = x_n + 1/x_n$ $(n \in \mathbb{N})$ (연습문제 3.3.4와 비교하여라).

3. (x_n)은 수렴하고 (y_n)가 발산하면, 그 합으로 주어진 수열 $(x_n + y_n)$는 발산함을 보여라. 더욱, $\lim x_n \neq 0$이면 $(x_n y_n)$도 역시 발산함을 보여라.

4. (x_n)은 유계이고 (y_n)은 수렴하지만 $(x_n + y_n)$과 $(x_n y_n)$은 발산하는 두 수열 (x_n)와 (y_n)의 예를 주어라.

5. $x_n > 0$ $(n \in \mathbb{N})$이고 $L = \lim\left(\frac{x_{n+1}}{x_n}\right) > 1$이면 수열 (x_n)은 유계가 아니다. 따라서 (x_n)은 발산한다. (연습문제 3.1.13과 비교하여라).

6. 수렴하는 두 수열 (x_n)와 (y_n)에 대하여 $x_n \leq y_n$ $(n \in \mathbb{N})$이면 $\lim x_n \leq \lim y_n$임을 보여라.

7. 수렴하는 수열 (x_n)에 대하여, 모든 $n \in \mathbb{N}$에 대하여 $a \leq x_n \leq b\,(n \in \mathbb{N})$을 만족하면 $a \leq \lim x_n \leq b$임을 보여라.

8. $\lim \frac{x_n - 1}{x_n + 1} = 0$라할 때 $\lim x_n = 1$임을 보여라.

9. $P : \mathbb{R} \to \mathbb{R}$은 상수항을 갖지 않는 다항함수라 하자(연습문제 2.2.7). 만약 $\lim x_n = 0$이면 $\lim P(x_n) = 0$임을 보여라. (연습문제 3.1.15와 비교하여라.)

10. 다음을 증명하여라.

    (a) $\lim x_n = x$이면 $\lim |x_n| = |x|$이다. 일반적으로 역은 성립하지 않는다.

    (b) $x_n \geq 0$이고 $\lim x_n = x$이면 $\lim \sqrt{x_n} = \sqrt{x}$이다.

    (c) 각 $k \in \mathbb{N}$에 대하여 $\lim x_n = x$이면 $\lim x_n^k = x^k$이다.

11. 수열에 대한 조임정리 3.2.4를 이용하여 다음을 증명하여라.

    (a) 정리 3.1.6.

    (b) $\lim \frac{x^n}{n!} = 0$ $(x \in \mathbb{R})$.

12. (x_n)와 (y_n)가 유계수열일 때, 수열에 대한 조임정리 3.2.4를 이용하여 다음을 보여라.

$$\lim_{n\to\infty} y_n = 0 \quad \Rightarrow \quad \lim_{n\to\infty} x_n y_n = 0.$$

13. $x_0 = 1,\ y_0 = 0$라 하고 (x_n)과 (y_n)이 다음과 같이 주어졌을 때, $\lim(x_n/y_n) = \sqrt{2}$임을 보여라.

$$\begin{aligned} x_n &= x_{n-1} + 2y_{n-1} \qquad (n \in \mathbb{N}), \\ y_n &= x_{n-1} + y_{n-1} \qquad (n \in \mathbb{N}). \end{aligned}$$

14. 조임정리 3.2.4를 이용하여 다음 수열들의 극한값을 구하여라.

(a) $x_n = (a_1^n + a_2^n + \cdots + a_k^n)^{1/n} \quad (a_1,\ a_2,\ \cdots,\ a_k > 0)$.

(b) $y_n = (1 + 2^{n/2} + 3^{n/3} + \cdots + 10^{n/10})^{1/n}$ (문제 5.2.5 (a)).

(c) $z_n = (2^{1/2} - 2^{1/3})(2^{1/2} - 2^{1/5}) \cdots (2^{1/2} - 2^{1/(2n+1)})$.

15. $x \in \mathbb{R}$라 할 때 x에 증가(또는 감소)하면서 수렴하는 유리수들의 수열 (r_n)가 존재함을 보여라.

16. $a > 0$이고 주어진 $x_0 > 0$과 각 $n \in \mathbb{N}$에 대하여

$$x_n = \frac{1}{2}\Big(x_{n-1} + \frac{a}{x_{n-1}}\Big)$$

로 정의하면, 각 $n \in \mathbb{N}$에 대하여 $x_n > x_{n+1} > \sqrt{a}$이고

$$0 < x_n - \sqrt{a} \le \frac{1}{2^n}\frac{(x_0 - \sqrt{a})^2}{x_0}$$

임을 보여라. 더욱, 위의 부등식에 수열에 대한 조임정리 3.2.4를 적용하면 $\lim x_n = \sqrt{a}$가 됨을 주목하여라(예제 3.3.7 (b)).

연습문제풀이 및 힌트 3.2

1. (a)⇒(b) 먼저 수학적귀납법으로

$$|x_{n_k}| \ge k,\ \ n_k > n_{k-1}\ \ (n_0 := 1) \qquad (k \in \mathbb{N}) \tag{$\clubsuit$}$$

임을 증명하자. $(x_n)_{n=2}^{\infty}$이 유계가 아니므로 $k = 1$에 대하여 $|x_{n_1}| > 1,\ n_1 \ge 2 > 1 = n_0$을 만족하는 $n_1 \in \mathbb{N}$이 존재한다. 따라서 $k = 1$에 대하여 ($\clubsuit$)가 만족한다. 귀납

법 가정에 의하여 $k = j$에서 (♣)가 성립한다고 가정하고 수열 $(x_n)_{n=n_j+1}^{\infty}$를 생각하자. $(x_n)_{n=n_j+1}^{\infty}$도 유계가 아니므로 $k = j+1$에 대하여 $|x_{n_{j+1}}| > j+1$을 만족하는 $n_{j+1} \geq n_j + 1 (> n_j)$가 존재한다. 이제 수학적귀납법에 의하여 모든 k에 대하여 (♣)가 성립하고 $n_{k+1} > n_k$이 된다. 그러므로 (b)가 성립한다.

(b)⇒(a) 자명하다. (∵ 부분수열 (x_{n_k})가 유계가 아니다.)

2. (a) $x_{2n} - x_n = \frac{1}{n+1} + \frac{1}{n+2} + \cdots + \frac{1}{2n} \geq \frac{n}{2n} = \frac{1}{2}$이므로 $x_{2n} \geq x_n + 1/2$ $(n \in \mathbb{N})$이다. 이 식의 n을 2^{n-1}으로 대치한 후, 반복적으로 적용해가면 다음처럼 유계가 아닌 하나의 부분수열 (x_{2^n})을 얻는다.

$$\begin{aligned} x_{2^n} &\geq x_{2^{n-1}} + \frac{1}{2} \geq x_{2^{n-2}} + \frac{2}{2} \geq \cdots \\ &\geq x_{2^{n-n}} + \frac{n}{2} = x_1 + \frac{n}{2} = 1 + \frac{n}{2} \quad (n \in \mathbb{N}). \end{aligned}$$

그러므로 연습문제 3.2.1에 의하여 (x_n)은 유계가 아니다.

(b) 먼저 다음 사실을 주목하여라.

$$1 = x_1 < x_1 + \frac{1}{x_1} = x_2 < x_2 + \frac{1}{x_2} = x_3 < \cdots .$$

모순증명을 위하여, (x_n)이 유계수열이라 가정하자. 그러면 완비공리 (AC)에 의하여 $\sup\{x_n : n \in \mathbb{N}\} = \sup_{n\geq 1} x_n := K \in \mathbb{R}$가 존재한다. 이 때, $K - \frac{1}{K}$ 역시 집합 $\{x_n : n \in \mathbb{N}\}$의 상계가 됨을 주목하여라. 왜냐하면,

$$x_n = x_{n+1} - \frac{1}{x_n} \leq K - \frac{1}{x_n} \leq K - \frac{1}{K} \quad (n \in \mathbb{N})$$

이기때문이다. 곧바로 이것은 K가 집합 $\{x_n : n \in \mathbb{N}\}$의 최소상계라는 사실에 모순을 낳는다.

3. $(x_n + y_n)$ 또는 $(x_n y_n)$이 수렴한다고 가정하면 수열에 대한 극한정리 3.2.2를 적용하여 (y_n)도 수렴함을 증명하여라.

4. $(x_n) = (1, -1, 1, -1, \ldots)$, $\quad (y_n) = (1, 1, 1, 1, \ldots)$.

5. $\epsilon = (L-1)/2$에 대하여 $K = K_\epsilon \in \mathbb{N}$가 존재하여

$$\left| \frac{x_{n+1}}{x_n} - L \right| < \frac{1}{2}(L-1) \qquad (n \geq K)$$

이다. 즉 $c = \frac{1}{2}(L+1) > 1$라 두면 $x_n > c^{n-K} x_K$ $(n \geq K)$임을 보여라. 이제 증명을 끝내기 위하여 연습문제 3.1.20의 (b)와 (c)를 적용하여라.

6. $z_n = y_n - x_n \geq 0$라 두고 정리 3.2.2와 정리 3.2.3을 이용하여라.

7. 연습문제 3.2.6을 이용하여라.

8. $\epsilon_n = (x_n - 1)/(x_n + 1)$라 두고 x_n에 관하여 푼 후에 수열에 대한 극한정리 3.2.2를 적용하여라.

9. 수열에 대한 극한정리 3.2.2를 적용하여라.

10. (a) 부등식 $||a| - |b|| \leq |a - b|$를 이용하여라(연습문제 2.3.5 (a)). $x_n = (-1)^n$라 하면 $\lim |x_n| = 1$이지만 수열 (x_n)은 발산한다(예제 3.1.5 (b)).

    (b) $x = 0$일 때는 극한의 정의 3.1.3에 의하여 자명하다. $x > 0$라 가정하고

$$|\sqrt{x_n} - \sqrt{x}| \leq (1/\sqrt{x})|x_n - x|$$

    임을 보여라.

    (c) 수열에 대한 극한정리 3.2.2 (b)와 수학적귀납법을 이용하여라.

11. (a) $0 \leq |x_n - x| \leq c\,|a_n|$ $(n \in \mathbb{N})$에서 수열에 대한 조임정리 3.2.4를 이용하여라.

    (b) $x = 0$이면 분명하므로 $x(\neq 0) \in \mathbb{R}$이라 가정하자. Archimedian 성질 2.3.4에 의하여 $|x| < K$를 만족하는 $K \in \mathbb{N}$를 선택하고, $r := |x|/K$라 두면 $0 < r < 1$이다. 이제 $n \geq K$인 모든 $n \in \mathbb{N}$에 대하여

$$\begin{aligned} 0 \quad &\leq \quad |x^n/n!| = \frac{|x|^n}{n!} = \overbrace{\frac{|x|}{n} \cdots \frac{|x|}{K}}^{n-K+1} \cdot \frac{|x|^{K-1}}{(K-1)!} \\ &\leq \quad r^{n-K+1} \cdot \frac{|x|^{K-1}}{(K-1)!} = c\,r^n, \end{aligned}$$

    여기서 $c := K^{K-1}/(K-1)! > 0$이다. $r^n \to 0$ (예제 3.1.7 (a))이므로 수열에 대한 조임정리 3.2.4를 적용하면 곧바로 $\lim |x^n/n!|) = 0 \;\Leftrightarrow\; \lim(x^n/n!) = 0$을 얻는다.

12. (x_n)이 유계이므로 $|x_n| \leq M$ $(n \in \mathbb{N})$을 만족하는 $M > 0$이 존재한다. 그러므로 $0 \leq |x_n y_n| = |x_n||y_n| \leq M|y_n|$ $(n \in \mathbb{N})$이다. 이제 수열에 대한 조임정리 3.2.4를 적용하여라.

13. 먼저 $y_n > 0$ $(n \in \mathbb{N})$이고 $y_n \uparrow \infty$임을 주목하여라. 분명히

$$\begin{aligned} x_n^2 - 2y_n^2 \quad &= \quad (-1)(x_{n-1}^2 - 2y_{n-1}^2) = (-1)^2(x_{n-2}^2 - 2y_{n-2}^2) \\ &= \quad \cdots = (-1)^n(x_0^2 - 2y_0^2) = (-1)^n \qquad (n \in \mathbb{N}) \end{aligned}$$

이므로 양변을 y_n^2로 나눈 후, 연습문제 3.2.12를 적용하면

$$\left(\frac{x_n}{y_n}\right)^2 - 2 = \frac{(-1)^n}{y_n^2} \quad \to \quad 0 \quad (n \to \infty),$$

즉, $\lim\left(\frac{x_n}{y_n}\right)^2 = 2$이다. 연습문제 3.2.10 (b)를 적용하면 곧바로 $\lim \frac{x_n}{y_n} = \sqrt{2}$을 얻는다.

14. (a) $\max\{a_1, a_2, \cdots, a_k\} := a_\ell$ $(\ell = 1, 2, \cdots, k)$라 하자. 그러면

$$a_\ell^n \le a_1^n + \cdots + a_k^n \le k a_\ell^n$$
$$\Leftrightarrow \quad a_\ell \le (a_1^n + \cdots + a_k^n)^{1/n} \le k^{1/n} a_\ell$$

이다. 연습문제 3.1.4 (d)에 의하여 $\lim k^{1/n} = 1$이므로 수열에 대한 조임정리를 이용하면 $\lim x_n = a_\ell$이다.

(b) $\max\{1, 2^{1/2}, 3^{1/3}, \cdots, 10^{1/10}\} = 3^{1/3}$이므로 (a)에 의하여 $\lim y_n = 3^{1/3}$이다.

(c) 모든 $n \ge 1$에 대하여 $2^{1/2} > 2^{1/(2n+1)} > 1$이다. 그러므로

$$0 \le (2^{1/2} - 2^{1/3})(2^{1/2} - 2^{1/5}) \cdots (2^{1/2} - 2^{1/(2n+1)}) \le (2^{1/2} - 1)^n$$

이고, 예제 3.1.7 (a)에 의하여 오른쪽 극한값은 0이므로 수열에 대한 조임정리를 이용하면 $\lim z_n = 0$이다.

15. (a) 먼저 $r_n \uparrow x$ 하는 유리수들의 수열 (r_n)을 구축해보자. $\mathbb{Q}$의 조밀성정리 2.3.5에 의하여 $x - 1 < r_1 < x$를 만족하는 $r_1 \in \mathbb{Q}$을 선택한 후,

$$r_1 \vee \left(x - \frac{1}{2}\right) < r_2 < x$$

되는 $r_2 \in \mathbb{Q}$을 선택하자. 일반적으로 $r_n < x$되는 유리수 r_n을 선택한 후

$$r_n \vee \left(x - \frac{1}{n+1}\right) < r_{n+1} < x$$

을 만족하는 $r_{n+1} \in \mathbb{Q}$을 선택하면 된다. 분명히, (r_n)은 증가수열이고

$$x - \frac{1}{n} < r_n < x \qquad (n \in \mathbb{N})$$

를 만족하므로 수열에 대한 조임정리 3.2.4에 의하여 $\lim r_n = x$이다.

(b) $\mathbb{Q}$의 조밀성에 의하여 먼저 $x < r_1 < x + 1$를 만족하는 $r_1 \in \mathbb{Q}$을 선택한 후,

$$x < r_2 < r_1 \wedge \left(x + \frac{1}{2}\right)$$

되는 $r_2 \in \mathbb{Q}$을 선택하여라. 이제 $r_n \downarrow x$를 만족하는 유리수들의 수열 (r_n)을 구축하기 위하여 (a)의 증명을 부분적으로 수정하여 보아라.

16. 모든 $n \in \mathbb{N}$에 대하여

$$x_n^2 - a = \left[\frac{1}{2}\Big(x_{n-1} + \frac{a}{x_{n-1}}\Big)\right]^2 - a = \left[\frac{1}{2}\Big(\frac{x_{n-1}^2 - a}{x_{n-1}}\Big)\right]^2 > 0$$

이다. 즉, $x_n^2 > a\ (n \geq 1) \;\Rightarrow\; x_n > \sqrt{a}\ (n \geq 1)$ (문제 2.3.2 (f) 참조)이고

$$x_n - x_{n+1} = x_n - \frac{1}{2}\Big(x_n + \frac{a}{x_n}\Big) = \frac{x_n^2 - a}{2x_n} > 0$$

이므로 $x_n > x_{n+1}\ (n \geq 1)$이다. 이제 주어진 부등식을 증명하기 위하여 다음 사실을 주목하여라.

$$\begin{aligned}
\frac{(x_n - \sqrt{a})^2}{x_n} &= \Big[\frac{1}{2}\big(x_{n-1} + \frac{a}{x_{n-1}}\big) - \sqrt{a}\Big]^2 \Big/ \frac{1}{2}\big(x_{n-1} + \frac{a}{x_{n-1}}\big) \\
&= \Big[\frac{(x_{n-1} - \sqrt{a})^2}{2x_{n-1}}\Big]^2 \Big/ \Big[\frac{x_{n-1}^2 + a}{2x_{n-1}}\Big] \\
&= \frac{1}{2}\frac{(x_{n-1} - \sqrt{a})^2}{x_{n-1}} \cdot \frac{(x_{n-1} - \sqrt{a})^2}{x_{n-1}^2 + a} \\
&\leq \frac{1}{2}\frac{(x_{n-1} - \sqrt{a})^2}{x_{n-1}} \qquad (n \geq 1)
\end{aligned}$$

(마지막 부등식은 $(x_{n-1} - \sqrt{a})^2 < x_{n-1}^2 + a \;\Leftrightarrow\; x_{n-1}\sqrt{a} > 0$을 적용하였다). 그러므로 위의 부등식을 반복적으로 적용하면

$$\begin{aligned}
x_n - \sqrt{a} &= \frac{1}{2}\frac{(x_{n-1} - \sqrt{a})^2}{x_{n-1}} \leq \frac{1}{2^2}\frac{(x_{n-2} - \sqrt{a})^2}{x_{n-2}} \\
&\leq \cdots\cdots \leq \frac{1}{2^n}\frac{(x_0 - \sqrt{a})^2}{x_0}
\end{aligned}$$

을 곧바로 얻는다.

3.3 단조수열

정의 3.3.1 수열 (x_n)이

$$x_1 \leq x_2 \leq \cdots \leq x_n \leq x_{n+1} \leq \cdots \tag{3.6}$$

를 만족할 때 **증가**(*increasing*)라 하고 $\uparrow$로 표기한다. 같은 방법으로

$$x_1 \geq x_2 \geq \cdots \geq x_n \geq x_{n+1} \geq \cdots \tag{3.7}$$

를 만족할 때 **감소**(*decreasing*)라 하고 ↓로 표기한다. 증가 또는 감소인 수열을 **단조**(*monotone*)라 한다. 유사하게 (3.6)에서 $\leq$ 대신에 $<$ 이면 **순증가**(*strictly increasing*)라 하고 순↑로 나타내고 (3.7)에서 $\geq$ 대신에 $>$ 이면 **순감소**(*strictly decreasing*)라 하고 순↓로 표기한다. 역시 순증가 또는 순감소인 수열을 **순단조**(*strictly monotone*)라 한다.

정리 3.3.2 (⋆단조수렴⋆)

(a) 수열 (x_n)이 위로 유계이고 증가(↑)하면 수렴하고 $\lim x_n = \sup_{n\geq 1} x_n$이다.

(b) 수열 (y_n)이 아래로 유계이고 감소(↓)하면 수렴하고 $\lim y_n = \inf_{n\geq 1} x_n$이다.

정리 3.3.3 모든 수열 (x_n)은 단조인 부분수열을 갖는다.

정리 3.3.4 (⋆Bolzano-Weierstrass⋆)

모든 유계수열은 수렴하는 부분수열을 갖는다.

따름정리 3.3.5 $[a,b]$내에 있는 모든 수열은 $[a,b]$의 점에 수렴하는 부분수열을 갖는다.

정의 3.3.6 집합 $A(\subset \mathbb{R})$가 **점렬컴팩트**(*sequentially compact*)라 함은 모든 수열 (x_n) $(\subset A)$가 A의 점에 수렴하는 부분수열 $(x_{n_k})_{k=1}^{\infty}$를 갖는다는 것을 의미한다.

예제 3.3.7 (단조수렴정리의 응용)

(a) **(Euler 수)** [5] $\lim(1+1/n)^n = e$가 존재한다.

(b) (제곱근) $a>0$이고 주어진 $x_0>0$과 각 $n\in\mathbb{N}$에 대하여

$$x_n = \frac{1}{2}\Big(x_{n-1} + \frac{a}{x_{n-1}}\Big)$$

로 정의하면 수열 (x_n)은 수렴하고 $\lim x_n = \sqrt{a}$이다(연습문제 3.2.16).

(c) **(Euler 상수)** 각 $n\in\mathbb{N}$에 대하여

$$c_n = \frac{1}{1} + \frac{1}{2} + \cdots + \frac{1}{n} - \ln n$$

라 하면 수열 (c_n)은 수렴하고 $\lim c_n = \gamma = 0.5772156649\cdots$이다. (이 수를 **Euler 상수**라 부른다.)

(d) $\lim n^{1/n} = 1$이다.

[5] Euler 수는 $e = 2.718281828459045\cdots$인 무리수이고 이 표기의 유래는 Leonhard Euler(1707–1783)에 의한 1739년 Commentarii Academiae Petropolitanae ad annum의 제 IX권에 기인한다(Heinrich Dörrie, *100 Great Problems of Elementary Mathematics –THEIR HISTORY AND SOLUTION*, New York Dover Publications, Inc., 1965, pp. 46).

예제 3.3.8 † (Euler의 주요업적) (a) $e^{i\theta} = \cos\theta + i\sin\theta$, 여기서 $i = \sqrt{-1}$이다. 이것을 **Euler 공식**이라 하고 1748년에 발견했다. 사실, Euler 공식에서 $\theta = \pi$를 대입하면 $e^{i\pi}+1=0$이다. 이것이 수학에서 가장 유명한 다섯 개의 상수 $e, \pi, i, 0, 1$을 연결하는 **Euler 방정식**이다.

(b) Euler는 미분방정식의 해를 구하는데 적분인수 개념을 사용하였고 상수 계수를 갖는 선형미분방정식의 체계적인 해법을 제시하였으며 동차와 비동차 선형미분방정식을 구분하였다. 미분방정식

$$x^n y^{(n)} + a_1 x^{n-1} y^{(n-1)} + \cdots + a_{n-1} x y' + a_n y^{(0)} = f(x)$$

는 오늘날 **Euler 미분방정식**으로 알려지고 있다. 그는 $x = e^t$를 대입하면 이 방정식이 상수 계수를 가지는 선형미분방정식으로 바뀐다는 것을 보였다.

(c) Euler는 연분수이론을 최초로 발전시켰으며 미분기하, 유한 차분법, 변분법 분야 등에 두드러진 공헌을 하였고 정수론을 크게 보강하였다. 그는 소논문 중의 하나에서 다면체의 꼭지점의 개수 v , 변의 개수 e , 면의 개수 f 사이의 관계식인

$$v - e + f = 2$$

를 밝혔다.

보조정리 3.3.9 ‡ $x > 0$에 대하여

$$f(x) = \left(1 + \frac{1}{x}\right)^x, \qquad g(x) = \left(1 + \frac{1}{x}\right)^{x+1}$$

라 하면 f는 $(0, \infty)$ 상에서 순증가하고 g는 순감소한다 (연습문제 5.2.6 (b)).

정리 3.3.10 ‡ (Euler 수 e)

$$\left(1 + \frac{1}{x}\right)^x < e < \left(1 + \frac{1}{x}\right)^{1+x} \qquad (x > 0).$$

연습문제 3.3

1. 수열에 대한 극한정리 3.2.2, 정리 3.1.8 및 단조수렴정리 3.3.2를 이용하여 다음을 보여라.

   (a) $\lim \frac{1}{n} = 0$ (예제 3.1.5(a)).

   (b) $\lim r^n = 0 \quad (0 < r < 1)$ (예제 3.1.7(a)).

2. 단조수렴정리를 이용하여 다음 수열 (x_n)이 수렴함을 보이고 그 극한 $\lim x_n$을 구하여라.

   (a) $x_1 = 1, \quad x_{n+1} = \frac{1}{4}(2x_n + 3) \quad (n \in \mathbb{N})$.

   (b) $a > 0,\ x_1 > 0, \quad x_{n+1} = \sqrt{a + x_n} \quad (n \in \mathbb{N})$.

   (c) $x_1 = \sqrt{2}, \quad x_{n+1} = \sqrt{2 + \sqrt{x_n}} \quad (n \in \mathbb{N})$.

   (d) $x_1 > 1, \quad x_{n+1} = 2 - \frac{1}{x_n} \quad (n \in \mathbb{N})$.

   (e) $x_n = \frac{n!}{n^n} \quad (n \in \mathbb{N})$.

   (f) $0 < x_1 < 1, \quad x_{n+1} = 1 - \sqrt{1 - x_n} \quad (n \in \mathbb{N})$.

   (g) $0 < x_1 \le 3, \quad x_{n+1} = \sqrt{2x_n + 3} \quad (n \in \mathbb{N})$.

   (h) $x_1 = 3, \quad x_{n+1}^3 = 6x_n^2 - 8x_n \quad (n \in \mathbb{N})$.

3. 다음과 같이 정의된 수열 (x_n)은 수렴함을 보여라.

   (a) $x_n = \frac{1}{n+1} + \frac{1}{n+2} + \cdots + \frac{1}{n+n} \quad (n \in \mathbb{N}) \qquad (\lim x_n \le 1)$.

   (b) $x_n = \frac{1 \cdot 3 \cdot 5 \cdots (2n-1)}{2 \cdot 4 \cdot 6 \cdots (2n)} \quad (n \in \mathbb{N}) \qquad (\lim x_n \le 1/2)$.

   (c) $x_n = \frac{1}{1^2} + \frac{1}{2^2} + \cdots + \frac{1}{n^2} \quad (n \in \mathbb{N}) \qquad (\lim x_n \le 2)$.

   (d) $x_n = \frac{1}{1!} + \frac{1}{2!} + \cdots + \frac{1}{n!} \quad (n \in \mathbb{N}) \qquad (e - 1 \le \lim x_n \le 2)$.

   [주의] 실제로 (a)의 극한은 $\ln 2$ (연습문제 6.1.5)이고, (c)의 극한은 $\pi^2/6$임이 잘 알려져 있다. 더욱, (d)에서 $\lim x_n = e - 1$ (정리 8.3.1)임을 주목하여라.

4. $x_1 = a > 0,\ x_{n+1} = x_n + \frac{1}{x_n}\ (n \in \mathbb{N})$로 정의된 수열 (x_n)은 유계수열이 아님을 보여라 (따라서 (x_n)은 발산한다) (연습문제 3.2.2 (b)).

5. 「(x_n)은 유계수열이지만 수렴하지 않는다」라고 가정하면 서로 다른 극한에 수렴하는 (x_n)의 두 부분수열이 존재함을 보여라.

6. (x_n)에 대하여 $\sigma_n = \frac{x_1 + x_2 + \cdots + x_n}{n}$라 하자. 만약 (x_n)이 유계인 단조수열이면 (σ_n)도 유계인 단조수열임을 보여라.

7. $a > 1,\ x_1 > \sqrt{a},\ x_{n+1} = \frac{a+x_n}{1+x_n}$ $(n \in \mathbb{N})$라 할 때 다음을 보여라.

   (a) $x_1 > x_3 > x_5 > \cdots$ (b) $x_2 < x_4 < x_6 < \cdots$ (c) $\lim x_n = \sqrt{a}$이다.

8. Bolzano-Weierstrass 정리 3.3.4에서 주어진 수열이 "유계"가 아니면 일반적으로 정리가 성립하지 않는다. 예를 들어 이것을 밝혀보아라.

9. 수열 (x_n)에 대하여 다음 두 사실이 동치임을 보여라.

   (a) (x_n)은 유계이다.

   (b) (x_n)의 모든 부분수열은 수렴하는 부분수열을 갖는다.

10. 연습문제 3.1.1에서 정의된 피보나치 수열 $(F(n))$은 발산한다. 그러나, 두 피보나치 수의 비 $r_n = \frac{\mathrm{F}(n+1)}{\mathrm{F}(n)}$는 황금비 $\frac{1+\sqrt{5}}{2}$에 수렴함을 보여라.

11. $x_0 = 2\sqrt{3},\ y_0 = 3$이고 모든 $n \in \mathbb{N}$에 대하여 (x_n)과 (y_n)이

$$x_n = \frac{2x_{n-1}y_{n-1}}{x_{n-1} + y_{n-1}}, \qquad y_n = \sqrt{x_n y_{n-1}}$$

   로 주어졌을 때 다음 두 사실을 증명하여라.

   (a) 어떤 $x, y \in \mathbb{R}$가 존재하여 $x_n \downarrow x$이고 $y_n \uparrow y$이다.

   (b) $x = y$이고 $3.14155 < x < 3.14161$이다. (실제로 $x = \pi$이다.)

12. $[a_1, b_1] \supset [a_2, b_2] \supset \cdots \supset [a_n, b_n] \supset \cdots$이고 $\lim(b_n - a_n) = 0$이라 하자. 만약 $x_n \in [a_n.b_n]$ $(n \in \mathbb{N})$이면 수열 (x_n)은 반드시 수렴함을 보여라. (축소구간정리 3.5.6과 비교하여라.)

13. 다음을 증명하여라.

   (a) $\lim\limits_{n\to\infty} \left(1 + \frac{1}{n+p}\right)^n = e$ $(p \in \mathbb{Z})$. (b) $\lim\limits_{n\to-\infty} \left(1 + \frac{1}{n}\right)^n = e$.

14. $\lim\left(1 + \frac{2}{n}\right)^n = e^2$임을 보여라. 더 일반적으로 다음을 보여라.

$$\lim_{n\to\infty} \left(1 + \frac{p}{n}\right)^n = e^p \qquad (p \in \mathbb{Z}).$$

15. $\lim(n!/n^n) = 0$임을 보여라.

16. $(x_n)\,(\subset \mathbb{R})$이고 $\lim(nx_n) = 0$이면 다음이 성립함을 보여라.

$$\lim_{n\to\infty} \left(1 + \frac{1}{n} + x_n\right)^n = e.$$

17. $\binom{n}{k} = \frac{n!}{k!(n-k)!}$일 때, 조임정리 3.2.4를 이용하여 다음을 보여라.

$$\lim_{n\to\infty} \left(\sum_{k=1}^{2n} \frac{1}{\binom{2n}{k}}\right)^n = e.$$

18. $a > 0$에 대하여 실수의 **지수**(*real exponents*) a^x $(x \in \mathbb{R})$를 정의하자. 먼저 $a \geq 1$인 경우를 생각하자. 임의의 $x \in \mathbb{R}$에 대하여 (r_n)을 x에 수렴하는 유리수들의 증가수열이라 하자(연습문제 3.2.15). 이때 다음 두 사실을 증명하여라.

    (a) $a \geq 1$이면 수열 (a^{r_n})은 수렴한다.

    (b) $a \geq 1$인 경우 $a^x = \lim a^{r_n}$로 정의하고, $0 < a < 1$이면 $a^x = \left(\frac{1}{a}\right)^{-x}$로 정의한다. 어느 경우에도 a^x가 잘 정의된다. 다시 말하면, 유리수들의 수열 (r_n)의 선택에는 독립적이다.

19. $a > 0$이고 $x_1 > 0$이 주어졌을때, 각 $n \in \mathbb{N}$에 대하여

$$x_{n+1} = \frac{p-1}{p}x_n + \frac{a}{p}x_n^{-p+1}$$

    (여기서, p는 고정된 양의 정수)와 같이 반복적으로 정의된 수열 (x_n)은 수렴하고 $\lim x_n = \sqrt[p]{a}$가 됨을 증명하여라.

    [**주의**] $p = 2$이면 곧바로 예제 3.3.7 (b)가 됨을 주목하여라.

연습문제풀이 및 힌트 3.3

1. (a) $x_n = \frac{1}{n}$라 하자. $x_n = \frac{1}{n} > \frac{1}{n+1} = x_{n+1}$이므로 (x_n)는 감소($\downarrow$)한다. $x_n = \frac{1}{n} > 0\,(n \in \mathbb{N})$이므로 아래로 유계이다. 단조수렴정리 3.3.2 (b)에 의하여 수열 (x_n)는 수렴하고 $\lim x_n = x$라 하자. $x \geq 0$이고

$$x_{2n} = \frac{1}{2n} = \frac{1}{2}x_n$$

    이므로 정리 3.1.8과 수열에 대한 극한정리 3.2.2에 의하여 $x = \frac{1}{2}x$이다. 그러므로 $x = 0$이어야 한다.

    (b)도 유사하게 증명하여라.

2. (a) 먼저 수학적귀납법 2.2.6을 이용하여 $x_n < \frac{3}{2}$, $x_n < x_{n+1}$ $(n \in \mathbb{N})$임을 보여라. 단조수렴정리 3.3.2에 의하여 수열 (x_n)는 수렴하고 $\lim x_n = x$라 하자. $x_{n+1} = \frac{1}{4}(2x_n + 3)$이므로 정리 3.1.8과 수열에 대한 극한정리 3.2.2에 의하여 $x = \frac{1}{4}(2x+3)$, 즉 $x = \frac{3}{2}$이다.

    (b) r를 2차 방정식 $x^2 - x - a = 0$의 양의 근이라 하자. 즉, $r^2 - r - a = 0 \Leftrightarrow r = \frac{1+\sqrt{1+4a}}{2} > 0$이다. 만약 $0 < x_1 < r$이면 $x_1^2 - x_1 - a < 0$이다(왜?). 그리고 $r^2 = a + r$이

므로 수학적귀납법 2.2.6을 이용하여 $x_n < r$ $(n \in \mathbb{N})$임을 보여라. 그러므로 수열 (x_n)은 위로 유계이다. 한편,

$$x_{n+1}^2 - x_n^2 = (a + x_n) - x_n^2 = -(x_n^2 - x_n - a) > 0$$

이다(왜?). 따라서 (x_n)은 증가(↑)한다. 그러므로 단조수렴정리 3.3.2 (a)에 의하여 $x_0 = \lim x_n > 0$가 존재한다. $x_{n+1}^2 = a + x_n$이므로

$$x_0^2 = a + x_0 \Leftrightarrow x_0^2 - x_0 - a = 0,$$

즉 $x_0 = r$이다.

$0 < r < x_1$인 경우에는 $x_1^2 - x_1 - a > 0$이다(왜?). 같은 방법으로 수학적귀납법으로 $x_n > r\,(n \in \mathbb{N})$이고 (x_n)이 감소(↓)함을 보여라.

(c) $x_1 = \sqrt{2} < 2$이다. 수학적귀납법을 이용하여 $\sqrt{2} \le x_n < \sqrt{2 + \sqrt{2}}$ $(n \in \mathbb{N})$임을 보여라. $x_2 > x_1$이고

$$x_{n+1}^2 - x_n^2 = \sqrt{x_n} - \sqrt{x_{n-1}} = \frac{x_n - x_{n-1}}{\sqrt{x_n} + \sqrt{x_{n-1}}}$$

임을 주목하여라. 수학적귀납법을 이용하여 (x_n)이 증가함을 보여라. 단조수렴정리 3.3.1 (a)에 의하여 (x_n)은 수렴한다. 만약 $r = \lim x_n$라면 $r \in (1, 2)$이고 3차방정식 $x^3 + x^2 - 3x - 4 = 0$의 한 양근임을 보여라.

(d) $x_1 > 1$이므로 $x_2 = 2 - \frac{1}{x_1} > 1$이다. 먼저 수학적귀납법을 이용하여 $1 < x_n\,(n \in \mathbb{N})$임을 보여라. 그리고,

$$x_n - x_{n+1} = x_n - 2 + \frac{1}{x_n} = \frac{(x_n - 1)^2}{x_n} > 0$$

임을 보여라. 단조수렴정리 3.3.2 (b)에 의하여 $\lim x_n = x\,(\ge 1)$가 존재한다. $x_{n+1} = 2 - \frac{1}{x_n}$의 양변에 극한을 취하면 $x = 2 - \frac{1}{x}$, 즉 $x = 1$이다.

(e) $x_{n+1}/x_n = \left(\frac{n}{n+1}\right)^n < 1$이므로 $x_{n+1} < x_n$이다. 그러므로 (x_n)은 감소한다. 분명히 아래로 유계이다. 단조수렴정리 3.3.2 (b)에 의하여 (x_n)은 수렴한다. $x = \lim x_n$이라 하자. 만약 $x \ne 0$이면 정리 3.1.3, 수열에 대한 극한정리 3.2.2 및 예제 3.3.7 (a)에 의하여

$$1 = \lim_{n\to\infty} \frac{x_{n+1}}{x_n} = \lim_{n\to\infty} \left(\frac{n}{n+1}\right)^n = \lim_{n\to\infty} \frac{1}{(1 + 1/n)^n} = \frac{1}{e} < 1$$

이다. 이것은 모순이다. 그러므로 $x = 0$이다.

[별해] $\lim \frac{x_{n+1}}{x_n} = \lim \left(\frac{n}{n+1}\right)^n = \frac{1}{e} < 1$이므로 연습문제 3.1.13 (a)에 의하여 $\lim x_n = 0$이다.

(f) 연습문제 2.3.3 (d)와 단조수렴정리 3.3.2 (b)를 적용하여 $x_n \downarrow 0$임을 보여라. [주의] 특히, $x_1 = 0$ (또는 1)이면 각각 $\lim x_n = 0$ (또는 1)이다.

(g) 먼저 $x \leq \sqrt{2x+3}$ $(-1 \leq x \leq 3)$임을 주목하여라. 이 사실과 단조수렴정리 3.3.2 (a)를 적용하여 $x_n \uparrow 3$임을 보여라.

(h) 먼저 $3 < x_2 = \sqrt[3]{30} < 4$이므로 수학적귀납법 2.2.6을 적용하여 $3 < x_n < 4$ $(n \in \mathbb{N})$임을 보여라. 그러면 곧바로

$$x_n^3 - x_{n+1}^3 = x_n^3 - (6x_n^2 - 8x_n) = x_n(x_n - 2)(x_n - 4) < 0 \qquad (n \in \mathbb{N})$$

가 성립한다. 그러므로 (x_n)은 증가한다. 곧바로 단조수렴정리 3.3.2 (a)를 적용하면 $\lim x_n = x \in \mathbb{R}$가 존재하고 연습문제 3.2.7에 의하여 $3 \leq x \leq 4$이다. 이제 $x_{n+1}^3 = 6x_n^2 - 8x_n$ $(n \in \mathbb{N})$로부터 $x = 4$임을 주장하여라.

3. (a) 먼저

$$x_{n+1} - x_n = \frac{1}{2n+1} + \frac{1}{2n+2} - \frac{1}{n+1} = \frac{1}{2n+1} - \frac{1}{2n+2} > 0$$

이므로 (x_n)는 증가수열이다. 더욱, $\frac{1}{2} < x_n < \frac{n}{n+1} < 1$ $(n \in \mathbb{N})$이므로 수열 (x_n)은 유계이다. 단조수렴정리 3.3.2 (a)를 적용하면 $\lim x_n = x \in \mathbb{R}$가 존재한다. 모든 $n \in \mathbb{N}$에 대하여 $\frac{1}{2} < x_n < 1$이므로 연습문제 3.2.7에 의하여 $\frac{1}{2} \leq x \leq 1$이다.

(b)

$$x_n - x_{n+1} = x_n\left(1 - \frac{2n+1}{2(n+1)}\right) = \frac{x_n}{2(n+1)} > 0$$

이므로 (x_n)는 감소수열이다. 한편, $0 < x_n < \frac{4 \cdot 6 \cdots (2n)}{2 \cdot 4 \cdot 6 \cdots (2n)} = \frac{1}{2}$이므로 (x_n)은 유계이다. 단조수렴정리 3.3.2 (b)를 적용하면 $\lim x_n = x \in \mathbb{R}$가 존재한다. 모든 $n \in \mathbb{N}$에 대하여 $0 < x_n < \frac{1}{2}$이므로 연습문제 3.2.7에 의하여 $0 \leq x \leq \frac{1}{2}$이다.

(c) 분명히 (x_n)은 증가수열이다. 먼저 $\frac{1}{k^2} \leq \frac{1}{k(k-1)} = \frac{1}{k-1} - \frac{1}{k}$ $(k \geq 2)$임을 주목하여라. 이 사실을 이용하면 모든 $n \in \mathbb{N}$에 대하여

$$\begin{aligned} x_n &= \frac{1}{1^2} + \frac{1}{2^2} + \cdots + \frac{1}{n^2} \\ &\leq \frac{1}{1} + \left(\frac{1}{1} - \frac{1}{2}\right) + \left(\frac{1}{2} - \frac{1}{3}\right) + \cdots + \left(\frac{1}{n-1} - \frac{1}{n}\right) = 2 - \frac{1}{n} < 2 \end{aligned}$$

을 얻는다. 다시 말하면, (x_n)은 위로 유계이다. 이제 단조수렴정리 3.3.2 (a)를 적용하면 $\lim x_n = x \in \mathbb{R}$가 존재하고, 모든 $n \in \mathbb{N}$에 대하여 $x_n < 2$이므로 연습문제 3.2.7에 의하여 $x \leq 2$이다.

(d) 분명히 (x_n)은 증가수열이다. $n! \geq 2^{n-1}$ $(n \geq 1)$이므로 $x_n \leq 1 + \frac{1}{2} + \frac{1}{2^2} + \cdots + \frac{1}{2^{n-1}} \leq 2$이다. 따라서 (x_n)은 위로 유계이다. 단조수렴정리 3.3.2 (a)를 적용하면 $\lim x_n = x \in \mathbb{R}$가 존재한다. 한편, 예제 3.3.7 (a)의 증명과정 (또는 정리 8.3.1)에서 $e_n = (1+1/n)^n \leq 1 + x_n < 3$이므로 양변에 극한을 취하면 $e \leq 1 + x \leq 3 \Leftrightarrow e - 1 \leq x_n \leq 2$을 얻는다.

4. 만약 (x_n)이 유계수열이라 가정하면, (x_n)은 분명히 증가수열이므로 단조수렴정리 3.3.2 (a)에 의하여 수렴한다. 즉 $\lim x_n = x \in \mathbb{R}$라 하자.

$$x_{n+1} > x_n > \cdots > x_1 = a > 0 \qquad (n \in \mathbb{N})$$

이므로 연습문제 3.2.7에 의하여 $x \geq a > 0$이다. 한편, $x_{n+1} = x_n + \frac{1}{x_n}$로부터 수열에 대한 극한정리 3.2.2와 정리 3.1.8을 적용하면 $x = x + \frac{1}{x}$을 얻는다. $x > 0$이므로 $1 = 0 \cdot x = 0$이다. 이것은 모순이다. 따라서, (x_n)은 유계가 아니다 (따라서 (x_n)은 발산한다).

5. (x_n)이 유계수열이므로 Bolzano-Weierstrass 정리 3.3.4에 의하여 수렴하는 부분수열 (x_{n_k})가 존재한다. 즉 $\lim x_{n_k} = x \in \mathbb{R}$라 하자. 한편 (x_n)이 수렴하지 않으므로 연습문제 3.1.8 (b)에 의하여

$$|x_m - x| \geq \epsilon \qquad (m \in \mathbb{N})$$

를 만족하는 $\epsilon > 0$과 (x_n)의 부분수열 $(x_m)_{n=1}^{\infty}$가 존재한다. 역시 (x_m)도 유계이므로 다시 한번 Bolzano-Weierstrass 정리 3.3.4를 적용하면 (x_m)의 수렴하는 부분수열 (x_{m_k})가 존재한다. 이제 $\lim x_{m_k} = y \in \mathbb{R}$라 두면 $y \neq x$임을 주목하여라.

6. $\sigma_{n+1} - \sigma_n = \frac{1}{n(n+1)} \sum_{k=1}^{n} (x_{n+1} - x_k)$임을 주목하여라.

7. $x_1 > \sqrt{a}$이므로

$$x_2^2 - a = \left(\frac{a + x_1}{1 + x_1}\right)^2 - a = \frac{(1-a)(x_1^2 - a)}{(1 + x_1)^2} < 0,$$

즉, $x_2 < \sqrt{a}$이다. 수학적 귀납법 2.2.6을 이용하여 모든 $n \in \mathbb{N}$에 대하여

$$\text{(i)} \quad x_{2n-1} > \sqrt{a}, \qquad\qquad \text{(ii)} \quad x_{2n} < \sqrt{a}$$

가 성립함을 먼저 보이자. $n = 1$ 일 때 (i)은 분명하다. $n = k$ 일 때 (i)이 성립한다고 가

정하자. 즉, $x_{2k-1} > \sqrt{a}$이다. 간단히 계산하면

$$\begin{aligned} x_{2k+1}^2 - a &= \left(\frac{a + x_{2k}}{1 + x_{2k}}\right)^2 - a = \left[\frac{a + \frac{a+x_{2k-1}}{1+x_{2k-1}}}{1 + \frac{a+x_{2k-1}}{1+x_{2k-1}}}\right]^2 - a \\ &= \frac{(a-1)^2(x_{2k-1}^2 - a)}{(1 + a + 2x_{2k-1})^2} > 0 \end{aligned}$$

을 얻고, 이것은 $x_{2k+1} > \sqrt{a}$을 낳는다. 그러므로 $n = k + 1$에 대하여 (i)이 성립한다. 수학적귀납법에 의하여 모든 $n \in \mathbb{N}$에 대하여 (i)이 성립한다. 같은 방법으로 (ii)가 성립함을 보일 수 있다.

(a) 모든 $n \in \mathbb{N}$에 대하여 $x_{2n-1} > \sqrt{a}$이므로

$$\begin{aligned} x_{2n+1} - x_{2n-1} &= \frac{a + x_{2n}}{1 + x_{2n}} - x_{2n-1} = \frac{a + \frac{a+x_{2k-1}}{1+x_{2k-1}}}{1 + \frac{a+x_{2k-1}}{1+x_{2k-1}}} - x_{2n-1} \\ &= \frac{2(a - x_{2n-1}^2)}{2x_{2n-1} + a + 1} < 0 \end{aligned}$$

이다. 그러므로 (x_{2n-1})는 감소($\downarrow$)한다.

(b) (a)와 같은 방법으로 모든 $n \in \mathbb{N}$에 대하여 $x_{2n} < \sqrt{a}$이므로

$$x_{2n+2} - x_{2n} = \frac{2(a - x_{2n}^2)}{2x_{2n} + a + 1} > 0$$

가 성립함을 쉽게 보일 수 있다. 그러므로 (x_{2n})는 증가($\uparrow$)한다.

(c) 단조수렴정리 3.3.2에 의하여

$$\lim_{n\to\infty} x_{2n} = L\ (\le \sqrt{a}), \quad \lim_{n\to\infty} x_{2n-1} = M\ (\ge \sqrt{a})$$

이 각각 존재한다.

$$x_{2n+1} - x_{2n} = \frac{a - x_{2n}^2}{1 + x_{2n}}, \quad x_{2n} - x_{2n-1} = \frac{a - x_{2n-1}^2}{1 + x_{2n-1}}$$

이므로 $n \to \infty$ 일 때 다음을 얻는다.

$$M - L = \frac{a - L^2}{1 + L}, \quad L - M = \frac{a - M^2}{1 + M}.$$

곧바로 위 두 등식으로부터 $ML = a + L - M$와 $LM = a + M - L$가 얻어지므로 $L = M$이다. 연습문제 3.1.10에 의하여 $\lim x_n = \sqrt{a}$이다.

8. (n)을 생각하여라.

9. (a)⇒(b). $(x_m)_{m=1}^{\infty}$를 유계수열 (x_n)의 부분수열이라 하자. (x_m)도 유계이므로 Bolzano-Weierstrass 정리 3.3.4에 의하여 수렴하는 부분수열을 갖는다.

   (b)⇒(a). (대우증명). (x_n)이 유계가 아니라고 가정하면 연습문제 3.2.1에 의하여 $|x_{n_k}| \geq k$ ($k \in \mathbb{N}$을 만족하는 부분수열 $(x_{n_k})_{k=1}^{\infty}$가 존재한다. 이 부분수열 $(x_{n_k})_{k=1}^{\infty}$의 모든 부분수열은 유계가 아니므로 절대로 수렴하지 않는다. 따라서 (b)가 성립하지 않는다.

10. 먼저 다음 두 사실을 주목하여라.

$$\begin{aligned} r_{n+1} &= 1+\frac{1}{r_n} = 1+\frac{1}{1+\frac{1}{r_{n-1}}} = 1+\frac{r_{n-1}}{1+r_{n-1}} \qquad (n \geq 2), \\ r_{n+2}-r_n &= \left(1+\frac{r_n}{1+r_n}\right)-\left(1+\frac{r_{n-2}}{1+r_{n-2}}\right) \\ &= \frac{r_n - r_{n-2}}{(1+r_n)(1+r_{n-2})} \qquad (n \geq 3). \end{aligned}$$

   수학적귀납법 2.2.6을 이용하여 $1 \leq r_n \leq 2\,(n \geq 1)$임을 보이고 (r_{2n-1})은 증가(↑)이고 (r_{2n})은 감소(↓)임을 보여라. 단조수렴정리 3.3.2에 의하여

$$\lim_{n\to\infty} r_{2n-1} = r_1\,(>0), \quad \lim_{n\to\infty} r_{2n} = r_2(>0)$$

   라 하면

$$r_{2n+1} = 1+\frac{r_{2n-1}}{1+r_{2n-1}}, \qquad r_{2n} = 1+\frac{r_{2n-2}}{1+r_{2n-2}}$$

   로부터 $r_1 = r_2 = \frac{1+\sqrt{5}}{2}$을 구할 수 있다.

11. (a) 먼저 다음이 성립함을 주목하여라.

$$x_0 > y_0 \quad \Leftrightarrow \quad \frac{2y_0}{x_0+y_0} < 1, \qquad \frac{2x_0}{x_0+y_0} > 1.$$

   이것을 이용하면 곧바로 다음을 얻는다.

$$y_0 < y_0\left(\frac{2x_0}{x_0+y_0}\right) = x_1 = x_0\left(\frac{2y_0}{x_0+y_0}\right) < x_0. \qquad (*)$$

   이제 수학적귀납법을 이용하여 다음 부등식을 증명하자.

$$y_{n-1} < x_n < x_{n-1} \qquad (n \geq 1). \qquad (\Diamond)$$

   (∵ $n = 1$일 때 $(\Diamond)$가 성립함은 $(*)$로부터 분명하다. 수학적귀납법의 가정에 의하여 $n = k$일 때 $(\Diamond)$가 성립한다고 하자. 즉, $y_{k-1} < x_k < x_{k-1}$이다.

$$y_k = \sqrt{x_k y_{k-1}} < \sqrt{x_k^2} = x_k$$

이고, 이것의 양변에 각각 y_k와 x_k를 더한 후 간단히 계산하면 $\frac{2y_k}{x_k+y_k} < 1 < \frac{2x_k}{x_k+y_k}$을 얻는다. 그러면

$$y_k < y_k\left(\frac{2x_k}{x_k+y_k}\right) = x_{k+1} = x_k\left(\frac{2y_k}{x_k+y_k}\right) < x_k$$

이므로 $n = k+1$일 때 (◇)가 성립했으므로 수학적귀납법에 의하여 모든 $n \in \mathbb{N}$에 대하여 (◇)가 성립한다.) 더욱, (◇)로부터 $(x_n)_{n=0}^{\infty}$은 아래로 유계인 감소수열인 반면에

$$y_n = \sqrt{x_n y_{n-1}} > \sqrt{y_{n-1}^2} = y_{n-1} \quad (n \geq 1)$$

이므로 $(y_n)_{n=0}^{\infty}$은 위로 유계인 증가수열이다. 그러므로 단조수렴정리 3.3.2에 의하여 어떤 $x, y \in \mathbb{R}$이 존재하여 $x_n \downarrow x$이고 $y_n \uparrow y$이다.

(b) 주어진 식에 극한을 취하면 $x = \frac{2xy}{x+y}$, 즉 $x = y$이다.

12. 먼저 $a_1 \leq a_2 \leq \cdots \leq a_n \leq \cdots \leq b_n \leq \cdots \leq b_2 \leq b_1$임을 주목하여라. 분명히 (a_n)은 유계인 증가수열이고, (b_n)은 유계인 감소수열이다. 단조수렴정리 3.3.2에 의하여 $a, b \in \mathbb{R}$가 존재하여 $\lim a_n = a$, $\lim b_n = b$이다. 한편, $\lim(b_n - a_n) = 0$이므로 $a = b$이다. 이제 $a_n \leq x_n \leq b_n$ $(n \in \mathbb{N})$에 수열에 대한 조임정리 3.2.4를 적용하면 $\lim x_n = a\,(= b)$이다.

13. (a) 모든 $p \in \mathbb{N}$에 대하여 $\left(1 + \frac{1}{n \pm p}\right)^n = \left(1 + \frac{1}{n \pm p}\right)^{n \pm p}\left(1 + \frac{1}{n \pm p}\right)^{\mp p}$ 임을 주목하여라.

(b) (a)에 의하여 $\lim\limits_{n \to -\infty}\left(1 + \frac{1}{n}\right)^n = \lim\limits_{n \to \infty}\left(1 + \frac{1}{n-1}\right)^n = e$이다.

14. 모든 $p \in \mathbb{N}$에 대하여 $\left(1 + \frac{p+1}{n}\right)^n = \left(1 + \frac{1}{n+p}\right)^n \left(1 + \frac{p}{n}\right)^n$임을 주목하여라. 이 사실과 연습문제 3.3.13을 이용하여 수학적귀납법으로 $\lim\left(1 + \frac{p}{n}\right)^n = e^p$를 유도하여라. 또한

$$\left(1 - \frac{p}{n}\right)^n = \left(1 + \frac{p}{n-p}\right)^{-(n-p)}\left(1 + \frac{p}{n-p}\right)^{-p} \to e^{-p} \cdot 1 = e^{-p}$$

임을 주목하여라.

15. $x_n = \frac{n!}{n^n}$라 두면 연습문제 3.3.14에 의하여

$$0 \leq \lim_{n \to \infty} \frac{x_{n+1}}{x_n} = \lim_{n \to \infty}\left(\frac{n}{n+1}\right)^n = \lim_{n \to \infty}\left(1 - \frac{1}{n+1}\right)^n = e^{-1} < 1$$

임을 주목하여라. 이제 연습문제 3.1.13 (a)를 적용하여라.

16. n차 다항식

$$P_n(x) = \frac{1}{1!}\left(1 + \frac{1}{n}\right)^{n-1} x + \frac{1}{2!}\left(1 - \frac{1}{n}\right)\left(1 + \frac{1}{n}\right)^{n-2} x^2 + \cdots$$
$$\cdots + \frac{1}{n!}\left(1 - \frac{1}{n}\right)\left(1 - \frac{2}{n}\right)\cdots\left(1 - \frac{n-1}{n}\right)x^n$$

라 두면, 모든 $n \in \mathbb{N}$에 대하여 $\left(1 + \frac{1}{n} + x_n\right)^n = \left(1 + \frac{1}{n}\right)^n + P_n(nx_n)$임을 주목하여라.

$$|P_n(x)| \le 3\left(|x| + |x|^2 + \cdots + |x|^n\right) = Q_n(x)$$

이다. 끝으로 $\lim Q_n(nx_n) = 0$임을 보이기 위하여 $\lim(nx_n) = 0$와 연습문제 3.2.10 (c)를 적용하여라.

17. $a_n = \sum_{k=1}^{2n} \frac{1}{\binom{2n}{k}}$라 두면, 연습문제 2.2.15에 의하면

$$(1 + 1/n)^n \le a_n^n \le (1 + 1/n + 3/n^2)^n \qquad (n \ge 3)$$

이다. 이제 연습문제 3.3.16과 수열에 대한 조임정리 3.2.4를 적용하면 $\lim a_n^n = e$가 곧바로 얻어진다.

18. (a) $a \ge 1$이고 (r_n)이 증가수열이므로 (a^{r_n})도 분명히 증가수열이다. 한편, $r > x$인 $r \in \mathbb{Q}$을 택하면 곧바로 (a^{r_n})은 a^r에 의하여 위로 유계이다. 그러므로 단조수렴정리 3.3.2 (a)에 의하여 수열 (a^{r_n})은 수렴한다.

(b) $a \ge 1$인 경우 a^x가 잘 정의됨을 보이자. 다시 말하면, (r_n)과 (s_n)이 x에 수렴하는 유리수들의 증가수열일 때 $\lim a^{r_n} = \lim a^{s_n}$임을 주장하자. 먼저 $R_n = r_n - \frac{1}{n}$, $S_n = s_n - \frac{1}{n}\ (n \in \mathbb{N})$라 하면 (R_n)과 (S_n)은 증가하는 유리수들의 수열이고

$$R_n,\ S_n < x\ (n \in \mathbb{N}), \qquad \lim_{n\to\infty} R_n = x = \lim_{n\to\infty} S_n$$

이다. 분명히 (a)에 의하여 $\lim a^{R_n}$과 $\lim a^{S_n}$이 존재한다. 그러므로 연습문제 3.1.4 (d), 즉 $\lim c^{1/n} = 1\ (c > 0)$와 수열에 대한 극한정리 3.2.2 (b)를 적용하면

$$\lim_{n\to\infty} a^{r_n} = \lim_{n\to\infty} a^{R_n}, \qquad \lim_{n\to\infty} a^{s_n} = \lim_{n\to\infty} a^{S_n}$$

을 얻는다. $R_1 < x$이므로 $R_1 < S_{m_1}$이 되는 $m_1 \in \mathbb{N}$을 선택할 수 있다. 같은 방법으로 $S_{m_1} < R_{n_2}$를 만족하는 $n_2 \in \mathbb{N}$를 선택하자. 이러한 과정을 계속하면

$$R_{n_1} < S_{m_1} < R_{n_2} < S_{m_2} < \cdots$$

와 같은 새로운 증가수열을 얻는다. 각 $k \in \mathbb{N}$에 대하여 $b_{2k} = S_{m_k}$, $b_{2k-1} = R_{n_k}$라 하면 (b_k)는 유계인 유리수들의 증가수열이다. 따라서 (a)에 의하여 $\lim a^{b_k}$가 존재한다. 이 사실로부터 자연스럽게 결론이 얻어진다.

$$\begin{aligned}\lim_{n\to\infty} a^{r_n} &= \lim_{n\to\infty} a^{R_n} = \lim_{k\to\infty} a^{R_{n_k}} = \lim_{k\to\infty} a^{b_{2k-1}} \\ &= \lim_{k\to\infty} a^{b_{2k}} = \lim_{k\to\infty} a^{S_{m_k}} = \lim_{n\to\infty} a^{S_n} = \lim_{n\to\infty} a^{s_n}.\end{aligned}$$

19. 예제 3.3.7 (b)의 증명과 유사하게 먼저 다음을 주목하여라.

$$\begin{aligned} x_{n+1}^p - a &= \left(\frac{p-1}{p}x_n + \frac{a}{p}x_n^{-p+1}\right)^p - a \\ &= x_n^p\left[\left(1-\frac{1}{p}\right) + \frac{a}{p}x_n^{-p}\right]^p - a \\ &= x_n^p\left[1+\frac{1}{p}\left(ax_n^{-p}-1\right)\right]^p - a. \end{aligned}$$

p가 양의 정수이므로 $1+\frac{1}{p}(ax_n^{-p}-1) > 0$이고, Bernoulli 부등식 (연습문제 2.2.10)에 의하여 $\left[1+\frac{1}{p}\left(ax_n^{-p}-1\right)\right]^p \geq 1 + ax_n^{-p} - 1$이므로 곧바로

$$x_{n+1}^p - a \geq x_n^p[1+ax_n^{-p}-1] - a = a - a = 0 \qquad (n \in \mathbb{N})$$

을 얻는다. 그러므로 (x_n)는 아래로 유계이다 (이것에 대한 증명을 위해서는 예제 3.3.7 (b) ($p=2$)의 증명을 약간 수정하여라). 한편, $x_n^p \geq a$이므로

$$x_n - x_{n+1} = x_n - \left[\left(1-\frac{1}{p}\right)x_n + \frac{a}{p}x_n^{-p+1}\right] = \frac{1}{p}\cdot\frac{(x_n^p - a)}{x_n^{p-1}} \geq 0,$$

즉 (x_n)은 감소한다. 단조조수렴정리 3.3.1 (b)에 의하여 (x_n)은 수렴한다. 이 때, $\lim x_n = x$라 두면 $x_{n+1} = \frac{p-1}{p}x_n + \frac{a}{p}x_n^{-p+1}$로부터 $x = \frac{p-1}{p}x + \frac{a}{p}x^{-p+1}$, 즉 $x = \sqrt[p]{a}$이다.

3.4 상극한과 하극한

정의 3.4.1 수열 (x_n)이 위로 유계라 하자. 각 $n \geq 1$에 대한 위로 유계인 부분수열 $(x_k)_{k=n}^{\infty}$를 생각하자. 상한성질 (AC)에 의하여

$$M_n = \sup\{x_k : k \geq n\} = \sup_{k\geq n} x_k$$

가 존재한다. 분명히 $M_{n+1} \leq M_n$ (연습문제 2.3.8)이므로 다음 두 경우가 성립한다.

(a) (M_n)가 수렴할 경우에는

$$\limsup_{n\to\infty} x_n = \lim_{n\to\infty} M_n = \inf_{n\geq 1} M_n = \inf_{n\geq 1}\sup_{k\geq n} x_k$$

으로 정의한다.

(b) (M_n)가 $-\infty$로 발산할 경우에는 $\limsup x_n = -\infty$로 정의한다.

만약 수열 (x_n)가 위로 유계가 아니면 $\limsup x_n = \infty$로 정의한다.

정의 3.4.2 수열 (x_n)이 아래로 유계라 하고

$$m_n = \inf\{x_k : k \geq n\} = \inf_{k \geq n} x_k$$

라 하자. 다시 연습문제 2.3.8에 의하여 $m_n \leq m_{n+1}$이다. 만약 수열 (m_n)가 수렴할 경우에는

$$\liminf_{n\to\infty} x_n = \lim_{n\to\infty} m_n = \sup_{n\geq 1} m_n = \sup_{n\geq 1} \inf_{k\geq n} x_k$$

로 정의한다. 수열 (m_n)가 ∞로 발산할 경우에는 $\liminf x_n = \infty$로 정의한다.

만약 수열 (x_n)가 아래로 유계가 아니면 $\liminf x_n = -\infty$로 정의한다.

예제 3.4.3 유계인 발산수열 $((-1)^n)$의 상·하극한을 구하라.

정리 3.4.4 (x_n)은 수열이고 $x \in \mathbb{R}$라 하면 다음이 성립한다.

$$\lim_{n\to\infty} x_n = x \quad \Leftrightarrow \quad \limsup_{n\to\infty} x_n = x = \liminf_{n\to\infty} x_n.$$

정리 3.4.5 (x_n)과 (y_n)을 유계수열이라 하면 다음 두 부등식이 성립한다.

(a) $\limsup(x_n + y_n) \leq \limsup x_n + \limsup y_n$.

(b) $\liminf(x_n + y_n) \geq \liminf x_n + \liminf y_n$.

[주의] 정리 3.4.5에서 일반적으로 등호(=)가 성립하지 않음에 주의하자. 예를 들면, $x_n = (-1)^n$, $y_n = (-1)^{n+1}$라 두면 예제 3.4.3에 의하여

$$\limsup_{n\to\infty} x_n = 1 = \limsup_{n\to\infty} y_n, \quad \liminf_{n\to\infty} x_n = -1 = \liminf_{n\to\infty} y_n$$

이고 $\limsup(x_n + y_n) = 0 = \liminf(x_n + y_n)$이다.

정리 3.4.6 모든 $n \geq K$에 대하여 $x_n \leq y_n$인 $K \in \mathbb{N}$가 존재하면 다음이 성립한다.

$$\limsup_{n\to\infty} x_n \leq \limsup_{n\to\infty} y_n, \qquad \liminf_{n\to\infty} x_n \leq \liminf_{n\to\infty} y_n.$$

정리 3.4.7 (x_n)을 유계수열이라 할 때, 다음이 성립한다.

(a) $\limsup x_n = M \;\Leftrightarrow\;$ 임의의 $\epsilon > 0$에 대하여 $x_n < M + \epsilon \, (n \geq K)$를 만족하는 $K \in \mathbb{N}$가 존재하고, 또한 무수히 많은 n의 값에 대하여 $x_n > M - \epsilon$이다.

(b) $\liminf x_n = m \;\Leftrightarrow\;$ 임의의 $\epsilon > 0$에 대하여 $x_n > m - \epsilon \, (n \geq K)$를 만족하는 $K \in \mathbb{N}$가 존재하고, 또한 무수히 많은 n의 값에 대하여 $x_n < m + \epsilon$이다.

끝으로 상·하극한에 대한 중요한 몇 가지 성질을 요약한다.

[상·하극한의 성질]

(a) 모든 수열의 하극한 보다는 상극한이 항상 크다(연습문제 3.4.2).

$$\liminf_{n\to\infty} x_n \le \limsup_{n\to\infty} x_n. \tag{3.12}$$

(b) $\sup(-A) = -\inf(A)$ 또는 $\inf(-A) = -\sup(A)$라는 성질을 이용하면 다음 성질을 쉽게 유도할 수 있다.

$$\liminf_{n\to\infty}(-z_n) = -\limsup_{n\to\infty} z_n, \qquad \limsup_{n\to\infty}(-z_n) = -\liminf_{n\to\infty} z_n. \tag{3.13}$$

(c) 마지막으로 상·하극한에 대한 주어진 수열과 그 부분수열과의 관계식을 준다(연습문제 3.4.2).

$$\liminf_{n\to\infty} x_n \le \liminf_{k\to\infty} x_{n_k} \le \limsup_{k\to\infty} x_{n_k} \le \limsup_{n\to\infty} x_n. \tag{3.14}$$

연 습 문 제 3.4

1. 수열 (x_n)에 대하여 다음 두 사실이 동치임을 보여라.

   (a) (x_n)은 유계이다.

   (b) (x_n)의 모든 부분수열은 수렴하는 부분수열을 갖는다.

2. (3.12), (3.14)를 증명하여라.

3. 다음과 같이 정의된 수열 (x_n)에 대한 상·하극한을 구하여라.

   (a) $x_n = (-1)^n + \frac{1}{n} + 2\sin\frac{n\pi}{2}$.

   (b) $x_n = \frac{(-1)^n}{1+1/n}$.

   (c) $x_n = 3 - (-1)^n$.

   (d) $x_n = \frac{n+1}{n}\cos n\pi$.

   (e) $x_n = (-1)^{n+1} + \frac{(-1)^n}{n}$.

   (f) $x_n = \frac{\sqrt{1+n^2}}{2n-5}$.

(g) $x_n = n(1+(-1)^n) + \frac{1}{n}((-1)^n - 1)$.

(h) $x_n = \frac{n^3+n^2-n+1}{n^2+2n+5}$.

4. $(0,1)$ 내에 있는 유리수들을 $(r_1, r_2, r_3, \ldots)$로 나열할 때, 수열 (r_n)의 상·하극한을 구하여라.

5.[‡] (x_n)이 유계수열이고 $\limsup x_n = M$ (또는 $\liminf x_n = m$)이라 할 때 다음을 증명하여라.

(a) (x_n)의 부분수열 $(x_{n_k})_{k=1}^{\infty}$가 존재하여 $\lim_{k\to\infty} x_{n_k} = M$이다.

(b) (x_n)의 부분수열 $(x_{m_k})_{k=1}^{\infty}$가 존재하여 $\lim_{k\to\infty} x_{m_k} = m$이다.

[주의] 위의 결과를 이용하여 Bolzano-Weierstrass 정리 3.3.4를 곧바로 증명할 수 있음을 주목하여라.

6. (x_n), (y_n)을 실수들의 유계수열이라 할 때 다음을 보여라.

(a) $\limsup(x_n - y_n) \le \limsup x_n - \liminf y_n$이다.

(b) $\liminf(x_n - y_n) \ge \liminf x_n - \limsup y_n$이다.

(c) $\lim y_n$가 존재하면 $\limsup(x_n + y_n) = \limsup x_n + \lim y_n$이다. 특히, $y_n = a \in \mathbb{R}$이면 $\limsup(x_n + a) = \limsup x_n + a$이다.

[주의] (c)에서 lim sup를 lim inf로 바꾸어도 성립함을 주목하여라.

7. (y_n)이 유계수열이라 하자. 만약 모든 유계수열 (x_n)에 대하여

$$\limsup_{n\to\infty}(x_n + y_n) = \limsup_{n\to\infty} x_n + \limsup_{n\to\infty} y_n$$

을 만족한다면, (y_n)은 반드시 수렴함을 보여라.

[주의] 이것은 연습문제 3.4.6 (c)의 역임을 주목하여라.

8. (x_n)과 (y_n)은 유계수열이고 $L = \lim x_n$가 존재할 때 다음을 보여라.

(a) $L \ge 0 \;\Rightarrow\; \limsup(x_n y_n) = L \cdot \limsup y_n, \quad \liminf(x_n y_n) = L \cdot \liminf y_n$.

(b) $L \le 0 \;\Rightarrow\; \liminf(x_n y_n) = L \cdot \limsup y_n, \quad \limsup(x_n y_n) = L \cdot \liminf y_n$.

(c) $\lim y_n = 1$이면 (a)로부터 $\limsup(x_n y_n) = \limsup x_n$이다. 이 사실로부터 다음 등식이 성립한다. (이것은 나중에 연습문제 8.2.8을 증명하는데 이용된다.)

$$\limsup_{n\to\infty} |x_n|^{1/n} = \limsup_{n\to\infty} |n x_n|^{1/(n-1)}. \tag{3.15}$$

9. (x_n)이 실수들의 수열이고

$$\sigma_n = \frac{x_1 + x_2 + \cdots + x_n}{n}$$

라 할 때, 정리 3.4.7을 이용하여 다음이 성립함을 보여라.

$$\limsup_{n\to\infty} \sigma_n \le \limsup_{n\to\infty} x_n, \qquad \liminf_{n\to\infty} \sigma_n \ge \liminf_{n\to\infty} x_n.$$

10. (x_n)을 실수들의 유계수열이라 하고 집합

$$E = \{x \in \mathbb{R} : \exists\, (x_{n_k})_{k=1}^{\infty} \subset (x_n) \ \text{ s.t. } \ \lim_{k\to\infty} x_{n_k} = x\}$$

라 할 때, 다음이 성립함을 보여라.

$$\limsup_{n\to\infty} x_n = \sup E \in E, \qquad \liminf_{n\to\infty} x_n = \inf E \in E.$$

11. 연습문제 3.4.10을 이용하여 정리 3.4.4의 필요조건($\Rightarrow$)을 증명하여라.

12. (x_n)과 (y_n)을 비음(*nonnegative*)인 유계수열이라 할 때,

$$\begin{aligned}\liminf_{n\to\infty} x_n \liminf_{n\to\infty} y_n \ &\le\ \liminf_{n\to\infty} x_n y_n \le \limsup_{n\to\infty} x_n y_n \\ &\le\ \limsup_{n\to\infty} x_n \limsup_{n\to\infty} y_n\end{aligned}$$

임을 증명하여라. 더욱, 위 부등식이 $\le$ 대신에 $<$로 성립하는 예를 주어라.

13. 연습문제 3.4.12의 첫 번째와 세 번째 부등식은 주어진 수열들이 비음(*nonnegative*)이라는 가정이 반드시 필요함을 예를 들어 설명하여라.

14. (x_n)과 (y_n)은 유계수열이고 $L = \lim x_n < 0$이고

$$\limsup_{n\to\infty} x_n y_n = L \cdot \limsup_{n\to\infty} y_n$$

이면 (y_n)이 수렴함을 보여라.

15. (x_n)은 양수들의 수열이고 만약 $\lim x_n = L$이면 $\lim \left(\prod_{k=1}^{n} x_k\right)^{1/n} = L$임을 보여라. 여기서 $\prod_{k=1}^{n} x_k = x_1 x_2 \cdots x_n$이다.

16. $x_n > 0\ (n \in \mathbb{N})$, $\lim \frac{x_{n+1}}{x_n} = L$이면 $\lim (x_n)^{1/n} = L$임을 보여라.

17. 수열 $(x_n)\,(\subset \mathbb{R})$에 대하여 다음 사실을 증명하여라.

$$\lim_{n\to\infty} x_n = 0 \quad \Leftrightarrow \quad \limsup_{n\to\infty} |x_n| \le 0.$$

18. $\{x_n\}$, $\{y_n\}$은 실수들의 수열이고 아래 관계식에서 그 합이 $\infty - \infty$의 꼴이 아니라면 상·하극한의 합에 대한 아래 식이 성립함을 증명하여라.

$$\begin{aligned}\liminf_{n\to\infty} x_n + \liminf_{n\to\infty} y_n &\le \liminf_{n\to\infty}(x_n + y_n) \le \limsup_{n\to\infty} x_n + \liminf_{n\to\infty} y_n \\ &\le \limsup_{n\to\infty}(x_n + y_n) \le \limsup_{n\to\infty} x_n + \limsup_{n\to\infty} y_n.\end{aligned}$$

특히, $c \in \mathbb{R}$라면 곧바로 다음 등식이 성립한다.

$$\liminf_{n\to\infty}(c + y_n) = c + \liminf_{n\to\infty} y_n, \quad \limsup_{n\to\infty}(x_n + c) = \limsup_{n\to\infty} x_n + c.$$

19. $x_n \ge 0\ (n \in \mathbb{N})$이고, $1/0 = \infty$, $1/\infty = 0$이라는 약속 하에서 다음을 증명하여라.

$$\limsup_{n\to\infty}\left(\frac{1}{x_n}\right) = \frac{1}{\liminf_{n\to\infty} x_n}, \qquad \liminf_{n\to\infty}\left(\frac{1}{x_n}\right) = \frac{1}{\limsup_{n\to\infty} x_n}.$$

연습문제풀이 및 힌트 3.4

1. (a) $\Rightarrow$ (b) (x_{n_k})가 (x_n)의 부분수열이라 하자. (x_n)이 유계이므로 (x_{n_k})도 분명히 유계이다. Bolzano-Weierstrass 정리 3.3.4에 의하여 (x_{n_k})는 수렴하는 부분수열을 갖는다.

   (b) $\Leftarrow$ (a) 대우증명법을 이용하자. (a)가 성립하지 않는다고 가정하자. (x_n)은 유계가 아니면 연습문제 3.2.1에 의하여 $|x_{n_k}| \ge k\ (k \in \mathbb{N})$를 만족하는 부분수열 (x_{n_k})가 존재한다. 이 부분수열 (x_{n_k})은 수렴하는 부분수열을 절대로 가질 수 없다. 그러므로 (b)가 성립하지 않는다.

2. 먼저 (3.12)를 보이자. 만약 (x_n)이 유계이면

$$m_n = \inf_{k\ge n} x_k \le \sup_{k\ge n} x_k = M_n$$

   이다. 그래서 $m_n \le M_n\,(n \in \mathbb{N})$이므로 양변에 $n \to \infty$을 취하면 연습문제 3.2.6에 의하여 $\liminf x_n \le \limsup x_n$을 얻는다. 이제 (x_n)이 유계가 아닌 경우를 생각해보자. (x_n)이 위로 유계가 아닌 경우에는 $\limsup x_n = \infty$ 이고 아래로 유계가 아니면 $\liminf x_n = -\infty$이므로 어떤 경우에도 주어진 식 (3.12)가 항상 만족됨을 주목하여라.

   이제 (3.14)를 보이자. $(x_n)_{n=1}^{\infty}$의 부분수열 $(x_{n_k})_{k=1}^{\infty}$에 대하여

$$\limsup_{k\to\infty} x_{n_k} \le \limsup_{n\to\infty} x_n \qquad (\spadesuit_1)$$

을 증명하자. 먼저 (x_n)가 유계가 아니면 $\limsup x_n = \infty$이므로 자명하다. (x_n)이 유계이면 $M = \limsup x_n \in \mathbb{R}$가 존재한다. 각 $k \in \mathbb{N}$에 대하여

$$a_k = \sup_{i \geq k} x_{n_i}, \qquad b_k = \sup_{i \geq k} x_i \downarrow M \qquad (k \to \infty)$$

라 하자. 연습문제 3.1.3 (a)에 의하여 $n_k \geq k$이므로 $a_k \leq b_k \,(k \in \mathbb{N})$이다. 양변에 $k \to \infty$을 취하면

$$\limsup_{k \to \infty} x_{n_k} = \lim_{k \to \infty} \sup_{i \geq k} x_{n_i} = \lim_{k \to \infty} a_k \leq \lim_{k \to \infty} b_k = M$$

을 얻는다(연습문제 3.2.6). 따라서 ($\spadesuit_1$)가 증명되었다. (3.12)에 의하여

$$\liminf_{k \to \infty} x_{n_k} \leq \limsup_{k \to \infty} x_{n_k}$$

은 분명하다. (3.14)의 증명을 끝내기 위하여 마지막으로

$$\liminf_{n \to \infty} x_n \leq \liminf_{k \to \infty} x_{n_k} \qquad (\spadesuit_2)$$

가 성립함을 보이자. 이것은 ($\spadesuit_1$)에서 (x_n)과 (x_{n_k}) 대신에 $(-x_n)$와 $(-x_{n_k})$로 각각 바꾸어도 부등식은 성립한다. 즉,

$$\limsup_{k \to \infty}(-x_{n_k}) \leq \limsup_{n \to \infty}(-x_n)$$

이다. 이제 양변에 (-1)을 곱하고 (3.13)을 적용하면 곧바로 ($\spadesuit_2$)가 얻어진다.

3. (a) $x_1 = 2$이고 $n \geq 2$라 하자. 만약 $n \neq 4k-1$ $(k = 1, 2, \ldots)$이면 $x_n = 1 + \frac{1}{n}$이다. $n = 4k-1$ $(k = 1, 2, \ldots)$이면 $x_n = -3 + \frac{1}{n}$이다. 그러므로

$$M_n = \sup_{k \geq n} x_k = 1 + \frac{1}{n} \;\to\; 1 = \limsup_{n \to \infty} x_n \qquad (n \to \infty)$$

이다. 한편, $-3 < x_n \,(n \in \mathbb{N})$이므로 (3.14)에 의하여

$$-3 \leq \liminf_{n \to \infty} x_n \leq \liminf_{k \to \infty} x_{4k-1} = \lim_{k \to \infty}\left(-3 + \frac{1}{n}\right) = -3$$

이므로 $\liminf x_n = -3$이다.

(b) 먼저

$$x_{2n} = \frac{1}{1 + 1/(2n)} \to 1 \quad \text{이고} \quad x_{2n-1} = \frac{-1}{1 + 1/(2n-1)} \to -1$$

임을 주목하여라. $-1 < x_n < 1 \,(n \in \mathbb{N})$이므로 정리 3.4.4와 (3.14)를 적용하면

$$1 = \lim_{n \to \infty} x_{2n} = \limsup_{n \to \infty} x_{2n} \leq \limsup_{n \to \infty} x_n \leq 1,$$

$$-1 = \lim_{n\to\infty} x_{2n-1} = \liminf_{n\to\infty} x_{2n-1} \ge \liminf_{n\to\infty} x_n \ge -1$$

이다. 따라서, $\limsup x_n = 1$, $\liminf x_n = -1$이다.

(c)–(h)의 증명은 쉽다. 상극한($\limsup_{n\to\infty} x_n$)과 하극한($\liminf_{n\to\infty} x_n$)은 다음과 같이 주어짐을 증명하여라.

(c) 2, 4 (d) -1, 1 (e) -1, 1 (f) $\frac{1}{2}$, $\frac{1}{2}$ (g) 0, ∞ (h) ∞, ∞.

4. $\sigma(n) = r_n$ ($n \in \mathbb{N}$)으로 정의된 전단사 함수 $\sigma : \mathbb{N} \to A$가 존재한다. 여기서 $A = (0,1) \cap \mathbb{Q}$이다. 다음과 같이 (r_n)의 두 부분수열을 구축하자.

(i) $n_1 = \sigma^{-1}\left(\frac{1}{2}\right)$라 하고, $\left\{\frac{1}{n} : n \in \mathbb{N}\right\} \subset \{r_n : n \in \mathbb{N}\}$가 무한집합이므로

$$r_{n_2} < r_{n_1} = \sigma(n_1) = \frac{1}{2}, \quad n_2 \in \mathbb{N} \setminus \{1, 2, \ldots, n_1\}$$

를 만족하면서 제일 먼저 속하는 $r_{n_2} \in \{\frac{1}{n} : n \in \mathbb{N}\}$를 선택한다(분명히 $n_1 < n_2$임을 주목하여라). 수학적 귀납법으로 이러한 과정을 반복하면 (n)의 부분수열 (n_k)가 존재하여 $r_{n_k} \downarrow 0$이다.

(ii) $m_1 = \sigma^{-1}\left(\frac{1}{2}\right)$라 하고, $\{\frac{n}{n+1} : n \in \mathbb{N}\} \subset \{r_n : n \in \mathbb{N}\}$도 무한집합이므로 제일 먼저 이 집합에 속하는 $r_{m_2} > r_{m_1} = \sigma(m_1) = \frac{1}{2}$를 만족하는 $m_2 \in \mathbb{N} \setminus \{1, 2, \ldots, m_1\}$를 선택하면 $m_1 < m_2$가 성립한다. 수학적 귀납법으로 이러한 과정을 반복하면 (n)의 부분수열 (m_k)가 존재하여 $r_{m_k} \uparrow 1$이다. 정리 3.4.4와 (3.14)를 적용하면

$$1 = \lim_{k\to\infty} r_{m_k} = \limsup_{k\to\infty} r_{m_k} \le \limsup_{n\to\infty} r_n \le 1,$$

$$0 \le \liminf_{n\to\infty} r_n \le \liminf_{k\to\infty} r_{n_k} = \lim_{k\to\infty} r_{n_k} = 0$$

이므로 $\limsup r_n = 1$, $\liminf r_n = 0$이다.

5. (a) 정리 3.4.7 (a)에 의하여 먼저 $x_{n_1} > M - 1$을 만족하는 $n_1 \in \mathbb{N}$을 하나 택하자. 같은 방법으로 $x_{n_2} > M - 1/2$, $n_2 > n_1$을 만족하는 $n_2 \in \mathbb{N}$를 선택할 수 있다. 이런 과정을 반복하면 각 $k \in \mathbb{N}$에 대하여

$$n_k > n_{k-1} \quad \text{이고} \quad x_{n_k} > M - \frac{1}{k}$$

을 만족하는 $n_k \in \mathbb{N}$가 존재한다. 임의로 주어진 $\epsilon > 0$에 대하여 정리 3.4.7 (a)에 의하여

$$x_n < M + \epsilon \qquad (n \ge K_0)$$

을 만족하는 $K_0 \in \mathbb{N}$가 존재한다. Archimedian 성질 2.3.4에 의하여 $K > \frac{1}{\epsilon} \vee K_0$을 만족하는 $K \in \mathbb{N}$를 잡으면 $n_k \geq k \ (k \in \mathbb{N})$이므로

$$M - \epsilon < M - \frac{1}{K} \leq M - \frac{1}{k} < x_{n_k} < M + \epsilon \qquad (k \geq K)$$

또는

$$|x_{n_k} - M| < \epsilon \qquad (k \geq K)$$

이다. 따라서, $\lim x_{n_k} = M$이다.

(b) (3.13)을 이용하여라. $\liminf_{n\to\infty} x_n = m$라 가정하자. (3.13)에 의하여

$$m = \liminf_{n\to\infty} x_n = -\limsup_{n\to\infty}(-x_n)$$

이므로 $\limsup_{n\to\infty}(-x_n) = -m$이다. (a)에 의하여 수열 $(-x_n)$은 $-m$에 수렴하는 부분수열 $(-x_{n_k})_{k=1}^{\infty}$을 갖는다. 즉,

$$\lim_{k\to\infty}(-x_{n_k}) = -m \quad \Leftrightarrow \quad \lim_{k\to\infty} x_{n_k} = m$$

가 얻어진다.

주의를 증명하기 위하여 (x_n)이 유계수열이라 가정하면 분명히 $\limsup x_n (= M)$과 $\liminf x_n (= m)$이 존재한다. 그러므로 (a) 또는 (b)에 의하여 수렴하는 부분수열이 곧바로 존재한다.

6. (a), (b) $x_n - y_n = x_n + (-y_n)$에 대하여 정리 3.4.5와 (3.13)을 이용하여라.

(c) 먼저 정리 3.4.4에 의하여 $\limsup y_n = \lim y_n = \liminf y_n$가 됨을 주목하여라. 그러면 (a)로부터

$$\limsup_{n\to\infty} x_n = \limsup_{n\to\infty}[(x_n + y_n) - y_n] \leq \limsup_{n\to\infty}(x_n + y_n) - \liminf_{n\to\infty} y_n$$

를 얻는다. 이제 정리 3.4.5와 위 부등식을 이용하면

$$\begin{aligned}
\limsup_{n\to\infty} x_n + \lim_{n\to\infty} y_n &= \limsup_{n\to\infty} x_n + \liminf_{n\to\infty} y_n \leq \limsup_{n\to\infty}(x_n + y_n) \\
&\leq \limsup_{n\to\infty} x_n + \limsup_{n\to\infty} y_n = \limsup_{n\to\infty} x_n + \lim_{n\to\infty} y_n
\end{aligned}$$

이고 증명이 끝난다.

[별해] 연습문제 3.4.5를 이용하여 증명할 수도 있다. (x_{n_k})가 $\limsup x_n$에 수렴하는 (x_n)의 부분수열이라 하고 정리 3.1.8, 수열에 대한 극한정리 3.2.2, (3.14)를 차례로 적

용하면

$$\begin{aligned}\limsup_{n\to\infty} x_n + \lim_{n\to\infty} y_n &= \lim_{k\to\infty} x_{n_k} + \lim_{k\to\infty} y_{n_k} \\ &= \lim_{k\to\infty}(x_{n_k} + y_{n_k}) \le \limsup_{n\to\infty}(x_n + y_n)\end{aligned}$$

을 얻는다. 반대부등식을 얻기 위하여 $(x_{m_k} + y_{m_k})$를 $\limsup(x_n + y_n)$에 수렴하는 $(x_n + y_n)$의 부분수열이라 하고 (3.14), 수열에 대한 극한정리 3.2.2, 정리 3.1.8을 차례로 적용하면

$$\begin{aligned}\limsup_{n\to\infty} x_n \ge \lim_{k\to\infty} x_{m_k} &= \lim_{k\to\infty}(x_{m_k} + y_{m_k}) - \lim_{k\to\infty} y_{m_k} \\ &= \limsup_{n\to\infty}(x_n + y_n) - \lim_{n\to\infty} y_n\end{aligned}$$

이고 증명이 끝난다.

[주의] 같은 방법으로 lim inf에 대하여도 성립함을 살펴보아라.

$$\liminf_{n\to\infty}(x_n + y_n) = \liminf_{n\to\infty} x_n + \lim_{n\to\infty} y_n$$

는 lim sup에 대한 쌍대성질(*dual property*)이므로

$$\limsup_{n\to\infty}(x_n + y_n) = \limsup_{n\to\infty} x_n + \lim_{n\to\infty} y_n$$

에서 (x_n), (y_n)을 $(-x_n)$, $(-y_n)$로 대치시킨 후 (3.13)을 적용하면 곧바로 얻어진다.

7. 먼저 주어진 관계식에서 (x_n)을 $(-y_n)$으로 대치하여라. 그런 후 (3,13)과 정리 3.4.4로부터 결론을 유도하여라.

8. (a) $L = 0$이면 연습문제 3.2.12에 의하여 $\lim(x_n y_n) = 0$이므로 주어진 등식은 분명하다. 이제 $L > 0$이라 가정하고, (y_{n_k})를 $\limsup y_n$에 수렴하는 (y_n)의 부분수열이라 하자(연습문제 3.4.5).그러면 (3.14), 수열에 대한 극한정리 3.2.2 (b)와 정리 3.1.8을 차례로 적용하면

$$\limsup_{n\to\infty} x_n y_n \ge \lim_{k\to\infty} x_{n_k} y_{n_k} = \lim_{k\to\infty} x_{n_k} \lim_{k\to\infty} y_{n_k} = L \cdot \limsup_{n\to\infty} x_n$$

을 얻는다. 반대 부등식을 얻기 위하여 $(x_{m_k} y_{m_k})$를 $\limsup(x_n y_n)$에 수렴하는 $(x_n y_n)$의 부분수열이라 하자. 그러면 $L > 0$이므로 연습문제 3.1.7에 의하여 일반성을 잃지 않고 모든 $n \in \mathbb{N}$에 대하여 $x_n \ne 0$이라고 가정할 수 있다. 이제 정리 3.1.8, 수열에 대한 극한정리 3.2.2. (c)와 (3.14)를 차례로 적용하면

$$\frac{1}{L}\lim_{k\to\infty} x_{m_k} y_{m_k} = \lim_{k\to\infty}\frac{1}{x_{m_k}}\lim_{k\to\infty} x_{m_k} y_{m_k} = \lim_{k\to\infty} y_{m_k} \le \limsup_{n\to\infty} y_n$$

을 얻는다. 즉 $L>0$을 양변에 곱하면

$$\limsup_{n\to\infty} x_n y_n = \lim_{k\to\infty} x_{m_k} y_{m_k} \le L \cdot \limsup_{n\to\infty} y_n$$

이고 증명이 끝난다. 이제 두 번째 등식은 첫 번째 등식에서 (y_n)을 $(-y_n)$으로 대치시킨 후 (3.13)을 적용하면 곧바로 얻어진다.

(b) $L \le 0$인 경우에는 (a)에서 각각 첫 번째와 두 번째 등식에서 (x_n)을 $(-x_n)$으로 바꾼 후 (3.13)을 적용하여라.

(c) (3.15)를 증명하기 위하여 $\lim n^{1/n} = 1$임을 주목하여라(예제 3.1.7(b)). 이것을 이용하여 먼저 $\lim n^{1/(n-1)} = 1$임을 살펴보자. ($\because$ $\lim n^{1/n} = 1$이므로 임의의 $0 < \epsilon$ (< 1)에 대하여 적당한 $K \in \mathbb{N}$가 존재하여

$$|n^{1/n} - 1| < \epsilon \qquad (n \ge K)$$

를 만족한다. 즉, $(1-\epsilon)^n < n < (1+\epsilon)^n$이고 $t^{\frac{1}{n-1}}$ $(n>1)$은 증가함수이므로

$$(1-\epsilon)^{\frac{n}{n-1}} < n^{1/(n-1)} < (1+\epsilon)^{\frac{n}{n-1}} \qquad (n \ge K)$$

를 얻는다. 양변에 $\limsup_{n\to\infty}$과 $\liminf_{n\to\infty}$를 각각 취한 후 보조정리 2.3.1(또는 연습문제 2.3.4)을 응용하면

$$\limsup_{n\to\infty} n^{1/(n-1)} = 1 = \liminf_{n\to\infty} n^{1/(n-1)}$$

를 얻는다. 정리 3.4.4에 의하여 $\lim n^{1/(n-1)} = 1$이다.) 이제

$$\limsup_{n\to\infty} |x_n|^{1/n} = \limsup_{n\to\infty} |x_n|^{1/(n-1)}$$

임을 보이기 위하여 $\rho = \limsup |x_n|^{1/n}$라 하자. 만약 $\rho > 0$이면, 정리 3.4.7(a)에 의하여 (i) 임의의 $\epsilon > 0$ $(\epsilon < \rho)$에 의하여

$$|x_n|^{1/n} < \rho + \epsilon \qquad (n \ge K) \tag{$\heartsuit_1$}$$

를 만족하는 $K \in \mathbb{N}$가 존재하고 (ii) 무수히 많은 n의 값에 대하여 $|x_n|^{1/n} > \rho - \epsilon$이다. (ii)로부터 곧바로

$$|x_{n_k}|^{1/n_k} > \rho - \epsilon \qquad (k \in \mathbb{N}) \tag{$\heartsuit_2$}$$

를 만족하는 (n)의 부분수열 (n_k)를 선택할 수 있다. $(\heartsuit_1)$로부터

$$\limsup |x_n|^{1/(n-1)} \le \rho$$

을 얻을 수 있고 (3.14)와 ($\heartsuit_2$)로부터 반대 부등호 ($\geq$)를 얻을 수 있다. 왜냐하면, ($\heartsuit_1$)를 다시 쓰면

$$|x_n|^{1/(n-1)} < (\rho+\epsilon)^{\frac{n}{n-1}} \qquad (n \geq K)$$

이고 양변에 $\limsup_{n\to\infty}$을 취한 후 보조정리 2.3.1을 적용하면 $\limsup |x_n|^{1/(n-1)} \leq \rho$이다. 역시 ($\heartsuit_2$)도 다시 쓰면

$$|x_{n_k}|^{1/(n_k-1)} > (\rho-\epsilon)^{\frac{n_k}{n_k-1}} \qquad (k \in \mathbb{N})$$

이다. 양변에 $\limsup_{k\to\infty}$을 취하면

$$\limsup_{k\to\infty} |x_{n_k}|^{1/(n_k-1)} \geq \rho - \epsilon$$

를 얻는다. (3.14)와 보조정리 2.3.1을 다시 적용하면 $\limsup |x_n|^{1/(n-1)} \geq \rho$이다. 따라서 $\limsup |x_n|^{1/(n-1)} = \rho$이다.) 만약 $\rho = 0$이면 $\lim |x_n|^{1/n} = 0$이므로 앞 증명과 유사하게 $\limsup |x_n|^{1/(n-1)} = 0$임을 보일 수 있다. 역 증명도 유사하다. $\limsup(x_n y_n) = \limsup x_n$에서 y_n 과 x_n을 각각 $n^{1/(n-1)}$와 $|x_n|^{1/(n-1)}$로 대치하고 앞에 증명한 결과들을 이용하면 (3.15)가 곧바로 얻어진다.

[별해] 연습문제 8.3.10에서 $a_n = n^{1/n} \to 1 > 0$, $x_n = \frac{n}{n-1} \to 1$로 취하면 곧바로 $n^{\frac{1}{n-1}} = a_n^{x_n} \to 1^1 = 1$임을 주목하여라.

9. $M = \limsup x_n$라 두면, 정리 3.4.7(a)에 의하여 $\epsilon > 0$에 대하여

$$x_n < M + \epsilon \qquad (n \geq K)$$

를 만족하는 $K \in \mathbb{N}$가 존재한다. $n \geq K$에 대하여

$$\begin{aligned} \sigma_n &= \frac{x_1 + x_2 + \cdots + x_{K-1} + x_K + \cdots + x_n}{n} \\ &< \left(\sum_{i=1}^{K-1} x_i\right)/n + \left(1 - \frac{K-1}{n}\right)(M+\epsilon) \end{aligned}$$

이 된다. 양변에 $\limsup_{n\to\infty}$을 취하면

$$\limsup_{n\to\infty} \sigma_n \leq M + \epsilon$$

이다. 이것을 보이기 위해서는 정리 3.4.6, 정리 3.4.5 (a) 및 정리 3.4.4를 차례로 적용하여라. $\epsilon > 0$이 임의로 주어졌으므로 보조정리 2.3.1에 의하여

$$\limsup \sigma_n \leq M = \limsup x_n$$

가 주어진다. 같은 방법으로 정리 3.4.7 (b)를 이용하여 $\liminf \sigma_n \geq \liminf x_n$가 성립함을 보여라.

10. $\limsup x_n = r$라 하자. 연습문제 3.4.5 (a)로 부터 $r \in E$임을 주목하여라. 이제 r이 집합 E의 상계임을 보이기 위해서 $x \in E$라 하자. 그 때, $\lim x_{n_k} = x$가 되는 (x_n)의 부분수열 (x_{n_k})가 존재한다. 정리 3.4.4과 (3.14)로부터

$$x = \lim x_{n_k} = \limsup x_{n_k} \leq \limsup x_n = r,$$

즉, $x \leq r\,(x \in E)$이므로 r는 E의 상계이다. $r \in E$이므로 $r = \sup E = \max E$이다. 같은 방법으로 $\liminf x_n = \inf E \in E$가 성립함을 보여라.

[주의] 만약 주어진 (x_n)이 유계가 아닌 실수들의 수열일 경우에는 집합 E를 확장된 실수계(extended real number system) $\overline{R}$ 내에서 생각하여라. 그 때, $-\infty, \infty \in E$임에 유의하여라.

11. $\lim x_n = x$라 하면 정리 3.1.8을 적용하여 $E = \{x\}$임을 보여라.

12. $\liminf(x_n y_n) \leq \limsup(x_n y_n)$은 (3.12)로부터 자명하다. 나머지 두 부등식을 증명하기 위하여 다음 사실을 주목하여라.

$$(\inf_{k \geq n} x_k)(\inf_{k \geq n} x_k) < x_k y_k \leq (\sup_{k \geq n} x_k)(\sup_{k \geq n} x_k) \qquad (k \geq n).$$

그러므로 위 부등식의 좌·우측항은 각각 집합 $\{x_k y_k : k \geq n\}$의 하계·상계이고,

$$(\inf_{k \geq n} x_k)(\inf_{k \geq n} x_k) \leq \inf_{k \geq n} x_k y_k, \qquad \sup_{k \geq n} x_k y_k \leq (\sup_{k \geq n} x_k)(\sup_{k \geq n} y_k)$$

이다. 이제 $n \to \infty$로 보내면, 구하고자 하는 두 부등식이 곧바로 얻어진다.

마지막으로 주어진 부등식들이 $\leq$ 대신에 $<$로 성립하는 예는

$$(x_n) = (1, 2, 1, 2, \ldots), \qquad (y_n) = (2, 1/2, 2, 1/2, \ldots)$$

라 두면 $(x_n y_n) = (2, 1, 2, 1, \ldots)$이고, 곧바로 주어진 부등식이 $1/2 < 1 < 2 < 4$가 됨을 알 수 있다.

13.

$$(x_n) = (1, -2, 1, -2, \ldots), \qquad (y_n) = (1, -1, 1, -1, \ldots)$$

라 하면 $(x_n y_n) = (1, 2, 1, 2, \ldots)$이고 다음이 성립함을 주목하여라.

$$\liminf_{n\to\infty} x_n \liminf_{n\to\infty} y_n = (-2)(-1) = 2 > 1 = \liminf_{n\to\infty} x_n y_n$$
$$\limsup_{n\to\infty} x_n y_n = 2 > 1 = 1 \cdot 1 = \limsup_{n\to\infty} x_n \limsup_{n\to\infty} y_n$$

14. 연습문제 3.4.8 (b)와 정리 3.4.4를 적용하면 $\lim(x_n y_n)$이 존재함을 쉽게 보일 수 있다. $L < 0$이므로 연습문제 3.1.7에 의하여 일반성을 잃지 않고 모든 $n \in \mathbb{N}$에 대하여 $x_n \neq 0$라고 가정할 수 있다. 이제 수열에 대한 극한정리를 적용하여 $\lim y_n = \frac{1}{L} \cdot \lim(x_n y_n)$임을 보여라.

   [**별해**] 주어진 가정과 연습문제 3.4.8 (b)에 의하여

$$L \limsup_{n\to\infty} y_n = \limsup_{n\to\infty}(x_n y_n) = L \liminf_{n\to\infty} y_n$$

   이다. $L \neq 0$이므로 $\limsup y_n = \liminf y_n \,(:= x)$이고, 정리 3.4.1에 의하여 $\lim y_n = x$이다.

15. 먼저 $L > 0$이라 가정하고 증명하자. $\lim x_n = L$이므로 $0 < \epsilon \,(< L)$에 대하여

$$|x_n - L| < \epsilon \qquad (n > K)$$

   을 만족하는 $K \in \mathbb{N}$가 존재한다. 연습문제 3.1.4 (d)에 의하여

$$c_n = x_1^{1/n} \cdots x_K^{1/n} \quad \to \quad 1$$

   이다. 모든 $n \in \mathbb{N} \,(> K)$에 대하여

$$c_n (L - \epsilon)^{1 - \frac{K}{n}} < \left(\prod_{k=1}^{n} x_k \right)^{1/n} < c_n (L + \epsilon)^{1 - \frac{K}{n}}$$

   임을 주목하여라. 이제 정리 3.4.6을 적용하여

$$\limsup_{n\to\infty} \left(\prod_{k=1}^{n} x_k \right)^{1/n} = L = \liminf_{n\to\infty} \left(\prod_{k=1}^{n} x_k \right)^{1/n}$$

   가 성립함을 보여라. $L = 0$인 경우에도 유사하게 증명하여라.

   [**별해**] 8.3절의 지수함수·로그함수의 연속성과 연습문제 3.1.12 (b)를 이용하여 더 간단하게 증명할 수 있음을 주목하여라. $t_n = \left(\prod_{k=1}^{n} x_k\right)^{1/n}$라 두면, $\lim x_n = L$이고 로그함수(ln)는 연속이므로 $\ln x_n \to \ln L$이다 (정리 4.3.3 (c)). 이제 로그함수의 성질(정리 8.3.4)와 연습문제 3.1.12 (b)를 적용하면

$$\ln t_n = \ln \left(\prod_{k=1}^{n} x_k \right)^{1/n} = \frac{1}{n} \left(\sum_{k=1}^{n} \ln x_k \right) \quad \to \quad \ln L$$

을 얻는다. 또한, 지수함수(e^x)도 역시 연속이므로 $t_n \to L$이 됨을 주목하여라(정리 4.3.3 (c)와 $e^{\ln y} = y$).

16. $t_1 = x_1$, $t_n = x_n/x_{n-1}$라 두면, $x_n = \prod_{k=1}^{n} t_k$이고 $t_n \to L$이므로 연습문제 3.4.15를 적용하여라.

17. ($\Leftarrow$) 만 보이면 충분하다. 이것은 $0 \le |x_n|$ $(n \in \mathbb{N})$이므로 정리 3.4.6과 (3.12)에 의하여 $0 \le \liminf |x_n| \le \limsup |x_n| \le 0$이다. 이제 정리 3.4.4에 의하여 곧바로 결론이 얻어짐을 주목하여라.

18. 먼저 두 수열 (x_n)와 (y_n)가 유계수열이고 $f(n) = x_n$, $g(n) = y_n$ $(n \in \mathbb{N})$라 정의하자. 그러면 연습문제 2.3.15 (c)에 의하여

$$\begin{aligned}\inf_{k\ge n} x_k + \inf_{k\ge n} y_k &\le \inf_{k\ge n}(x_k + y_k) \le \sup_{k\ge n} x_k + \inf_{k\ge n} y_k \\ &\le \sup_{k\ge n}(x_k + y_k) \le \sup_{k\ge n} x_k + \sup_{k\ge n} y_k\end{aligned}$$

이고, 양변에 $n \to \infty$를 취하면 주어진 관계식이 곧바로 얻어진다. (여기서 $\sup_{k\ge n} z_k = \sup\{z_k : k \ge n\}$이고 $\inf_{k\ge n} z_k = \inf\{z_k : k \ge n\}$이다.) 이제 (x_n)과 (y_n)이 동시에 유계수열이 아닌 경우를 생각해보자. 먼저 $\liminf x_n = \infty$인 경우에는 $\liminf y_n \ne -\infty$이므로 주어진 합들은 모두 ∞이고, 분명히 등식이 성립한다. 나머지 경우에도 모두 증명하여라.

19. 먼저 $\liminf(x_n) > 0$인 경우를 증명하자. 연습문제 3.4.5 (b)에 의하여 (x_{n_k})를 $\liminf(x_n)$에 수렴하는 (x_n)의 부분수열이라 하자. 그러면, 연습문제 3.4.8과 (3.14)에 의하여

$$\begin{aligned}1 &= \limsup_{k\to\infty}\left(x_{n_k} \cdot \frac{1}{x_{n_k}}\right) = \lim_{k\to\infty} x_{n_k} \cdot \limsup_{k\to\infty}\left(\frac{1}{x_{n_k}}\right) \\ &\le \liminf_{n\to\infty} x_n \cdot \limsup_{n\to\infty}\left(\frac{1}{x_n}\right)\end{aligned}$$

을 얻는다. 반대부등식을 얻기 위해서는 연습문제 3.4.5 (a)에 의하여 $(1/x_{m_k})$을 $\limsup(1/x_n)$에 수렴하는 (x_n)의 부분수열이라 하자. 그러면, 유사한 방법으로

$$\begin{aligned}1 &= \liminf_{k\to\infty}\left(\frac{1}{x_{m_k}} \cdot x_{m_k}\right) = \lim_{k\to\infty}\left(\frac{1}{x_{m_k}}\right) \cdot \liminf_{k\to\infty} x_{n_k} \\ &\ge \limsup_{n\to\infty}\left(\frac{1}{x_n}\right) \cdot \liminf_{n\to\infty} x_n\end{aligned}$$

을 얻는다. 그러므로 $\liminf(x_n) > 0$이면 $\limsup(1/x_n) = 1/\liminf(x_n)$이다. 더욱 $\liminf x_n = 0$ (또는 ∞)이면 $\limsup(1/x_n) = \infty$ (또는 0)임은 쉽게 증명할 수 있다.

마찬가지로 $\limsup(x_n) > 0$이면 $\liminf(1/x_n) = 1/\limsup(x_n)$임을 먼저 증명하고, $\limsup x_n = 0$ (또는 ∞)이면 $\liminf(1/x_n) = \infty$ (또는 0)이 성립함을 증명하여라.

3.5 Cauchy 수렴판정기준

정의 3.5.1 임의의 $\epsilon > 0$에 대하여

$$|x_m - x_n| < \epsilon \qquad (m, n \geq K)$$

를 만족하는 $K \in \mathbb{N}$가 존재할 때 수열 (x_n)을 **Cauchy**라 한다.

정리 3.5.2 (⋆Cauchy 수렴판정기준⋆)
실수들의 수열이 수렴할 동치조건은 Cauchy이다.

[**참고**] Cauchy 수렴판정기준(Cauchy convergence criterion)을 달리 말하면, 실수들의 집합 $\mathbb{R}$이 **완비**(complete)라는 것이다.

정리 3.5.3 수렴하는 수열은 Cauchy이다.

보조정리 3.5.4 Cauchy수열은 유계다.

정리 3.5.5 Cauchy수열은 수렴한다.

정리 3.5.6 (축소구간정리)
각 n에 대하여 유계인 닫힌구간 $I_n = [a_n, b_n] \subset \mathbb{R}$가
(a) $I_1 \supset I_2 \supset \cdots \supset I_n \supset I_{n+1} \cdots$,
(b) $\lim(b_n - a_n) = 0$
을 만족하면 $\cap_{n=1}^{\infty} I_n$은 오직 한 원소만 갖는다.

정의 3.5.7 모든 n에 대하여 상수 $0 < k < 1$가 존재하여

$$|x_{n+2} - x_{n+1}| \leq k|x_{n+1} - x_n|$$

를 만족할 때 수열 (x_n)을 **축약수열**(*contractive sequence*)이라 한다.

정리 3.5.8 모든 축약수열은 Cauchy수열이다(따라서, 수렴한다).

연 습 문 제 3.5

1. Cauchy 수열의 모든 부분수열도 역시 Cauchy 수열임을 증명하여라.

2. 수열 (x_n)과 (y_n)이 Cauchy이고 $c \in \mathbb{R}$라면, $(x_n + y_n)$, $(x_n - y_n)$, (cx_n)과 $(x_n y_n)$도 역시 Cauchy임을 보여라.

3. 각 n에 대하여 $s_n = 1 + \frac{1}{2} + \cdots + \frac{1}{n}$라면 $s_{2n} - s_n$을 생각하여 (s_n)가 Cauchy 수열이 아님을 보여라(따라서, (s_n)는 발산한다).

4. 수열 (x_n) $(\subset \mathbb{R})$에 대하여 다음 두 사실이 서로 동치임을 보여라.

   (a) (x_n)은 Cauchy 수열이다.

   (b) 모든 $\epsilon > 0$에 대하여 $K \in \mathbb{N}$가 존재하여 $|x_n - x_K| < \epsilon \; (n \geq K)$이다.

5. $c \in \mathbb{R}$, $0 < r < 1$이고
$$|x_{n+1} - x_n| \leq c\,r^n \qquad (n \geq 1)$$
이면, 수열 (x_n)가 Cauchy임을 보여라. (따라서 (x_n)은 수렴한다.)

6. $x_1 = 1$, $x_{n+1} = x_n + \frac{1}{3^n}$ $(n \in \mathbb{N})$과 같이 반복적으로 정의된 수열 (x_n)은 반드시 수렴함을 보여라.

7. $x_0 \in \mathbb{R}$이고 $x_n = \frac{1}{2}(1 + x_{n-1})$ $(n \in N)$라 하면 (x_n)은 수렴하고 $\lim x_n = 1$임을 보여라.

8. 수열 (x_n)이 주어졌을 때, 각 $n \in \mathbb{N}$에 대하여
$$\begin{aligned} s_n &= x_1 + x_2 + \cdots + x_n, \\ t_n &= |x_1| + |x_2| + \cdots + |x_n| \end{aligned}$$
라 하자. 만약 (t_n)이 Cauchy 수열이면 (s_n)도 역시 Cauchy 수열이 됨을 보여라.

9. $0 \leq k < 1$이고 함수 $f : \mathbb{R} \to \mathbb{R}$가
$$|f(x) - f(y)| \leq k|x - y| \qquad (x, y \in \mathbb{R})$$

을 만족할 때, $x_1 \in \mathbb{R}$을 출발점으로 하여 $x_{n+1} = f(x_n)$ $(n \in \mathbb{N})$와 같이 반복적으로 정의된 수열 (x_n)은 Cauchy임을 밝혀라.

10. $x_1,\ x_2 > 0$에 대하여 $x_{n+2} = x_{n+1} + x_n$ $(n \in \mathbb{N})$라 할 때, 수열 (x_{n+1}/x_n)는 수렴함을 보이고 $\lim(x_{n+1}/x_n)$을 구하여라.

11. $(x_n)\,(\subset \mathbb{N})$이 Cauchy수열이면 **궁극적으로 상수**(*ultimately constant*), i.e., 어떤 상수 c와 $K \in \mathbb{N}$가 존재하여 $x_n = c\ (n \geq K)$가 됨을 보여라.

12. 정리 3.4.4를 이용하여 정리 3.5.5를 증명하여라.

13. 축소구간정리 3.5.6을 이용하여 정리 3.5.5를 증명하여라.

14. 축소구간정리 3.5.6을 이용하여 $[0,1]$이 비가산인 무한집합임을 보여라.

15. $\cap_{n=1}^{\infty} I_n = \{e\}$을 만족하는 양 끝점들이 모두 유리수이고

$$I_1 \supset I_2 \supset \cdots \supset I_n \supset I_{n+1} \supset \cdots$$

인 닫힌구간들의 수열 $(I_n)_{n=1}^{\infty}$을 찾아보아라.

[힌트] 연습문제 2.2.11 (또는 보조정리 3.3.9)을 이용하여라.

16. 축소구간정리 3.5.6에서 모든 I_n 들이 닫힌구간이 아니면 주어진 정리가 성립하지 않음을 예를 들어 보여라.

17. 모든 $n \in \mathbb{N}$에 대하여

$$\begin{aligned} a_n &= 1 + \frac{1}{2} + \cdots + \frac{1}{n-1} - \ln n, \\ b_n &= 1 + \frac{1}{2} + \cdots + \frac{1}{n} - \ln n \end{aligned}$$

라 할 때, 다음 사실을 보여라.

(a) 수열 (a_n)은 순증가하고 (b_n)은 순감소함을 보여라.

(b) $\lim(b_n - a_n) = 0$이다.

(c) $I_n = [a_n, b_n]$라 두면 $\cap_{n=1}^{\infty} I_n$은 오직 한 원소이다(이 원소가 바로 예제 3.3.7 (c)에 주어진 Euler상수이다).

18. $0 < a_1 < b_1$에 대하여

$$a_{n+1} = \sqrt{a_n b_n}, \qquad b_{n+1} = \frac{a_n + b_n}{2}$$

와 같이 두 수열 (a_n)과 (b_n)이 각각 반복적인 기하평균과 산술평균으로 주어졌다고 할 때, 다음 사실을 보여라.

(a) 수열 (a_n)은 순증가하고 (b_n)은 순감소함을 보여라.

(b) $\lim(b_n - a_n) = 0$이다.

(c) $I_n = [a_n, b_n]$라 두면 $\cap_{n=1}^{\infty} I_n$은 오직 한 원소이다.

19. $0 < \alpha < 1$라 하자. 만약 $x_1 < x_2$이고

$$x_n = \alpha x_{n-1} + (1-\alpha)x_{n-2} \qquad (n \geq 3)$$

라 할 때, 수열 (x_n)가 수렴함을 보이고 그 극한을 구하여라(연습문제 7.1.13).

20. $x_1 > 0$이고 $x_{n+1} = (2 + x_n)^{-1}\,(n \geq 1)$라 할 때 (x_n)가 축약수열임을 보이고, 그 극한을 구하여라.

21. 3차 방정식 $x^3 - 5x + 1 = 0$은 $(0, 1)$ 내에 적어도 하나의 근 r을 가짐을 보여라.

22.‡ (M, d)는 거리공간(연습문제 2.3.23)이고 $(x_n)\,(\subset M)$이라 하자.

$$\forall \epsilon > 0, \quad \exists\, K \in \mathbb{N} : d(x_m, x_n) < \epsilon \qquad (m, n \geq K)$$

를 만족할 때 수열 (x_n)가 Cauchy라 한다. M의 모든 Cauchy 수열이 M의 점에 수렴(연습문제 3.1.22)할 때 **완비**(*complete*)라 한다. 다음 사실들이 성립함을 보여라.

(a) (x_n)이 수렴하면, (x_n)는 Cauchy이다(정리 3.5.3).

(b) M이 완비이면 M의 모든 닫힌 부분집합도 완비이다.

(c) d가 M 상의 이산거리(연습문제 2.3.23 (b))이면 M은 완비이다.

(d) $M = (0, 1]\,(\subset \mathbb{R})$이고 $d(x, y) = |x - y|$라면 M은 완비가 아니다.

(e) (M, d)가 완비이다 $\Leftrightarrow$ $\left(M, D = \frac{d}{1+d}\right)$는 완비이다(연습문제 3.1.22).

[주의] Cauchy 수렴판정기준 3.5.2에 의하여 $\mathbb{R}^1$은 완비이므로 (b)에 의하여 $\mathbb{R}^1$의 모든 닫힌 부분집합들도 완비이나. 예를 들면, $[0, 1]$은 완비이다.

23.‡ (M, d)는 완비거리공간이라 하자. 각 $n \in \mathbb{N}$에 대하여 $F_n\,(\neq \emptyset, \subset M)$가 다음 두 조건을 만족하는 M의 유계인 닫힌집합이면 $\cap_{n=1}^{\infty} F_n$은 오직 한 원소만 가짐을 보여라.

(a) $F_1 \supset F_2 \supset \cdots \supset F_n \supset F_{n+1} \supset \cdots,$ (b) $\operatorname{diam} F_n \to 0,$

여기서 $\operatorname{diam} A = \sup\{d(a, b) : a, b \in A\}$는 A의 **직경**(*diameter*)이다. 만약 $\operatorname{diam} A < \infty$일 때 A는 **유계**(*bounded*)라 한다. (이것은 축소구간정리 3.5.6의 일반화된 결과임을 주목하여라.)

24. 다음 사실들을 증명하여라.

(a) $\mathbb{Q}$은 가부번이므로 유리수들의 한 수열 (r_n)으로 생각할 수 있다.

(b) $r_n \notin I_n = [a_n, b_n]$ $(n \in \mathbb{N})$을 만족하는 축소구간들의 수열 (I_n)가 존재한다. [주의] (I_n)이 축소구간정리 3.5.6의 가정 (a)를 만족할 때 축소구간(*nested intervals*)이라고 말한다.

(c) $\cap_{n=1}^{\infty} I_n = \{a\}$, 여기서 a는 무리수이다.

(d) $[a, b]$는 $\mathbb{R}$의 닫힌구간이고 $a < b$라 하자. 임의의 $(x_n) \subset \mathbb{R}$에 대하여 구간 $[a, b]$는 수열 (x_n)의 어떤 항과도 같지 않은 한 실수를 포함한다.

(e) $A = \{x_n : n \in \mathbb{N}\}$라 두면 $A^\circ = \emptyset$이다.

25. 다음 게임은 S. Mazur에 의하여 창안되었다. 선수 A는 $[0, 1]$ 내에 있는 모든 무리수들을 소유하고 선수 B는 $[0, 1]$ 내에 있는 모든 유리수들을 소유한다고 가정하자. 한 선수 (A 또는 B)가 그 길이가 $|I_1| \le \frac{1}{2}$를 만족하는 닫힌구간 $I_1 (\subset [0, 1])$을 먼저 선택했다고 하자. 두 번째 선수는 구간 I_1 내에서 $|I_2| \le \frac{1}{3}$를 만족하는 닫힌구간 $I_2 \subset I_1$을 선택한다. 다시 첫 번째 선수가 구간 I_2 내에서 그 길이가 $|I_3| \le \frac{1}{4}$를 만족하는 닫힌구간 $I_3 \subset I_2$을 선택한다. 이러한 과정을 계속하면 축소구간정리 3.5.6에 의하여 $\cap I_n$은 오직 한 점 x만 포함한다. x가 무리수이면 A가 이기고 x가 유리수이면 B가 이긴다. B의 전략에 관계없이 항상 A가 항상 이긴다는 사실을 증명하여라.

연습문제풀이 및 힌트 3.5

1. (x_{n_k})가 Cauchy 수열 (x_n)의 부분수열이라 할 때, $n_k \ge k$ $(k \in \mathbb{N})$ (연습문제 3.1.3 (a))임을 이용하여라.

2. $(x_n + y_n)$과 $(x_n y_n)$이 Cauchy 수열임을 보이면 충분하다. 보조정리 3.5.4에 의하여 모든 Cauchy 수열은 유계이므로 $\max\{|x_n|, |y_n|\} \le M$ $(n \in \mathbb{N})$을 만족하는 $M > 0$가 존재한다. 모든 $n, m \in \mathbb{N}$에 대하여

$$|(x_n + y_n) - (x_m + y_m)| \le |x_n - x_m| + |y_n - y_m|,$$

$$|x_n y_n - x_m y_m| \le M(|y_n - y_m| + |x_n - x_m|)$$

임을 주목하여라.

3. 모든 $n \in \mathbb{N}$에 대하여

$$|s_{2n} - s_n| = \frac{1}{n+1} + \cdots + \frac{1}{2n} \ge \frac{n}{2n} = \frac{1}{2}$$

임을 주목하여라.

4. (b) $\Rightarrow$ (a)임을 보이면 충분하다. (b)가 성립한다고 가정하면, 모든 $\epsilon > 0$에 대하여 $K = K_{\epsilon/2} \in \mathbb{N}$가 존재하여 $|x_n - x_K| < \epsilon/2$ $(n \geq K)$이다. 이 때, $|x_n - x_m| < \epsilon$ $(n, m \geq K)$가 곧바로 성립함을 주목하여라.

5. 먼저 임의의 $\epsilon > 0$에 대하여 Archimedian 성질 2.3.4를 이용하여 $c\left(\frac{r^K}{1-r}\right) < \epsilon$를 만족하는 $K \in \mathbb{N}$을 선택하여라. 그러면 곧바로

$$\begin{aligned} |x_n - x_K| &\leq |x_n - x_{n-1}| + |x_{n-1} - x_{n-2}| + \cdots |x_{K+1} - x_K| \\ &\leq c\left(r^{n-1} + r^{n-2} + \cdots + r^K\right) \leq c\left(\frac{r^K}{1-r}\right) < \epsilon \qquad (n \geq K) \end{aligned}$$

가 성립됨을 주목하여라. 이제 연습문제 3.5.4를 적용하여라.

6. $|x_{n+1} - x_n| = 3^{-1}$ $(n \in \mathbb{N})$이므로 연습문제 3.5.5를 이용하여라.

7. $x_{n+1} - x_n = \frac{1}{2^n}(x_1 - x_0)$임을 보이고 연습문제 3.5.5를 적용하여라.

8. $|s_n - s_m| \leq |t_n - t_m|$ $(n, m \in \mathbb{N})$임을 주목하여라.

9. $0 \leq k < 1$이고

$$|x_{n+2} - x_{n+1}| = |f(x_{n+1}) - f(x_n)| \leq k|x_{n+1} - x_n| \qquad (n \in \mathbb{N})$$

이므로 (x_n)은 축약수열이다.

10. 주어진 등식의 양변을 x_{n+1}로 나누고, $y_n = x_{n+1}/x_n$ $(n \in \mathbb{N})$라 두면

$$y_{n+1} = 1 + \frac{1}{y_n} \qquad (n \in \mathbb{N})$$

이다. 그러므로 $y_n > 1$ $(n \in \mathbb{N})$은 분명하다. 한편

$$y_{n+2} - y_{n+1} = \frac{1}{y_{n+1}} - \frac{1}{y_n} = -\frac{1}{1+y_n} \quad (y_{n+1} - y_n)$$

을 얻는다. $y_n > 1$ $(n \in \mathbb{N})$이므로

$$|y_{n+2} - y_{n+1}| = \frac{1}{1+y_n}|y_{n+1} - y_n| \leq \frac{1}{2}|y_{n+1} - y_n|$$

이다. 즉, (y_n)는 축약수열이다. 정리 3.5.8에 의하여 (y_n)는 수렴한다. 모든 $y_n > 1$ $(n \in \mathbb{N})$이므로 $y = \lim y_n \geq 1$임을 주목하여라. $y_{n+1} = 1 + 1/y_n$이므로 양변에 극한을 취하면 $y = 1 + 1/y$이다. 즉 $y = (1+\sqrt{5})/2$이다.

11. 연습문제 3.5.4 (b)에 의하여, $\epsilon = 1 > 0$에 대하여

$$|x_n - x_K| < 1 \qquad (n \geq K)$$

를 만족하는 $K \in \mathbb{N}$가 존재한다. 모든 $x_n \in \mathbb{N}$이므로 좌변은 0이 되어야 한다. 그러므로 $c = x_K$로 선택하면 $x_n = c\ (n \geq K)$이다.

12. (x_n)을 Cauchy 수열이라 하자. 보조정리 3.5.4에 의하여 (x_n)는 유계수열이다. 그러므로 $\limsup x_n, \liminf x_n \in \mathbb{R}$이 존재한다. (x_n)이 Cauchy이므로 정의 3.5.1로부터 임의로 주어진 $\epsilon > 0$에 대하여

$$\limsup_{n\to\infty} x_n \leq \liminf_{n\to\infty} x_n + \epsilon$$

가 성립함을 쉽게 보일 수 있다(왜?). 그러면 $\limsup x_n = \liminf x_n$이다((3.12)와 연습문제 2.3.4). 따라서 정리 3.4.4에 의하여 $\lim x_n$이 존재한다.

13. Cauchy 수열 (x_n)의 정의로부터 $n_1 = 1$라 하고 각 $k \in \mathbb{N}$에 대하여 반복과정으로 부분수열 (n_k)을 구축하자. 즉, 이것은 주어진 $n_1, n_2, \ldots, n_{k-1}$에 대하여 n_k를

$$|x_n - x_m| < \frac{1}{2^{k+1}} \quad (n, m \geq n_k)$$

를 만족하는 n_{k-1} 보다 큰 최소정수로 선택하면 된다. 각 $k \in \mathbb{N}$에 대하여

$$I_k = [x_{n_k} - 2^{-k}, x_{n_k} + 2^{-k}]$$

라 하면 $|x_{n_{k+1}} - x_{n_k}| < \frac{1}{2^{k+1}}\ (k \in \mathbb{N})$이므로 쉽게 $I_{k+1} \subset I_k\ (k \in \mathbb{N})$임을 보일 수 있다. 축소구간정리 3.5.6을 적용하면 $\cap_{k=1}^{\infty} I_k = \{x\}$이므로 $\lim x_{n_k} = x$를 얻는다. 따라서, (x_n)이 Cauchy 수열이고 수렴하는 부분수열을 가지므로 수열 (x_n)은 수렴한다.

14. $I = [0, 1]$을 가산이라 가정, 즉 $[0, 1] = \{x_1, x_2, \ldots\}$라 하자. I를 3개로 나눈 닫힌구간 $[0, \frac{1}{3}], [\frac{1}{3}, \frac{2}{3}], [\frac{2}{3}, 1]$ 중에 적어도 하나는 x_1을 포함하지 않는다(왜?). 그러한 한 구간을 I_1라 두자. 같은 방법으로 I_1을 3개의 닫힌구간으로 등분하면 그 중 적어도 하나 (그것을 I_2라 하자)는 x_2을 포함하지 않는다. 이러한 과정을 계속하면 다음 조건들을 만족하는 $[0, 1]$ 내에 있는 닫힌구간들의 수열 $(I_n)_{n=1}^{\infty}$을 얻는다.

(i) $I_1 \supset I_2 \supset \cdots \supset I_n \supset I_{n+1} \cdots$

(ii) $|I_n| = \frac{1}{3^n} \to 0.$

(iii) 각 구간 I_n은 $x_k\ (k = 1, 2, \ldots, n)$을 포함하지 않는다.

(i)과 (ii)는 축소구간정리 3.5.6의 모든 가정을 만족하므로 $\cap_{n=1}^{\infty} I_n$는 한원소 집합이다. 그러나, (iii)은 $\cap_{n=1}^{\infty} I_n = \emptyset$을 함의하므로 서로 모순이다. 이제 $\cap_{n=1}^{\infty} I_n = \emptyset$가 성립함을 모순증명법으로 증명하여라.

15. 모든 n에 대하여 $(1+1/n)^n < e < (1+1/n)^{1+n}$임을 주목하여라.

$$e_n = (1+1/n)^n, \quad d_n = (1+1/n)^{1+n}, \quad I_n = [e_n, d_n]$$

라 하면 $e_n < d_n$ $(n \in \mathbb{N})$이고 $d_n - e_n = \frac{1}{n}e_n \to 0$이다. 축소구간정리 3.5.6에 의하여 $\cap_{n=1}^{\infty} I_n$은 오직 한 원소만 갖는다. 한편, 연습문제 2.2.11 (b) 또는 보조정리 3.3.9에 의하여 수열 (e_n)는 e에 순증가하면서 수렴하고 (d_n)는 e에 순감소로 수렴한다. 따라서, $\cap_{n=1}^{\infty} I_n = \{e\}$이다.

16. 모든 $n \in \mathbb{N}$에 대하여 $I_n = (0, 1/n]$라 두고 $\cap_{n=1}^{\infty} I_n = \emptyset$임을 밝혀라.

17. (a) 예제 3.3.7 (c)의 증명에 소개된 다음 부등식을 이용하여라.

$$\frac{1}{n+1} < \ln\left(\frac{n+1}{n}\right) < \frac{1}{n}.$$

(위 부등식은 $\frac{1}{n+1} < \frac{1}{x} < \frac{1}{n}$ $(n < x < n+1)$이므로 구간 $[n, n+1]$ 상에서 적분하면 곧바로 얻어진다. 또는 연습문제 5.2.6을 뒤따르는 주의를 주목하여라).

(b) $b_n - a_n = 1/n$.

(c) 축소구간정리 3.5.6을 적용하여라.

18. 먼저 산술평균과 기하평균과의 관계식에서 다음 사실을 주목하여라.

$$b_{n+1} - a_{n+1} = (\sqrt{b_n} - \sqrt{a_n})^2/2 > 0 \quad \Leftrightarrow \quad b_n > a_n. \qquad (\diamondsuit_1)$$

$0 < a_1 < b_2$이므로 $a_2 = \sqrt{a_1 b_1} > a_1$이고 $b_2 = \frac{a_1+b_1}{2} < b_1$이다.

(a) 수학적귀납법으로 (a_n)이 순증가, 즉,

$$a_{n+1} > a_n \qquad (n \in \mathbb{N}) \qquad (\diamondsuit_2)$$

임을 보이자. 앞에서 살펴보았듯이 $n = 1$에서 $(\diamondsuit_2)$가 성립함은 분명하다. 이제 수학적귀납법의 가정에 의하여 $n = k$에 대하여 $(\diamondsuit_2)$가 성립, 즉 $a_{k+1} > a_k$라 가정하자. 이때, $a_k < b_k$가 얻어지고 $(\diamondsuit_1)$을 적용하면 $a_{k+1} < b_{k+1}$이다. 이 사실로부터

$$\begin{aligned} a_{k+2} &= \sqrt{a_{k+1} b_{k+1}} \\ &> \sqrt{a_{k+1} a_{k+1}} = a_{k+1}, \end{aligned}$$

즉 $n = k+1$에 대하여 $(\diamondsuit_2)$가 만족되었다. 따라서 수학적귀납법에 의하여 모든 $n \in \mathbb{N}$에 대하여 $(\diamondsuit_2)$가 성립함을 알 수 있다. 유사하게, (b_n)이 순감소함을 밝혀보아라.

(b) $b_2 - a_2 = \frac{a_1+b_1}{2} - \sqrt{a_1 b_1} < \frac{b_1-a_1}{2}$ ($\Leftrightarrow a_1 < \sqrt{a_1 b_1}$)이므로 수학적귀납법으로 $0 < b_{n+1} - a_{n+1} < \frac{b_1-a_1}{2^n}$임을 보인 후, 수열에 대한 조임정리 3.2.4를 적용하여라.

(c) 축소구간정리 3.5.6을 적용하여라.

19. 모든 $k \in \mathbb{N}$에 대하여

$$x_{k+1} - x_k = (1-\alpha)(x_{k-1} - x_k) \qquad (\spadesuit)$$

이므로 (x_n)은 $r = (1-\alpha) < 1$인 축약수열이다. 그러므로 정리 3.5.8에 의하여 (x_n)은 수렴한다. $x = \lim x_n$라 하자. 한편 ($\spadesuit$)에 $k = 1, 2, \ldots, n$을 대입한 후 양변을 변변끼리 더하면

$$x_{n+1} - x_2 = (1-\alpha)(x_1 - x_n)$$

을 얻는다. 양변에 $n \to \infty$을 취하면

$$x - x_2 = (1-\alpha)(x_1 - x) \;\Leftrightarrow\; x = \frac{1-\alpha}{2-\alpha}x_1 + \frac{1}{2-\alpha}x_2$$

을 얻고 증명이 끝난다. **[별해]** 다른 증명은 연습문제 7.1.13을 참고하여라.

20.

$$|x_{n+1} - x_n| = \left|\frac{1}{2+x_n} - \frac{1}{2+x_{n-1}}\right| < \frac{1}{4}\,|x_n - x_{n-1}|$$

이므로 축약수열이다. 정리 3.5.5에 의하여 $\lim x_n = r \in \mathbb{R}$가 존재한다. 등식 $x_{n+1} = (2+x_n)^{-1}$의 양변에 $n \to \infty$를 취하면

$$r = \frac{1}{2+r} \;\Leftrightarrow\; r^2 + 2r - 1 = 0$$

을 얻는다. 모든 $x_n > 0$이므로 r는 2차방정식 $x^2 + 2x - 1 = 0$의 양의 근이다. 즉, $r = -1 + \sqrt{2}$이다.

21. $x_1 \in (0, 1)$을 임의로 선택하자.

$$x_{n+1} = \frac{1}{5}(x_n^3 + 1) \qquad (n \in \mathbb{N})$$

으로 정의하면 수열 (x_n)는 $k = \frac{3}{5}$인 축약수열임을 보여라. 정리 3.5.8에 의하여 $\lim x_n = r \in \mathbb{R}$가 존재한다. 분명히 $\frac{1}{5} < x_n < \frac{2}{5}$ $(n \geq 2)$를 만족하므로 $r \in (0, 1)$이다.

22.[‡] (a) $d(x_n, x) \to 0$라 하자. 그러면 임의의 $\epsilon > 0$에 대하여

$$d(x_n, x) < \frac{\epsilon}{2} \qquad (n \geq K)$$

를 만족하는 $K \in \mathbb{N}$가 존재한다. 만약 $m, n \geq K$이면

$$d(x_m, x_n) \leq d(x_m, x) + d(x, x_n) < \frac{\epsilon}{2} + \frac{\epsilon}{2} = \epsilon$$

이다.

(b) $A\,(\subset M)$가 닫힌집합이라 하고 $(x_n)\,(\subset A)$를 Cauchy 수열이라 하자. 분명히 (x_n)은 M의 Cauchy 수열이고 M이 완비이므로 $\lim x_n = x \in M$이다. $x_n \in A$이고 A는 닫힌집합이므로 연습문제 3.1.22 (e)에 의하여 $x \in A$이다. 그러므로 A는 완비이다.

(c) $(x_n)\,(\subset M)$가 Cauchy 수열이라 하자. 그러면 $1 > \epsilon > 0$에 대하여 $K \in \mathbb{N}$가 존재하여

$$d(x_m, x_n) < \epsilon < 1 \qquad (m, n \geq K)$$

이다. d는 이산거리이므로 $x_n = x_K$ $(n \geq K)$이고 $\lim x_n = x_K\,(\in M)$이다.

(d) $(1/n)$은 $M = (0, 1]$의 Cauchy 수열이다. 그러나 $\lim(1/n) = 0 \notin M$이므로 완비가 아니다.

(e) $D = \frac{d}{1+d}$이므로 $d = \frac{D}{1-D}$이다. 그러므로

$$D(x_m, x_n) = \frac{d(x_m, x_n)}{1 + d(x_m, x_n)} \leq d(x_m, x_n)$$

이다. 이것으로부터 (M, d)의 모든 코시수열은 (M, D)의 코시수열이다. 역으로 (x_n)을 (M, D)의 Cauchy 수열이라 하자. 먼저 $0 < \epsilon < 1$를 만족하는 임의의 ϵ을 선택하자. 그러면 연습문제 3.5.22의 정의로부터

$$D(x_m, x_n) < \epsilon/2 \qquad (m, n \geq K)$$

를 만족하는 $K \in \mathbb{N}$가 존재한다. $d = \frac{D}{1-D}$이고 $\epsilon < 1$이므로

$$d(x_m, x_n) = \frac{D(x_m, x_n)}{1 - D(x_m, x_n)} < \frac{\epsilon/2}{1 - (1/2)} = \epsilon \qquad (m, n \geq K)$$

를 만족한다. 그러므로 (x_n)은 (M, d)의 Cauchy 수열이다.

[별해] 연습문제 3.5.22에 의하여 수열 (x_n)이 (M, d)의 Cauchy 수열이라는 것은

$$\lim_{m,n\to\infty} d(x_m, x_n) = 0$$

과 동치이다. 이것과 연습문제 3.1.22 (d)를 적용하여라.

23.[‡] 각 $n \in \mathbb{N}$에 대하여 $x_n \in F_n$라 하자. (a)에 의하여 $x_k \in F_n$ $(k \geq n)$이다. 임의의 $\epsilon > 0$에 대하여 (b)에 의하여 $\operatorname{diam} F_K < \epsilon$를 만족하는 $K \in \mathbb{N}$가 존재한다.

$$d(x_m, x_n) \leq \operatorname{diam} F_K < \epsilon \qquad (m, n \geq K)$$

은 분명하므로 (x_n)은 Cauchy 수열이다. M이 완비이므로 $x \in M$가 존재하여 $\lim x_n = x$이다. 각 $n \in \mathbb{N}$에 대하여 $x_k \in F_n$ $(k \geq n)$이고 $\lim x_n = x$이고 F_n가 닫힌집합이므로 연습문제 3.1.22 (e)에 의하여 $x \in \overline{F_n} = F_n$이다. 따라서 $x \in \cap_{n=1}^{\infty} F_n$이다. 유일성을 보이기 위하여 $y(\neq x) \in M$이면 (b)에 의하여 충분히 큰 n에 대하여 $d(x, y) > \operatorname{diam} F_n$이다. 그러므로 $y \notin \cap_{n=1}^{\infty} F_n$이다. 이것은 모순이다.

24. (a) 따름정리 2.2.10에 의하여 분명하다.

(b) 임의의 닫힌구간 $I_0 = [a, b]$를 하나 잡은 후, 유사하게 연습문제 3.5.14의 증명과정을 반복하여라(수열 (x_n) 대신에 (r_n)을 생각하여라).

(c) $|I_n| = \frac{1}{3^n}(b - a) \to 0$이므로 축소구간정리 3.5.6에 의하여 $\cap_{n=1}^{\infty} I_n$은 오직 한 점으로 주어진다. 한편 (b)에 의하여 $\cap_{n=1}^{\infty} I_n$은 유리수를 전혀 포함하지 않음을 주목하여라.

(d) (a)–(c)에서 (r_n) 대신에 (x_n)으로 생각하여라.

(e) 만약 $A^\circ \neq \emptyset$라면 $x_0 \in A^\circ$가 존재한다. 그러면 x_0를 포함하는 충분히 작은 닫힌구간 $[a, b]$가 존재하여 $[a, b] \subset A$이다. (d)로부터 이것은 불가능하다.

25. A가 어떤 전략을 짜야 하는가는 연습문제 3.5.24 (a)–(c)를 살펴보아라.

3.6 $\mathbb{R}$의 컴팩트집합과 연결집합[‡]

$A \subset \mathbb{R}$라 하자. A의 모든 열린덮개가 유한인 부분덮개를 가질 때 A를 $\mathbb{R}$의 **컴팩트집합**(*compact set*)이라 한다.

정의 3.6.1 $A \subset \mathbb{R}$이라 하자. $\mathcal{G}$를 $\mathbb{R}$의 부분집합들의 집합족이라 하자. $A \subset \cup\mathcal{G}$일 때, $\mathcal{G}$를 A의 **덮개**(*covering*)라 한다. 더욱, $\mathcal{G}$내에 있는 모든 집합들이 $\mathbb{R}$의 열린집합이면 $\mathcal{G}$를 A의 **열린덮개**(*open covering*)라 한다. 만약 A의 덮개 $\mathcal{G}$가 오직 유한개의 집합들로 구성되었다면 그것을 **유한덮개**(*finite covering*)라 한다. $\mathcal{G}$는 A의 덮개이고 $\mathcal{D}\,(\subset \mathcal{G})$ 역시 A의 덮개일 때 $\mathcal{D}$를 **부분덮개**(*subcovering*)라 한다.

예제 3.6.2 (a) $x_n \to x$이고 $A = \{x\} \cup \{x_n : n \in \mathbb{N}\}$라 할 때, A의 모든 열린덮개는 유한인 부분덮개를 갖는다.

(b) $A = (0, 1)$이라 하자. 각 $n \in \mathbb{N}$에 대하여 $U_n = \left(\frac{1}{n}, 1\right)$라 하면, $A = \cup_{n=1}^{\infty} U_n$ (연습문제 2.4.3 (c))이므로 $\mathcal{G} = \{U_n : n \in \mathbb{N}\}$은 A의 열린덮개이다. $\mathcal{G}$은 결코 유한인 부분덮개를 갖지 않는다.

보조정리 3.6.3 [13] (닫힌구간에 대한 Heine-Borel)
$\mathbb{R}$의 유계인 닫힌구간 $[a, b]$의 모든 열린덮개는 유한인 부분덮개를 갖는다.

정의 3.6.4 $A \subset \mathbb{R}$라 하자. A의 모든 열린덮개가 유한인 부분덮개를 가질 때 A를 $\mathbb{R}$의 **컴팩트집합**(*compact set*)이라 한다.

정리 3.6.5 ($\star$ Heine-Borel $\star$)
$A\,(\subset \mathbb{R})$가 컴팩트일 동치조건은 A가 유계이고 닫힌집합이다.

따름정리 3.6.6 $A\,(\neq \emptyset, \subset \mathbb{R})$가 컴팩트이면 A는 가장 큰 원소와 가장 작은 원소를 갖는다. 즉 $\sup A$, $\inf A \in A$이다.

따름정리 3.6.7 $A\,(\neq \emptyset) \subset \mathbb{R}$라 할 때 다음이 성립함을 보여라.

A는 컴팩트이다 $\Leftrightarrow$ A는 점렬컴팩트이다 (정의 3.3.6).

정의 3.6.8 $A \subset \mathbb{R}$라 하자. $\mathbb{R}$의 열린집합 U, V가 존재하여

$$A \subset U \cup V, \quad U \cap A \neq \emptyset, \quad V \cap A \neq \emptyset, \quad (U \cap A) \cap (V \cap A) = \emptyset \tag{3.18}$$

를 만족할 때 한쌍의 집합 (U, V)를 A의 **분리**(*separation*)라 한다. A의 분리가 존재하지 않을 때 A는 **연결되어있다**(*connected*)라고 말하고 그러한 집합 A를 $\mathbb{R}$의 **연결집합**(*connected set*)이라 부른다.

[주의] $A\,(\subset \mathbb{R})$가 $\mathbb{R}$의 연결집합이라는 의미는 (3.18)의 부정이다. 즉, U, V가

$$A = (U \cap A) \cup (V \cap A), \quad (U \cap A) \cap (V \cap A) = \emptyset \tag{3.19}$$

를 만족하는 $\mathbb{R}$의 열린집합이면 $U \cap A = \emptyset$ 또는 $V \cap A = \emptyset$이다 (연습문제 2.4.13 (c)).

---

[13] S. K. Berberian, *A First Course in Real Analysis*, Springer-Verlag, New York, Inc., 1997, pp. 76–79.

예제 3.6.9 $A = [-1,0) \cup (0,1]\,(\subset \mathbb{R})$라 하자. $U = (-2,0)$, $V = (0,2)$라 하면 $A \subset U \cup V$, $U \cap A = [-1,0)$, $V \cap A = (0,1]$, $(U \cap A) \cap (V \cap A) = \emptyset$를 만족하므로 (U,V)는 A의 분리가 됨을 알 수 있다. 따라서, A는 $\mathbb{R}$의 연결집합이 아니다. 역시 $\mathbb{Q}$도 $\mathbb{R}$의 연결집합이 아니다. 왜냐하면 $a \in \mathbb{R} \setminus \mathbb{Q}$를 선택하고 $U = (\infty, a)$, $V = (a, \infty)$로 취하면 (U,V)는 분명히 $\mathbb{Q}$의 분리이다(왜?).

정리 3.6.10 다음 사실들이 서로 동치임을 보여라.

(a) (3.18)을 만족하는 $\mathbb{R}$의 열린집합 U, V가 존재한다.

(b) $A = A_1 \cup A_2$, $\bar{A}_1 \cap A_2 = \emptyset$, $\bar{A}_1 \cap A_2 = \emptyset$인 A_1, $A_2 \subset \mathbb{R}$가 존재한다.

(c) A의 열린집합인 동시에 닫힌집합인 진부분집합 $B\,(\neq \emptyset)$가 존재한다.

정리 3.6.11 $A \subset \mathbb{R}$이라 하자. 다음 두 사실은 서로 동치이다.

(a) A는 $\mathbb{R}$의 연결집합이다.

(b) A는 구간(*interval*)이다.

연 습 문 제 3.6‡

1. A, B가 $\mathbb{R}$의 닫힌집합이고 C는 $\mathbb{R}$의 컴팩트집합이라 할 때 다음을 증명하여라.

   (a) $A + C = \{a + c : a \in A,\ c \in C\}$는 닫힌집합이다. 그러나 $A + B$는 일반적으로 닫힌집합이 아니다.

   (b) $A \subset C$이면 A도 역시 컴팩트이다.

   (c) A, B가 컴팩트이면 $A + B$, $A \cap B$, $A \cup B$도 컴팩트이다.

   (d) $\mathcal{K}$가 $\mathbb{R}$의 닫힌집합들의 집합족이고 적어도 한 원소가 컴팩트이면 $\cap\mathcal{K}$도 컴팩트이다.

2. 유한인 열린덮개를 갖지 않는 $\mathbb{N}$의 열린덮개를 주어라.

3. $\mathbb{R}$의 모든 유계인 무한집합은 적어도 하나의 집적점(연습문제 3.1.21)을 가짐을 보여라.

4. Cantor 집합 K는 컴팩트임을 보여라(연습문제 2.2.3과 2.2.4).

5. 합집합 $\bigcup_{n=1}^{\infty} K_n$은 컴팩트가 아닌 $\mathbb{R}$의 컴팩트집합들의 집합족 $\{K_n : n \in \mathbb{N}\}$을 찾아보아라.

6. $K_1 \supset K_2 \supset \cdots \supset K_n \supset \cdots$를 만족하는 공집합이 아닌 $\mathbb{R}$의 컴팩트집합들의 집합족 $\{K_n : n \in \mathbb{N}\}$에 대하여 $\bigcap_{n=1}^{\infty} K_n \neq \emptyset$임을 보여라.

7. $\mathbb{R}$의 부분집합 A, B는 닫힌집합이고 C는 컴팩트집합이라 할 때, 다음을 증명하여라.

   (a) 집합 $A + C = \{a + c : a \in A,\ c \in C\}$은 닫힌집합이다.

   (b) 집합 $A + B = \{a + b : a \in A,\ b \in B\}$는 닫힌집합일 필요가 없다.

   (c) $A \subset C$이면 A 역시 컴팩트집합이다.

   (d) A와 B가 컴팩트집합이면 $A + B$, $A \cap B$와 $A \cup B$ 모두 다 컴팩트집합이다.

   (e) $\mathfrak{F}$가 $\mathbb{R}$의 닫힌집합들의 집합족이고 그 중 적어도 하나가 컴팩트이면 $\cap\mathfrak{F}$ 역시 컴팩트집합이다.

8. $K\,(\subset \mathbb{R})$가 컴팩트집합이고 $c \in \mathbb{R}$이면 $|c - a| = \sup\{|c - x| : x \in K\}$를 만족하는 $a \in K$가 존재함을 보여라.

9. 연습문제 1.3.6을 이용하여 (3.18)을 부정하여라.

10. 다음 사실이 참인지 혹은 거짓인지를 밝혀보아라.

   (a) A가 $\mathbb{R}$의 유계인 부분집합일 때, 그 유도집합 A'은 컴팩트집합이다(연습문제 3.1.21).

   (b) $\mathbb{R}$ 내의 컴팩트인 구간들은 오직 닫힌구간(예를 들면, $[a, b]$)들 뿐이다.

11. (A_n)가 $A_1 \subset A_2 \subset A_3 \cdots$를 만족하는 $\mathbb{R}$의 연결집합들의 수열이면 $A = \bigcup_{n=1}^{\infty} A_n$도 $\mathbb{R}$의 연결집합임을 보여라.

12.‡ (M, d)를 거리공간(연습문제 2.3.23)이라 하자. 임의의 $\epsilon > 0$에 대하여

$$\operatorname{diam} A_k < \epsilon, \qquad A \subset A_1 \cup A_2 \cdots \cup A_n \tag{3.20}$$

를 만족하는 $A_k\,(k = 1, 2, \ldots, n) \subset M$가 존재할 때 $A\,(\subset M)$를 **완전유계**(*totally bounded*)라 한다. 다음 사실들이 성립함을 보여라.

   (a) $A\,(\subset M)$가 완전유계이면 유계이다.

   (b) $A\,(\subset M)$이고 M이 완전유계이면 A도 완전유계이다.

   (c) $\mathbb{R}^1$ 내에서는 유계와 완전유계는 서로 동치이다.

   (d) $\mathbb{R}_d$ 내에서는 $A\,(\subset \mathbb{R}_d)$가 완전유계이다 iff A는 유한집합이다.

   [주의] $\mathbb{R}^1$과 $\mathbb{R}_d$의 정의는 연습문제 2.3.23의 (a)와 (b)를 참고하여라. $\operatorname{diam} \mathbb{R}_d =$

1이므로 $\mathbb{R}_d$의 모든 부분집합은 유계이다. 그러나 (c)에 의하여 $\mathbb{R}_d$의 유한집합들만이 완전유계이다.

13.[‡] (M,d)를 거리공간이라 하자. 정의 3.6.1과 유사하게 $\mathcal{G}$를 M의 부분집합들의 집합족이라 하자. $M = \cup\mathcal{G}$ 일 때, $\mathcal{G}$를 M의 **덮개**(*covering*)라 한다. 더욱, $\mathcal{G}$ 내에 있는 모든 집합들이 M의 열린집합이면 $\mathcal{G}$를 M의 **열린덮개**(*open covering*)라 한다. 만약 M의 덮개 $\mathcal{G}$가 오직 유한개의 집합들로 구성되었다면 그것을 **유한덮개**(*finite covering*)라 한다. $\mathcal{G}$는 M의 덮개이고 $\mathcal{D}(\subset \mathcal{G})$ 역시 M의 덮개일 때 $\mathcal{D}$를 **부분덮개**(*subcovering*)라 한다. 다음 성질들이 서로 동치임을 보여라.

(a) M은 **컴팩트**이다. 즉 M의 모든 열린덮개는 유한인 부분덮개를 갖는다 (정의 3.6.4).

(b) M은 **점렬컴팩트**이다. 다시 말하면, M의 모든 수열은 수렴하는 부분수열을 갖는다 (정의 3.3.6).

(c) M은 완비이고 완전유계이다 (연습문제 3.5.22와 3.6.12).

14.[‡] (M,d)은 거리공간이고 $A \subset M$라 할 때, 다음이 성립함을 증명하여라.

(a) M는 컴팩트이고 A가 닫힌집합이면 A도 컴팩트이다.

(b) A가 컴팩트이면 A는 닫힌집합이다.

연습문제풀이 및 힌트 3.6

1. (a) 연습문제 3.1.18 (b)에 의하여 $(a_n)(\subset A)$, $(c_n)(\subset C)$이고 $a_n + c_n \to x$라 하자. $x \in A + C$임을 보이면 충분하다. 따름정리 3.6.7에 의하여 (c_n)의 부분수열 (c_{n_k})가 존재하여 $\lim c_{n_k} = c \in C$이다. 수열에 대한 극한정리 3.2.2(a)에 의하여 $k \to \infty$일 때, $a_{n_k} = (a_{n_k} + c_{n_k}) - c_{n_k} \to x - c$이다. A가 닫힌집합이므로 다시 연습문제 3.1.18 (b)에 의하여 $x - c \in A$이다. 그러므로 $x \in A + C$이다.

$$A = \{-1, -2, -3, \ldots\}, \quad B = \{n + 1/n : n = 2, 3, 4, \ldots\}$$

라 하면 A와 B는 분명히 닫힌집합이다. (왜냐하면 $A' = \emptyset = B'$이기 때문이다.) 그러나, $A + B$는 닫힌집합이 아니다. 왜냐하면, 각 $n \geq 2$에 대하여 $-n \in A$, $(n + 1/n) \in B$을 택하면 $1/n = (-n) + (n + 1/n) \in A + B$이고 $1/n \to 0 \notin (A + B)$이기 때문이다.

(b) A는 닫힌집합이다. 한편, C가 컴팩트이므로 C는 유계이다. $A \subset C$이므로 A도 역시 유계이다. 그러므로 Heine-Borel 정리 3.6.5에 의하여 A는 컴팩트이다.

[별해] 컴팩트의 정의를 이용하여 증명해 보자. $\mathcal{G}$가 A의 열린덮개이면 $\mathcal{G} \cup \{A^c\}$는 C의 열린덮개이다. C가 컴팩트이므로 유한인 부분덮개를 갖는다. 즉, $U_k \in \mathcal{G}(k = 1, 2, \ldots, n)$가 존재하여

$$C \subset U_1 \cup U_2 \cup \cdots \cup U_n \cup A^c$$

이다. $A \cap A^c = \emptyset$이므로 $A \subset \cup_{k=1}^{n} U_k$이다. 따라서 A는 컴팩트이다.

(c) 따름정리 3.6.7에 의하여 $A + B$가 점렬컴팩트임을 보이면 충분하다. 이것을 보이기 위하여 (x_n)를 $A + B$의 수열이라 하자. 그러면 $a_n \in A$, $b_n \in B$ $(n \in \mathbb{N})$가 존재하여 $x_n = a_n + b_n$이다. 따름정리 3.6.7에 의하여 A도 점렬컴팩트이다. 그러므로 (a_n)의 부분수열 (a_m)가 존재하여 $\lim a_m = a \in A$이다. 한편, $(b_m) \subset B$에 대하여 B도 점렬컴팩트이므로 (b_m)의 부분수열 (b_{m_k})가 존재하여 $\lim b_{m_k} = b \in B$이다. 따라서

$$\lim_{k \to \infty} x_{m_k} = \lim_{k \to \infty} (a_{m_k} + b_{m_k}) = a + b \in A + B$$

이고 연습문제 3.1.3 (b)에 의하여 분명히 $(x_{m_k})_{k=1}^{\infty}$은 (x_n)의 부분수열이다. 그러므로 $A + B$는 점렬컴팩트이다.

같은 방법으로 $A \cap B$와 $A \cup B$도 점렬컴팩트임을 보여라.

(d) 집합족 $\mathcal{K} = \{A_\alpha : \alpha \in I\}$라 하자. 그러면 가정에 의하여 $A_{\alpha_0} \in \mathcal{K}$가 존재하여 A_{α_0}는 컴팩트이다.

$$\bigcap \mathcal{K} = \bigcap_{\alpha \in I} A_\alpha \subset A_{\alpha_0}$$

이고, 정리 2.4.5 (a)에 의하여 $\cap \mathcal{K}$는 닫힌집합이다. 반면에 A_{α_0}가 컴팩트이므로 (b)에 의하여 $\mathcal{K}$는 컴팩트이다.

2. $U_1 = (0, 1 + 1/3)$이고 $U_n = \left(n - \frac{1}{n}, n + \frac{1}{n}\right)$ $(n \geq 2)$라 두고 생각하여라.

3. $A\,(\subset \mathbb{R})$가 유계인 무한집합이라 하자. 정리 2.2.3에 의하여 가부번인 부분집합이 존재한다. 그것을 $(x_n)\,(\subset A)$이라 하자. A가 유계이므로 (x_n)도 유계이다. Bolzano-Weierstrass 정리 3.3.4에 의하여 수렴하는 부분수열을 갖는다. 즉 $(x_{n_k})\,[\subset (x_n) \subset A]$가 존재하여 $x_{n_k} \to x \in \mathbb{R}$이다. 분명히 $x \notin A$이면 연습문제 3.1.21 (a)에 의하여 $x \in A'$ 이다.

4. 연습문제 2.2.4에서 Cantor 집합 K의 구축을 살펴보면, $K_1 = [0, \frac{1}{3}] \cup [\frac{2}{3}, 1]$이고

$$K_2 = \left[0, \frac{1}{9}\right] \bigcup \left[\frac{2}{9}, \frac{1}{3}\right] \bigcup \left[\frac{2}{3}, \frac{7}{9}\right] \bigcup \left[\frac{8}{9}, 1\right]$$

이다. 즉, K_2는 $\left[\frac{k}{3^2}, \frac{k+1}{3^2}\right]$형태의 $2^2 = 4$개의 닫힌구간들의 합집합이다. 그러므로 정리 2.4.5 (b)에 의하여 닫힌집합이다. 일반적으로 K_n은 $\left[\frac{k}{3^n}, \frac{k+1}{3^n}\right]$형태의 2^n개 구간들의 합집합이다. 분명히 K_n은 닫힌집합이다 (정리 2.4.5 (b)). 연습문제 2.2.4에 의하여 $K = \cap_{n=1}^{\infty} K_n$이므로 K도 닫힌집합이다 (정리 2.4.5 (a)). K가 유계임이 자명하므로 Heine-Borel 정리 3.6.5는 K가 컴팩트임을 말한다.

5. $K_n = [1/n, 1]$로 취하면 충분하다. 연습문제 2.4.3 (c)에 의하여 $\cup_{n=1}^{\infty} K_n = (0, 1]$이다.

6. $\cap_{n=1}^{\infty} K_n = \emptyset$라 가정하면 De Morgan 정리 2.1.2에 의하여 $\cup_{n=1}^{\infty} K_n^c = \mathbb{R}$이므로 $K_1 \subset \cup_{j=2}^{\infty} K_j^c$이다. K_1이 컴팩트이므로 $m \in \mathbb{R}$이 존재하여 $K_1 \subset \cup_{j=2}^{m} K_j^c$이다. 즉

$$K_m = K_1 \cap K_2 \cap \cdots \cap K_m = \emptyset$$

이다. 이것은 모순이다.

7. (a) 연습문제 3.1.18 (b)를 이용하여 증명하자. (a_n)와 (c_n)는 각각 A와 C의 임의로 주어진 수열들이고, $a_n + c_n \to x \in \mathbb{R}$라 할 때, $x \in A + C$임을 밝히면 충분하다. 집합 C가 컴팩트이므로 따름정리 3.6.7에 의하여 C는 점렬컴팩트이다. 즉, $(c_n)_{n=1}^{\infty}$의 부분수열 $(c_{n_k})_{k=1}^{\infty}$가 존재하여 $c_{n_k} \to c \in C$이다. 한편, $a_{n_k} = x - c_{n_k} \to x - c := a$ $(k \to \infty)$이고 A가 닫힌집합이므로 연습문제 3.1.18 (b)에 의하여 $x - c = a \in A$이다. 즉, $x = a + c \in A + C$이므로 증명이 끝난다.

(b) $A = \{-1, -2, -3, \cdots\}$, $B = \{n + 1/n : n = 2, 3, 4, \cdots\}$로 택하면 둘 다 이산집합이므로 $\mathbb{R}$의 닫힌집합이다. 그러나 $A + B = \{1 + 1/n : n = 2, 3, 4, \cdots\}$은 닫힌집합이 아니다. 왜냐하면 $1 + 1/n \to 1 \notin A + B$이기 때문이다.

(c) A가 점렬컴팩트임을 보이면 충분하다. (x_n)가 A 내에 임의로 주어진 수열이라 하자. 그러면 (x_n)는 $A \subset C$ 내에 있고, C 역시 점열컴팩트(따름정리 3.6.7)이므로 부분수열 $(x_{n_k})_{k=1}^{\infty}$가 존재하여 $x_{n_k} \to x \in C$이다. A가 닫힌집합이므로 $x \in A$이어야 한다 (연습문제 3.1.18 (b)). 따라서 A는 점렬컴팩트이다.

(d) (c)에서 처럼 $A+B$가 점렬컴팩트임을 보이자. (a_n+b_n)가 $A+B$ 안에 임의로 주어진 수열이라 하자. 그러면 (a_n)는 A 내에 있고, A가 점열컴팩트(따름정리 3.6.7)이므로 부분수열 $(a_m)_{m=1}^{\infty}$가 존재하여 $a_m \to a \in A$이다. 역시, B도 점렬컴팩트이므로 $(b_m)_{m=1}^{\infty}$의 부분수열 $(b_{m_k})_{k=1}^{\infty}$가 존재하여 $b_{n_k} \to b \in B$이다. 그러므로 수열 $(a_{n_k} + b_{n_k})_{k=1}^{\infty}$는 $(a_n + b_n)$의 부분수열이고 $a_{n_k} + b_{n_k} \to a + b \in A + B$이다. 따라서 $A + B$는 점렬컴팩트이다. 유사하게 $A \cap B$와 $A \cup B$도 점렬컴팩트임을 보여라.

(e) $K := \cap\mathfrak{F}$라 하고, $F \in \mathfrak{F}$가 $\mathbb{R}$의 컴팩트인 부분집합이라 하자. 그러면, $K \subset F$이고 K는 닫힌집합이므로 (c)에 의하여 K도 컴팩트이다.

8. K가 유계이므로 집합 $A = \{|c - x| : x \in K\}$도 유계이다(왜?). 그러므로 $\sup A = u \in \mathbb{R}$가 존재한다. 각 $n \in \mathbb{N}$에 대하여 $u - \frac{1}{n}$는 A의 상계가 아니다. 즉

$$u - \frac{1}{n} < |c - x_n| \le u \tag{$\diamondsuit$}$$

를 만족하는 $x_n \in K$가 존재한다. K가 점렬컴팩트(따름정리 3.6.7)이므로 K 내에 있는 수열 (x_n)은 K의 점에 수렴하는 부분수열 (x_{n_k})을 갖는다. $\lim x_{n_k} = a \in K$ 라 하자. 그러면 $\lim(c - x_{n_k}) = c - a$이므로 연습문제 3.2.10 (a)에 의하여

$$\lim_{k\to\infty} |c - x_{n_k}| = |c - a|$$

이다. ($\diamondsuit$)으로부터 $u - \frac{1}{n_k} < |c - x_{n_k}| \le u$이다. 양변에 $k \to \infty$를 취하면 $|c - a| = u$를 얻는다.

9. 연습문제 1.3.6에 의하여 다음이 얻어진다.

$$\begin{aligned}
&\sim[\exists U, V : A \subset U \cup V,\ U \cap A \ne \emptyset,\ V \cap A \ne \emptyset,\ (U \cap A) \cap (V \cap A) = \emptyset]\\
\equiv\ & \forall(U, V),\ \sim[A \subset U \cup V,\ U \cap A \ne \emptyset,\ V \cap A \ne \emptyset,\ (U \cap A) \cap (V \cap A) = \emptyset]\\
\equiv\ & \forall(U, V),\ [A \subset U \cup V,\ (U \cap A) \cap (V \cap A) = \emptyset\\
&\qquad \Rightarrow\ (U \cap A = \emptyset) \vee (V \cap A = \emptyset)]\\
\equiv\ & \forall(U, V),\ [A = (U \cap A) \cup (V \cap A),\ (U \cap A) \cap (V \cap A) = \emptyset\\
&\qquad \Rightarrow\ (U \cap A = \emptyset) \vee (V \cap A = \emptyset)]
\end{aligned}$$

10. (a) 연습문제 3.1.21 (d)에 의하여 A'가 닫힌집합이므로 Heine-Borel정리 3.6.5에 의하여 컴팩트이다.

(b) 2.4절에 있는 $\mathbb{R}$의 9개의 구간 중에서 유계이고 닫힌구간은 $[a, b]$형 뿐이다.

11. A가 연결집합임을 보이기 위하여 (3.19)를 이용하자. U와 V가

$$A = (U \cap A) \cup (V \cap A), \qquad (U \cap A) \cap (V \cap A) = \emptyset$$

를 만족하는 $\mathbb{R}$의 열린집합이라 할 때, $U \cap A = \emptyset$ 또는 $V \cap A = \emptyset$임을 보이자. 사실, 각 $n \in \mathbb{N}$에 대하여

$$A_n = A_n \cap A = A_n \cap [(U \cap A) \cup (V \cap A)] = (U \cap A_n) \cup (V \cap A_n)$$

이고 $(U \cap A_n) \cap (V \cap A_n) = \emptyset$은 자명하다. 가정에서 모든 A_n가 연결집합이므로 다시 (3.19)를 적용하면 모든 n에 대하여 $U \cap A_n = \emptyset$ 또는 $V \cap A_n = \emptyset$이다. 일반적으로 다음 두 경우가 가능하다. 각 $n \in \mathbb{N}$에 대하여 $k \in \mathbb{N}\,(\geq n)$가 존재하여 (i) $U \cap A_k = \emptyset$ 또는 (ii) $V \cap A_k = \emptyset$이다. 먼저 (i)의 경우에는 (A_n)이 증가하므로 모든 n에 대하여 $U \cap A_n = \emptyset$, 즉 $U \cap A = \cup_{n=1}^{\infty}(U \cap A_n) = \emptyset$이다. (ii)의 경우에도 유사하게 $V \cap A = \emptyset$임을 보일 수 있다.

12.[‡] (a) A가 완전유계라 하자. 그러면 (3.20)로부터 $\operatorname{diam} A_k < 1$, $A \subset \cup_{k=1}^{n} A_k$를 만족하는 M의 부분집합 $A_k\,(\neq \emptyset)\,(k = 1, 2, \ldots, n)$가 존재한다. 각 $k = 1, 2, \ldots, n$에 대하여 $a_k \in A_k$라 하자.

$$M = d(a_1, a_2) + d(a_2, a_3) + \cdots + d(a_{n-1}, a_n)$$

라 하면, $x, y \in A$에 대하여 $A \subset \cup_{k=1}^{n} A_k$이므로 $i,\ j \in \{1, 2, \ldots, n\}$가 존재하여 $x \in A_i$, $y \in A_j$이다. $i \leq j$라 가정하자. 그러면

$$d(x, y) \leq d(x, a_i) + [d(a_i, a_{i+1}) + \cdots + d(a_{j-1}, a_j)] + d(a_j, y)$$

이고 $\operatorname{diam} A_i$, $\operatorname{diam} A_j < 1$이므로 $d(x, a_i)$, $d(a_i, y) < 1$이다. 그러므로

$$d(x, y) < 1 + M + 1 = M + 2 \qquad (x, y \in A)$$

이다. 그러므로

$$\operatorname{diam}(A) = \sup_{x, y \in A} d(x, y) \leq M + 2 < \infty$$

이다. 즉, A는 유계이다.

(b) 임의의 $\epsilon > 0$에 대하여 M이 완전유계이므로 $\operatorname{diam} A_k < \epsilon$, $M = \cup_{k=1}^{n} A_k$ 를 만족하는 $A_k\,(k = 1, 2, \ldots, n) \subset M$가 존재한다. $A'_k = A \cap A_k\,(k = 1, 2, \ldots, n)$라 두면 $\operatorname{diam} A'_k \leq \operatorname{diam} A_k < \epsilon$이므로

$$A = A \cap M = A \cap \bigcup_{k=1}^{n} A_k = \bigcup_{k=1}^{n} (A \cap A_k) = \bigcup_{k=1}^{n} A'_k$$

이다. 그러므로 A는 완전유계이다.

(c) $A\,(\subset \mathbb{R})$가 유계이면 $M > 0$가 존재하여 $A \subset [-M, M]$이다. 임의의 $\epsilon > 0$에 대하여 Archimedian 성질 2.3.4에 의하여 $n(\epsilon/2) \geq 2M$를 만족하는 n을 선택하고 $k = 1, 2, \ldots, n$에 대하여

$$A_k = \left[-M + (k-1)\frac{\epsilon}{2}, -M + k\frac{\epsilon}{2}\right]$$

라 하자. 그러면

$$A \subset [-M, M] \subset [-M, -M + n\frac{\epsilon}{2}] = \bigcup_{k=1}^{n} A_k$$

이다. 따라서 A는 완전유계이다.

(d) ($\Rightarrow$) $A \subset \mathbb{R}_d$가 완전유계가 하자. 그러면 $\epsilon = \frac{1}{2} > 0$에 대하여

$$\operatorname{diam} A_k < \frac{1}{2}, \quad A \subset \cup_{k=1}^{n} A_k$$

를 만족하는 $A_k \, (\subset \mathbb{R}_d) \, (k = 1, 2, \ldots, n)$가 존재한다. d가 $\mathbb{R}_d$ 상의 이산거리이므로 각 $k = 1, 2, \ldots, n$에 대하여 A_k는 기껏해야 단일집합이다. $k = 1, 2, \ldots, n$에 대하여 $A_k = \{x_k\}$라 하면 $A = \{x_1, x_2, \ldots, x_n\}$이다. 그러므로 A는 유한집합이다. ($\Leftarrow$)는 자명하다.

13.[‡] (a)$\Rightarrow$(b). (x_n)을 M의 수열이라 하자. 먼저

$$\exists x \in M \; : \forall \epsilon > 0, \forall n \in \mathbb{N}, \; \exists k \geq n \;\text{ s.t. }\; x_k \in U_\epsilon(x) \qquad (\spadesuit)$$

임을 보이자. (여기서 $U_\epsilon(x)$는 중심이 x이고 반경이 ϵ인 M의 열린 공이다(연습문제 2.4.14).) 모순증명을 하자. ($\spadesuit$)을 부정하면

$$\forall x \in M, \; \exists r_x > 0, \; K = K_x \in \mathbb{N} \;\; s.t. \;\; x_n \notin U_{r_x}(x) \qquad (n \geq K)$$

이다. 그러므로 모든 열린 구 $U_{r_x}(x)$는 기껏해야 유한개의 x_n을 포함한다.

$$M = \cup_{x \in M} U_{r_x}(x)$$

이므로 분명히 $\mathcal{G} = \{U_{r_x}(x) : x \in M\}$은 M의 열린덮개이다. 그러므로 가정 (a)에 의하여 유한인 $\mathcal{G}$의 부분덮개가 존재한다. 즉 $x_i \in M \, (i = 1, 2, \ldots, n)$이 존재하여

$$M = U_{r_{x_1}}(x_1) \cup U_{r_{x_2}}(x_2) \cup \cdots \cup U_{r_{x_n}}(x_n) \qquad (\heartsuit)$$

이다. 각 $U_{r_{x_i}}(x_i)$는 기껏해야 유한개의 x_n을 포함하고 있으므로 ($\heartsuit$)의 우변도 역시 유한개의 x_n만 포함한다. 이것은 불가능하다. 그러므로 ($\spadesuit$)이 성립하여야 한다. ($\spadesuit$)을 반복 적용하면 $x \in M$에 수렴하는 부분수열 (x_{n_k}) 을 곧바로 얻는다. 이것을 보이기 위하여 $x_{n_1} \in U_1(x)$인 n_1을 먼저 선택한다. 다시 $x_{n_2} \in U_{\frac{1}{2}}(x)$를 만족하는 $n_2 \, (> n_1)$를 선택하자. 이러한 과정을 계속하면 각 $k \in \mathbb{N}$에 대하여 $n_k > n_{k-1}$가 존재하여 $x_{n_k} \in U_{\frac{1}{k}}(x)$를 만족한다. 즉 $d(x_{n_k}, x) < \frac{1}{k} \, (k \in \mathbb{N})$이므로 $\lim x_{n_k} = x$이고 증명이 끝난다.

(b)⇒(c). M이 완비라는 증명은 정리 3.5.5의 증명에서 절대값 $|x-y|$를 거리 $d(x,y)$로 바꾸어 생각하면 똑같다. 이제 M이 점렬컴팩트이면 완전유계임을 보이자. 대우증명을 하자. (3.20)을 부정하면 다음과 같다.

$\epsilon > 0$이 존재하여 직경이 ϵ보다 적은 유한개의 M의

부분집합들의 집합족은 M의 덮개가 될 수 없다.

$x_1 \in M$을 임으로 선택한 후 $x_2 \in M \setminus U_{\epsilon/2}(x_1)$을 선택할 수 있다(왜?). 다시 $x_3 \in M \setminus [U_{\epsilon/2}(x_1) \cup U_{\epsilon/2}(x_2)]$을 선택하자. 만약 $x_1, x_2, \ldots, x_n$이 선택 되었을 때,

$$x_{n+1} \in M \setminus [U_{\epsilon/2}(x_1) \cup U_{\epsilon/2}(x_2) \cup \cdots \cup U_{\epsilon/2}(x_n)]$$

로 선택할 수 있다. 분명히 $d(x_{n+1}, x_k) \geq \epsilon/2$ $(k = 1, 2, \ldots, n)$이므로 수열 (x_n)은 수렴하는 부분수열을 갖지 않는다.

(c)⇒(a). 모순증명을 하자. (a)가 성립하지 않는다고 가정하자. 즉 M의 어떤 열린덮개 $\mathcal{G}$가 존재하여 $\mathcal{G}$의 유한개의 집합족은 M의 덮개가 될 수 없다. (c)의 가정으로부터 M이 완전유계이므로 연습문제 3.6.12의 (3.20)에서 먼저 $\epsilon = 1$로 택하면 M은 직경이 1보다 적은 유한개의 유계인 부분집합들의 합집합으로 나타낼 수 있다. 이것들 중의 적어도 하나는 $\mathcal{G}$의 유한개의 집합으로 덮을 수 없다. 그것을 A_1이라 하자. $\operatorname{diam} \overline{A_1} = \operatorname{diam} A_1$ (왜?)이므로 $\overline{A_1}$은 M의 닫힌집합이고 $\operatorname{diam} \overline{A_1} < 1$이고 $\mathcal{G}$의 유한개의 집합으로 $\overline{A_1}$를 덮을 수 없다. 연습문제 3.6.12 (b)에 의하여 $\overline{A_1}$도 완전유계이므로 같은 방법으로 (3.20)에서 $\epsilon = 1/2$로 택하면 $\overline{A_1}$은 직경이 $\frac{1}{2}$보다 적은 유한개의 유계인 부분집합들의 합집합으로 나타낼 수 있다. 이것들 중의 적어도 하나는 $\mathcal{G}$의 유한개의 집합으로 덮을 수 없다(왜?). 그것을 A_2이라 하자. $\operatorname{diam} \overline{A_2} = \operatorname{diam} A_2$이므로 $\overline{A_2}$은 M의 닫힌집합이고 $\operatorname{diam} \overline{A_2} < \frac{1}{2}$이고 $\mathcal{G}$의 유한개의 집합으로 $\overline{A_2}$를 덮을 수 없다. 분명히 $\overline{A_2} \subset \overline{A_1}$이다. 이러한 구축을 계속하면 각 $\in \mathbb{N}$에 대하여 $\overline{A_n}$ $(\subset M)$이 존재하여 (i) $\overline{A_1} \supset \overline{A_2} \supset \cdots \supset \overline{A_n} \supset \cdots$, (ii) $\operatorname{diam} \overline{A_n} < 1/n$이고 (iii) $\mathcal{G}$의 유한개의 집합족은 모든 $\overline{A_n}$의 덮개가 될 수 없다. 연습문제 3.5.23에 의하여 $\cap_{n=1}^{\infty} \overline{A_n}$은 오직 한 원소만 갖는 집합(*singleton*)이다. 즉 $\cap_{n=1}^{\infty} \overline{A_n} = \{x\}$라 하자. $M = \cup \mathcal{G}$이므로 $G \in \mathcal{G}$가 존재하여 $x \in G$이다. G는 M의 열린집합이므로 $r > 0$가 존재하여 $U_r(x) \subset G$이다(연습문제 2.4.14). Archimedian 성질 2.3.4에 의하여 $1/K < r$을 만족하는 $K \in \mathbb{N}$를 선택하면 $\operatorname{diam} \overline{A_K} < 1/K < r$이다. $x \in \overline{A_K}$이므로 $\overline{A_K} \subset U_r(x) \subset G$은 분명하다. 따라서, $G \in \mathcal{G}$는 $\overline{A_K}$의 덮개이다. 이것은 (iii)에 모순이다.

14.[‡] (a) $\mathcal{G}$가 A의 열린덮개라 하면 $M = (\cup \mathcal{G}) \cup A^c$ (A가 닫힌집합이므로 A^c는 열린집합)

이므로 $(\cup\mathcal{G})\cup A^c$는 M의 열린덮개이다. M이 컴팩트이므로 유한인 부분덮개가 존재한다. 즉 $G_k \in \mathcal{G}\,(k=1,2,\ldots,n)$가 존재하여 $M = G_1\cup G_2\cup\cdots\cup G_n\cup A^c$이다. 따라서 $A\subset G_1\cup G_2\cup\cdots\cup G_n$이고 증명이 끝난다.

[별해] $(x_n)\,(\subset A)$이라 하면 $(x_n)\,(\subset M)$이다. 연습문제 3.6.13에 의하여 M이 점렬컴팩트이므로 점 $x(\in M)$에 수렴하는 부분수열 (x_{n_k})가 존재한다. $x_{n_k}\in A$이고 $x_{n_k}\to x$이므로 연습문제 3.1.22 (e)로부터 $x\in\bar{A}=A$이다. 이것은 A가 점렬컴팩트임을 증명하였다. 다시 연습문제 3.6.13에 의하여 A는 컴팩트이다.

(b) $x\in\bar{A}\ \Rightarrow\ x\in A$임을 보이면 충분하다. $x\in\bar{A}$라면 연습문제 3.1.22 (e)로부터 $(x_n)\,(\subset A)$가 존재하여 $x_n\to x$이다. 분명히 (x_n)은 A내에서 Cauchy 수열이고 A가 완비 (연습문제 3.6.13 (c))이므로 $x\in A$이다.

제 4 장

함수의 극한과 연속

4.1 함수의 극한

집합 $A \subset \mathbb{R}$의 모든 집적점들의 집합 A'을 A의 **유도집합**(*derived set*)이라 한다. 연습문제 3.1.21에서

$$\begin{aligned} c \in A' \quad &\Leftrightarrow \quad \forall \epsilon > 0, \quad (c-\epsilon, c+\epsilon) \cap [A \setminus \{c\}] \neq \emptyset \\ &\Leftrightarrow \quad \exists x_n (\neq c) \in A \ : \ x_n \to c \end{aligned}$$

임을 살펴보아라.

[표기] 각 $c \in \mathbb{R}$와 $\delta > 0$에 대하여 $V_\delta(c) = (c-\delta, c+\delta)$라 하고, 이것을 c의 δ-**근방**(*neighborhood*)이라 한다 (연습문제 2.3.12).

예제 4.1.1 (a) $A = (0,1)$이면 $A' = [0,1]$이다.

(b) A가 유한집합이면 $A' = \emptyset$이다.

(c) $\mathbb{N}' = \emptyset$

(d) $A = \{\frac{1}{n} : n \in \mathbb{N}\}$이면 $A' = \{0\}$이다.

(e) $A = [0,1] \cap \mathbb{Q}$이면 $A' = [0,1]$이다.

정의 4.1.2 $f: A(\subset \mathbb{R}) \to \mathbb{R}$이고 $c \in A'$라 하자. 임의로 주어진 $\epsilon > 0$에 대하여

$$x \in A, \quad 0 < |x - c| < \delta \quad \Rightarrow \quad |f(x) - L| < \epsilon \tag{4.1}$$

을 만족하는 $\delta = \delta_\epsilon > 0$가 존재할 때 $L \in \mathbb{R}$를 **c에서 f의 극한**(limit of f at c)이라 하고

$$L = \lim_{x \to c} f(x) \qquad \text{또는} \qquad f(x) \to L \quad (x \to c)$$

로 표기한다.

[주의] (4.1)로부터 $\lim_{x \to c} f(x)$가 의미가 있기 위해서는 함수 f는 c를 포함하는 어떤 열린구간 $I(\subset \mathbb{R})$가 존재하여 $I \setminus \{c\}$에 있는 모든 점에서 정의되어 있어야 한다.

정리 4.1.3 $f: A(\subset \mathbb{R}) \to \mathbb{R}$이고 $c \in A'$라 할 때 다음 두 사실은 동치이다.

(a) $\lim_{x \to c} f(x) = L$이다.

(b) L의 임의로 주어진 ϵ-근방 $V_\epsilon(L)$에 대하여

$$x(\neq c) \in V_\delta(c) \cap A \quad \Rightarrow \quad f(x) \in V_\epsilon(L) \tag{4.2}$$

를 만족하는 c의 δ-근방 $V_\delta(c)$가 존재한다.

예제 4.1.4 (a) $\lim_{x \to c} b = b$이다.

(b) $\lim_{x \to c} x^2 = c^2$이다.

(c) $c \neq 0$ 이면 $\lim_{x \to c} \frac{1}{x} = \frac{1}{c}$이다.

(d) $c > 0$ 이면 $\lim_{x \to c} \sqrt{x} = \sqrt{c}$이다.

정리 4.1.5 (함수의 극한에 대한 수열판정기준)

$f: A \to \mathbb{R}$이고 $c \in A'$라 할 때 다음 두 사실은 동치이다.

(a) $\lim_{x \to c} f(x) = L$이다.

(b) $\lim x_n = c$, $x_n \neq c \, (n \in \mathbb{N})$인 모든 수열 (x_n)에 대하여 $\lim f(x_n) = L$이다.

[주의] 한쪽극한, 즉 우(또는 좌)극한에 대한 수열판정기준도 유사하게 생각할 수 있음을 주목하여라(연습문제 4.2.4).

예제 4.1.6

(a) $\lim_{x\to 0}\frac{1}{x}$는 존재하지 않는다. (b) $\lim_{x\to 0}\sin\frac{1}{x}$ (또는 $\lim_{x\to 0}\cos\frac{1}{x}$)는 존재하지 않는다.

연습문제 4.1

1. 예제 4.1.1을 증명하여라.

2. 모든 $n\in\mathbb{N}$대하여 $\lim_{x\to c}x^n=c^n$임을 보여라(예제 4.1.4(b)는 $n=2$인 경우).

3. 함수 $f:\mathbb{R}\to\mathbb{R}$가

$$f(x)=\begin{cases} x, & x\text{가 유리수일 때}\\ 0, & x\text{가 무리수일 때}\end{cases}$$

로 정의 되었을 때

(a) $\lim_{x\to 0}f(x)$가 존재함을 보여라.

(b) 만약 $c\neq 0$이면 $\lim_{x\to c}f(x)$가 존재하지 않음을 보여라.

4. **부호함수**(*sign function*)

$$\operatorname{sgn}(x)=\begin{cases} 1, & x>0\text{일 때}\\ 0, & x=0\text{일 때}\\ -1, & x<0\text{일 때}\end{cases}$$

에 대하여 $\lim_{x\to 0}\operatorname{sgn}(x)$가 존재하지 않음을 보여라.

5. $\lim_{x\to 0}\cos\frac{1}{x}$가 존재하지 않음을 보여라(예제 4.1.6(b)).

연습문제풀이 및 힌트 4.1

1. (c) $\mathbb{N}'\neq\emptyset$라 가정하면 $c\in\mathbb{N}'$가 존재한다. 그러면 $x_n(\neq c)\in\mathbb{N}$가 존재하여 $x_n\to c$이다. 즉 $K\in\mathbb{N}$가 존재하여 $x_n=c$ $(n\geq K)$이어야 한다. 이것은 모순이다. 그러므로 $\mathbb{N}'=\emptyset$이다.

(d) 분명히 $0\in A'$이다. 반면에 $c\in A'$이면 $c=0$임을 보이기 위하여 모순증명을 하자. $c>0$라 가정하자. 그러면 $c\in A'$이므로 $x_n\to c$를 만족하는 $x_n(\neq c)\in A$가 존재한다.

연습문제 2.3.19($x = 1/c > 0$)에 의하여 $K \leq 1/c < K+1$를 만족하는 오직 하나의 $K \in \mathbb{N}$가 존재한다. 즉, $\frac{1}{K+1} < c \leq \frac{1}{K}$이다. 먼저 $c = 1/K$이면 $x_n \to c$이므로 충분히 큰 모든 x_n들은 궁극적으로 상수 $c = 1/K$와 같아야 한다. 이것은 $x_n \neq c$에 모순이다. 이제 $c \neq 1/K$라 하자. 그러면 $\frac{1}{K+1} < c < \frac{1}{K}$ 이므로 $\epsilon = \min\left\{c - \frac{1}{K+1}, \frac{1}{K} - c\right\} > 0$로 선택하자. 그러면 $x_n \to c$이므로 적당한 $K_0 \in \mathbb{N}$가 존재하여 $|x_n - c| < \epsilon$ $(n \geq K_0)$을 만족한다. 즉

$$\begin{aligned}\frac{1}{K+1} &= c - \left(c - \frac{1}{K+1}\right) \leq c - \epsilon < x_n \\ &< c + \epsilon \leq c + \left(\frac{1}{K} - c\right) = \frac{1}{K} \qquad (n \geq K_0)\end{aligned}$$

이므로 이것 역시 $x_n \in A = \{1/n : n \in \mathbb{N}\}$에 모순이다. 따라서 이 모순들은 $c = 0$임을 주장한다.

2. 주어진 $\epsilon > 0$에 대하여

$$\delta(= \delta_\epsilon) = \min\left\{1, \frac{\epsilon}{n(|c|+1)^{n-1}}\right\}$$

로 취하자. 만약 $0 < |x - c| < \delta$라면

$$\begin{aligned}|x^n - c^n| &= |x^{n-1} + x^{n-2}c + \cdots + xc^{n-2} + c^{n-1}||x - c| \\ &\leq (|x|^{n-1} + |x|^{n-2}|c| + \cdots + |x||c|^{n-2} + |c|^{n-1})|x - c| \\ &\leq n(|c|+1)^{n-1}|x - c| \qquad (\because\ |x| < |c| + 1) \\ &< n(|c|+1)^{n-1}\delta < \epsilon\end{aligned}$$

이다. 그러므로 $\lim_{x\to c} x^n = c^n$이다.

3. (a) 임의의 수열 (x_n)이 $x_n \neq 0$이고 $\lim x_n = 0$이라 하자. 그 때 $f(x_n)$은 x_n 또는 0이므로 $\lim f(x_n) = 0$이다. 함수의 극한에 대한 수열판정기준 4.1.5에 의하여 $\lim_{x\to 0} f(x) = 0$이다.

(b) $c \neq 0$라 하고 $\lim_{x\to c} f(x) = L \in \mathbb{R}$가 존재한다고 가정하자. 먼저 $\mathbb{Q}$의 조밀성정리 2.3.5와 연습문제 2.3.18에 의하여 $\lim x_n = c = \lim y_n$되는 유리수 $x_n(\neq c)$과 무리수 $y_n(\neq c)$을 선택하자.

$$\lim_{n\to\infty} f(x_n) = \lim_{n\to\infty} x_n = c, \quad \lim_{n\to\infty} f(y_n) = 0$$

이므로 함수의 극한에 대한 수열판정기준 4.1.5 (b)를 적용하면 $L = c = 0$이 된다. 이것은 모순이다.

4. $x_n = (-1)^n/n$라 두면 $\lim x_n = 0$이지만 $\mathrm{sgn}(x_n) = (-1)^n$. 따라서, 함수의 극한에 대한 수열판정기준 4.1.5 (b)에 의하여

$$\lim_{x\to 0} \mathrm{sgn}(x)$$

가 존재하지 않는다.

5. $f(x) = \cos\frac{1}{x}\ (x \neq 0)$라 두고 $\lim_{x\to 0}\cos\frac{1}{x} = L \in \mathbb{R}$라 가정하자. 먼저 $x_n = \frac{1}{2n\pi}$로 두면 $\lim x_n = 0$이므로 함수의 극한에 대한 수열판정기준 4.1.5 (b)에 의하여

$$\lim_{n\to\infty} f(x_n) = \lim_{n\to\infty}\cos(2n\pi) = 1 = L \qquad (\clubsuit_1)$$

이다. 반면에, $y_n = \frac{1}{2n\pi+(\pi/2)}$로 선택하면 $\lim y_n = 0$이고 다시 한 번 함수의 극한에 대한 수열판정기준 4.1.5 (b)를 적용하면

$$\lim_{n\to\infty} f(y_n) = \lim_{n\to\infty}\cos\left(2n\pi + \frac{\pi}{2}\right) = 0 = L \qquad (\clubsuit_2)$$

을 얻는다. $(\clubsuit_1)$, $(\clubsuit_2)$에 의하여 $1 = L = 0$이고, 이것은 모순이다.

4.2 극한정리

정리 4.2.1 (함수에 대한 극한) $f, g : A(\subset \mathbb{R}) \to \mathbb{R}$이고 $c \in A'$라 하고 $b \in \mathbb{R}$라 하자. 만약 $\lim_{x\to c} f(x) = L$이고 $\lim_{x\to c} g(x) - M$이면,

(a) $\lim_{x\to c}[f(x) \pm g(x)] = L \pm M$이다.

(b) $\lim_{x\to c} f(x)g(x) = LM$; 특히 $\lim_{x\to c} bf(x) = bL$이다.

(c) $g(x) \neq 0\ (x \in A)$이고 $M \neq 0$이면 $\lim_{x\to c}[f(x)/g(x)] = L/M$이다.

예제 4.2.2 (a) p가 다항함수, 즉 모든 $x \in \mathbb{R}$에 대하여

$$p(x) = a_n x^n + a_{n-1}x^{n-1} + \cdots + a_1 x + a_0$$

라 하자. 그러면, 연습문제 4.1.2와 함수에 대한 극한정리 4.2.1 (a)를 이용하면 모든 $c \in \mathbb{R}$에 대하여 $\lim_{x\to c} p(x) = p(c)$이다.

(b) p, q는 다항함수라 하고 $r = p/q$라 하자 다항함수 q는 기껏해야 유한개의 근 $r_1, r_2, \ldots, r_m$을 가지고 있으므로

$$r(x) = \frac{p(x)}{q(x)} \qquad (x \notin \{r_1, r_2, \ldots, r_m\})$$

을 정의할 수 있다. 이러한 함수 r을 **유리함수**(*rational function*)라 한다. 역시, (a)와 정리 4.2.1 (c)을 이용하면 $q(c) \neq 0$인 모든 $c \in \mathbb{R}$에 대하여 다음이 성립한다.

$$\lim_{x\to c} r(x) = \lim_{x\to c} \frac{p(x)}{q(x)} = \frac{p(c)}{q(c)} = r(c).$$

정리 4.2.3 (함수에 대한 조임) $f, g, h : A(\subset \mathbb{R}) \to \mathbb{R}$이고 $c \in A'$라 하자. 만약

$$f(x) \leq g(x) \leq h(x) \qquad (x \in A,\ x \neq c)$$

이고 $\lim_{x\to c} f(x) = L = \lim_{x\to c} h(x)$이면 $\lim_{x\to c} g(x) = L$이다.

예제 4.2.4 (a) 모든 $x > 0$에 대하여 $\lim_{x\to 0} x^{3/2} = 0$이다.

(b) $\lim_{x\to 0} \frac{\sin x}{x} = 1$이다.

(c) $\lim_{x\to 0} x \sin \frac{1}{x} = 0$이다.

정리 4.2.5 $f : A(\subset \mathbb{R}) \to \mathbb{R}$이고 $c \in A'$라 하자. 만약

$$a \leq f(x) \leq b \qquad (x \in A,\ x \neq c)$$

이고 $\lim_{x\to c} f(x)$가 존재하면 $a \leq \lim_{x\to c} f(x) \leq b$이다.

정리 4.2.6 $f : A(\subset \mathbb{R}) \to \mathbb{R}$이고 $c \in A'$라 하자. 만약

$$\lim_{x\to c} f(x) > 0 \qquad (\lim_{x\to c} f(x) < 0)$$

이면 모든 $x \in A \cap V_\delta(c)$, $x \neq c$에 대하여 $f(x) > 0$ $(f(x) < 0)$을 만족하는 c의 δ-근방 $V_\delta(c)$가 존재한다.

정의 4.2.7 $f : A(\subset \mathbb{R}) \to \mathbb{R}$이고 $c \in \{x \in A : x > c\}'$라 하자. 임의로 주어진 $\epsilon > 0$에 대하여

$$x \in A, \quad 0 < x - c < \delta \ \Rightarrow\ |f(x) - L| < \epsilon$$

를 만족하는 $\delta(= \delta_\epsilon(c)) > 0$가 존재할 때 $L \in \mathbb{R}$를 **c에서 f의 우극한**(*right-hand limit*)라 하고

$$L = \lim_{x\to c+} f(x) \quad \text{또는} \quad \lim_{x\downarrow c} f(x) \quad \text{또는} \quad f(c+)$$

로 표시한다. 같은 방법으로 $c \in \{x \in A : x < c\}'$라 할 때 **$c$에서 f의 좌극한**(*left-hand limit*)을 정의할 수 있고

$$f(c-) = \lim_{x\to c-} f(x) \quad \text{또는} \quad \lim_{x\uparrow c} f(x)$$

로 나타낸다.

정리 4.2.8 $f : A(\subset \mathbb{R}) \to \mathbb{R}$이고 $c \in \{x \in A : x > c\}' \cap \{x \in A : x < c\}'$라 할 때 다음이 성립한다.

$$\lim_{x \to c} f(x) = L \quad \Leftrightarrow \quad f(c+) = L = f(c-).$$

연 습 문 제 4.2

1. 함수에 대한 조임정리 4.2.3을 이용하여 $\lim_{x\to 0} \frac{\cos x - 1}{x} = 0$임을 보여라.

2. $f, g : A(\subset \mathbb{R}) \to \mathbb{R}$이고 $c \in A'$라 하자. 만약 f가 c의 한 근방에서 유계이고 $\lim_{x\to c} g(x) = 0$이면 $\lim_{x\to c} f(x)g(x) = 0$임을 보여라.

3. $\lim_{x\to 0+} \sqrt{x} = 0$임을 보여라.

4. $f : A(\subset \mathbb{R}) \to \mathbb{R}$라 할 때, 한쪽극한에 대한 다음 수열판정기준을 증명하여라(함수의 극한에 대한 수열판정기준 4.1.5).

   (a) $\lim_{x\to c+} f(x) = L \quad \Leftrightarrow \quad x_n > c,\ x_n \in A,\ x_n \to c \ \Rightarrow\ f(x_n) \to L.$

   (b) $\lim_{x\to c-} f(x) = L \quad \Leftrightarrow \quad x_n < c,\ x_n \in A,\ x_n \to c \ \Rightarrow\ f(x_n) \to L.$

5.‡ $f : A(\subset \mathbb{R}) \to \mathbb{R}$이고 $c \in A'$라 하자. $V'(c, \delta) = (c - \delta, c + \delta) \setminus \{c\}$라 하고

$$\begin{aligned} M(c,\delta) &= \sup\{f(x) : x \in V'(c,\delta) \cap A\}, \\ m(c,\delta) &= \inf\{f(x) : x \in V'(c,\delta) \cap A\} \end{aligned}$$

라 하자. $\delta \downarrow 0$로 취하면 $M(c,\delta)$는 감소하고 $m(c,\delta)$는 증가한다. 함수에 대한 **상극한**(*upper limit*)과 **하극한**(*lower limit*)을 각각

$$\begin{aligned} \limsup_{x\to c;\, x\in A} f(x) &= \lim_{\delta\downarrow 0} M(c,\delta), \\ \liminf_{x\to c;\, x\in A} f(x) &= \lim_{\delta\downarrow 0} m(c,\delta) \end{aligned}$$

로 정의할 때 다음이 성립함을 보여라.

(a) $M = \limsup_{x\to c;\, x\in A} f(x) \Leftrightarrow$ (i) $(x_n)(\subset A)$가 존재하여 $x_n \to c$, $f(x_n) \to M$이고, (ii) 만약 $M' > M$이면 적당한 $\delta > 0$가 존재하여 $f(x) < M'$ $(x \in V'(c,\delta) \cap A)$ 이다.

(b) $m = \liminf_{x\to c;\, x\in A} f(x) \Leftrightarrow$ (i) $(x_n)(\subset A)$가 존재하여 $x_n \to c$, $f(x_n) \to m$이고, (ii) 만약 $m' < m$이면 적당한 $\delta > 0$가 존재하여 $f(x) > m'$ $(x \in V'(c,\delta) \cap A)$이다.

[주의] 일반적으로 $\limsup_{x\to c;\, x\in A} f(x)$와 $\liminf_{x\to c;\, x\in A} f(x)$가 존재하지 않을 수도 있음에 유의하여라. 위의 정의로부터 $V'(c,\delta)$를 $(c, c+\delta)$와 $(c-\delta, c)$로 각각 대치하여

$$\limsup_{x\to c+;x\in A} f(x), \quad \liminf_{x\to c+;x\in A} f(x) \quad \text{또는} \quad \limsup_{x\to c-;x\in A} f(x), \quad \liminf_{x\to c-;x\in A} f(x)$$

를 유사하게 정의할 수 있다.

연습문제풀이 및 힌트 4.2

1. 잘 알려진 부등식(예제 5.4.3(b)) $1 - \frac{1}{2}x^2 \le \cos x \le 1$ $(x \in \mathbb{R})$에 함수에 대한 조임정리 4.2.3을 적용하여라.

2. $|f(x)| \le M$ $(x \in V_\delta(c))$이면

$$|f(x)g(x) - 0| \le M|g(x) - 0| \quad (x \in V_\delta(c))$$

임을 이용하여라.

3. $f(x) = \sqrt{x}$라 하자. 임의로 주어진 $\epsilon > 0$에 대하여 $\delta = \epsilon^2 > 0$로 잡으면

$$0 < x < \delta \Rightarrow |f(x) - 0| = |\sqrt{x}| = \sqrt{x} < \sqrt{\delta} = \epsilon$$

이다. 따라서 $f_+(0) = \lim_{x\to 0+} \sqrt{x} = 0$이다.

4. 함수의 극한에 대한 수열판정기준 4.1.5의 증명을 약간 수정하여라.

5.[‡] (a) $(\Rightarrow)$ $M = \lim_{\delta\downarrow 0} M(c,\delta)$라 하자. 특히, $M = \lim_{n\to\infty} M(c, 1/n)$이다. 각 $n \in \mathbb{N}$에 대하여 $M(c,1/n)$의 정의로부터

$$M(c,1/n) - \frac{1}{n} < f(x_n) \le M(c,1/n)$$

를 만족하는 $x_n \in V'(c,\delta) \cap A$가 존재한다. $n \to \infty$를 취하면 $\lim f(x_n) = M$이고 $\lim x_n = c$이다. 그러므로 (i)이 성립한다. (ii)를 보이기 위하여 $M' > M$이라 하자. $M = \lim_{\delta\downarrow 0} M(c,\delta)$이므로 $\epsilon = M' - M > 0$에 대하여 $|M(c,\delta) - M| < \epsilon$을 만족하

는 $\delta > 0$가 존재한다. 이것으로부터 $M(c,\delta) < M + \epsilon = M'$이므로 (ii)가 성립한다.

($\Leftarrow$) 임의의 $\epsilon > 0$에 대하여 $M' = M + \epsilon/2$라 하면 (ii)로부터

$$f(x) < M + \frac{\epsilon}{2} \qquad (x \in V'(c,\delta) \cap A)$$

를 만족하는 $\delta > 0$가 존재한다. 그러므로 $0 < t < \delta$이면

$$M \leq M(c,t) \leq M(c,\delta) \leq M + \frac{\epsilon}{2} < M + \epsilon$$

이므로 $\lim_{\delta \downarrow 0} M(c,\delta) = M$이고 증명이 끝난다.

(b)의 증명은 (a)와 유사하므로 생략한다.

4.3 함수의 연속

정의 4.3.1 $f : A(\subset \mathbb{R}) \to \mathbb{R}$이고 $c \in A$라 하자. 임의로 주어진 $\epsilon > 0$에 대하여 $\delta = \delta_\epsilon(c) > 0$가 존재하여

$$x \in A,\ |x - c| < \delta \quad \Rightarrow \quad |f(x) - f(c)| < \epsilon$$

을 만족할 때, f는 점 c**에서 연속**(*continuous at* c)이라 한다.

정의 4.3.2 $f : A(\subset \mathbb{R}) \to \mathbb{R}$이고 $c \in A$라 하자. 만약 $B \subset A$일 때, f가 B의 모든 점에서 연속이라면, f가 B **상에서 연속**(*continuous on* B)이라 한다. 특히 $\mathbb{R}$ 상에서의 연속을 간단히 **연속**(*continuous*)이라 한다.

[표기] 앞으로 A 상의 모든 연속함수들의 집합을 $\mathcal{C}(A)$로 표기한다. 특히 A가 구간일 경우에는, 예를 들어 $A = [a,b]$이면 간단히 $\mathcal{C}[a,b]$와 같이 괄호를 생략하고 나타낸다.

정리 4.3.3 $f : A(\subset \mathbb{R}) \to \mathbb{R}$이고 $c \in A$라면 다음 3조건은 서로 동치이다.

(a) f가 c에서 연속이다.

(b) $f(c)$의 임의로 주어진 ϵ-근방 $V_\epsilon(f(c))$에 대하여 c의 δ-근방 $V_\delta(c)$가 존재하여 $x \in V_\delta(c) \cap A$이면 $f(x) \in V_\epsilon(f(c))$이다.

(c) $\lim x_n = c$인 모든 수열 (x_n)에 대하여 $\lim f(x_n) = f(c)$이다.

정리 4.3.4 (불연속 판정기준) $f : A(\subset \mathbb{R}) \to \mathbb{R}$이고 $c \in A$라 하자. f가 c에서 불연속일 동치조건은 A 내에 있는 수열 (x_n)가 존재하여 $x_n \to c$이지만 $f(x_n) \not\to f(c)$이다.

예제 4.3.5 (a) $f(x) = b$는 $\mathbb{R}$ 상에서 연속이다.

(b) 모든 $n \in \mathbb{N}$에 대하여 $f(x) = x^n$는 $\mathbb{R}$ 상에서 연속이다.

(c) $f(x) = \frac{1}{x}$는 $\mathbf{R} \setminus \{\mathbf{0}\}$ 상에서 연속이다.

(d) $f(x) = \sqrt{x}$는 $[0, \infty)$ 상에서 연속이다.

예제 4.3.6 (Dirichlet의 불연속함수) 함수 $f : \mathbb{R} \to \mathbb{R}$가

$$f(x) = \begin{cases} 1, & x\text{가 유리수일 때} \\ 0, & x\text{가 무리수일 때} \end{cases}$$

로 정의되었을 때 f 는 $\mathbb{R}$의 모든 점에서 불연속이다.

예제 4.3.7 (Thomae 함수) $A = \{x \in \mathbb{R} : x > 0\}$이고

$$f(x) = \begin{cases} 0, & x > 0\text{가 무리수일 때} \\ \frac{1}{n}, & x \in A\text{가 유리수}(x = \frac{m}{n})\text{일 때,} \end{cases}$$

(여기서, m, n은 자연수이고 m/n은 기약분수)라 할 때 f는 A의 모든 유리수에서는 불연속이지만 A의 모든 무리수에서는 연속이다.

예제 4.3.8 함수 $f(x) = x\sin(1/x)$는 $x \neq 0$이 아닌 모든 점에서 연속이다. $x = 0$에서는 정의되지 않으므로 불연속이다. 그러나 예제 4.2.4(c)에 의하여 $\lim_{x\to 0} x\sin(1/x) = 0$이다. 그러므로 함수 $F : \mathbb{R} \to \mathbb{R}$을

$$F(x) = \begin{cases} 0, & x = 0\text{일 때} \\ x\sin\frac{1}{x}, & x \neq 0\text{일 때} \end{cases}$$

로 정의하면 F는 0에서 연속이 된다. 이처럼 정의되지 않는 점에서 극한이 존재하는 함수는 연속이 되도록 확장할 수 있음을 보여준다.

정리 4.3.9 $b \in \mathbb{R}$이고, $f, g : A(\subset \mathbb{R}) \to \mathbb{R}$가 $c \in A$에서 연속이면

(a) $f \pm g$, fg와 bf는 c에서 연속이다.

(b) $g(x) \neq 0\,(x \in A)$이면 f/g는 c에서 연속이다.

정리 4.3.10 $A \subset \mathbb{R}$, $f, g \in \mathcal{C}(A)$, $b \in \mathbb{R}$이라 하자.

(a) $f \pm g$, fg, $bf \in \mathcal{C}(A)$이다.

(b) $g(x) \neq 0\,(x \in A)$이면 $f/g \in \mathcal{C}(A)$이다.

정리 4.3.11 $f : A(\subset \mathbb{R}) \to \mathbb{R}$, $g : B(\subset \mathbb{R}) \to \mathbb{R}$이고 $f(A) \subset B$라 하자. 만약 f가 $c \in A$에서 연속이고 g가 $b = f(c) \in B$에서 연속이면 f와 g의 합성함수 $g \circ f : A \to R$도 c에서 연속이다.

정리 4.3.12 $f : A(\subset \mathbb{R}) \to \mathbb{R}$, $g : B(\subset \mathbb{R}) \to \mathbb{R}$이고 $f(A) \subset B$라 하자. 만약 $f \in \mathcal{C}(A)$, $g \in \mathcal{C}(B)$이면 $g \circ f \in \mathcal{C}(A)$이다.

정의 4.3.13 $f : A(\subset \mathbb{R}) \to \mathbb{R}$가 $c \in A$에서 불연속이지만 $f(c+) = f(c)$를 만족하면, f는 **c에서 우연속**(*right continuous at c*)이라 한다. 유사하게, $f(c-) = f(c)$이면, f는 **c에서 좌연속**(*left continuous at c*)이라 한다.

연 습 문 제 4.3

1. $f(x) = \sqrt{x}$는 구간 $[0, \infty)$ 상에서 연속임을 보여라.

2. 다음을 증명하여라.

   (a) $f(x) = |x|$는 $\mathbb{R}$ 상에서 연속이다.

   (b) $a \vee b = \max\{a, b\}$이고 $a \wedge b = \min\{a, b\}$라 할 때 두 연산 $\vee, \wedge : \mathbb{R} \times \mathbb{R} \to \mathbb{R}$는 연속이다.

   (c) 두 수열 (x_n)과 (y_n)에 대하여 다음이 성립한다.

      (i) $\limsup(x_n \vee y_n) = \limsup x_n \vee \limsup y_n$.

      (ii) $\liminf(x_n \wedge y_n) = \liminf x_n \wedge \limsup y_n$.

3. $f(x) = \sin x$는 연속임을 보여라.

4. 정의 4.3.1을 이용하여 정리 4.3.12를 증명하여라.

5. $f, g : A(\subset \mathbb{R}) \to \mathbb{R}$이고 $c \in A$라 하자. 만약 $f, g \in \mathcal{C}(A)$이면 $f \vee g,\ f \wedge g \in \mathcal{C}(A)$임을 보여라. (보조정리 2.3.1을 뒤 따르는 [표기]를 참조 하여라.)

6. $f : \mathbb{R} \to \mathbb{R}$라 하자.

$$f(x) = \begin{cases} x - [x], & [x]\text{가 짝수일 때} \\ x - [x+1], & [x]\text{가 홀수일 때} \end{cases}$$

로 정의할 때 f가 불연속이 되는 점을 모두 구하라. 여기서, $x \mapsto [x]$는 **괄호함수**(또는 **Gauss 함수**)를 의미한다(연습문제 2.3.19).

7. 함수 $f : \mathbb{R} \to \mathbb{R}$가

$$f(x+y) = f(x) + f(y) \qquad (x, y \in \mathbb{R}) \tag{4.4}$$

(이러한 성질을 **가법적**(*additive*)이라고 한다)를 만족할 때 다음 사실들을 보여라.

(a) 모든 $n \in \mathbb{Z}$에 대하여 $f(nx) = nf(x)\,(x \in \mathbb{R})$이다.

(b) 모든 $r \in \mathbb{Q}$에 대하여 $f(rx) = rf(x)\,(x \in \mathbb{R})$이다.

(c) f는 x_0에서 연속이다 $\Leftrightarrow$ f는 $\mathbb{R}$ 상에서 연속이다.

(d) 만약 f가 0에서 연속이면 $f(x) = \alpha x\,(x \in \mathbb{R})$ 되는 $\alpha \in \mathbb{R}$가 존재한다.

8. $f, g : [a, b] \to \mathbb{R}$이고

$$E = \{x \in [a, b] : f(x) = g(x)\}$$

라 하자. 만약 f, g가 $[a, b]$ 상에서 연속이면 E가 $\mathbb{R}$의 닫힌집합임을 보여라.

9. $f : \mathbb{R} \to \mathbb{R}$인 함수로서 모든 유리수에서는 불연속이지만 모든 무리수에서는 연속인 함수를 구축하라. (예제 4.3.7의 Thomae 함수와 비교하여라.)

10. 양의 실수 a, b, c에 대하여 함수

$$f(x) = \begin{cases} (a^{1/x} + b^{1/x})^x, & x \neq 0\text{일 때} \\ c, & x = 0\text{일 때} \end{cases}$$

가 모든 실수에서 연속이면 $a = b = c$임을 보여라.

11. $f \in \mathcal{C}(\mathbb{R})$이고 모든 $r \in \mathbb{Q}$에 대하여 $f(r) = 0$이면 $f \equiv 0$임을 보여라.

12. 함수 $f : \mathbb{R} \to (0, \infty)$가

$$f(x+y) = f(x)f(y) \qquad (x, y \in \mathbb{R}) \tag{4.5}$$

를 만족할 때 다음 사실들을 증명하여라.

(a) 모든 $n \in \mathbb{Z}$에 대하여 $f(nx) = f(x)^n$ $(x \in \mathbb{R})$이다.

(b) 모든 $r \in \mathbb{Q}$에 대하여 $f(rx) = f(x)^r$ $(x \in \mathbb{R})$이다.

(c) f는 x_0에서 연속이다 $\Leftrightarrow$ f는 $\mathbb{R}$ 상에서 연속이다.

(d) 만약 f가 0에서 연속이면 $f(x) = a^x$ $(x \in \mathbb{R})$ 되는 $a \in (0, \infty)$가 존재한다.

[주의] (d)의 증명을 위해서는 함수 a^x는 $\mathbb{R}$ 상에서 연속이라 가정해도 좋다(연습문제 8.3.1 (b)). 위의 (4.5)식은 지수함수 e^x도 만족한다(정리 8.3.3 (e)). 더욱, 연습문제 8.3.4 (b) 또는 연습문제 8.3.5와 비교하여라.

13.‡ (M_1, d_1), (M_2, d_2)를 거리공간(연습문제 2.3.23)이라 하자. $f : M_1 \to M_2$이고 $c \in M_1$라 하자. 임의로 주어진 $\epsilon > 0$에 대하여

$$x \in M_1,\ \ d_1(x, c) < \delta \quad \Rightarrow \quad d_2(f(x), f(c)) < \epsilon$$

를 만족하는 $\delta = \delta_\epsilon(c) > 0$가 존재할 때, f는 점 **c에서 연속**(*continuous at c*)이라 한다(정의 4.3.1). 다음 사실들이 동치임을 보여라(정리 4.3.3).

(a) f가 c에서 연속이다.

(b) $f(c) \in M_2$의 임의의 근방 V에 대하여, $f^{-1}(V)$는 $c \in M_1$의 근방이다(연습문제 2.4.13의 주의).

(c) $\lim x_n = c$인 모든 수열 (x_n)에 대하여 $\lim f(x_n) = f(c)$이다(연습문제 3.1.22).

[주의] f가 M_1의 모든 점에서 연속일 때 $f \in \mathcal{C}[M_1; M_2]$로 표기하자.

14.‡ (M_1, d_1), (M_2, d_2)를 거리공간이라 할 때 다음 사실이 서로 동치임을 보여라.

(a) $f \in \mathcal{C}[M_1; M_2]$이다.

(b) 모든 M_2의 닫힌집합 F에 대하여 $f^{-1}(F)$는 M_1의 닫힌집합이다.

(c) 모든 M_2의 열린집합 G에 대하여 $f^{-1}(G)$는 M_1의 열린집합이다.

연습문제풀이 및 힌트 4.3

1. 연습문제 3.2.7 (b)와 정리 4.3.3 (c)를 이용하여라.

2. (a) 모든 $x, y \in \mathbb{R}$에 대하여

$$\big||x| - |y|\big| \leq |x - y|$$

임을 보이고 이것을 이용하여라. 간접적인 증명을 위하여는 연습문제 3.2.10 (a)와 정리 4.3.3 (c)를 이용하여라.

(b) $a \vee b = \frac{a+b+|a-b|}{2}$, $a \wedge b = \frac{a+b-|a-b|}{2}$이므로 (a)와 정리 4.3.4를 이용하여라.

(c) 먼저 다음 사실을 주목하여라.

$$x_n \text{ (or } y_n) \le x_n \vee y_n, \qquad x_n \wedge y_n \le x_n \text{ (or } y_n) \qquad (n \ge 1). \tag{$\diamondsuit$}$$

($\diamondsuit$)로부터 수열 (x_n) (또는 (y_n))이 위로 유계가 아니면 $\limsup(x_n \vee y_n) = \infty = \limsup x_n \vee \limsup y_n$이다. 마찬가지로 수열 (x_n) (또는 (y_n))이 아래로 유계가 아니면 $\liminf(x_n \wedge y_n) = -\infty = \liminf x_n \wedge \liminf y_n$이다. 일반성을 잃지않고 두 수열 (x_n)과 (y_n)이 유계수열이라고 가정하고 (i)을 밝혀보자. ($\diamondsuit$)와 정리 3.4.6으로부터 $\limsup x_n \vee \limsup y_n \le \limsup(x_n \vee y_n)$임을 쉽게 알 수 있다. 이제 역 부등호($\ge$)를 증명하자. 모든 $n \ge 1$에 대하여

$$x_k \vee y_k \le \sup_{k\ge n} x_k \vee \sup_{k \ge n} y_k \qquad (k \ge n)$$

이므로

$$\sup_{k\ge n}(x_k \vee y_k) \le \sup_{k\ge n} x_k \vee \sup_{k\ge n} y_k$$

이다. 이제 (3.10), 연습문제 3.2.6과 (b)를 차례로 적용하면

$$\begin{aligned}
\limsup_{n\to\infty}(x_n \vee y_n) &= \lim_{n\to\infty} \sup_{k\ge n}(x_k \vee y_k) && (3.10)\\
&\le \lim_{n\to\infty} (\sup_{k\ge n} x_k \vee \sup_{k\ge n} y_k) && (\text{연습문제 } 3.2.6)\\
&\le \lim_{n\to\infty} \sup_{k\ge n} x_k \vee \lim_{n\to\infty} \sup_{k\ge n} y_k && (b)\\
&= \limsup x_n \vee \limsup y_n && (3.10)
\end{aligned}$$

을 얻는다. 따라서 (i)을 얻는다. 유사한 방법으로 (ii)을 증명하여라.

[주의] $\liminf x_n \vee \liminf y_n \le \liminf(x_n \vee y_n)$, $\limsup(x_n \wedge y_n) \le \limsup x_n \wedge \limsup y_n$이다. 특히, $x_n = (-1)^n$, $y_n = (-1)^{n+1}$라면 '좌변$= -1 < 1 =$우변'임을 주목하여라.

3. 모든 $x, y, t \in R$에 대하여

$$|\sin t| \le |t|,\ |\cos t| \le 1,\ \sin x - \sin y = 2 \sin \frac{x-y}{2} \cos \frac{x+y}{2}$$

임을 이용하여라.

4. 먼저 $c \in A$를 임의로 선택하고 $b = f(c) \in B$라 하자. 그러면, 임의로 주어진 $\epsilon > 0$에 대하여, g가 b에서 연속이므로

$$y \in B, \quad |y-b| < \eta \ \Rightarrow\ |g(y) - g(b)| < \epsilon \tag{$\heartsuit$}$$

이다. 한편, f가 c에서 연속이므로, $\eta > 0$에 대하여

$$x \in A,\ |x-c| < \delta \ \Rightarrow\ |f(x) - f(c)| < \eta$$

이다. 그러므로, 만약 $x \in A$이고 $|x-c| < \delta$이면 ($\heartsuit$)에 의하여

$$|(g \circ f)(x) - (g \circ f)(c)| = |g\,(f(x)) - g\,(f(c))| < \epsilon$$

이 되므로 $g \circ f$는 c에서 연속이다.

5. 정리 4.3.10 (a)에 의하여 $f \pm g$는 A상에서 연속이다. 연습문제 4.3.2에 의하여 절대치 함수는 항상 연속이므로 정리 4.3.12에 의하여 $|f-g|$도 A상에서 연속이다.

$$f \vee g = \frac{|f-g| + (f+g)}{2}, \quad f \wedge g = \frac{-|f-g| + (f+g)}{2}$$

이므로 정리 4.3.10 (a)에 의하여 $f \vee g$, $f \wedge g$는 A상에서 연속이다.

6. f의 그래프를 그려보면 다음과 같다(따라서, $\pm 1, \pm 3, \ldots$에서 f는 불연속이다).

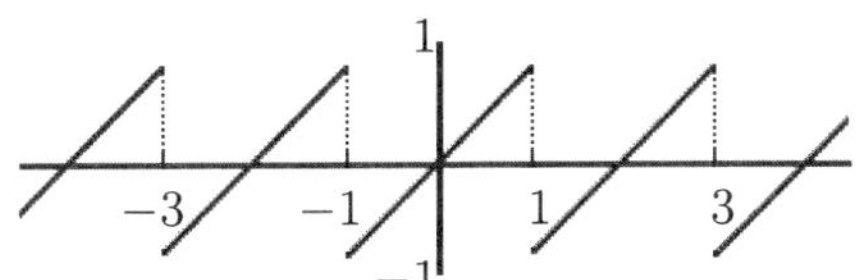

7. (a) (4.4)에서 $x = y = 0$을 대입하면 $f(0) = 0$이다. 먼저 수학적귀납법을 이용하여 $n \in \mathbb{N}$에 대하여 성립함을 보여라.

$$0 = f(0) = f(x + (-x)) = f(x) + f(-x)$$

이므로 $f(-x) = -f(x)$을 얻는다. 따라서, $n \in \mathbb{Z}$에 대하여 $f(nx) = nf(x)\ (x \in \mathbb{R})$ 이다.

(b) $f(x) = f\left(n\frac{1}{n}x\right) = nf\left(\frac{1}{n}x\right)$이므로

$$f\left(\frac{1}{n}x\right) = \frac{1}{n}f(x) \qquad (n \in \mathbb{N}) \qquad (\diamondsuit)$$

이다. $r \in \mathbb{Q}$이고 $r = \frac{m}{n}$ $(m,\ n(\neq 0) \in \mathbb{Z})$라 하면 (a)와 ($\diamondsuit$)를 적용하면 모든 $x \in \mathbb{R}$에 대하여

$$f(rx) = f\left(\frac{m}{n}x\right) = f\left(\frac{1}{n}(mx)\right) = \frac{1}{n}f(mx) = \frac{1}{n} \cdot mf(x) = rf(x)$$

가 성립한다.

(c) f가 임의의 $c \in \mathbb{R}$에서 연속임을 보이기 위하여

$$h = y - x_0 = x - c$$

라 두자. f가 x_0에서 연속이고 가법적이므로

$$f(x_0) = \lim_{y \to x_0} f(y) = \lim_{h \to 0} f(x_0 + h) = f(x_0) + \lim_{h \to 0} f(h)$$

이므로 $\lim_{h \to 0} f(h) = 0 = f(0)$이다. (함수에 대한 극한정리 4.2.1을 이용하여 극한이 존재함을 살펴보아라.) 즉, f는 0에서 연속이다. 그러므로,

$$\lim_{x \to c} f(x) = \lim_{h \to 0} f(c + h) = f(c) + \lim_{h \to 0} f(h) = f(c)$$

이다. 즉 f는 c에서 연속이다.

(d) $t \in \mathbb{R}$라 하자. $\mathbb{Q}$의 조밀성정리 2.3.5에 의하여 t에 수렴하는 유리수들의 수열 (r_n)가 존재한다. (c)에 의하여 f는 연속이므로 $f(tx) = \lim f(r_n x)\,(x \in \mathbb{R})$이다. 그러므로, (b)에 의하여

$$f(tx) = \lim_{n \to \infty} f(r_n x) = \lim_{n \to \infty} [r_n f(x)] = t f(x) \quad (t,\, x \in \mathbb{R}) \qquad (\spadesuit)$$

이다. $(\spadesuit)$에서 $t = x$, $x = 1$로 취하면 $f(x) = f(1)x\,(x \in \mathbb{R})$을 얻고 $\alpha = f(1)$로 두면 증명이 끝난다.

8. $(x_n) \subset E$이고 $x_n \to x_0$이라 하자. $f(x_n) = g(x_n)$ $(n \in \mathbb{N})$이고 f, g가 x_0에서 연속이므로 정리 4.3.3 (c)에 의하여 $f(x_0) = g(x_0)$을 얻는다. 즉 $x_0 \in E$이다.

9. $\mathbb{Q}$가 $(r_1, r_2, \ldots)$로 나열(*enumeration*)되었다고 하자. 그 때 각 $k = 1, 2, \ldots$에 대하여 함수 $q_k : \mathbb{R} \to \mathbb{R}$를

$$q_k(x) = \begin{cases} 1, & x = r_k \text{일 때} \\ 0, & x \neq r_k \text{일 때} \end{cases}$$

로 정의하면 q_k는 r_k를 제외한 모든 점에서 연속이다. 이제

$$f(x) = \sum_{k=1}^{\infty} 2^{-k} q_k(x) \qquad (x \in \mathbb{R})$$

로 f를 정의하면 $\sum_{k=1}^{\infty} 2^{-k} = 1$이므로 $f : \mathbb{R} \to [0, 1]$이고 이것이 우리가 구축하고자 하는 함수이다. 모든 무리수 점에서는 연속이고 유리수 점에서는 불연속임을 보이자.

(경우 1. $c =$무리수) 임의의 $\epsilon > 0$에 대하여 Archimedian 성질 2.3.4를 이용하여 $2^{-K} < \epsilon$되는 $K \in \mathbb{N}$을 잡자.

$$r_1, r_2, \ldots, r_K \notin V_\delta(c) = (c - \delta, c + \delta)$$

를 만족하도록 충분히 작은 $\delta > 0$을 잡자. 그러면 모든 $x \in V_\delta(c)$에 대하여 $f(x) = \sum_{k=K+1}^{\infty} 2^{-k} q_k(x)$이다. 그러므로

$$|x-c| < \delta \;\Rightarrow\; |f(x) - f(c)| \le f(x) + f(c) \le 2 \sum_{k=K+1}^{\infty} 2^{-k} = 2^{-K} < \epsilon$$

이다. 따라서 f는 무리수 c에서 연속이다.

(**경우 2.** $c = r_k$) 이제 각 r_k에서 f가 불연속임을 보이자.

$$f = 2^{-k} q_k + \sum_{j \neq k} 2^{-j} q_j$$

로 쓰면 $\sum_{j \neq k} 2^{-j} q_j$는 (경우 1)의 증명($c = r_k$로서)을 되풀이 하면 r_k에서 연속임을 보일 수 있다. 그러나 분명히 $2^{-k} q_k$는 r_k에서 불연속이므로 f도 r_k에서 불연속이어야 한다.

10. 먼저 다음 사실을 증명하자.

$$f(0+) = \lim_{x \to 0+} \left(a^{\frac{1}{x}} + b^{\frac{1}{x}} \right)^x = a \vee b, \quad f(0-) = \lim_{x \to 0-} \left(a^{\frac{1}{x}} + b^{\frac{1}{x}} \right)^x = a \wedge b. \qquad (\heartsuit)$$

일반성을 잃지않고 $a \le b$라 가정하면,

$$\begin{cases} a^{1/x} \le b^{1/x}, & x > 0\text{일 때} \\ a^{1/x} \ge b^{1/x}, & x < 0\text{일 때} \end{cases}$$

이다. 이것으로부터

$$1 \le \left(1 + (a/b)^{\frac{1}{x}}\right)^x \le 2^x \quad (x > 0),$$
$$2^x \le \left(1 + (b/a)^{\frac{1}{x}}\right)^x \le 1 \quad (x < 0)$$

이다(연습문제 3.2.14의 증명과 비교하여 보아라). 이제 함수에 대한 조임정리 4.2.3을 적용하면

$$\lim_{x \to 0+} \left(1 + (a/b)^{\frac{1}{x}}\right)^x = 1 = \lim_{x \to 0-} \left(1 + (b/a)^{\frac{1}{x}}\right)^x$$

을 얻는다. 그러므로

$$\begin{aligned} f(0+) &= \lim_{x \to 0+} \left(a^{\frac{1}{x}} + b^{\frac{1}{x}}\right)^x = b \lim_{x \to 0+} \left(1 + (a/b)^{\frac{1}{x}}\right)^x = b, \\ f(0-) &= \lim_{x \to 0-} \left(a^{\frac{1}{x}} + b^{\frac{1}{x}}\right)^x = a \lim_{x \to 0-} \left(1 + (b/a)^{\frac{1}{x}}\right)^x = a \end{aligned}$$

이다. 그러므로 ($\heartsuit$)가 증명되었다. 이제 $f(0+) = f(0) = f(0-)$임을 적용하여 $a = b = c$임을 유도하여라.

11. $\mathbb{Q}$의 조밀성정리 2.3.5와 정리 4.3.3 (c)를 적용하여라.

12. (a) 먼저 $f(x) > 0$ $(x \in \mathbb{R})$임을 주목하자. (4.5)로부터 $f(0) = f(0+0) = f(0)f(0)$이고 $f(0) > 0$이므로 $f(0) = 1$이어야 한다. 수학적귀납법에 의하여 (4.5)로부터

$$f(nx) = f(x)^n \qquad (n \in \mathbb{N},\ x \in \mathbb{R})$$

임을 쉽게 주목할 수 있다. 더욱 $1 = f(x - x) = f(x)f(-x)$이므로 $f(-x) = f(x)^{-1}$이다. 그러므로 다음을 얻는다.

$$f(-mx) = f(mx)^{-1} = (f(x)^m)^{-1} = f(x)^{-m} \qquad (m \in \mathbb{N},\ x \in \mathbb{R}).$$

(b) 먼저 (a)로부터

$$\begin{aligned} f(x) &= f\left(m \cdot (x/m)\right) = f\left(x/m\right)^m \\ &\Leftrightarrow\ f\left(x/m\right) = f(x)^{1/m} \qquad (m \in \mathbb{N},\ x \in \mathbb{R}) \end{aligned}$$

임을 주목하여라.

(c) (4.5)로부터 다음이 성립함을 주목하여라.

$$\lim_{h\to 0} f(x+h) = f(x) \lim_{h\to 0} f(h)$$

(d) (b)에서 $x = 1$로 취하면 $f(r) = f(1)^r$ $(r \in \mathbb{Q})$이다. $a = f(1) > 0$라 두고 $x \in \mathbb{R}$라 하자. 그러면 x에 수렴하는 유리수들의 수열 (r_n)이 존재한다. $f(r_n) = a^{r_n}$ $(n \in \mathbb{N})$이므로 f와 a^x의 연속성에 의하여 양변에 극한을 취하면

$$f(x) = \lim_{n\to\infty} f(r_n) = \lim_{n\to\infty} a^{r_n} = a^x$$

이고 증명이 모두 끝난다.

13.[‡] (a)⇒(b) V를 $f(c) \in M_2$의 근방이라 하자. 그러면 $\epsilon > 0$이 존재하여 열린공 $U_\epsilon\left(f(c)\right) \subset V$이다. (a)에 의하여 $\delta > 0$가 존재하여

$$x \in M_1,\ d_1(x,c) < \delta\ \Rightarrow\ d_2\left(f(x), f(c)\right) < \epsilon \qquad (\clubsuit)$$

이다. $U_\delta(c) \subset f^{-1}(V)$ (즉, $f^{-1}(V)$는 c의 근방이다). $\subset$를 보이기 위하여 $x \in U_\delta(c)$라 하자. 그러면 $d_1(x,c) < \delta$이고, $(\clubsuit)$에 의하여 $d_2\left(f(x), f(c)\right) < \epsilon$이다. 그러므로 $f(x) \in U_\epsilon\left(f(c)\right) \subset V$이다. 따라서 $x \in f^{-1}(V)$이고 증명이 끝난다.

(b)⇒(c) $d_1(x_n, c) \to 0$라 하고 $d_2(f(x_n), f(c)) \to 0$임을 보이자. 이것을 보이기 위하여 $\epsilon > 0$를 임의로 선택하자. 그러면 $U_\epsilon(f(c))$은 분명히 $f(c)$의 근방이므로 (b)에 의하여 $f^{-1}[U_\epsilon(f(c))]$은 c의 근방이다. 그러면 $\delta > 0$가 존재하여 $f(U_\delta(c)) \subset U_\epsilon(f(c))$이다. $d_1(x_n, c) \to 0$이므로 $K \in \mathbb{N}$가 존재하여 $d_1(x_n, c) < \delta$ $(n \geq K)$를 만족한다. $x_n \in U_\delta(c)\,(n \geq K)$이므로 $f(x_n) \in U_\epsilon(f(c))$, 즉 $d_2(f(x_n), f(c)) < \epsilon\,(n \geq K)$이다. $\epsilon > 0$이 임의로 주어졌으므로 $d_2(f(x_n), f(c)) \to 0$이다.

(c)⇒(a) 대우증명을 하자. 만약 (a)가 성립하지 않는다면 각 $\delta > 0$에 대하여 $x_\delta \in M_1$가 존재하여

$$d_1(x_\delta, c) < \delta \quad \text{이지만} \quad d_2(f(x_\delta), f(c)) \geq \epsilon_0$$

를 만족하는 $\epsilon_0 > 0$가 존재한다. 특히, 각 $n \in \mathbb{N}$에 대하여 $x_n \in M_1$가 존재하여 $d_1(x_n, c) < \frac{1}{n}$이지만 $d_2(f(x_n), f(c)) \geq \epsilon_0$이다. 이것은 (b)가 성립하지 않음을 말한다.

14.[‡] (a)⇒ (b) 임의의 M_2의 닫힌집합 F에 대하여 연습문제 3.1.22 (e)를 이용하여 $f^{-1}(F)$가 M_1의 닫힌집합임을 보이자. $x_n \in f^{-1}(F)$이고 $x_n \to c\,(\in M_1)$라 할 때 $c \in f^{-1}(F)$임을 보이자. ($\because$ f가 c에서 연속이므로 연습문제 4.3.13 (c)에 의하여 $f(x_n) \to f(c)$이다. $f(x_n) \in F$이고 F는 M_2의 닫힌집합이므로 다시 연습문제 3.1.22 (e)에 의하여 $f(c) \in F$이다. 즉 $c \in f^{-1}(F)$이다.)

(b)⇒(c) G가 M_2의 열린집합이면 G^c은 닫힌집합이다. 그러므로 $f^{-1}(G^c)$은 M_1의 닫힌집합이다. 분명히 $f^{-1}(G^c) = [f^{-1}(G)]^c$이므로 $f^{-1}(G)$는 M_1의 열린집합이다(연습문제 2.4.13).

(c)⇒(a) $c \in M_1$을 임의로 선택하고 f가 점 c에서 연속임을 보이자. 임의의 $\epsilon > 0$에 대하여 $U_\epsilon(f(c))$는 M_2의 열린집합이다. 그러므로 가정 (c)에 의하여 $f^{-1}[U_\epsilon(f(c))]$은 M_1의 열린집합이다. $c \in f^{-1}[U_\epsilon(f(c))]$이므로 $\delta > 0$가 존재하여

$$U_\delta(c) \subset f^{-1}[U_\epsilon(f(c))],$$

즉

$$d(x, c) < \delta,\ x \in M_1 \;\Rightarrow\; d(f(x), f(c)) < \epsilon$$

를 만족한다. 따라서 f는 점 c에서 연속이다.

4.4 연속함수의 성질

정의 4.4.1 $f : A(\subset \mathbb{R}) \to \mathbb{R}$이라 하자. 만약 f의 치역, $f(A)$가 위로 유계이면 f는 A 상에서 **위로 유계**라 하고, $f(A)$가 아래로 유계이면 f는 A 상에서 **아래로 유계**라 한다. 또한, f가 A 상에서 위로 유계이고 동시에 아래로 유계일 때 f는 A **상에서 유계**(*bounded on* A)라 한다. 다시 말하면, $|f(x)| \le M$ $(x \in A)$를 만족하는 실수 $M > 0$가 존재한다는 뜻이다.

[**표기**] 앞으로 A 상의 모든 유계함수들의 집합을 $\mathcal{B}(A)$로 표기한다. 특히 A가 구간일 경우에는, 예를 들어 $A = [a, b]$이면 간단히 $\mathcal{B}[a, b]$와 같이 괄호를 생략하고 나타낸다.

정리 4.4.2 (유계성정리)
유계인 닫힌구간 $[a, b] \subset \mathbb{R}$에 대하여 $\mathcal{C}[a, b] \subset \mathcal{B}[a, b]$이다.

정의 4.4.3 $f : A(\subset \mathbb{R}) \to \mathbb{R}$이라 하자.

$$f(x^*) \ge f(x) \qquad (x \in A)$$

를 만족하는 $x^* \in A$가 존재할 때, 함수 f가 A 상에서 **최대값**(*maximum*)을 갖는다고 한다. 유사하게, $f(x_*) \le f(x)$ $(x \in A)$를 만족하는 $x_* \in A$가 존재할 때 f가 A 상에서 **최소값**(*minimum*)을 갖는다고 한다.

정리 4.4.4 (⋆최대·최소정리⋆) $[a, b] \subset \mathbb{R}$가 유계인 닫힌구간이고 $f \in \mathcal{C}[a, b]$이면 f는 $[a, b]$ 내에서 최대값과 최소값을 갖는다.

보조정리 4.4.5 (부호보존성질) $f : A(\subset \mathbb{R}) \to \mathbb{R}$이고 $c \in A$에 대하여

$$f(c) > 0 \qquad (\text{또는} \quad f(c) < 0)$$

이라 하자.

(a) f가 c에서 연속이면 $\delta > 0$가 존재하여 $|x - c| < \delta$를 만족하는 모든 $x \in A$에 대하여 $f(x) > 0$ (또는 $f(x) < 0$)이다.

(b) f가 c에서 우연속이면 $\delta > 0$가 존재하여 $c \le x < c + \delta$를 만족하는 모든 $x \in A$에 대하여 $f(x) > 0$ (또는 $f(x) < 0$)이다.

(c) f가 c에서 좌연속이면 $\delta > 0$가 존재하여 $c - \delta < x \le c$를 만족하는 모든 $x \in A$에 대하여 $f(x) > 0$ (또는 $f(x) < 0$)이다.

정리 4.4.6 (근의 위치정리) $f \in \mathcal{C}[a,b]$이고

$$f(a) < 0 < f(b)$$

이면 $f(c) = 0$를 만족하는 $c \in (a,b)$가 존재한다.

정리 4.4.7 ($\star$중간값정리$\star$) I가 구간이고 $f \in \mathcal{C}(I)$라 하자. 만약 $a, b \in I$, $a < b$이고 k가 $f(a)$와 $f(b)$사이의 임의의 값이면, $f(c) = k$를 만족하는 $c \in (a,b)$가 존재한다.

따름정리 4.4.8 I가 유계인 닫힌구간이라 하자. $f \in \mathcal{C}(I)$이면 f의 치역 $f(I) = \{f(x) : x \in I\}$은 유계인 닫힌구간 $[m, M]$이다. 여기서 $m = \inf f(I)$이고 $M = \sup f(I)$이다.

예제 4.4.9 모든 홀수 차수의 (실수계수를 갖는) 다항식은 적어도 하나의 근을 가진다.

정리 4.4.10 구간보존정리) I는 구간이고 만약 $f \in \mathcal{C}(I)$이면 $f(I)$도 역시 구간이다.

정의 4.4.11 $f : A(\subset \mathbb{R}) \to \mathbb{R}$가

$$x, y \in A,\ x_1 \leq x_2 \quad \Rightarrow \quad f(x_1) \leq f(x_2)$$

를 만족할 때 f는 A 상에서 **증가**($\uparrow$)한다고 하고

$$x, y \in A,\ x_1 < x_2 \quad \Rightarrow \quad f(x_1) < f(x_2)$$

를 만족할 때 f는 A 상에서 **순증가**라 한다. 그리고, $-f$가 A 상에서 증가(또는 순증가)일 때 f가 A 상에서 **감소**($\downarrow$)(또는 **순감소**)라 한다. 또한, 함수 f가 A 상에서 증가 또는 감소일 때를 A 상에서 **단조**라 하고, 순증가 또는 순감소일 때를 A 상에서 **순단조**라 한다.

[표기] 구간 I 상에서 증가 또는 감소하는 모든 함수들의 집합을 각각 $\mathcal{M}\!\uparrow\!(I)$ 또는 $\mathcal{M}\!\downarrow\!(I)$로 표기한다. 그리고, I 상에서 단조인 함수들의 집합을 간단히 $\mathcal{M}(I)$로 나타낸다. 특히 I가 구간일 경우에는, 얘를 들어 $I = [a,b]$이면 간단히 $\mathcal{M} \uparrow [a,b]$, $\mathcal{M} \downarrow [a,b]$, $\mathcal{M}[a,b]$와 같이 괄호를 생략하고 나타낸다.

정리 4.4.12 $(a,b) \subset \mathbb{R}$은 유계인 열린구간이라 하자. $f \in \mathcal{M}\!\uparrow\!(a,b)$라 가정하자. 만약 f가 (a,b) 상에서 위로 유계이면 $f(b-)$가 존재하고, 역시 f가 (a,b) 상에서 아래로 유계이면 $f(a+)$가 존재한다.

정리 4.4.13 $(a,b) \subset \mathbb{R}$은 유계인 열린구간이라 하자. $f \in \mathcal{M}\downarrow(a,b)$라 가정하자. 만약 f가 (a,b) 상에서 위로 유계이면 $f(a+)$가 존재하고 역시, f가 I 상에서 아래로 유계이면 $f(b-)$가 존재한다.

따름정리 4.4.14 $f \in \mathcal{M}(a,b)$라 가정하자. 만약 $c \in (a,b)$이면 $f(c+)$와 $f(c-)$가 동시에 존재한다. 특히 $f \in \mathcal{M}\uparrow(a,b)$이면 다음이 성립한다.

$$f(c-) = \sup\{f(x) : x \in I,\, x < c\}, \qquad f(c+) = \inf\{f(x) : x \in I,\, x > c\}$$

따름정리 4.4.15 $I(\subset R)$는 구간이고 $f \in \mathcal{M}\uparrow(I)$라 하자. 만약 $c \in I$이면 다음은 서로 동치이다.

(a) f가 c에서 연속이다.

(b) $f(c-) = f(c) = f(c+)$이다.

(c) $\sup\{f(x) : x \in I,\, x < c\} = f(c) = \inf\{f(x) : x \in I,\, x > c\}$이다.

정의 4.4.16 $f \in \mathcal{M} \uparrow [a,b]$이고 $c \in [a,b]$라 할 때, 점 c에서 f의 **점프**(jump) $j_f(c)$는

$$j_f(c) = \begin{cases} f(c+) - f(c-), & c \in (a,b)\text{일 때} \\ f(a+) - f(a), & c = a\text{일 때} \\ f(b) - f(b-), & c = b\text{일 때} \end{cases}$$

로 정의한다.

정리 4.4.17 $f \in \mathcal{M}\uparrow[a,b]$이고 $c \in [a,b]$이면 다음이 성립한다.

$$f\text{가 } c\text{에서 연속이다} \;\Leftrightarrow\; j_f(c) = 0\text{이다.}$$

정리 4.4.18 (연속역정리) $f : I = [a,b](\subset \mathbb{R}) \to \mathbb{R}$가 I 상에서 연속이고 순단조이면, 역함수 f^{-1}도 $J = f(I)$ 상에서 연속이고 순단조이다.

정의 4.4.19 (i) 만약 $m, n \in \mathbb{N}$이고 $x \geq 0$이면 $x^{m/n} = (x^{1/n})^m$으로 정의한다.

(ii) 만약 $m, n \in \mathbb{N}$이고 $x > 0$이면 $x^{-m/n} = (x^{1/n})^{-m}$으로 정의한다.

정리 4.4.20 $m \in \mathbb{Z}$, $n \in \mathbb{N}$이고 $x > 0$이면 $x^{m/n} = (x^m)^{1/n}$이다.

[주의] 정리 4.4.20으로부터 곧바로 다음 관계식을 증명할 수 있다(연습문제 4.4.16).

$$x^r x^s = x^{r+s} = x^s x^r, \quad (x^r)^s = x^{rs} = (x^s)^r \qquad (x > 0,\ r, s \in \mathbb{Q})$$

연 습 문 제 4.4

1. $f : A(\subset \mathbb{R}) \to \mathbb{R}$이고 $c \in A$라 하자. 만약 f가 c에서 연속(우연속, 좌연속)이면 f는

$$(c-\delta, c+\delta) \qquad ([c, c+\delta), \quad (c-\delta, c])$$

상에서 유계가 되는 $\delta > 0$가 존재함을 보여라.

2. $f \in \mathcal{C}[a,b]$라 하자. 만약 f가 $a \le f(x) \le b\,(x \in [a,b])$이면 f는 **부동점**(*fixed point*)을 갖는다. 즉, $f(c) = c$를 만족하는 점 $c \in [a,b]$가 존재한다.

3. $f \in \mathcal{C}[a,b]$라 하자. 각 $x \in [a,b]$에 대하여

$$|f(y)| \le \frac{1}{2}|f(x)|$$

를 만족하는 $y \in [a,b]$가 존재한다고 가정할 때 적당한 $c \in [a,b]$가 존재하여 $f(c) = 0$임을 보여라.

4. $[a,b] \subset \mathbb{R}$가 유계인 닫힌구간이라 하자. $f \in \mathcal{M}[a,b]$이면, $[a,b]$ 내에서 f가 불연속인 점들의 집합 D는 가산집합임을 보여라.

[주의] 위의 문제는 임의의 구간 (특히, $I = \mathbb{R}$)에서도 성립함을 주목하여라.

5. f가 $\mathbb{R}$ 상에서 가법적(연습문제 4.3.7)이고 단조함수이면 f는 $\mathbb{R}$ 상에서 연속임을 보여라. 그러면, 연습문제 4.3.7(d)에 의하여 $f(x) = \alpha x\ (x \in \mathbb{R})$이다. 단, $\alpha = f(1)$이다.

6. $[a,b] \subset \mathbb{R}$가 유계인 닫힌구간이고 $f \in \mathcal{C}[a,b]$이면 다음이 성립함을 보여라.

$$f\text{는 단사이다} \Leftrightarrow f\text{는 } [a,b] \text{ 상에서 순단조이다.}$$

7. 함수 $f : [0,1] \to \mathbb{R}$을 x가 유리수일 때는 $f(x) = x$이고, x가 무리수일 때는 $f(x) = 1 - x$로 정의하면 f는 단사이고 $f^2(x) = x\,(x \in [0,1])$ (즉, $f^{-1} = f$)임을 보여라. 그리고 f는 $x = \frac{1}{2}$에서만 연속이 됨을 보여라.

8. 다음 두 사실을 이용하여 근의 위치정리 4.4.6을 증명하여 보아라.

   (a) 근의 위치정리 4.4.6의 증명에서 $W = \{x \in [a,b] : f(x) > 0\}$, $c = \inf W$로 시작한다.

   (b) 단조수렴정리 3.3.2을 이용한다.

9. 다음을 증명하여라.

   (a) $\frac{x^2+5}{3+x^7} = 1$을 만족하는 $x > 1$가 존재한다.

   (b) $x^5 + 2x + 5 = x^4 + 10$을 만족하는 $x \in [1,2]$가 존재한다.

   (c) $f, g \in \mathcal{C}[a,b]$이고 $f(a) > g(a)$, $f(b) < g(b)$이면 $f(c) = g(c)$ 되는 $c \in [a,b]$가 존재한다.

10. $f : [0,1] \to \mathbb{R}$가 구간 $[0,1]$ 상에서 연속이고 $f(0) = f(1)$을 만족하면 적어도 한 점 $c \in [0,1]$가 존재하여 $f(c+1/2) = f(c)$임을 보여라.

11. 철사 줄로 만들어진 둥근 굴림 쇠를 생각하자. 한 점에서 다른 점으로 온도가 갑자기 변하지 않는다고 가정하면 원주 상에서 똑같은 온도를 갖는 한 쌍의 **대심점**(*antipodal point*)이 존재함을 보여라(연습문제 4.4.10).

12. $f : [a,b] \to \mathbb{R}$가 연속이고 증가함수일 때 다음 사실을 보여라.

$$\sup f(E) = f(\sup E) \qquad (E\,(\neq \emptyset) \subset [a,b]).$$

13. 두 명의 보석 도둑이 둥근형의 목걸이를 훔쳤다. 목걸이는 짝수 개의 다이아몬드와 짝수 개의 루비를 갖고 있으며 황금 줄로 이어져 있다고 한다. 보석들의 배열에 관계없이 가능한 두 번의 절단으로 보석들과 황금 줄을 반씩 똑같이 나누고자한다면 가능한 것인가?

14.[‡] (M_1, d_1), (M_2, d_2)는 거리공간(연습문제 2.3.23)이고 $f \in \mathcal{C}[M_1; M_2]$이라 하자(연습문제 4.3.13의 주의). 만약 M_1이 컴팩트이면 $f(M_1)\,(\subset M_2)$도 컴팩트임을 보여라.

15.[‡] 연습문제 4.4.14를 이용하여 다음을 증명하여라. (M,d)는 컴팩트인 거리공간이고 $f \in \mathcal{C}[M; \mathbb{R}]$이면 f는 M 내에서 최대값과 최소값을 갖는다(최대·최소정리 4.4.4).

16. $x^{-1} = \frac{1}{x}\ (x \neq 0)$, $\quad x^n = \overbrace{x \cdots x}^{n}\ (x \in \mathbb{R})$라 할 때, 다음을 증명하여라.

   (a) $x > 0$이고 $m,\ n \in \mathbb{Z}$이면 $(x^m)^n = x^{mn} = (x^n)^m$이다.

   (b) $x \in \mathbb{R},\ x > 0$이고 $r, s \in \mathbb{Q}$일 때 $x^r x^s = x^{r+s} = x^s x^r$, $(x^r)^s = x^{rs} = (x^s)^r$이다.

연습문제풀이 및 힌트 4.4

1. f가 c에서 연속이므로 $\epsilon = 1 > 0$에 대하여

$$x \in A, \quad |x - c| < \delta \Rightarrow |f(x) - f(c)| < 1$$

을 만족하는 $\delta > 0$가 존재한다. 즉,

$$|x - c| < \delta; \Rightarrow |f(x)| < 1 + |f(c)| = M$$

이다. 그러므로 f는 $(c - \delta, c + \delta)$ 상에서 유계이다.

같은 방법으로 f가 c에서 우측 또는 좌측연속일 때도 증명할 수 있다.

2. $g(x) = x - f(x)$라 두면 $a \leq f(x) \leq b$ $(x \in [a, b])$이므로 $g(a) \leq 0$, $g(b) \geq 0$이다. a와 b가 부동점이 아니라 가정하면 $g(a) < 0 < g(b)$이다. 근의 위치정리 4.4.6에 의하여 $g(c) = 0$ (따라서, $f(c) = c$이다.)을 만족하는 $c \in I$가 항상 존재한다.

3. $x_0 \in I$라 고정하고 반복적인 과정으로

$$|f(x_{n+1})| \leq \frac{1}{2}|f(x_n)| \leq \frac{1}{2^{n+1}}|f(x_0)|$$

를 만족하는 수열 $(x_n) \subset I$을 얻고 분명히 $\lim f(x_n) = 0$이 성립한다. Bolzano-Weierstrass 정리 3.3.4에 의하여 $c \in I$에 수렴하는 부분수열 (x_{n_k})가 존재한다. f는 c에서 연속이므로 정리 4.3.3 (c)에 의하여 곧바로

$$f(c) = \lim_{k \to \infty} f(x_{n_k}) = 0$$

을 얻는다.

[별해] 최대·최소정리 4.4.4에 의하여 $f(c) = \inf f(I)$가 되는 $c \in I$가 존재한다. $\lim f(x_n) = 0$이므로 $\inf f(I) = 0$이고 증명이 끝난다.

4. f가 $I = [a, b]$ 상에서 증가(↑)라 가정하자. 정리 4.4.17에 의하여

$$D = \{x \in I : j_f(x) \neq 0\}$$

이다. 이제 $a \leq x_1 < x_2 < \cdots < x_n \leq b$라 하자. 그러면 f가 I 상에서 증가하므로, 모든 $x \in I$에 대하여 $j_f(x) \geq 0$이고

$$f(a) \leq f(a) + j_f(x_1) + \cdots + j_f(x_n) \leq f(b)$$

이다. 즉,

$$j_f(x_1) + \cdots + j_f(x_n) \le f(b) - f(a) \qquad (\heartsuit)$$

가 성립한다.

$$D_k = \left\{ x \in I : j_f(x) \ge \frac{f(b) - f(a)}{k} \right\}$$

라 두면 $(\heartsuit)$에 의하여 D_k는 기껏해야 k 개의 원소만 갖는 유한집합이다. 분명히

$$D = \cup_{k=1}^{\infty} D_k$$

이므로 D는 가산이다.

[주의] 위의 문제는 임의의 구간(*interval*) (특히, $I = \mathbb{R}$)에서도 성립함에 주목하여라(왜?).

5. 연습문제 4.3.7에 의하여 f가 0에서 연속임을 보이면 충분하다. $f(0) = 0$이므로 $f_+(0) = 0$과 $f_-(0) = 0$임을 보이면 충분하다. 분명히 연습문제 4.3.7 (b)에 의하여 모든 $x \in Q$에 대하여 $f(x) = cx$가 성립하므로

$$f_+(0) = \lim_{h \to 0+} f(h) = \lim_{n \to \infty} f(1/n) = c \lim_{n \to \infty} \frac{1}{n} = 0$$

을 얻는다. 유사한 방법으로 $f_-(0) = 0$임을 보여라.

6. f가 단사일 때 $[a, b]$ 상에서 순단조임을 모순증명으로 보이자. $f(a) \ne f(b)$이므로 $f(a) < f(b)$라 가정하고 순증가임을 보이자. (만약 $f(a) > f(b)$이면 f 대신 $-f$를 이용하여라.) f가 순증가가 아니라고 가정하자. f가 단사이므로, $x_1 < x_2$에 대하여 $f(x_1) > f(x_2)$을 만족하는 $x_1, x_2 \in [a, b]$가 존재한다. 먼저 (i) $f(x_1) > f(b)$이면 $k \in (f(b), f(x_1))$을 잡는다. 그러면 $k \in (f(a), f(x_1))$이므로 중간값정리 4.4.7에 의하여 $f(c_1) = k$를 만족하는 $c_1 \in (a, x_1)$가 존재한다. 역시, $f(c_2) = k$를 만족하는 $c_2 \in (x_1, b)$가 존재하므로, $c_1 \ne c_2$이지만 $f(c_1) = k = f(c_2)$이다. 이것은 f가 단사라는 사실에 모순이다. 다음 (ii) $f(x_1) < f(b)$이면 $f(x_2) < f(b)$이다. 이 경우에도 $k \in (f(x_2), f(x_1))$인 k를 선택하면, $k \in (f(x_2), f(b))$이다. 위의 경우와 마찬가지로, 중간값정리 4.4.7에 의하여 $f(c_1) = k$를 만족하는 $c_1 \in (x_1, x_2)$가 존재하고, 또한 $f(c_2) = k$를 만족하는 $c_2 \in (x_2, b)$가 존재한다. 이 때 $c_1 \ne c_2$이고 $f(c_1) = k = f(c_2)$를 만족한다. 이것은 f가 단사라는 사실에 모순이다.

역으로, f가 순단조이면 f는 항상 단사임이 자명하다.

7. $x_1, x_2 \in [0,1]$이고 $f(x_1) = f(x_2)$라 하자. x_i $(i = 1, 2)$가 유리수이거나 무리수인 경우만 가능하다. (왜? 만약 x_1이 유리수이고 x_2가 무리수이면

$$x_1 = f(x_1) = f(x_2) = 1 - x_2$$

이다. 이것은 불가능하다.) 어느 경우에도 $x_1 = x_2$이다. 그러므로 f는 단사이다.

만약 $x \in [0,1]$가 유리수이면 $f^2(x) = x$는 자명하다. $x \in [0,1]$가 무리수이면

$$f^2(x) = f(1-x) = 1 - (1-x) = x$$

이다. 어느 경우에도 $f^2(x) = x$ $(x \in [0,1])$이다.

끝으로, f가 $c \in [0,1]$에서 연속이라면 $c = \frac{1}{2}$임을 보이자. 먼저 c가 무리수라면 c에 수렴하는 유리수들의 수열 (r_n)을 택할 수 있다.

$$1 - c = f(c) = \lim_{n\to\infty} f(r_n) = \lim_{n\to\infty} r_n = c,$$

즉 $c = \frac{1}{2}$이다. c가 유리수이면 c에 수렴하는 무리수들의 수열 (z_n)을 잡고 유사하게 증명하여라.

[별해] 직접적으로 f가 $x = \frac{1}{2}$에서 연속임을 보일 수 있다. 왜냐하면,

$$|f(x) - f(1/2)| = |x - 1/2| \quad (x \in [0,1])$$

이므로 $\lim_{x\to 1/2} f(x) = f(1/2)$이다.

8. (a) $W = \{x \in [a,b] : f(x) > 0\}$, $c = \inf W$라 하자. $f \in \mathcal{C}[a,b]$이고 $f(a) < 0$이므로 보조정리 4.4.5 (b)에 의하여 $\delta_1 > 0$가 존재하여 $f(x) < 0$ $(x \in [a, a+\delta_1))$이다. 유사하게, $f(b) > 0$이므로 $\delta_2 > 0$가 존재하여 $f(x) > 0$ $(x \in (b-\delta_2, b])$이다. 그러므로 $a < c < b$이다(왜?). 이제 $a \le x < c$이면 $c = \inf W$이므로 $f(x) \le 0$이다. (그렇지 않으면 $c = \inf W$가 될 수 없다.) f가 c에서 연속이므로 정리 4.2.5에 의하여

$$f(c) = f(c-) \le 0 \qquad (\diamondsuit_1)$$

을 얻는다. 한편, $c = \inf W$이므로 연습문제 3.1.6에 의하여 W내부에서 c로 수렴하는 수열 (x_n)을 잡으면, 다시 c에서 f의 연속성과 연습문제 4.2.4 (a)에 의하여

$$f(c) = f(c+) = \lim_{n\to\infty} f(x_n) \ge 0 \qquad (\diamondsuit_2)$$

을 얻는다. 그러므로 $(\diamondsuit_1)$과 $(\diamondsuit_2)$에 의하여 $f(c) = 0$이고 증명이 끝난다.

(b) $a_0 = a$, $b_0 = b$, $r_0 = (a_0+b_0)/2$라 하자. 만약 $f(r_0) = 0$이면 $c = r_0$로 취하면 증명이 끝난다. 이제 $f(r_0) > 0$이면 $a_1 = a_0$, $b_1 = r_0$라 하고 $f(r_0) < 0$이면 $a_1 = r_0$, $b_1 = b_0$라 하자. 위의 두 어느 경우나 $f(a_1) < 0$, $f(b_1) > 0$이다. 이와 같은 이등분과정을 계속해가자. 즉, $f(a_n) < 0$, $f(b_n) > 0$이라 가정하고 $r_n = (a_n + b_n)/2$라 하자. 만약 $f(r_n) = 0$이면 $c = r_n$으로 증명이 끝난다. 만약 $f(r_n) > 0$이면 $a_{n+1} = a_n$, $b_{n+1} = r_n$로 선택하고 $f(r_n) < 0$이면 $a_{n+1} = r_n$, $b_{n+1} = b_n$로 선택한다. 이러한 반복과정으로 구축된 두 수열 (a_n), (b_n)은 다음과 같은 두 조건을 만족한다.

(i) (a_n)은 위로 유계이고 증가($\uparrow$)하고 (b_n)은 아래로 유계이고 감소($\downarrow$)한다.

(ii) 모든 $n \in \mathbb{N}$에 대하여 $b_n - a_n = (b-a)/2^{n-1}$이다.

단조수렴정리 3.3.2와 성질 (ii)에 의하여 (a_n), (b_n)은 같은 극한값 c에 수렴한다. $f(a_n) < 0$이고 $f(b_n) > 0$이므로 점 c에서 f의 연속성을 적용하면

$$0 \le \lim_{n\to\infty} f(b_n) = f(c) = \lim_{n\to\infty} f(a_n) \le 0,$$

즉, $f(c) = 0$을 얻고 증명이 끝난다.

9. (a) $f(x) = \frac{x^2+5}{3+x^7}$ $(x \in [1,2])$라 두면 $f \in \mathcal{C}[1,2]$이고 $f(1) = \frac{3}{2} > 1 > \frac{9}{131} = f(2)$이므로 중간값정리 4.4.7에 의하여 $f(c) = 1$ 되는 $c \in [1,2]$가 존재한다.

(b) $f(x) = x^5 + 2x + 5 - (x^4 + 10)$ $(x \in [1,2])$라 두면 $f \in \mathcal{C}[1,2]$이고 $f(1) = -3 < 0 < 15 = f(2)$이므로 근의 위치정리 4.4.6에 의하여 $f(c) = 0$ 되는 $c \in [1,2]$가 존재한다.

(c) $h = g - f$라 두면 정리 4.3.10 (a)에 의하여 $h \in \mathcal{C}[a,b]$이고 $h(a) < 0 < h(b)$이므로 근의 위치정리 4.4.6에 의하여 $h(c) = 0$ (따라서, $f(c) = g(c)$) 되는 $c \in [a,b]$가 존재한다.

10. 모든 $x \in [0,1/2]$에 대하여 $g(x) = f\left(x + \frac{1}{2}\right) - f(x)$라 두면 $g \in \mathcal{C}[0,1/2]$이다. 한편, $f(0) = f(1)$이므로

$$g(0) = f(1/2) - f(0) = -[f(1) - f(1/2)] = -g(1/2)$$

이다. 그러므로 근의 위치정리 4.4.6 (또는 중간값정리 4.4.7)에 의하여 $g(c) = 0$을 만족하는 $c \in [0,1/2]$가 존재한다. 즉 $f(c + 1/2) = f(c)$이다.

11. 일반성을 잃지않고 굴림쇠의 길이(원주) $\ell = 1$이라 가정해도 좋다. 그러면 온도는 다음과 같은 연속함수 f로 생각할 수 있다.

$$f : [0,1] \to \mathbb{R}, \quad f(0) = f(1).$$

점 x의 대심점의 온도는 $f(x+1/2)$이다. 그러므로 이 문제는 $f(c) = f(c+1/2)$ 되는 점 $c \in [0,1/2]$를 구하는 것이고 연습문제 4.4.10에 의하여 이것은 분명하다.

12. 먼저 연습문제 3.1.6에 의하여 $x_n \in E$가 존재하여 $\sup f(E) = \lim f(x_n)$를 만족한다. $x_n \le \sup E$ $(n \in \mathbb{N})$이고 f는 증가함수이므로 $f(x_n) \le f(\sup E)$ $(n \in \mathbb{N})$이다. 그러므로 $\sup f(E) = \lim f(x_n) \le f(\sup E)$이다. 유사한 방법으로 "$\ge$"가 성립함을 보여라.

13. 다이아몬드와 루비의 개수를 각 각 $2n$, $2m$이라 하자. 두 도둑이 $n+m$ 개씩 나누워 가지므로, n 개의 다이아몬드를 얻으면 자연히 m 개의 루비가 얻어진다. 이제 $f(i)$를 i 째 보석에서 출발하여 반시계방향으로 $n+m$개 보석중 다이야몬드의 수라고 정의하자. 그런 후에 모든 $i \in \mathbb{N}$에 대하여 $f(i+2n+2m) = f(i)$가 되도록 함수 f를 확장하자. i에서 출발하여 $n+m$만큼 하나씩 이동해가면 한 도둑이 처음에 갖고 있던 보석 염주들의 집합이 다른 도둑이 갖고 있던 보석 염주들의 집합으로 서로 뒤바뀐다. 즉, $f(i)$가 한 도둑이 갖고 있는 다이아몬드의 수라면 $f(i+n+m)$은 다른 도둑이 갖고 있는 다이아몬드의 수가 된다. 분명히 한 도둑이 다이야몬드를 많이 가지고 있으면 다른 도둑은 적게 갖는다. 그래서, $f(i)-n$와 $f(i+n+m)-n$는 서로 다른 부호를 갖게 된다. f는 정수값을 갖고 하나씩 이동할 때 그 값도 기껏해야 하나씩 바뀌므로 0을 통과 하지 않고는 서로 다른 부호를 가질 수 없다. 엄격히 말하면, 모든 $i \in \mathbb{N}$에 대하여 $g(i) = f(i)-n$로 정의하면 함수 $g : \mathbb{N} \to \mathbb{Z}$의 연속은 자명하다(정의 4.3.1을 뒤따르는 주의 (b)). 만약 $g(i) > 0$이면 $g(i+n+m) < 0$이 되므로 중간값 정리 4.4.7에 의하여 $g(i_0) = 0$ (따라서 $f(i_0) = n$)을 만족하는 $i_0 \in \mathbb{N}$가 반드시 존재한다. 그러므로 두 도둑은 똑같이 다이아몬드와 황금 줄을 반반씩 나누어 가질 수가 있다.

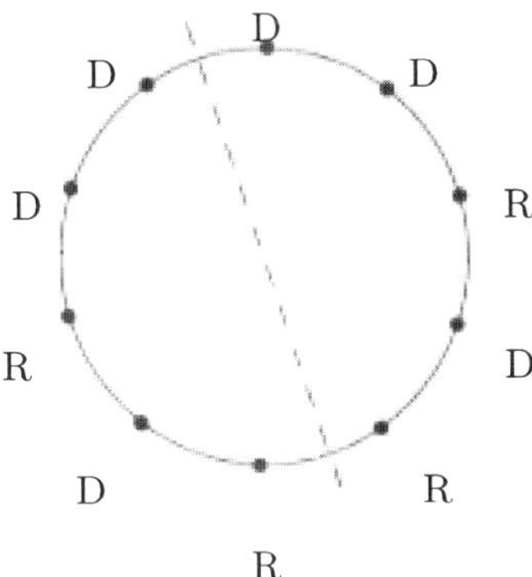

14.[‡] $\mathcal{G}$를 $f(M_1)$의 열린덮개라 하자. 각 $G \in \mathcal{G}$에 대하여 $f^{-1}(G)$는 M_1의 열린집합이고(연습문제 4.3.14), $\{f^{-1}(G) : G \in \mathcal{G}\}$는 M_1의 열린덮개이다. M_1이 컴팩트이므로 $G_k \in$

$\mathcal{G}\,(k=1,2,\ldots,n)$가 존재하여

$$M_1 = f^{-1}(G_1) \cup f^{-1}(G_2) \cup \cdots \cup f^{-1}(G_n)$$

이다. 따라서 $f(M_1) = \bigcup_{k=1}^{n} [f \circ f^{-1}(G_k)] \subset \bigcup_{k=1}^{n} G_k$이고 증명이 끝난다.

[별해] 연습문제 3.6.13에 의하여 $f(M_1)$이 점렬컴팩트임을 보이자. 이것을 보이기 위하여 $(y_n)\,(\subset f(M_1))$이라 하자. 그러면, 각 $n \in \mathbb{N}$에 대하여 $x_n \in M_1$이 존재하여 $y_n = f(x_n)$이다. M_1이 점렬컴팩트이므로 (x_n)은 M의 어떤 점 c에 수렴하는 부분수열 (x_{n_k})을 갖는다. f가 점 c에서 연속이므로

$$f(x_{n_k})\,(= y_{n_k}) \to f(c)\,(\in f(M_1))$$

이다. 따라서 $f(M_1)$은 점렬컴팩트이다.

15.[‡] 연습문제 4.4.14에 의하여 $f(M)\,(\subset \mathbb{R})$은 컴팩트이다. 따름정리 3.6.6에 의하여 $\sup f(M) \in f(M)$이고 $\inf f(M) \in f(M)$이다. 그러므로 $f(x^*) = \sup f(M)$, $f(x_*) = \inf f(M)$를 만족하는 x^*, $x_* \in M$가 존재한다. 따라서 f는 $x^*\,(\in M)$에서 최대값, $x_*\,(\in M)$에서 최소값을 갖는다.

16. (a) $x > 0$이고 $m, n \in \mathbb{N} \cup \{0\}$이면 $(x^m)^n = x^{mn} = (x^n)^m$는 분명하다. 이제 $m, n \in \mathbb{N}$라 하자. 그러면 $x^{-n} = \frac{1}{x^n} = (x^{-1})^n$이므로

$$(x^m)^{-n} = \frac{1}{(x^m)^n} = \frac{1}{x^{mn}} = x^{-(mn)} = (x^{-1})^{mn} = ((x^{-1})^n)^m = (x^{-n})^m \qquad (\heartsuit)$$

또는 $(x^m)^{-n} = (x^n)^{-m}$이다. 더욱, $(x^{-1})^{-1} = x$와 $(\heartsuit)$에 의하여

$$(x^{-m})^{-n} = ((x^{-1})^m)^{-n} = ((x^{-1})^{-n})^m = (((x^{-1})^{-1})^n)^m = (x^n)^m = x^{nm}$$

이다. 위의 등식에서 m, n의 위치를 서로 바꾸면 $(x^{-n})^{-m} = x^{mn}$을 얻는다. 즉 $(x^{-m})^{-n} = (x^{-n})^{-m}$이다. 따라서 모든 $m, n \in \mathbb{Z}$에 대하여 $(x^m)^n = x^{mn} = (x^n)^m$이다.

(b) 먼저 다음 두 식이 성립함을 주목하여라.

$$(ab)^{\frac{1}{n}} = a^{\frac{1}{n}} b^{\frac{1}{n}} \qquad (a, b > 0,\ n \in \mathbb{N}), \qquad (\diamondsuit_1)$$

$$x^m x^n = x^{m+n} \qquad (x > 0,\ m, n \in \mathbb{Z}). \qquad (\diamondsuit_2)$$

왜냐하면, $a^n b^n = (ab)^n$ $(n \in \mathbb{N})$에서 a, b를 각각 $a^{\frac{1}{n}}, b^{\frac{1}{n}}$로 바꾸어 넣으면 $ab = (a^{\frac{1}{n}} b^{\frac{1}{n}})^n$이므로 n승근의 정의에 의하여 $(ab)^{\frac{1}{n}}$은 $(\diamondsuit_1)$과 같이 주어진다. 유사하게 $x^m x^n = x^{m+n}$ $(m, n \in \mathbb{N})$에서 x를 $x^{\frac{1}{nm}}$로 대치하면 곧바로

$$x^{\frac{1}{n}} x^{\frac{1}{m}} = \left(x^{\frac{1}{nm}}\right)^{m+n} = x^{\frac{m+n}{nm}} = x^{\frac{1}{n}+\frac{1}{m}}$$

이므로 $(\diamondsuit_2)$가 성립함을 알 수 있다.

이제

$$r=\frac{m}{n},\ s=\frac{m'}{n'} \qquad (m,\ m'\in\mathbb{Z},\ n\in\mathbb{N})$$

라 두고, 정리 4.4.20, $(\diamondsuit_1), (\diamondsuit_2)$를 적용하면

$$\begin{aligned} x^r x^s &= x^{\frac{m}{n}} x^{\frac{m'}{n'}} = x^{\frac{mn'}{nn'}} x^{\frac{nm'}{nn'}} = \left(x^{mn'}\right)^{\frac{1}{nn'}} \left(x^{nm'}\right)^{\frac{1}{nn'}} && (\because \text{정리 } 4.4.20) \\ &= \left(x^{mn'} x^{nm'}\right)^{\frac{1}{nn'}} && (\because (\diamondsuit_1)) \\ &= \left(x^{mn'+nm'}\right)^{\frac{1}{nn'}} && (\because (\diamondsuit_2)) \\ &= x^{\frac{mn'+nm'}{nn'}} = x^{\frac{m}{n}+\frac{m'}{n'}} = x^{r+s} && (\because \text{정리 } 4.4.20) \end{aligned}$$

을 얻는다. 유사하게 r, s의 역할을 바꾸면 곧바로 $x^s x^r = x^{s+r}$을 얻고 $\mathbb{Q}$의 덧셈에 대한 교환법칙을 적용하면 $x^r x^s = x^{r+s} = x^{s+r} = x^s x^r$을 얻는다. 마찬가지 방법으로 정리 4.4.20을 적용하여

$$\begin{aligned} (x^r)^s &= \left(x^{\frac{m}{n}}\right)^{\frac{m'}{n'}} = \left(x^{\frac{m}{n}}\right)^{\frac{nm'}{nn'}} = \left(x^{\frac{m}{n}\cdot(nm')}\right)^{\frac{m'}{n'}} \\ &= \left(x^{mm'}\right)^{\frac{1}{nn'}} = x^{\frac{mm'}{nn'}} = x^{(\frac{m}{n})(\frac{m'}{n'})} = x^{rs} \end{aligned}$$

유사하게 r, s의 역할을 바꾸면 곧바로 $(x^s)^r = x^{sr}$을 얻고 $\mathbb{Q}$의 곱셈에 대한 교환법칙을 적용하면 $(x^r)^s = x^{rs} = x^{sr} = (x^s)^r$을 얻는다.

4.5 균등연속

정의 4.5.1 $f : A(\subset\mathbb{R}) \to \mathbb{R}$이 임의의 $\epsilon > 0$에 대하여

$$x,\, y\in A,\ \ |x-y|<\delta \quad \Rightarrow \quad |f(x)-f(y)|<\epsilon$$

를 만족하는 $\delta=\delta_\epsilon>0$가 존재할 때 함수 f를 A 상에서 **균등연속**(*uniformly continuous*)이라 한다.

[표기] A 상에서 균등연속인 모든 함수들의 집합을 $\mathcal{UC}(A)$로 표기하고 특히 A가 구간일 경우에는, 예를 들어 $A=[a,b]$이면 간단히 $\mathcal{UC}[a,b]$와 같이 괄호를 생략하고 나타낸다.

정리 4.5.2 (비균등연속판정기준)

$f : A(\subset \mathbb{R}) \to R$라 할 때 다음은 서로 동치이다.

(a) f는 A 상에서 균등연속이 아니다.

(b) $\epsilon_0 > 0$이 존재하여, 모든 $\delta > 0$에 대하여 $|x_\delta - y_\delta| < \delta$이고 $|f(x_\delta) - f(y_\delta)| \geq \epsilon_0$를 만족하는 x_δ, $y_\delta \in A$가 존재한다.

(c) $\epsilon_0 > 0$과 A내에 있는 두 수열 (x_n)과 (y_n)가 존재하여 다음을 만족한다.

$$\lim(x_n - y_n) = 0 \text{ 이고 } \quad |f(x_n) - f(y_n)| \geq \epsilon_0 \qquad (n \in \mathbb{N}).$$

정리 4.5.3 ($\star$균등연속$\star$) $\mathcal{C}[a,b] = \mathcal{UC}[a,b]$.

정의 4.5.4 $f : A(\subset \mathbb{R}) \to \mathbb{R}$라 하자. 상수 $K > 0$가 존재하여

$$|f(x) - f(y)| \leq K|x - y| \qquad (x, y \in A)$$

를 만족할 때, f를 A상의 **Lipschitz 함수**라 한다. 이 때, K를 **Lipschitz 상수**라 한다.

[표기] 앞으로 Lipschitz 상수 K를 갖는 A상의 모든 Lipschitz 함수들의 집랍을 $\mathcal{L}_K(A)$로 표기한다. 특히 A가 구간일 경우에는, 예를 들어 $A = [a,b]$라 하면 간단히 $\mathcal{L}_K[a,b]$와 같이 괄호를 생략하고 나타낸다.

정리 4.5.5 $A \subset \mathbb{R}$이라 하면 $\mathcal{L}_K(A) \subset \mathcal{UC}(A)$이다.

예제 4.5.6 (a) $f(x) = x^2$은 $\mathbb{R}$ 상에서 균등연속이 아니다. 그러나, $A = (0,b)$ (여기서 $b > 0$인 상수)로 취하면, f는 $(0,b)$ 상에서 Lipschitz 함수이다. 정리 4.5.5에 의해서 $f \in \mathcal{UC}(0,b)$이다. (만약 $A = [0,b]$이면 역시 균등연속정리 4.5.3에 의하여 A 상에서 균등연속이 됨을 알 수 있다.)

(b) 정리 4.5.5의 역은 일반적으로 성립하지 않는다. 즉, 모든 균등연속인 함수가 반드시 Lipschitz 함수일 필요는 없다. 예를 들면,

$$g(x) = \sqrt{x} \qquad [\, x \in [0, \infty) \,]$$

는 $[0,\infty)$ 상에서 균등연속이다. 그러나 g는 Lipschitz 함수가 아니다.

정리 4.5.7 $f \in \mathcal{UC}(A)$이라 하자. 만약 $(x_n) \subset A$가 Cauchy 수열이면, $(f(x_n)) \subset \mathbb{R}$도 Cauchy 수열이다.

정리 4.5.8 **(연속확장)**

$f \in \mathcal{UC}(a,b) \quad \Leftrightarrow \quad f(x) = g(x)\ (a < x < b)$를 만족하는 $g \in \mathcal{C}[a,b]$가 존재한다.

[주의] $f \in \mathcal{C}(a,b)$대하여 위의 정리의 앞 증명은 $f(a+)$와 $f(b-)$가 존재하면 f를 닫힌구간 $[a,b]$ 상으로 (연속적으로) 확장시킬 수 있음을 말한다. 그러므로, $f \in \mathcal{UC}(a,b)$임을 곧바로 알 수 있다.

예제 4.5.9 $f(x) = (x-1)/\ln x$는 열린구간 $(0,1)$ 상에서 균등연속이다. 왜냐하면, $f(0+) = 0$이고, L'Hospital 법칙 5.3.3을 적용하면

$$f(1-) = \lim_{x \to 1-} f(x) = \lim_{x \to 1-} \frac{1}{1/x} = 1$$

이다. 위 주의로부터 $f \in \mathcal{UC}(0,1)$이다.

연 습 문 제 4.5

1. $f \in \mathcal{C}[0,\infty)$이고 $f \in \mathcal{UC}[a,\infty)$ $(a(>0) \in \mathbb{R})$이면 $f \in \mathcal{UC}[0,\infty)$임을 보여라.

2. $f \in \mathcal{UC}(I) \cap \mathcal{UC}(J)$이면 $f \in \mathcal{UC}(I \cup J)$인가?

3. $B \subset A$이고 $f \in \mathcal{UC}(A)$이면 $f \in \mathcal{UC}(B)$임을 증명하여라.

4. $f : \mathbb{R} \to \mathbb{R}$가 $\mathbb{R}$ 상의 **주기함수**(*periodic function*), 즉 $p > 0$가 존재하여 $f(x+p) = x\ (x \in \mathbb{R})$이고 연속이면 f는 $\mathbb{R}$ 상에서 유계이고 균등연속임을 보여라.

5. $f, g \in \mathcal{UC}(A)$이고 $c \in \mathbb{R}$라 할 때 다음을 증명하여라.

   (a) $f+g,\ \ cf \in \mathcal{UC}(A)$이다.

   (b) $f, g \in \mathcal{B}(A)$이면 $fg \in \mathcal{UC}(A)$이다.

   (c) $f, g \in \mathcal{UC}(\mathbb{R})$이지만 $fg \notin \mathcal{UC}(\mathbb{R})$인 함수 f, g가 존재한다.

   (d) $f \in \mathcal{B}(A)$이고 $g(x) \ge \epsilon_0 > 0\ (x \in A)$이면 $f/g \in \mathcal{UC}(A)$이다.

   (e) $f, g \in \mathcal{UC}(0,1),\ \ g(x) > 0\ (x \in (0,1))$이지만 $f/g \notin\in \mathcal{UC}(0,1)$인 함수 f, g가 존재한다.

6. 다음이 성립함을 증명하여라.

   (a) $f \in \mathcal{C}[0,\infty),\ \exists \lim_{x\to\infty} f(x) \in \mathbb{R} \quad \Rightarrow \quad f \in \mathcal{UC}[0,\infty).$

   (b) $f \in \mathcal{C}(-\infty,0],\ \exists \lim_{x\to-\infty} f(x) \in \mathbb{R} \quad \Rightarrow \quad f \in \mathcal{UC}(-\infty,0].$

   (c) $f \in \mathcal{C}(\mathbb{R}),\ \exists \lim_{x\to\infty} f(x),\ \lim_{x\to-\infty} f(x) \quad \Rightarrow \quad f \in \mathcal{UC}(\mathbb{R}).$

   (d) $f \in \mathcal{C}(\mathbb{R}),\ \lim_{x\to\infty} f(x) = 0 = \lim_{x\to-\infty} f(x) \quad \Rightarrow \quad f \in \mathcal{UC}(\mathbb{R}).$

   (e) $f(x) = \frac{1}{1+x^2}$은 $\mathbb{R}$ 상에서 균등연속임을 보여라.

7. $f(x) = \frac{1}{x^2}$라 할 때, $f \in \mathcal{UC}[1,\infty)$이지만 $f \notin \mathcal{UC}(0,\infty)$임을 보여라.

8. 구간 $(0,1)$ 상에서 연속이고 증가 (또는 감소)하는 함수는 균등연속인가?

9. 유계인 열린구간 $(a,b)(\subset \mathbb{R})$ 상에서 연속이고 유계인 함수는 균등연속인가?

10. f가 유계구간 $I(\subset \mathbb{R})$ 상에서 균등연속이면 f는 I 상에서 유계임을 보여라.

11. $f(x) = 1/x^2$이 $A = (0,1)$ 상에서 균등연속이 아님을 보여라.

12. f가 구간 I 상에서 정의되었고 집합

$$D = \left\{ \frac{|f(x) - f(y)|}{|x-y|} : x, y \in I, x \neq y \right\}$$

가 유계이면 f는 I 상에서 균등연속임을 보여라.

13. 집합 A는 $\mathbb{R}$의 공집합이 아닌 부분집합이고

$$d(x) = \inf_{a\in A} |x-a| \qquad (x \in \mathbb{R})$$

로 정의하면, d는 $\mathbb{R}$ 상에서 균등연속임을 보여라.

[주의] $\mathbb{R}$보다 더 일반적인 거리공간 (X,d) (연습문제 2.3.23) 위로 확장해도 위 문제가 언제나 성립함을 주목하여라. 즉, A가 X의 공집합이 아닌 부분집합일 때 $d(x) = \inf_{a\in A} d(x,a)$ $(x \in X)$로 정의된 함수 d는 X 상에서 균등연속이라는 뜻이다. 특히 $A = \{a\}(\subset X)$로 취하면 $d(x) = d(x,a)$ $(x \in X)$가 됨을 주목하여라.

14. $f : A(\subset \mathbb{R}) \to \mathbb{R}$라 할 때, 다음이 성립함을 보여라.

$$f \in \mathcal{UC}(A) \quad \Leftrightarrow \quad [x_n,\ y_n \in A,\ \ x_n - y_n \to 0 \quad \Rightarrow \quad f(x_n) - f(y_n) \to 0].$$

15. $f \in \mathcal{C}[0,1]$이고 $I_k = \left[\frac{k-1}{2^n}, \frac{k}{2^n}\right]$ $(k = 1, 2, \ldots, 2^n)$라면 임의의 $\epsilon > 0$에 대하여 $K \in \mathbb{N}$가 존재하여 다음을 만족함을 보여라.

$$n \geq K \quad \Rightarrow \quad \sup f(I_k) - \inf f(I_k) < \epsilon \qquad (k = 1, 2, \ldots, 2^n).$$

16. P가 차수가 n인 다항식(연습문제 2.2.7)이라 할 때, $P \in \mathcal{UC}(\mathbb{R})$일 동치조건은 $n = 0$ 또는 1임을 보여라.

17.‡ (M_1, d_1), (M_2, d_2)를 거리공간(연습문제 2.3.23)이고 $f : M_1 \to M_2$라 하자. 임의의 $\epsilon > 0$에 대하여 $\delta > 0$가 존재하여

$$(4.12) x, y \in M_1,\ d_1(x,y) < \delta \quad \Rightarrow \quad d_2(f(x), f(y)) < \epsilon$$

를 만족할 때 f는 M_1 상에서 **균등연속**(*uniformly continuous*)이라 하고 M_1 상에서 균등연속인 모든 함수들의 집합을 $\mathcal{UC}[M_1; M_2]$로 표기할 때 다음 사실들을 보여라.

(a) $f \in \mathcal{UC}[M_1; M_2] \;\Rightarrow\; f \in \mathcal{C}[M_1; M_2]$이다(연습문제 4.3.13).

(b) $f \in \mathcal{UC}[M_1; M_2]$이고 (x_n)이 M_1 내에 있는 Cauchy 수열이면 $(f(x_n))$은 M_2 내에 있는 Cauchy 수열이다(정리 4.5.7).

(c) 만약 M_1이 컴팩트이고 $f \in \mathcal{C}[M_1; M_2]$이면 $f \in \mathcal{UC}[M_1; M_2]$이다(균등연속정리).

(d) A가 M_1의 조밀한 부분집합(*dense subset*) (연습문제 2.4.15과 3.1.22 (f))이고 M_2는 완비(*complete*)라 하자(연습문제 3.5.22). 만약 $f \in \mathcal{UC}[A; M_2]$이면 f는 $F \in \mathcal{UC}[M_1; M_2]$인 어떤 함수 F로 확장시킬 수 있다(연속확장정리 4.5.8).

연습문제풀이 및 힌트 4.5

1. 균등연속정리 4.5.3에 의하여 f는 $[0, a+1]$ 상에서 균등연속이다. $\epsilon > 0$에 대하여 $\delta_1, \delta_2 > 0$가 존재하여

$$x, y \in [a, \infty),\ |x - y| < \delta_1 \Rightarrow |(x) - f(y)| < \epsilon, \qquad (\heartsuit_1)$$

$$x, y \in [0, 1 + a],\ |x - y| < \delta_2 \Rightarrow |f(x) - f(y)| < \epsilon \qquad (\heartsuit_2)$$

이다. $\delta = \min\{1, \delta_1, \delta_2\}$로 잡고 $(\heartsuit_1), (\heartsuit_2)$를 적용하면

$$x, y \in [0, \infty),\ |x - y| < \delta \Rightarrow |f(x) - f(y)| < \epsilon$$

임을 쉽게 보일 수 있다. 왜냐하면, $|x - y| < \delta$이면 분명히 $|x - y| < 1$이므로 $(x < a) \wedge (y > a + 1)$인 경우는 불가능하다(역시 x와 y의 위치을 바꾸어도 똑같이 그러한 경우는 일어나지 않는다). 그러므로 $x, y \in [a, \infty)$이거나 $x, y \in [0, a + 1]$인 두 경우만 가능하다. 이 경우에는 $(\heartsuit_1)$과 $(\heartsuit_2)$에 의하여 곧바로 성립한다.

2. 구간 $I \cap J$의 길이를 $\ell = |I \cap J|$라 할 때, $I \cap J = \emptyset$ 또는 $\ell = 0$ (즉, $I \cap J = \{c\}$, $I^\circ \cap J^\circ = \emptyset$, $I^\circ \neq \emptyset$, $J^\circ \neq \emptyset$라 두자)이고 $f(c-) \neq f(c+)$인 경우에는 $f \notin \mathcal{UC}(I \cup J)$이다. 먼저 $I \cap J = \emptyset$인 경우의 예는

$$f(x) = \begin{cases} x, & x \in I = (-\infty, 1] \text{ 일 때;} \\ 1 + x, & x \in J = (1, \infty) \text{ 일 때} \end{cases}$$

을 생각하여라. 마찬가지로 $\ell = 0$이고 $f(1-) \neq f(1+)$ $(c = 1)$인 경우의 예는 위에서 $J = [1, \infty)$로 선택하여라. 이제 $f \in \mathcal{UC}(I \cup J)$인 경우를 생각해보자. 가정에서 $f \in \mathcal{UC}(I) \cap \mathcal{UC}(J)$이므로 임의의 $\epsilon > 0$에 대하여

$$x, y \in I, |x - y| < \delta_I \Rightarrow |f(x) - f(y)| < \epsilon,$$

$$x, y \in J, |x - y| < \delta_J \Rightarrow |f(x) - f(y)| < \epsilon$$

를 만족하는 $\delta_I > 0$와 $\delta_J > 0$가 각각 존재한다. 이 때, $f \in \mathcal{UC}(I \cup J)$인 경우는 다음 두 경우이다.

(i) [$\ell > 0$인 경우]: 연습문제 4.5.1의 증명과 유사하게 임의로 주어진 $\epsilon > 0$에 대하여

$$\delta = \inf\{\ell, \delta_I, \delta_J\}$$

로 잡으면 결론이 쉽게 얻어진다.

(ii) [$\ell = 0$이고 $f(c-) = f(c+)$ ($\Leftrightarrow$ f가 c에서 연속)인 경우]: $a < c < b$이 되는 $a \in I$, $b \in J$을 선택하면, 균등연속정리에 의하여 f는 $K = [a, b]$ 상에서 균등연속이다. 즉,

$$x, y \in K, |x - y| < \delta_K \Rightarrow |f(x) - f(y)| < \epsilon$$

를 만족하는 $\delta_K > 0$가 존재한다. 이제 (i)과 유사한 방법으로, 임의의 $\epsilon > 0$에 대하여

$$\delta = \inf\{c - a, b - c, \delta_K, \delta_I, \delta_J\}$$

로 잡으면 결론이 곧바로 얻어진다.

3. 정의 4.5.1 또는 정리 4.5.2로부터 자명하다.

4. $f \in \mathcal{C}[0, p]$이므로 $f \in \mathcal{B}[0, p]$, 즉 $M > 0$가 존재하여 $|f(t)| \leq M$ $(t \in [0, p])$이다. 만약 $x \in \mathbb{R}$이면 연습문제 2.3.19에 의하여 $x = np + t$를 만족하는 $n \in \mathbb{Z}$와 $0 \leq t < p$가 존재한다. 그러므로 $|f(x)| = |f(t + np)| = |f(t)| \leq M$ $(x \in \mathbb{R})$이다. 즉 $f \in \mathcal{B}(\mathbb{R})$이다. 이

제 $f \in \mathcal{UC}(\mathbb{R})$임을 보이자. 먼저 균등연속정리에 의하여 $f \in \mathcal{UC}[-p,p]$이므로, 임의의 $\epsilon > 0$에 대하여 $0 < \delta\,(=\delta_\epsilon) < p/2$가 존재하여

$$u, v \in [-p,p],\ |u-v| < \delta \ \Rightarrow\ |f(u)-f(v)| < \epsilon \qquad (\clubsuit)$$

임을 주목하여라. $x, y \in \mathbb{R}$이고 $|x-y| < \delta$라 하자. 연습문제 2.3.19를 응용하면 유사하게 $x = np \pm t$를 만족하는 $n \in \mathbb{Z}$와 $0 \le t < p/2$를 선택할 수 있다. 그러면 $|x-y| < \delta$이므로

$$\pm t - \delta < y - np = h < \pm t + \delta \quad \Leftrightarrow \quad |h - (\pm t)| < \delta$$

이다. $-p < h < p$는 분명하므로 $(\clubsuit)$에 의하여

$$|f(x)-f(y)| = |f(\pm t + np) - f(np+h)| = |f(\pm t) - f(h)| < \epsilon$$

을 얻는다. 따라서 $f \in \mathcal{UC}(\mathbb{R})$이다.

5. (a)의 증명은 정의 4.5.1을 이용하여라.

(b) f, g가 A 상에서 유계이므로

$$|f(x)| \le M, \quad |g(x)| \le M \qquad (x \in A)$$

를 만족하는 상수 $M > 0$가 존재한다. f, g가 균등연속이므로 임의의 $\epsilon > 0$에 대하여

$$x, y \in A,\ |x-y| < \delta_h \ \Rightarrow\ |h(x)-h(y)| < \frac{\epsilon}{2M}$$

을 만족하는 $\delta_h > 0$ (여기서 h는 f 또는 g이다)가 존재한다. $\delta = \inf\{\delta_f, \delta_g\}$로 택하고 $x, y \in A$, $|x-y| < \delta$이면

$$\begin{aligned} |(fg)(x)-(fg)(y)| &= |g(y)||f(x)-f(y)| + |f(x)||g(x)-g(y)| \\ &\le M|f(x)-f(y)| + M|g(x)-g(y)| < \epsilon \end{aligned}$$

이다. 그러므로 fg은 A 상에서 균등연속이다.

(c) $f(x) = x = g(x)$ $(x \in [0,\infty)$을 생각하여라. 또는 $f(x) = x$, $g(x) = \sin x$ $(x \in \mathbb{R})$를 생각하여라. 연습문제 4.3.3에 의하여 $g(x) = \sin x$는 $\mathbb{R}$ 상에서 Lipschitz 함수이므로 정리 4.5.5에 의하여 균등연속이다(또는 연습문제 4.5.4를 적용하여라). 그러나, $fg(=x\sin x) \notin \mathcal{UC}(\mathbb{R})$이다. ($\because$ $fg \in \mathcal{UC}(\mathbb{R})$라 가정하면

$$x, y \in \mathbb{R}, \quad |x-y| < \delta \quad \Rightarrow \quad |x\sin x - y\sin y| < 1$$

을 만족하는 $(2\pi >)\delta > 0$을 택할 수 있다. 이제 모든 $n \in \mathbb{N}$에 대하여

$$x = 2n\pi + \frac{\delta}{2}, \quad y = 2n\pi$$

로 선택하자. 그러면, $|x-y| = \frac{\delta}{2} < \delta$이므로

$$\left(2n\pi + \frac{\delta}{2}\right)\sin\frac{\delta}{2} = \left|\left(2n\pi + \frac{\delta}{2}\right)\sin\left(2n\pi + \frac{\delta}{2}\right) - 0\right| < 1$$

이다. 충분히 큰 $n \in \mathbb{N}$에 대하여 이것은 불가능하다. 따라서, fg는 $\mathbb{R}$ 상에서 균등연속이 될 수 없다.)

(d) $f \in \mathcal{B}(A)$이므로

$$|f(x)| \le M \qquad (x \in A)$$

를 만족하는 상수 $M > 0$가 존재한다. 먼저

$$\begin{aligned} |(f/g)(x) - (f/g)(y)| &\le |(f/g)(x) - f(y)/g(x)| + |f(y)/g(x) - (f/g)(y)| \\ &= \frac{|f(x) - f(y)|}{|g(x)|} + \frac{|f(y)| \cdot |g(x) - g(y)|}{|g(x)| \cdot |g(y)|} \\ &\le \epsilon_0^{-1}|f(x) - f(y)| + \epsilon_0^{-2}M\,|g(x) - g(y)|. \end{aligned}$$

가 성립함을 주목하여라. 위 부등식으로부터 $f, g \in \mathcal{UC}(A)$임을 적용하면 쉽게 $f/g \in \mathcal{UC}(A)$임을 보일 수 있다.

(e) 구간 $(0,1)$ 내에서 $f(x) = x$, $g(x) = x^2$를 생각하여라.

6. (a) 임의의 $\epsilon > 0$에 대하여, $\lim_{x\to\infty} f(x) = \alpha$이므로

$$x > M \;\Rightarrow\; |f(x) - \alpha| < \frac{1}{2}\epsilon \qquad (\diamondsuit_1)$$

을 만족하는 $M = M_\epsilon > 0$가 존재한다. 연습문제 4.5.1에 의하여 $f \in \mathcal{UC}[M, \infty)$임을 보이면 충분하다. f가 점 M에서 연속이므로

$$|x - M| < \delta \;\Rightarrow\; |f(x) - f(M)| < \frac{1}{2}\epsilon \qquad (\diamondsuit_2)$$

을 만족하는 $\delta > 0$가 존재한다. 만약 $x, y > M$, $|x-y| < \delta$이면, $(\diamondsuit_1)$에 의하여

$$|f(x) - f(y)| < |f(x) - \alpha| + |\alpha - f(y)| < \frac{1}{2}\epsilon + \frac{1}{2}\epsilon = \epsilon \qquad (\diamondsuit_3)$$

이다. 따라서, $(\diamondsuit_2)$와 $(\diamondsuit_3)$에 의하여

$$x, y \ge M,\; |x-y| < \delta \;\Rightarrow\; |f(x) - f(y)| < \epsilon$$

이므로 $f \in \mathcal{UC}[M,\infty)$이다.

(b)는 (a)의 증명과 유사하다.

(c)는 연습문제 4.5.2와 (a), (b)를 이용하여라.

(d)는 (c)에 의하여 자명하다.

(e) $\lim_{x\to\pm\infty} f(x) = 0$이므로 (d)에 의하여 $f \in \mathcal{UC}(\mathbb{R})$이다.

[별해] 직접적으로 f가 Lipschitz 함수 (따라서 균등연속)임을 보이기 위하여 다음 사실을 주목하여라.

$$\begin{aligned} & \frac{|x|+|y|}{(1+x^2)(1+y^2)} \le \frac{1}{\sqrt{2}} \qquad (x, y \in \mathbb{R}) \\ \Leftrightarrow \quad & \left(\frac{1}{\sqrt{2}} - |x|\right)^2 + \left(\frac{1}{\sqrt{2}} - |y|\right)^2 + (xy)^2 \ge 0. \end{aligned}$$

7.

$$\begin{aligned} |f(x) - f(y)| &= \left|\frac{1}{x^2} - \frac{1}{y^2}\right| = \left|\frac{x+y}{x^2y^2}\right| |x-y| \\ &\le 2|x-y| \quad (x, y \in [1,\infty)), \end{aligned}$$

즉, f는 $[1,\infty)$ 상에서 Lipschitz 함수 (따라서, 균등연속)이다.

$(0,\infty)$ 내에 있는 두 수열 $(x_n), (y_n)$을 $x_n = \frac{1}{\sqrt{n}}$, $y_n = \frac{1}{\sqrt{n+1}}$로 잡고 비균등연속판정기준 4.5.2 (c)를 적용하여라.

8. $f(x) = -\frac{1}{x}$ $(x \in (0,1))$라 두면 $f \in \mathcal{C}(0,1) \cap \mathcal{M}^{\uparrow}(0,1)$이지만 $f \notin \mathcal{UC}(0,1)$임을 주목하여라.

9. $f(x) = \sin\frac{1}{x}$는 $(0,1)$ 상에서 균등연속이 아니다. 이것을 증명하기 위해서 $(0,1)$ 내에 있는 두 수열 (x_n), (y_n)을

$$x_n = \frac{1}{n\pi}, \quad y_n = \frac{1}{2n\pi + \pi/2}$$

로 잡고 비균등연속판정기준 4.5.2 (c)를 적용하여라.

10. 모순증명법으로 증명한다. f가 I 상에서 유계가 아니라면, 각 $n \in \mathbb{N}$에 대하여 $|f(x_n)| > n$을 만족하는 수열 $(x_n) \subset I$가 존재한다. I가 유계이므로 (x_n)도 유계이다. Bolzano-Weierstrass 정리 3.3.4에 의하여 수렴하는 부분수열 $(x_{n_k})_{k=1}^{\infty}$가 존재한다. (x_{n_k})가 Cauchy이므로 정리 4.5.7에 의하여 $(f(x_{n_k}))$도 Cauchy 수열이다. 보조정리 3.5.4에 의하여 $(f(x_{n_k}))$은 유계이다. 그러나,

$$|f(x_{n_k})| > n_k \quad (k \in \mathbb{N})$$

이므로 $(f(x_{n_k}))$는 유계가 될 수 없다. 이것은 서로 모순이다.

11. 만약 f가 $A = (0, 1)$ 상에서 균등연속이면, 연습문제 4.5.10에 의하여 f는 유계가 되어야 한다. 그러나, f는 A 상에서 유계가 아님을 쉽게 알 수 있다.

12. D가 유계이므로 상수 $M > 0$가 존재하여

$$|f(x) - f(y)| \leq M|x - y| \quad (x, y \in I, x \neq y)$$

이다. $x = y$이면 위 식은 항상 성립하므로

$$|f(x) - f(y)| \leq M|x - y| \quad (x, y \in I),$$

즉, f는 I 상에서 Lipschitz 함수(따라서, 균등연속)이다.

13. 절대값의 삼각부등식, 예제 2.3.2 (c)와 연습문제 2.3.13 (a)을 이용하여

$$|d(x) - d(y)| \leq |x - y| \qquad (x, y \in \mathbb{R})$$

임을 보이자. 이것을 보이기 위하여 $x, y \in \mathbb{R}$를 임의로 선택하여 고정하면 절대값의 삼각부등식에 의하여

$$|x - a| \leq |x - y| + |y - a| \qquad (a \in A)$$

이다. 예제 2.3.2 (c)에 의하여 양변에 $\inf_{a \in A}$를 취해도 부등호가 보존되므로

$$\inf_{a \in A} |x - a| \leq \inf_{a \in A} [|x - y| + |y - a|] = |x - y| + \inf_{a \in A} |y - a|$$

이다(우변의 마지막 등호는 연습문제 2.3.13 (a)를 적용하였다.) 즉,

$$d(x) \leq |x - y| + d(y)$$

이다. x와 y의 위치를 서로 교환하면 $d(y) \leq |y - x| + d(x)$가 성립한다. 이제 이 두 식을 결합하면 곧바로 $|d(x) - d(y)| \leq |x - y|$가 얻어진다. 따라서, d는 $K = 1$인 Lipschitz 함수이고 정리 4.5.5에 의하여 d는 균등연속이다.

14. $(\Rightarrow)$ 수열 (x_n), $(y_n) \subset A$이고 $\lim(x_n - y_n) = 0$이라 가정하자. 이제

$$\lim_{n \to \infty} [f(x_n) - f(y_n)] = 0$$

임을 보이기 위하여 $\epsilon > 0$을 임의로 잡자. 정의 4.5.1에 의하여

$$x, y \in A, \ |x - y| < \delta \Rightarrow |f(x) - f(y)| < \epsilon \qquad (\spadesuit)$$

를 만족하는 $\delta = \delta_\epsilon > 0$가 존재한다. $\delta > 0$에 대하여 $\lim(x_n - y_n) = 0$이므로

$$|x_n - y_n| < \delta \qquad (n \geq K)$$

를 만족하는 $K = K_\delta \in \mathbb{N}$가 존재한다. (♠)에 의하여

$$|f(x_n) - f(y_n)| < \epsilon \qquad (n \geq K)$$

이 얻어진다. 즉, $\lim[f(x_n) - f(y_n)] = 0$이다.

($\Leftarrow$) 모순증명을 하자. 만약 $f \notin \mathcal{UC}(A)$라 가정하면 비균등연속판정기준 4.5.2 (c)에 의하여

$$\lim(x_n - y_n) = 0 \text{ 이고 } \quad |f(x_n) - f(y_n)| \geq \epsilon_0 \qquad (n \in \mathbb{N})$$

을 만족하는 $\epsilon_0 > 0$과 A 내에 있는 두 수열 (x_n)과 (y_n)가 각각 존재한다. 가정에 의하여 곧바로

$$0 = \lim[f(x_n) - f(y_n)] \geq \epsilon_0 > 0$$

을 낳는다. 이것은 모순이다.

15. 균등연속정리 4.5.3에 의하여 $f \in \mathcal{UC}[0,1]$이므로 임의의 $\epsilon > 0$에 대하여 $\delta(= \delta_\epsilon)$ > 0가 존재하여

$$|x - y| < \delta \ (x, y \in [0,1]) \quad \Rightarrow \quad |f(x) - f(y)| < \epsilon/2 \qquad (\heartsuit)$$

를 만족한다. Archimedian 성질 2.3.4에 의하여 $1/2^K < \delta$를 만족하는 $K \in \mathbb{N}$을 선택하면 모든 $n \geq K$에 대하여 구간 I_k $(k = 1, 2, \ldots, 2^n)$의 길이는

$$|I_k| = \frac{1}{2^n} \leq \frac{1}{2^K} < \delta$$

임을 주목하여라. 이제 $n \geq K$이고 $k = 1, 2, \ldots, 2^n$, $x, y \in I_k$라 하자. 그러면 $|x - y| < \delta$이므로 ($\heartsuit$)에 의하여 $|f(x) - f(y)| < \epsilon/2$이고 이것을 간단히 계산하면

$$f(x) < f(y) + \epsilon/2 \qquad (x, y \in I_k)$$

를 낳는다. 연습문제 2.3.15 (b)와 연습문제 2.3.13 (a)를 차례로 적용하면 쉽게 다음을 얻는다.

$$\sup f(I_k) \leq \inf[f(I_k) + \epsilon/2] = \inf f(I_k) + \epsilon/2$$

이고 증명이 모두 끝난다.

16. ($\Leftarrow$)의 증명은 자명하다. ($\Rightarrow$)를 보이기 위하여 모순증명을 하자. $n \geq 2$이고 $P(x) = a_n x^n + \cdots + a_0\,(a_n \neq 0)$이고 $a_n = 1$라 가정하자. (그렇지 않으면 $G = \frac{1}{a_n}P$로 생각하여라.) 이제 $P \in \mathcal{UC}(\mathbb{R})$라 가정하자. 그러면, $\epsilon = 1 > 0$에 대하여

$$x,\, y \in \mathbb{R},\ |x - y| < \delta \ \Rightarrow\ |P(x) - P(y)| < 1 \tag{$\diamondsuit_1$}$$

를 만족하는 $\delta > 0$가 존재한다. $k = |a_1| + |a_2| + \cdots + |a_{n-1}|$라 하고 Archimedian 성질 2.3.4에 의하여 $M > \max\{k + \frac{2}{n\delta}, 1\}$를 만족하는 충분히 큰 $M \in \mathbb{R}$을 선택하자. 그리고 ($\diamondsuit_1$)에서 $x = M + \frac{\delta}{2}$, $y = M$로 취하면 예제 4.5.6 (a)의 증명과 유사하게 모순이 얻어진다. 이것을 보이기 위하여 먼저, $n \geq 2$에 대하여

$$\begin{aligned} 1 \ &> \ \left|P\left(M + \frac{\delta}{2}\right) - P(M)\right| \\ &= \ \left|\left[\left(M + \frac{\delta}{2}\right)^n - M^n\right] + a_{n-1}\left[\left(M + \frac{\delta}{2}\right)^{n-1} - M^{n-1}\right] + \cdots + a_1\frac{\delta}{2}\right| \\ &\geq \ \left(M + \frac{\delta}{2}\right)^n - M^n - |a_{n-1}|\left[\left(M + \frac{\delta}{2}\right)^{n-1} - M^{n-1}\right] - \cdots - |a_1|\frac{\delta}{2} \end{aligned}$$

을 주목하여라. 위 식의 우변을 (A)라 두면

$$1 > (A) \tag{$\diamondsuit_2$}$$

이다. 분명히 $M > 1$로 주어졌으므로

$$\begin{aligned} \left(M + \frac{\delta}{2}\right)^{n-1} - M^{n-1} \ &\geq \ \left(M + \frac{\delta}{2}\right)^{n-2} - M^{n-2} \\ &\geq \ \cdots\cdots \\ &\geq \ \left(M + \frac{\delta}{2}\right)^2 - M^2 \geq \frac{\delta}{2} \end{aligned}$$

이다. 그러므로 (A)는

$$(A) \geq \left(M + \frac{\delta}{2}\right)^n - M^n - k\left[\left(M + \frac{\delta}{2}\right)^{n-1} - M^{n-1}\right] = (B)$$

로 주어진다. 이제 이항공식(연습문제 2.2.14)을 적용하여 (B)를 간단히 계산하면

$$(B) = \sum_{r=1}^{n-1} M^{n-r-1}\left(\frac{\delta}{2}\right)^r \left[M\binom{n}{r} - k\binom{n-1}{r}\right] + \left(\frac{\delta}{2}\right)^n$$

이다. 모든 $r = 1, 2, \ldots, n-1$에 대하여

$$M\binom{n}{r} - k\binom{n-1}{r} = \frac{(n-1)!}{r!(n-r-1)!}\left(\frac{nM}{n-r} - k\right) > 0$$

이므로 (B)의 우변의 각 항은 양수이다. 특히, $r=1$인 경우만 생각하자. 그러면,

$$(B) \geq M^{n-2}\left(\frac{\delta}{2}\right)\left[M\cdot n - k(n-1)\right] > n\frac{\delta}{2}(M-k) > 1$$

이 얻어진다. $(\diamondsuit_2)$와 결합하면 $1 > (A) \geq (B) > 1$라는 모순을 낳는다. 따라서, 이 모순은 $P \notin \mathcal{UC}(\mathbb{R})$임을 뜻하고 증명이 모두 끝난다.

17.[‡] (b) $f \in \mathcal{UC}[M_1; M_2]$이므로, 임의의 $\epsilon > 0$에 대하여 (4.12)를 만족하는 $\delta > 0$가 존재한다. (x_n)가 M_1 내에 있는 Cauchy 수열이므로,

$$d_1(x_n, x_m) < \delta \qquad (n, m \geq K)$$

를 만족하는 $K \in \mathbb{N}$가 존재한다. (4.12)로부터

$$d_2(f(x_n), f(x_m)) < \epsilon \qquad (n, m \geq K)$$

를 얻는다. 즉, $(f(x_n))$는 M_2 내에 있는 Cauchy 수열이다.

(c) 각 $a \in M_1$에서 연속이므로 임의의 $\epsilon > 0$에 대하여 $r_a > 0$가 존재하여

$$d_1(x, a) < r_a \quad \Rightarrow \quad d_2(f(x), f(a)) < \epsilon/2$$

를 만족한다. $\{U_{r_a/2}(a) : a \in M_1\}$은 M_1의 열린덮개이고 M_1이 컴팩트이므로 유한개의 부분덮개가 존재한다. 즉

$$\exists\, a_k \in M_1\ (k = 1, 2, \ldots, n)\ :\ M_1 = \bigcup_{k=1}^{n} U_{r_{a_k}/2}(a_k) \qquad (\spadesuit)$$

이다. $\delta = \frac{r_{a_1}}{2} \wedge \frac{r_{a_2}}{2} \wedge \cdots \wedge \frac{r_{a_n}}{2} > 0$라면

$$\forall\, a \in M_1,\ \exists j \in \{1, 2, \ldots, n\}\ \text{ s.t. }\ a \in U_{r_{a_j}/2}(a_j)$$

이므로 $d_1(a, a_j) < \frac{r_{a_j}}{2}$이다. 만약 $d_1(x, a) < \delta$이면

$$d_1(x, a_j) \leq d_1(x, a) + d_1(a, a_j) < \frac{r_{a_j}}{2} + \frac{r_{a_j}}{2} = r_{a_j}$$

이므로 $(\spadesuit)$로부터 $d_2(f(x), f(a_j)) < \epsilon/2$이고 $d_2(f(a), f(a_j)) < \epsilon/2$이다. 따라서 $d_2(f(x), f(a)) < \epsilon$이다. 임의의 $\epsilon > 0$에 대하여 $\delta > 0$가 존재하여

$$a,\ x \in M_1,\ d_1(x, a) < \delta\ \Rightarrow\ d(f(x), f(a)) < \epsilon$$

임을 증명하였으므로 f는 M_1 상에서 균등연속이다.

[별해] 균등연속정리 4.5.3의 증명과정을 살펴보면서 부분적으로 수정하여 보아라. (힌트: Bozano-Weierstrass 정리 3.3.4 대신에 연습문제 3.6.13 (b)를 적용하여라.)

(d) $x \in A$이면 $F(x) = f(x)$로 정의하고 $x \in M_1 \setminus A$이면 $\bar{A} = M_1$이므로 연습문제 3.1.22 (f)에 의하여 어떤 수열 $(x_n)\,(\subset A)$가 존재하여 $\lim x_n = x$이다. 수렴하는 수열은 Cauchy 수열이고 (b)에 의하여 $(f(x_n))$은 M_2 내에 있는 Cauchy 수열이다. M_2가 완비이므로 이 수열은 수렴한다(연습문제 3.5.22). 그 극한을

$$F(x) = \lim_{n\to\infty} f(x_n) \qquad (x \in M_1 \setminus A)$$

로 정의하자. 먼저 이 함수 F가 잘 정의되어 있음을 보이기 위하여 $(y_n)\,(\subset A)$이고 $y_n \to x$라면 $\lim f(y_n) = \lim f(x_n)$임을 증명해보자. (즉, x에 수렴하는 수열 $(x_n)\,(\subset A)$의 선택에는 의존하지 않음을 뜻한다.) 이것의 증명은 연속확장정리 4.5.8의 증명에서처럼 새로운 수열 $(z_n) = (x_1, y_1, x_2, y_2, \ldots)$를 생각하면 된다. 분명히 $\lim z_{2n} = x = \lim z_{2n-1}$이므로 연습문제 3.1.10에 의하여 (z_n)도 x에 수렴하고, 수렴하는 수열은 Cauchy 수열이므로 다시 (b)를 적용하면 $(f(z_n))$은 M_2 내에 있는 Cauchy 수열이 되고 M_2의 완비성은 이 수열이 수렴함을 주장한다. 분명히 두 수열 (x_n)과 (y_n)은 (z_n)의 부분수열이므로 $\lim f(x_n) = \lim f(y_n)$이어야 한다. 이제 증명을 끝내기 위하여 $F \in \mathcal{UC}[M_1; M_2]$임을 보이자. 먼저 $f \in \mathcal{UC}[A; M_2]$이므로 임의의 $\epsilon > 0$에 대하여

$$d_1(a,b) < \delta_1,\ a, b \in A \ \Rightarrow\ d_2(f(a), f(b)) < \frac{\epsilon}{3} \qquad (\heartsuit_1)$$

를 만족하는 $\delta_1 > 0$가 존재한다. 만약 $x, y \in M_1$이면 $F(x)$, $F(y)$의 정의에 의하여 $d_1(a,x) < \delta_1/3$, $d_1(b,y) < \delta_1/3$이고

$$d_2(F(a), F(x)) < \frac{\epsilon}{3}, \qquad d_2(F(b), F(y)) < \frac{\epsilon}{3} \qquad (\heartsuit_2)$$

을 만족하는 $a, b \in A$를 선택할 수 있다. 만약 $d_1(x,y) < \delta_1/3\ (= \delta)$라면

$$d_1(a,b) \le d_1(a,x) + d_1(x,y) + d_1(y,b) < \frac{\delta_1}{3} + \frac{\delta_1}{3} + \frac{\delta_1}{3} = \delta_1$$

이므로 $(\heartsuit_1)$에 의하여 $d_2(F(a), F(b)) = d_2(f(a), f(b)) < \epsilon/3$이다. 이것과 $(\heartsuit_2)$을 결합시키면

$$\begin{aligned} d_2(F(x), F(y)) &\le d_2(F(x), F(a)) + d_2(F(a), F(b)) + d_2(F(b), F(y)) \\ &< \frac{\epsilon}{3} + \frac{\epsilon}{3} + \frac{\epsilon}{3} = \epsilon \qquad (d_1(x,y) < \delta,\ x, y \in M_1) \end{aligned}$$

이고, 균등연속의 정의에 의하여 $F \in \mathcal{UC}[M_1; M_2]$이다.

제 5 장

미분

5.1 도함수

정의 5.1.1 $I = (a,b) \subset \mathbb{R}$을 열린구간, $f : I \to \mathbb{R}$, $c \in I$라 하자. $\epsilon > 0$에 대하여 $\delta = \delta_\epsilon > 0$가 존재하여

$$x \in I,\ 0 < |x-c| < \delta \quad \Rightarrow \quad \left|\frac{f(x)-f(c)}{x-c} - L\right| < \epsilon$$

를 만족할 때, 실수 L을 **c에서의 f의 도함수**(*derivative of f at c*)라 한다. 이 경우에 f는 **c에서 미분가능**(*differentiable at c*)이라 하고 L을 $f'(c)$로 쓴다. f가 I의 모든 점에서 미분가능일 때, f는 **I 상에서 미분가능**(*differentiable on I*)이라 하고, 역시, I 상에서 도함수 f'가 존재하고 연속일 때 f는 I 상에서 **연속미분가능**(*continuously differentiable*)이라 한다.

[표기] $I = (a,b)$ 상에서 미분가능한 함수들의 집합을 $\mathcal{D}(I)$ 또는 $\mathcal{D}(a,b)$로 표기한다.

예제 5.1.2 $f(x) = |x|\ (x \in \mathbb{R})$라 하면, $f'_+(0) = 1$이고 $f'_-(0) = -1$이다. 그러나, $f'_+(0) \neq f'_-(0)$이므로 $f'(0)$는 존재하지 않는다. 만약 $x \neq 0$이면 $f'(x) = |x|/x$임을 쉽게 알 수 있다.

정리 5.1.3 $I = (a,b) \subset \mathbb{R}$이고 $f : I \to \mathbb{R}$라 할 때, f가 $c \in I$에서 미분가능이면 f는 c에서 연속이다.

정리 5.1.4 $I=(a,b)\subset\mathbb{R}$를 열린구간, $c\in I$, $f,g:I\to\mathbb{R}$가 c에서 미분가능이면 다음이 성립한다.

(a) $(kf)'(c)=kf'(c)$.

(b) $(f+g)'(c)=f'(c)+g'(c)$.

(c) $(fg)'(c)=f'(c)g(c)+f(c)g'(c)$.

(d) $g(c)\neq 0$이면 $(f/g)'(c)=\frac{f'(c)g(c)-f(c)g'(c)}{g(c)^2}$.

보조정리 5.1.5 [1] $I=(a,b)\subset\mathbb{R}$를 열린구간, $c\in I$, $f:I\to\mathbb{R}$라 하자. f가 c에서 미분가능이기 위한 필요충분조건은 c에서 연속인 함수 $F:I\to\mathbb{R}$가 존재하여

$$f(x)=F(x)(x-c)+f(c)\qquad (x\in I)\tag{5.1}$$

를 만족하는 것이다. 이 경우에 $F(c)=f'(c)$이다.

예제 5.1.6 $f(x)=\frac{1}{x}$ $(x\neq 0)$라 하면 $f:\mathbb{R}\setminus\{0\}\to\mathbb{R}$는 모든 $c\in\mathbb{R}\setminus\{0\}$에서 미분가능하고 $f'(c)=-1/c^2$이다. 왜냐하면 $F(x)=-1/cx$ $(x\in\mathbb{R}\setminus\{0\})$라 하면 정리 4.3.9 (b)에 의하여 F는 c에서 연속이고 항등식

$$\frac{1}{x}-\frac{1}{c}=\left(-\frac{1}{cx}\right)(x-c)$$

는 분명히 (5.1)을 만족한다. 따라서 보조정리 5.1.5에 의하여 f는 c에서 미분가능하고 $f'(c)=F(c)=-1/c^2$이다.

정리 5.1.7 (연쇄법칙) $I,J\subset\mathbb{R}$를 열린구간, $c\in I$, $f:I\to\mathbb{R}$, $g:J\to\mathbb{R}$, $f(I)\subset J$라 하자. 만약 f가 c에서 미분가능이고 g가 $f(c)$에서 미분가능이면 합성함수 $g\circ f$도 c에서 미분가능이고 다음이 성립한다.

$$(g\circ f)'(c)=g'(f(c))\cdot f'(c).$$

예제 5.1.8 (a) $f\in\mathcal{D}(I)$이면 $(f^n)'(x)=n[f(x)]^{n-1}f'(x)$ $(x\in I)$이다.

(b) $f\in\mathcal{D}(I)$이고 $f(x)\neq 0$, $f'(x)\neq 0$ $(x\in I)$라 하면 $(1/f)'(x)=-\frac{f'(x)}{[f(x)]^2}$ $(x\in I)$이다.

(c) $f:\mathbb{R}\to\mathbb{R}$을

$$f(x)=\begin{cases} x^2\sin(1/x), & x\neq 0\text{일 때}\\ 0, & x=0\text{일 때}\end{cases}$$

[1] Sterling K. Berberian, *A First Course in Real Analysis*, Springer-Verlag, New York, 1994, pp. 122–123.

로 정의하고, $g(x) = x$ $(x \in \mathbb{R})$라 하자. (i) f, g는 $\mathbb{R}$ 상에서 미분가능이다. $\sin' x = \cos x$ $(x \in \mathbb{R})$와 연쇄법칙 5.1.7에 의하여

$$f'(x) = \begin{cases} 2x\sin(1/x) - \cos(1/x), & x \neq 0\text{일 때} \\ 0, & x = 0\text{일 때} \end{cases}$$

이다. (ii) f'은 0에서 불연속이다. 왜냐하면, $\lim_{x\to 0} \cos(1/x)$가 존재하지 않기 때문이다. (iii) $x = 1/n\pi$, $n = \pm 1, \pm 2, \ldots$에 대하여 $f(x) = 0$이므로

$$\lim_{x\to 0} \frac{g(f(x)) - g(f(0))}{f(x) - f(0)}$$

는 의미가 없다. 왜냐하면,

$$h(x) = \frac{(g \circ f)(x) - (g \circ f)(0)}{f(x) - f(0)}$$

는 0를 포함하는 어떠한 열린구간 I를 택해도 충분히 큰 n을 잡으면 점 $\pm 1/n\pi$에서는 정의되지 않기 때문이다.

(d) 연쇄법칙 5.1.7을 아래와 같이 증명할 수 없다. $x \neq c$인 모든 $x \in \mathbb{R}$에 대하여

$$\frac{(g \circ f)(x) - (g \circ f)(c)}{x - c} = \frac{g(f(x)) - g(f(c))}{f(x) - f(c)} \cdot \frac{f(x) - f(c)}{x - c} \tag{5.2}$$

이고 $\lim_{x\to c} f(x) = f(c)$이므로

$$\lim_{x\to c} \frac{g(f(x)) - g(f(c))}{f(x) - f(c)} = \lim_{y\to f(c)} \frac{g(y) - g(f(c))}{y - f(c)} = g'(f(c)) \tag{5.3}$$

이다. 그러므로 (5.2)에 의하여 $(g \circ f)'(c) = g'[f(c)] \cdot f'(c)$이다. (5.3)의 증명에서 만약 c의 어떤 근방 안에 있는 모든 점 $x(\neq c)$에서 $f(x) \neq f(c)$이면 증명은 문제가 없다. 그러나, (c)에서 보듯이 일반적으로 c근방에 있는 어떤 점 x에서 $f(x) = f(c)$인 경우에는 (5.3)의 우측에 있는 극한

$$\lim_{y\to f(c)} \frac{g(y) - g(f(c))}{y - f(c)}$$

는 일반적으로 의미가 없다. 그러므로 위와 같이 증명할 수 없음에 주의하자. □

정리 5.1.9 (역함수) $I = (a, b)$ $(\subset \mathbb{R})$이고 $f : I \to \mathbb{R}$가 I 상에서 연속이고 순단조라고 하자. 만약 f가 $c \in I$에서 미분가능이고 $f'(c) \neq 0$이면, 역함수 $f^{-1} : J\,(= f(I)) \to R$도 $d = f(c)$에서 미분가능하고 다음이 성립한다.

$$(f^{-1})'(d) = \frac{1}{f'(c)}.$$

예제 5.1.10 $I = (-\frac{\pi}{2}, \frac{\pi}{2})$라 하고 $f(x) = 2\tan x$ $(x \in I)$라면 f는 I 상에서 연속이고 순증가한다. $c = \frac{\pi}{4} \in I$라면 $d = f(c) = 2$이다. $f'(x) = 2\sec^2 x$ $(x \in \mathbb{R})$이고

$$f'(c) = f'\left(\frac{\pi}{4}\right) = 2\sec^2 \frac{\pi}{4} = 4$$

이므로, 역함수정리 5.1.9에 의하여 f^{-1}는 $d = 2$에서 미분가능이고 다음이 성립한다.

$$(f^{-1})'(2) = \frac{1}{f'(\pi/4)} = \frac{1}{4}.$$

정리 5.1.11 $f : I = (a,b)(\subset \mathbb{R}) \to \mathbb{R}$가 I 상에서 연속이고 순단조라고 하자. 만약 $f \in \mathcal{D}(I)$이고 $f'(x) \neq 0$ $(x \in I)$이면, 역함수 $f^{-1} \in \mathcal{D}(J)$ $(J = f(I))$이고

$$y = f(x) \;\; (x \in I) \quad \Leftrightarrow \quad x = f^{-1}(y) \;\; (y \in J)$$

에 대하여 다음이 성립한다.

$$\frac{dx}{dy} = (f^{-1})'(y) = \frac{1}{f'(x)} = \frac{1}{dy/\,dx}.$$

연 습 문 제 5.1

1. $f(x) = x|x|$ $(x \in \mathbb{R})$는 $\mathbb{R}$ 상에서 미분가능임을 보여라.

2. 모든 $x \in \mathbb{R}$에 대하여 $g(x) = |x^3|$라 하자. 모든 $x \in \mathbb{R}$에 대하여 $g'(x)$, $g''(x)$를 구하여라. $g'''(0)$는 존재하는가?

3. $f : \mathbb{R} \to \mathbb{R}$이고 오직 한 점에서만 미분가능한 함수 f를 찾아보아라.

4.
$$f(x) = \begin{cases} x, & x\text{가 유리수일 때} \\ 0, & x\text{가 무리수일 때} \end{cases}$$
로 정의된 함수 $f : \mathbb{R} \to \mathbb{R}$는 0에서 연속이지만 좌(우)측도함수를 갖지 않음을 보여라.

5. $\mathbb{R}$ 상의 연속함수로서 좌·우측도함수가 존재하지 않는 예를 주어라.

6. $g:(0,\infty)\to\mathbb{R}$가 모든 $x,y\in(0,\infty)$에 대하여 $g(xy)=g(x)+g(y)$를 만족할 때 다음 사실들을 증명하여라.

   (a) 모든 $x,y\in(0,\infty)$에 대하여 $g(x/y)=g(x)-g(y)$이다.

   (b) g는 $(0,\infty)$ 상에서 연속이다 $\Leftrightarrow$ g가 1에서 연속이다.

   (c) g는 $(0,\infty)$ 상에서 미분가능이다 $\Leftrightarrow$ g는 1에서 미분가능이다.

   (연습문제 8.3.11과 비교하여라.)

7. $x\in(-\pi/2,\pi/2)$에 대하여 $f(x)=\sin x$라 하자. f의 역함수 f^{-1}의 도함수를 구하여라.

8. 모든 $x\in(-\frac{\pi}{2},\frac{\pi}{2})$에 대하여 $g(x)=\tan x$라 할 때, 역함수 g^{-1}의 도함수를 구하여라. (연쇄법칙 5.1.7을 이용하여 예제 5.1.10의 값을 확인하여라.)

9. $f:\mathbb{R}\to\mathbb{R}$가 $c\in\mathbb{R}$에서 미분가능이면

$$f'(c)=\lim_{n\to\infty}n[f(c+1/n)-f(c)]$$

   임을 보여라. 일반적으로, $\lim n[f(c+1/n)-f(c)]$가 존재하면 $f'(c)$도 존재하는가?

10. $\mathcal{D}[a,b]\subset\mathcal{C}[a,b]$가 성립함을 보여라.

11. $f:(a,b)\,(\subset\mathbb{R})\to\mathbb{R}$가 $c\in(a,b)$에서 미분가능이고 두 수열 (a_n), $(b_n)\subset(a,b)$가 $a_n<c<b_n$ $(n\in\mathbb{N})$, $a_n\to c$, $b_n\to c$를 만족하면 $\frac{f(b_n)-f(a_n)}{b_n-a_n}\to f'(c)$임을 보여라.

12.
$$f_\alpha(x)=\begin{cases}|x|^\alpha\sin\frac{1}{x}, & x\neq 0\text{일 때}\\ 0, & x=0\text{일 때}\end{cases}$$

   로 정의된 함수 f_α에 대하여 다음을 증명하여라.

   (a) $\alpha>0$이면 f_α는 점 0에서 연속이다.

   (b) $\alpha>1$이면 f_α는 점 0에서 미분가능하다.

13. $f:I=(a,b)\to\mathbb{R}$라 할 때 다음을 두 사실이 서로 동치임을 보여라.

   (a) f는 점 $x\in(a,b)$에서 미분가능하다.

   (b) 실수 L이 존재하여 0의 근방에서

$$e(h)=f(x+h)-f(x)-Lh$$

   로 정의된 함수 e가 $\lim_{h\to0}\frac{e(h)}{h}=0$를 만족한다.

   (앞으로 0의 근방에서 정의되고 $\lim_{h\to0}\frac{e(h)}{h}=0$를 만족하는 함수 e를 **오차함수**(*error function*)라 부른다).

14. 문제 5.1.13을 이용하여 정리 5.1.7 (연쇄법칙)을 증명하여라.

연습문제풀이 및 힌트 5.1

1. 먼저 $x \neq 0$이면,

$$f'(x) = (x)'|x| + x(|x|)' = |x| + x \cdot \frac{|x|}{x} = 2|x|$$

이다. $x = 0$이면

$$f'(0) = \lim_{x\to 0} \frac{f(x) - f(0)}{x - 0} = \lim_{x\to 0} \frac{x|x|}{x} = \lim_{x\to 0} |x| = 0$$

이다. 그러므로 $f'(x) = 2|x|\,(x \in \mathbb{R})$이다.

2. 모든 $x \in \mathbb{R}$에 대하여 $g'(x) = 3x|x|$이고 $g''(x) = 6|x|$ (연습문제 5.1.1)이고 $g'''(0)$는 존재하지 않음을 보여라.

3.

$$f(x) = \begin{cases} x^2, & x\text{가 유리수일 때} \\ 0, & x\text{가 무리수일 때} \end{cases}$$

라 두면 f는 오직 0에서만 미분가능이고 $f'(0) = 0$임을 보여라.

4. $\lim_{x\to 0} f(x) = 0$임을 보여라. 만약 $f'(0+)$가 존재한다고 가정하면 연습문제 4.2.4에 의하여

$$x_n \in \mathbb{Q},\ x_n > 0, \quad \Rightarrow \quad \frac{f(x_n) - f(0)}{x_n - 0} = 1 \to 1 = f'(0+)$$

이다. 유사하게 $y_n(> 0)$을 무리수들로 택하면

$$\frac{f(y_n) - f(0)}{y_n - 0} = 0 \to 0 = f'(0+)$$

를 얻는다. $1 = 0$이고 이것은 모순이다. 같은 방법으로 $f'(0-)$도 존재하지 않음을 보일 수 있다.

5.

$$f(x) = \begin{cases} x \sin \frac{1}{x}, & x \neq 0\text{일 때} \\ 0, & x = 0\text{일 때} \end{cases}$$

로 정의된 함수 f를 생각하여라.

6. (a) 먼저 주어진 관계식으로부터 $g(1)=0$임을 주목하여라. 또한 모든 $x \in (0,\infty)$에 대하여 다음을 주목하여라.

$$0 = g(1) = g\left(xx^{-1}\right) = g(x) + g\left(x^{-1}\right) \quad \Leftrightarrow \quad g\left(x^{-1}\right) = -g(x).$$

(b) 만약 g가 1에서 연속이라 가정하자. 그러면 임의의 점 $x \in (0,\infty)$에 대하여

$$\begin{aligned} \lim_{h\to 0}[g(x+h)-g(x)] &= \lim_{h\to 0} g\left(\frac{x+h}{x}\right) = \lim_{h\to 0} g\left(1+\frac{h}{x}\right) \qquad (\because \text{ (a)}) \\ &= \lim_{t\to 0} g(1+t) \qquad (t = h/x) \\ &= g(1) = 0 \qquad (\because \ g\text{는 1에서 연속이고 } g(1)=0) \end{aligned}$$

이다. 그러므로 g는 $x \in (0,\infty)$에서 연속이다.

(c) 모든 $x \in (0,\infty)$에 대하여

$$\begin{aligned} \lim_{h\to 0} \frac{g(x+h)-g(x)}{h} &= \lim_{h\to 0} \frac{g(1+h/x)}{h} \qquad (\because \text{ (a)}) \\ &= \lim_{t\to 0} \frac{g(1+t)}{xt} \qquad (t = h/x) \\ &= \frac{1}{x} \lim_{t\to 0} \frac{g(1+t)-g(1)}{t} \qquad (\because \ g(1)=0) \end{aligned}$$

가 성립함을 주목하여라.

7. $f(x) = \sin x$는 $I = [-\pi/2, \pi/2]$ 상에서 순증가한다. 그러므로, 연속역정리 4.4.18에 의하여 역함수 $f^{-1} : J = f(I) = [-1,1] \to R$가 존재하고 순증가한다. $f^{-1} = \sin^{-1}$로 표기하면

$$y - \sin x \quad \Leftrightarrow \quad x = \sin^{-1} y$$

이다. $f(x) = \sin x$는 I 상에서 미분가능이고

$$f'(x) = \cos x \neq 0 \qquad [x \in (-\pi/2, \pi/2)]$$

이므로 정리 5.1.5에 의하여 $f^{-1} = \sin^{-1}$는 $(-1,1)$ 상에서 미분가능하고 모든 $y \in (-1,1)$에 대하여 다음이 성립한다.

$$\begin{aligned} (\sin^{-1})'(y) &= (f^{-1})'(y) = \frac{1}{f'(x)} \\ &= \frac{1}{\cos x} = \frac{1}{\sqrt{1-\sin^2 x}} \\ &= \frac{1}{\sqrt{1-y^2}}. \end{aligned}$$

8. $g(x) = \tan x$는 $I = (-\pi/2, \pi/2)$ 상에서 순증가한다. 그러므로, 연속역정리 4.4.18에 의하여 역함수 $g^{-1} : J\,(= g(I) \subset \mathbb{R}) \to \mathbb{R}$가 존재하고 순증가한다. $g^{-1} = \tan^{-1}$로 표기하면

$$y = g(x) = \tan x \quad \Leftrightarrow \quad x = g^{-1}(y) = \tan^{-1} y$$

이다. $g'(x) = \sec^2 x \neq 0\,(x \in I)$이고 $1 + \tan^2 x = \sec^2 x$이므로 정리 5.1.11에 의하여

$$\begin{aligned}(g^{-1})'(y) &= \frac{1}{g'(x)} = \frac{1}{\sec^2 x} \\ &= \frac{1}{1+y^2} \qquad (y \in \mathbb{R})\end{aligned}$$

이다. 예제 5.1.4에서 $y = f(x) = 2\tan x\,(x \in I)$이므로

$$x = f^{-1}(y) = \tan^{-1}\frac{y}{2} = (g^{-1})(y/2) \qquad (y \in \mathbb{R})$$

이다. 연쇄법칙 5.1.7에 의하여

$$\begin{aligned}\frac{dx}{dy} &= (f^{-1})'(y) = (g^{-1})'(y/2) \cdot \frac{1}{2} \\ &= \frac{1}{2} \cdot \frac{1}{1+(y/2)^2} = \frac{2}{4+y^2}\end{aligned}$$

이다. 그러므로, $(f^{-1})'(2) = \frac{1}{4}$이다.

9. $f(x) = |x|\ (x \in \mathbb{R})$와 $c = 0$에서 생각하여라.

10. 정리 5.1.3에 의하여 분명히 $\mathcal{D}(a,b) \subset \mathcal{C}(a,b)$이다. f가 a에서의 우측도함수 $f'(a+)$를 갖는다면

$$\begin{aligned}f(a+) = \lim_{x \to a+} f(x) &= \lim_{x \to a} \frac{f(x)-f(a)}{x-a} \cdot \lim_{x \to a+}(x-a) + f(a) \\ &= f'(a+) \cdot 0 + f(a) = f(a)\end{aligned}$$

이므로 f는 a에서 우연속이다. 유사하게 f가 b에서의 좌측도함수 $f'(b-)$를 가지면 f는 b에서 좌연속임을 보일 수 있다.

11.

$$\alpha_n = \frac{b_n - c}{b_n - a_n}, \quad \beta_n = \frac{c - a_n}{b_n - a_n}$$

로 두면 $\alpha_n > 0$, $\beta_n > 0$, $\alpha_n + \beta_n = 1$이고

$$\begin{aligned}&\tfrac{f(b_n)-f(a_n)}{b_n-a_n} - f'(c) \\ &= \left[\tfrac{f(b_n)-f(c)}{b_n-c} - f'(c)\right]\alpha_n + \left[\tfrac{f(a_n)-f(c)}{a_n-c} - f'(c)\right]\beta_n\end{aligned} \qquad (\spadesuit)$$

가 성립한다. 더욱, 연습문제 4.2.4와 $f'_+(c) = f'(c) = f'_-(c)$를 적용하면

$$\begin{aligned}\lim_{n\to\infty}\frac{f(b_n)-f(c)}{b_n-c} &= \lim_{x\to c+}\frac{f(x)-f(c)}{x-c} = f'_+(c) = f'(c),\\ \lim_{n\to\infty}\frac{f(a_n)-f(c)}{a_n-c} &= \lim_{x\to c-}\frac{f(x)-f(c)}{x-c} = f'_-(c) = f'(c)\end{aligned}$$

을 얻는다. 이 사실을 (♠)에 적용하면 곧바로 $\frac{f(b_n)-f(a_n)}{b_n-a_n} \to f'(c)$가 얻어짐을 주목하여라.

12. (a) $|f_\alpha(h)| \le |h|^\alpha$ 임을 주목하여라.

    (b) $\left|\frac{f_\alpha(h)-f_\alpha(0)}{h}\right| \le |h|^{\alpha-1}$ 임을 주목하여라.

13. (a)⇒(b)을 보이기 위해서는 $L = f'(x)$로 선택하여라. 이제 (b)⇒(a)임을 보이자. (b)의 가정으로부터 $\lim_{h\to 0}\frac{f(x+h)-f(x)}{h} = L \in \mathbb{R}$임을 주목하여라. 그러므로 f는 점 x에서 미분가능이고 $f'(x) = L$이다.

14. f와 g가 점 c와 $f(c)(=d)$에서 각각 미분가능이므로 문제 5.1.13을 적용하기 위하여 간단히 $L = f'(c)$, $M = g'(d)$라 하자. 그러면 오차함수 e_1과 e_2가 각각 존재하여

$$\begin{aligned}f(c+h) &= f(c) + Lh + e_1(h),\\ g(d+k) &= g(d) + Mk + e_2(k)\end{aligned}$$

이다. $k = Lh + e_1(h)$라 두고 간단히 계산하면

$$\begin{aligned}(g\circ f)(c+h) &= g(f(c+h)) = g(f(c) + Lh + e_1(h))\\ &= g(d+k) = g(d) + Mk + e_2(k)\\ &= g(f(c)) + MLh + [Me_1(h) + e_2(Lh + e_1(h)]\\ &= (g\circ f)(c) + MLh + e(h),\end{aligned}$$

여기서 $e(h) = Me_1(h) + e_2(Lh + e_1(h))$이다. 만약 $\lim_{h\to 0}\frac{e(h)}{h} = 0$을 증명한다면 문제 5.1.13에 의하여 $g\circ f$는 c에서 미분가능이고 $(g\circ f)'(c) = ML = g'(f(c))f'(c)$이다. 증명을 끝내기 위하여 $\lim_{h\to 0}\frac{e(h)}{h} = 0$임을 보이자. 만약 $s(h) = Lh + e_1(h) = 0$이면 오차함수의 정의에 의하여 $e_2(s(h)) = 0$이고, $s(h) \ne 0$인 경우에는 $\frac{e_2(s(h))}{s(h)} \cdot \frac{s(h)}{h}$로 나타낼 수 있다. 한편, 오차함수의 정의로부터 $h \to 0$일 때 $\frac{e_1(h)}{h} \to 0$, $\frac{e_2(s(h))}{s(h)} \to 0$ 이고 $\frac{s(h)}{h} \to L$이므로

$$\frac{e(h)}{h} = M\frac{e_1(h)}{h} + \frac{e_2(s(h))}{s(h)}\cdot\frac{s(h)}{h} \quad\to\quad M\cdot 0 + 0\cdot L = 0$$

을 얻고 증명이 모두 끝난다.

5.2 평균값정리

정의 5.2.1 함수 $f : I\,(\subset \mathbb{R}) \to \mathbb{R}$이고 $c \in I$라 하자. $\delta > 0$가 존재하여

$$f(x) \le f(c) \qquad [\,x \in V_\delta(c)\,] \tag{5.4}$$

를 만족할 때, f는 c에서 **극대**가 된다고 하고, $f(c)$를 **극대값**(*relative maximum*)이라 한다.

유사하게 (5.6)에서 $\le$ 대신에 $\ge$가 성립할 때 f는 c에서 **극소**가 된다고 하고 $f(c)$를 **극소값**(*relative minimum*)이라 한다. 그리고 f의 극대값 또는 극소값을 통틀어 **극값** 또는 **극치**(*relative extrema*)라 한다.

보조정리 5.2.2 $I = (a, b) \subset \mathbb{R}$라 하자. $f : I \to \mathbb{R}$가 $c \in I$에서 극대값을 갖는다고 가정하자. 그러면,

(a) f가 c에서 우측미분가능이면 $f'_+(c) \le 0$이다.

(b) f가 c에서 좌측미분가능이면 $f'_-(c) \ge 0$이다.

정리 5.2.3 (내점극값) c가 구간 $I(\subset \mathbb{R})$의 내점이라 하자. 만약 $f : I \to \mathbb{R}$가 c에서 극값과 도함수를 가지면 $f'(c) = 0$이다.

정리 5.2.4 (Rolle) $f \in \mathcal{C}[a, b]$이고 $f \in \mathcal{D}(a, b)$이라 하자. 만약 $f(a) = 0 = f(b)$이면 $f'(c) = 0$을 만족하는 $c \in (a, b)$가 적어도 하나 존재한다.

예제 5.2.5 3차 방정식 $x^3 - 3x + k = 0$이 $[0, 1]$안에 서로 다른 두 근을 갖는 k의 값은 존재하지 않는다.

정리 5.2.6 **($\star$ 평균값 $\star$)** $f \in \mathcal{C}[a, b]$이고 $f \in \mathcal{D}(a, b)$이면

$$f'(c) = \frac{f(b) - f(a)}{b - a}$$

를 만족하는 $c \in (a, b)$가 적어도 하나 존재한다.

정리 5.2.7 $f \in \mathcal{C}[a, b]$, $f \in \mathcal{D}(a, b)$, 모든 $x \in (a, b)$에 대하여 $f'(x) = 0$이라 하자. 그러면 f는 상수함수이다.

따름정리 5.2.9 $f, g \in \mathcal{C}[a,b]$, $f \in \mathcal{D}(a,b)$, 모든 $x \in (a,b)$에 대하여 $f'(x) = g'(x)$라 하면 어떤 상수 K가 존재하여 $f = g + K$이다.

정리 5.2.9 f가 구간 I 상에서 연속이고, 구간 I의 끝점(존재하면)을 제외한 모든 점 $x \in I$에 대하여 $f'(x) > 0$이면 f는 I 상에서 순증가한다. (따라서 f는 단사이다.)

정리 5.2.10 f가 구간 I 상에서 미분가능이라면 다음이 성립한다.

(a) f가 I 상에서 증가한다 $\Leftrightarrow$ $f'(x) \geq 0$ $(x \in I)$이다.

(b) f가 I 상에서 감소한다 $\Leftrightarrow$ $f'(x) \leq 0$ $(x \in I)$이다.

정리 5.2.11 **(Darboux)** $f \in \mathcal{D}[a,b]$이고 k가 $f'(a)$와 $f'(b)$사이의 값이면 $f'(c) = k$를 만족하는 $c \in (a,b)$가 적어도 하나 존재한다.

예제 5.2.12 함수 $\mathrm{sgn} : [-1,1] \to \mathbb{R}$가

$$\mathrm{sgn}(x) = \begin{cases} 1, & x > 0\text{일 때} \\ 0, & x = 0\text{일 때} \\ -1, & x < 0\text{일 때} \end{cases}$$

로 정의되었다 하면 Darboux 정리 5.2.11에 의하여 모든 $x \in [-1,1]$에 대하여 $f'(x) = \mathrm{sgn}(x)$를 만족하는 함수 $f : [-1,1] \to \mathbb{R}$는 존재하지 않는다.

예제 5.2.13 **(평균값정리의 응용)**

(a) (Bernoulli 부등식) 모든 $x > -1$에 대하여

$$\begin{aligned} (1+x)^\alpha &\geq 1 + \alpha x \qquad (\alpha \geq 1), \\ (1+x)^\alpha &\leq 1 + \alpha x \qquad (0 < \alpha \leq 1) \end{aligned}$$

이고, 어느 경우에도 등식은 오직 $x = 0$에서만 성립한다.

(b) $|\sin x - \sin y| \leq |x - y|$ $(x, y \in \mathbb{R})$이다.

(c) $e^x \geq 1 + x$ $(x \in \mathbb{R})$이다. 등식이 성립할 동치조건은 $x = 0$이다.

[지수부등식]

$$t^\alpha \leq 1 + \alpha(t-1) \qquad (t > 0,\ 0 < \alpha < 1). \tag{5.7}$$

[Young 부등식]

$$ab \le \frac{1}{p}a^p + \frac{1}{q}b^q \qquad \left(a, b > 0,\ p > 1,\ \frac{1}{p} + \frac{1}{q} = 1\right). \tag{5.9}$$

연 습 문 제 5.2

1. (a) $f(x) = (x-a)(b-x)$ $(a \le x \le b)$에 대한 Rolle 정리 5.2.4를 만족하는 적당한 c를 찾아보아라.

   (b) n은 1보다 큰 정수이고, $y\,(\neq 0)$를 고정하고 모든 $x \in \mathbb{R}$에 대하여 $f(x) = (x+y)^n - x^n - y^n$로 정의할 때, 평균값정리 5.2.6을 적용하여 다음을 증명하여라.

   (i) n이 짝수이면 f는 0이 아닌 다른 근을 갖지 않는다.

   (ii) n이 홀수이면 f는 적어도 0이 아닌 다른 한 근을 갖는다.

2. f가 $I = [a, b]$ 상에서 연속이고 $f \in \mathcal{D}(a, b)$이라 하자. 만약

$$\lim_{x \to a} f'(x) = A$$

   이면 $f'(a)$가 존재하고 $f'(a) = A$임을 보여라.

3. $f \in C[a, b]$, $a < c < b$이고 $f \in D(a, c) \cap D(c, b)$라 할 때 다음 두 사실이 성립함을 보여라. (이것을 극값에 대한 1계도함수판정법이라 말한다.)

   (a) 적당한 $\delta > 0$가 존재하여 $(c-\delta, c+\delta) \subset [a, b]$ $f'(x) \ge 0$ $(c - \delta < x < c)$이고 $f'(x) \le 0$ $(c < x < c + \delta)$이면 f는 점 c에서 극대값을 갖는다.

   (b) 적당한 $\delta > 0$가 존재하여 $(c-\delta, c+\delta) \subset [a, b]$, $f'(x) \le 0$ $(c - \delta < x < c)$이고 $f'(x) \ge 0$ $(c < x < c + \delta)$이면 f는 점 c에서 극소값을 갖는다.

4. $f(x) = 2x^4 + x^4 \sin(1/x)$ $(x \neq 0)$이고 $f(0) = 0$으로 정의된 함수 $f : \mathbb{R} \to \mathbb{R}$는 $x = 0$에서 최소값을 갖지만 그 도함수 f'는 0의 어떠한 근방에서도 양의 값과 음의 값을 동시에 가짐을 보여라. [주의] 이것은 연습문제 5.2.3의 역은 일반적으로 성립하지 않음을 뜻한다.

5. (a) 함수 $f(x) = x^{1/x}$ $(x > 0)$은 $x = e$에서 최대값을 가짐을 보여라(문제 3.2.14(b)).

   (b) $a_1, a_2, \ldots, a_n \in \mathbb{R}$이고 $f(x) = \sum_{k=1}^{n} (a_i - x)^2$ $(x \in \mathbb{R})$로 정의하면 $\bar{x} = \frac{a_1 + \cdots + a_n}{n}$에서 f가 최소값을 가짐을 보여라.

6. $(\ln x)' = 1/x$ (정리 8.3.4(b))와 평균값정리 5.2.6을 이용하여 다음을 보여라.

   (a) 모든 $x > 0$에 대하여 $\frac{1}{x+1} < \ln\left(1 + \frac{1}{x}\right) < \frac{1}{x}$이다.

   (b) $f(x) = \left(1 + \frac{1}{x}\right)^x$, $g(x) = \left(1 + \frac{1}{x}\right)^{x+1}$ $(x > 0)$라 하면 f는 $(0, \infty)$ 상에서 순증가하고 g는 순감소한다(보조정리 3.3.9).

   [주의] 특히 (a)로부터 다음이 성립함을 주목하여라(예제 3.3.7(c)의 증명).

$$\frac{1}{n+1} < \ln\left(1 + \frac{1}{n}\right) = \ln(n+1) - \ln n < \frac{1}{n} \qquad (n \in \mathbb{N})$$

7. 예제 5.2.13(a)(Bernoulli 부등식)을 적용하지 않고 직접 다음의 **지수부등식**을 유도하여라. (5.3)과 비교하여라.

$$x^\alpha - \alpha x \leq 1 - \alpha \qquad (x > 0,\ 0 < \alpha < 1).$$

8. $a > b > 0$이면 $a^{1/n} - b^{1/n} < (a - b)^{1/n}$ $(n \geq 2)$임을 보여라.

9. f, g가 $\mathbb{R}$ 상에서 미분가능하고 $f(0) = g(0)$, $f'(x) \leq g'(x)$ $(x \geq 0)$이면 $f(x) \leq g(x)$ $(x \geq 0)$임을 보여라.

10. I는 구간이고 $f \in \mathcal{D}(I)$, $f' \in \mathcal{B}(I)$이면 f는 I 상의 Lipschitz 함수(정의 4.5.4)임을 보여라. (따라서, 정리 4.5.5에 의하여 $f \in \mathcal{UC}(I)$임을 주목하여라.)

11. $f \in \mathcal{D}(0, \infty)$이고 $L = \lim_{x \to \infty} f'(x)$와 $\lim_{n \to \infty} f(n)$가 존재하고 유한이면 $L = 0$임을 보여라.

12. $f(0) = 1$이고 $|f'(x)| \leq 1$ $(x \in \mathbb{R})$이면 $|f(x)| \leq |x| + 1$ $(x \in \mathbb{R})$임을 보여라.

13. $f(t) = \frac{t}{1+t}$ $(t \geq 0)$는 구간 $[0, \infty)$ 상에서 증가($\uparrow$)함을 보여라. 이러한 성질을 이용하여 거리공간 (M, d)에서

$$D(x, y) = \frac{d(x, y)}{1 + d(x, y)} \qquad (x, y \in M)$$

로 정의된 D가 M 상의 거리가 됨을 증명하여라(연습문제 2.3.23(c)).

14. 다음 조건들을 만족하는 함수 f를 찾아 보아라.

$$f \in \mathcal{UC}[0, 1] \cap \mathcal{D}(0, 1) \quad \wedge \quad f' \notin \mathcal{B}(0, 1)$$

15. (5.9)의 Young 부등식을 직접적으로 증명하여라.

[힌트] $f(x) = \frac{1}{p}x^p + \frac{1}{q} - x$ $(x \geq 0)$라 두고, 먼저 모든 $x \geq 0$에 대하여 $f(x) \geq 0$임을 보여라. 특히, $f(ab^{1-q}) \geq 0$을 계산하여라.

16.

$$P_n = \prod_{k=1}^{n}(1+\alpha_k) = (1+\alpha_1)(1+\alpha_2)\cdots(1+\alpha_n)$$

라 하고 모든 $\alpha_k \neq -1$라 가정하자. $\lim P_n = P$인 $P(\neq 0) \in \mathbb{R}$가 존재할 때 **무한곱**(*infinite product*) $\prod(1+\alpha_k)$가 P에 수렴한다고 말한다. 예제 5.2.13 (c)를 이용하여 $0 \leq x_n < 1$이고 $\sum x_n = \infty$이면 무한곱 $\prod(1-x_n)$가 0에 수렴함을 보여라.

17. $f \in \mathcal{C}[a,b]$이고 f가 (a,b) 상에서 우측미분가능이라 하면 다음 사실들이 성립함을 보여라.

(a) 모든 $x \in (a,b)$에 대하여 $f'_+(x) > 0$이면 f는 $[a,b]$ 상에서 순증가한다(정리 5.2.9).

(b) 모든 $x \in (a,b)$에 대하여 $f'_+(x) \geq 0$이면 f는 $[a,b]$ 상에서 증가한다(정리 5.2.10).

(c) 모든 $x \in (a,b)$에 대하여 $f'_+(x) = 0$이면 f는 상수함수이다(정리 5.2.7).

[주의] 만약 f가 (a,b) 상에서 좌측미분가능이면 (a)–(c)의 f'_+를 f'_-로 바꾸어도 동일한 결과가 얻어짐을 주목하여라.

18. $f \in \mathcal{C}[a,b]$이고 $A \subset [a,b]$라 하자. 모든 $x \in (a,b) \setminus A$에 대하여 f가 x에서 우측미분가능이고 $f'_+(x) > 0$라 가정할 때 $f(A)^\circ = \emptyset$이면 f는 증가하고, $A^\circ = \emptyset = f(A)^\circ$이면 f는 순증가함을 보여라.

19. $f \in \mathcal{C}[a,b]$이고 $(c_n) \subset [a,b]$라 하자. $A = \{c_n : n \in \mathbb{N}\}$이고 f가 $(a,b) \setminus A$ 상에서 우측미분가능이면 연습문제 5.2.17의 (a)–(c)의 $x \in (a,b)$를 $x \in (a,b) \setminus A$로 바꾸어도 성립함을 보여라.

20. $a \in [0,1]$이고 $f(x) = x - a\sin x$ $(x \in \mathbb{R})$라 할 때, 다음을 보여라.

$$f(x) = 0 \quad \Leftrightarrow \quad x = 0.$$

21. $x_1, x_2, \ldots, x_p \in (a,b)$, $y_1, y_2, \ldots, y_p \in (a,b)$이고 $y_i < x_i$ $(1 \leq i \leq p)$이라 할 때, 함수 f가 구간 (a,b)상에서 미분가능이면 적당한 한 점 $c \in (a,b)$가 존재하여

$$\sum_{i=1}^{p}[f(x_i) - f(y_i)] = f'(c)\sum_{i=1}^{p}(x_i - y_i)$$

가 됨을 증명하여라.

연습문제풀이 및 힌트 5.2

1. (a) $f'(x) = a + b - 2x$이므로 $f'(c) = a + b - 2c = 0$, 즉, $c = (a+b)/2$이다.

(b) $f(0) = 0$은 분명하다. 만약 $f(r) = 0$되는 다른 한 근 $r(\neq 0)$이 있다고 가정하면 평균값정리 5.2.6에 의하여 $f'(c) = 0$되는 c가 0과 r사이에 존재한다. $f'(x) = n(x+y)^{n-1} - nx^{n-1}$이므로

$$f'(c) = 0 \quad \Leftrightarrow \quad (c+y)^{n-1} = c^{n-1}$$

이다. (i) 만약 n이 짝수이면 $n-1$은 홀수이므로 홀수지수 k를 갖는 x^k는 단사함수이므로 $c+y = c$, 즉 $y = 0$이라는 모순을 낳는다. 이 모순은 n이 짝수이면 $f(r) = 0$되는 $r(\neq 0)$이 존재하지 않음을 주장한다. (ii) 이제 n이 홀수이면 $n-1$은 짝수이므로 $c+y = \pm c$이고 이것은 오직 $c = -\frac{y}{2}$일 때만 성립한다. 이 경우 점 c을 중심으로 f는 좌우대칭이다. 왜냐하면,

$$\begin{aligned} f(c+h) &= f\left(-\frac{y}{2}+h\right) = \left(\frac{y}{2}+h\right)^n - \left(-\frac{y}{2}+h\right)^n - y^n \\ &= \left(\frac{y}{2}-h\right)^n - \left(-\frac{y}{2}-h\right)^n - y^n \qquad (\because\ n\text{:홀수}) \\ &= f\left(-\frac{y}{2}-h\right) = f(c-h) \end{aligned}$$

이기 때문이다. $f(0) = 0$이므로 n이 홀수인 경우 $r = -y$가 (유일한) 다른 한 근이다. 실제로 $f(-y) = 0$이 됨을 주목하여라. **[주의]** 위의 증명은 보다 일반적으로 n이 홀수인 경우, f가 k개의 근을 가지면 평균값정리 5.2.6에 의하여 f'는 $k-1$개의 근을 가짐을 알 수 있다.

2. $x > a$라 하고 구간 $I_x = [a, x]$ 상에서 f의 평균값정리 5.2.6을 적용하면

$$\frac{f(x) - f(a)}{x - a} = f'(c_x) \qquad (\spadesuit)$$

을 만족하는 $c_x \in (a, x)$가 존재한다. 만약 $x \to a$이면 $a < c_x < x$이므로 $c_x \to a$이다. 그러므로 ($\spadesuit$)의 양변에 $x \to a$를 취하면

$$f'(a) = \lim_{x\to a} \frac{f(x) - f(a)}{x - a} = \lim_{c_x \to a} f'(c_x) = A$$

가 얻어진다.

3. (a) 만약 $x \in (c - \delta, c)$이면 평균값정리 5.2.6에 의하여 적당한 $c_x \in (x, c)$가 존재하여 $f(c) - f(x) = (c - x)f'(c_x)$를 만족한다. 가정에 의하여 $f'(c_x) \geq 0$이므로 $f(x) \leq$

$f(c)$ $(c-\delta < x < c)$이다. 유사하게 $f(x) \le f(c)$ $(c < x < c+\delta)$임을 보일 수 있다. 그러므로 $f(x) \le f(c)$ $(c-\delta < x < c+\delta)$이므로 f는 점 c에서 극대값을 갖는다.

(b)의 증명은 (a)와 유사하므로 생략한다.

4. $-1 \le \sin(1/x) \le 1$ $(x \ne 0)$이므로

$$f(x) = 2x^4 + x^4 \sin(1/x) \ge 2x^4 - x^4 = x^4 > 0 \qquad (x \ne 0)$$

이고 $f(0) = 0$이므로 f는 $x = 0$에서 최소값을 갖는다. 한편,

$$f'(x) = x^2\,(8x + 4x\sin(1/x) - \cos(1/x)) \qquad (x \ne 0)$$

이고 $f'(0) = 0$이므로 $x = \frac{1}{2n\pi}$ 또는 $x = \frac{1}{(2n+1/2)\pi}$를 취해보아라.

5. (a) $g(x) := \ln f(x) = \frac{1}{x}\ln x$ $(x > 0)$라 두고 $g'(x) = \frac{1}{x^2}(1 - \ln x)$임을 보인 후 g에 대하여 연습문제 5.2.3 (a)를 적용하여라.

(b) $f'(x) = 2n(x - \bar{x})$임을 보인 후 연습문제 5.2.3 (b)를 적용하여라.

6. (a) $f(x) = \ln(1+x)$라 두면 $f'(x) = 1/(1+x)$이다. 각 $x > 0$에 대하여 구간 $[0, 1/x]$ 상에서 f의 평균값정리 5.2.6을 적용하면

$$x[f(1/x) - f(0)] = f'(c_x) \quad \Leftrightarrow \quad x\ln(1 + 1/x) = 1/(1 + c_x)$$

을 만족하는 $c_x \in (0, 1/x)$가 존재하고 $0 < c_x < 1/x$이므로 다음을 낳는다.

$$\frac{1}{1+1/x} < x\ln\left(1 + \frac{1}{x}\right) < 1 \quad \Leftrightarrow \quad \frac{1}{x+1} < \ln\left(1 + \frac{1}{x}\right) < \frac{1}{x}.$$

(b) $\ln f(x) = x\ln(1 + 1/x) = x[\ln(x+1) - \ln x]$이므로 양변을 x에 관하여 미분하면

$$\begin{aligned} \frac{f'(x)}{f(x)} &= \ln\left(1 + \frac{1}{x}\right) - \frac{1}{x+1} \\ \Leftrightarrow \quad f'(x) &= \left[\ln\left(1 + \frac{1}{x}\right) - \frac{1}{x+1}\right]\left(1 + \frac{1}{x}\right)^x \end{aligned}$$

이다. 분명히 (a)에 의하여 $\left[\ln\left(1 + \frac{1}{x}\right) - \frac{1}{x+1}\right] > 0$이고 $f(x) = (1 + 1/x)^x > 0$이므로 $f'(x) > 0$ $(x > 0)$이다. 따라서 정리 5.2.9에 의하여 f는 구간 $(0, \infty)$ 상에서 순증가한다. 유사한 방법으로 g는 $(0, \infty)$ 상에서 순감소함을 증명하여라.

7. $f(x) = x^\alpha - \alpha x$ $(x > 0)$라 두고 미분하면 $f'(x) = \alpha\left(x^{\alpha-1} - 1\right)$이다. 분명히 $0 < x < 1$이면 $f'(x) > 0$이고 $x > 1$이면 $f'(x) < 0$이다. 연습문제 5.2.3 (a)에 의하여 구간 $(0, \infty)$ 상에서 주어진 함수 f는 $x = 1$에서 최대값을 갖게 됨을 알 수 있다. 즉 $f(x) \le f(1)$ $(x > 0)$이다.

8. $f(x) = x^{1/n} - (x-1)^{1/n}$가 구간 $[1, \infty)$ 상에서 순감소함을 보인 후 $f(a/b) > f(1)$을 간단히 하여라.

9. $h = g - f$라 두면, h도 $\mathbb{R}$ 상에서 미분가능하고 $h(0) = 0$, $h'(x) \geq 0$ $(x \geq 0)$이다. 평균값정리 5.2.6을 적용하여 $h(x) \geq 0$ $(x \geq 0)$임을 보여라.

10. $f' \in \mathcal{B}(I)$이므로 $K > 0$가 존재하여 $|f'(x)| \leq K$ $(x \in I)$이다. 이제 $x, y \in \mathbb{R}$라 하자. 일반성을 잃지 않고 $x < y$라 가정한 후 구간 $[x, y]$ 상에서 f의 평균값정리 5.2.6을 적용하면 $c \in (x, y)$가 존재하여 $f(y) - f(x) = f'(c)(y - x)$이다. 그러므로 $|f(x) - f(y)| = |f'(c)||x - y| \leq K|x - y|$ $(x, y \in \mathbb{R})$을 얻는다.

11. $L = \lim_{x \to \infty} f'(x) \neq 0$라 가정하자. 그러면 $\epsilon = |L|/2 > 0$에 대하여 $K \in \mathbb{N}$가 존재하여

$$|f'(x) - L| < |L|/2 \qquad (x \geq K) \tag{$\diamondsuit$}$$

이다. 모든 $n\,(> K) \in \mathbb{N}$에 대하여 구간 $[K, n]$ 상에서 f에 대한 평균값정리 5.2.6을 적용하면

$$\frac{f(n) - f(K)}{n - K} = f'(c_n)$$

를 만족하는 $c_n \in (K, n)$가 존재한다. 그러면 $(\diamondsuit)$에 의하여

$$\left| \frac{f(n) - f(K)}{n - K} - L \right| = |f'(c_n) - L| < \frac{|L|}{2} \qquad (n > K)$$

를 얻는다. 이제 양변에 극한을 취하면, $\lim f(n)$가 존재하고 유한하므로

$$|L| \leq |L|/2 \quad \Rightarrow \quad 0 < |L| \leq 0$$

라는 모순을 낳는다.

12. I_x를 구간 0와 x를 양 끝점으로 갖는 닫힌구간이라 할 때, I_x 상에서 f의 평균값정리 5.2.6을 적용하여라.

13. $f(t) = \frac{t}{1+t}$ $(t \geq 0)$이라 하자. $f'(x) = \frac{1}{1+t^2} > 0$이므로 정리 5.2.10(a)에 의하여 f는 구간 $[0, \infty)$ 상에서 증가($\uparrow$)한다. (M_1)–(M_2)는 분명하다. (M_3), 즉

$$D(x, y) \leq D(x, z) + D(z, y) \qquad (x, y, z \in M)$$

가 성립함을 보이자. $x, y, z \in M$라 하자. $d(x, y) \leq d(x, z) + d(z, y)$이고 f는 증가($\uparrow$)하

므로 다음을 얻는다.

$$\begin{aligned} D(x,y) &= \frac{d(x,y)}{1+d(x,y)} = f[d(x,y)] \\ &\leq f[d(x,z)+d(z,y)] = \frac{d(x,z)+d(z,y)}{1+d(x,z)+d(z,y)} \\ &\leq \frac{d(x,z)}{1+d(x,z)} + \frac{d(z,y)}{1+d(z,y)} = D(x,z)+D(z,y). \end{aligned}$$

14. $f(x) = \sqrt{x}$.

15. $f(x) = \frac{1}{p}x^p + \frac{1}{q} - x \ (x \geq 0)$라 하자. 그 때, $f'(x) = x^{p-1} - 1$이고 $f'(1) = 0$이다. $p > 1$이므로 $f'(x)$는 $x \leq 1$이면 음이 되고 $x \geq 1$이면 양이된다. 그래서, $f(x)$는 $x = 1$에서 최소값을 갖고 $f(1) = 0$이다. 그러므로 모든 $x \geq 0$에 대하여 $f(x) \geq 0$이 된다. 특히, $x = ab^{1-q}$을 취하면

$$f(ab^{1-q}) = \frac{1}{p}(ab^{1-q})^p + \frac{1}{q} - ab^{1-q} \geq 0$$

이다. $p(1-q) = -q$이므로 양변에 b^q을 곱하고 정리하면 Young 부등식 (5.9)가 얻어진다.

16. 예제 5.2.13 (c)에 의하여 $1 - x \leq e^{-x}$ $(x \geq 0)$이고, 특히 $1 - x_k \leq e^{-x_k}$이다. ln 함수는 순증가하므로 $\ln(1-x_k) \leq \ln e^{-x_k} = -x_k$ $(k = 1, 2, \ldots, n)$이다. 양변에 $\sum_{k=1}^{n}$을 취하면

$$\ln \prod_{k=1}^{n}(1-x_k) = \sum_{k=1}^{n} \ln(1-x_k) \leq -\sum_{k=1}^{n} x_k$$

을 얻는다(정리 8.3.4). 이제 양변에 지수함수 e^t를 취하면

$$\prod_{k=1}^{n}(1-x_k) \leq e^{-\sum_{k=1}^{n} x_k} \ \rightarrow \ 0 \qquad (n \rightarrow \infty)$$

이다. 그러므로 $\prod(1-x_n) = 0$이다.

17. (a) 먼저 f가 증가(↑)함을 보이자. $f(a) \leq f(b)$가 성립함을 보이면 충분하다. ($\because$ $a \leq c < d \leq b$이면 f의 제한 $f|_{[c,d]}$도 역시 (c)의 모든 가정을 만족하기때문이다.) 모순증명을 위하여 $f(a) > f(b)$라 가정하고 $f(b) < k < f(a)$인 k를 선택하자.

$$A = \{x \in [a,b] : f(x) \geq k\}$$

라 하면 A는 분명히 유계이고 $A \neq \emptyset$이다($\because$ $a \in A$). 연습문제 3.1.18 (b)를 이용하여 A가 닫힌집합임을 보이자. $(x_n) \subset A$이고 $x_n \rightarrow x$라 하자. 분명히 $x \in [a,b]$이다. f가 점 x에서 연속이므로 $f(x) = \lim f(x_n) \geq k$이다. 따라서 $x \in A$이다. 다시 연습

문제 3.1.18 (b)에 의하여 A는 닫힌집합이다. Heine-Borel 정리 3.6.5에 의하여 A는 컴팩트집합이고 따름정리 3.6.6에 의하여 $\sup A(= c) \in A$이다. 특히 $f(c) \geq k > f(b)$이므로 $c \neq b$, 즉 $c < b$이다. 이제 $f(c) \leq k$임을 보이면 곧바로 $f(c) = k$가 얻어진다. $c < t_n < b$이고 $t_n \to c$를 만족하는 수열 (t_n)을 생각하자. $c = \sup A$이고 $t_n > c$이므로 $t_n \notin A\,(n \in \mathbb{N})$이다. 그러므로 $f(t_n) < k$이다. 양변에 극한을 취하면 $f(c) = \lim f(t_n) \leq k$가 얻어진다. 그래서 $f(c) = k$이고 $f(b) < f(c) < f(a)$이다. 특히 $c \neq a$이므로 $a < c < b$가 얻어진다. 가정에 의하여 f가 c에서 우측미분가능이고 $f'_+(c) > 0$이다. 한편 $f(t_n) - f(c) = f(t_n) - k < 0$이고 $t_n - c > 0$이므로

$$\frac{f(t_n) - f(c)}{t_n - c} < 0$$

이다. 양변에 극한을 취하면 $f'_+(c) \leq 0$를 낳는다. 이것은 모순이다. 따라서 f는 증가한다. 이제 f가 순증가함을 보이자. 만약 f가 순증가하지 않으면

$$c, d \in [a, b], \quad c < d$$

가 존재하여 $f(c) = f(d)$이어야 한다. f가 증가하므로 f는 $[c, d]$ 상에서 상수이다. 그러므로 모든 $x \in (c, d)$에 대하여 $f'_+(x) = 0$이고 이것은 곧바로 가정에 모순이 된다. 그러므로 f는 순증가한다.

(b) $a \leq b < c \leq b$라 가정하고 $f(c) \leq f(d)$임을 보이자. 각 $n \in \mathbb{N}$에 대하여

$$f(c) + \frac{c}{n} < f(d) + \frac{c}{n}$$

가 성립함을 보이면 충분하다(양변에 극한을 취하면 원하는 부등식이 얻어진다). 각 $n \in \mathbb{N}$에 대하여 $g(x) = f(x) + x/n\ (x \in [a, b])$라 두면 $g \in \mathcal{C}[a, b]$이다. 더욱, 모든 점 $x \in (a, b)$에서 g는 우측미분가능이고 $g'_+(x) = f'_+(x) + 1/n \geq 1/n > 0$이다. (c)에 의하여 g가 순증가하므로 $g(c) < g(d)$, 즉 $f(c) + \frac{c}{n} < f(d) + \frac{c}{n}$이다.

(c) 가정에 의하여, 모든 $x \in (a, b)$에 대하여 $f'_+(x) = 0$이고

$$(-f)'_+(x) = -f'_+(x) = 0$$

이다. (a)에 의하여 f와 $-f$는 동시에 증가한다. 다시 말하면, f는 동시에 증가하고 감소한다. 이러한 함수는 상수함수뿐이다.

주의에 있는 사실을 증명하기 위하여 구간 $[-b, -a]$ 상의 함수 $x \mapsto -f(-x)$ 또는 구간 $[a, b]$ 상의 함수 $x \mapsto -f(a + b - x)$를 적용하여라.

18. 연습문제 5.2.17 (a)의 증명에서 처럼 $f(a) > f(b)$라 가정하면 $f(A)^\circ = \emptyset$이므로 $f(A)$는 구간 $(f(b), f(a))$를 포함할 수 없다. 그래서 $k \in (f(b), f(a)) \setminus f(A)$를 택할 수 있다. 즉 $f(b) < k < f(a)$이다. 이제 나머지 증명은 연습문제 5.2.17 (a)의 증명과 동일하다. 따라서 f는 증가한다. 더욱 $A^\circ = \emptyset$이면 f는 순증가한다. 그렇지 않으면 $c, d \in [a, b]$, $c < d$가 존재하여 f는 $[c, d]$ 상에서 일정한 상수함수가 된다. $A^\circ = \emptyset$이므로 A는 구간 (c, d)를 포함할 수 없다. 그래서 $x \in (c, d)) \setminus A$가 존재하여 $f'_+(x) = 0$을 얻는다. 이것은 곧바로 가정에 모순이 된다. 그러므로 f는 순증가한다.

19. 연습문제 3.5.24 (e)에 의하여 분명히 $A^\circ = \emptyset = f(A)^\circ$이다. 연습문제 5.2.18에 의하여 연습문제 5.2.17 (a)가 성립한다. 나머지 증명은 자명하다(연습문제 5.2.17의 증명).

20. ($\Rightarrow$) 대우증명으로 밝혀보자. (i) 먼저 $x \geq \frac{\pi}{2}$이면

$$f(x) = x - a\sin x \geq \frac{\pi}{2} - a \geq \frac{1}{2}(\pi - 2) > 0$$

이다. $x \in (0, \pi/2)$인 경우에는

$$f'(x) = 1 - a\cos x > 0 \qquad (0 < x < \pi/2)$$

이므로 정리 5.2.9에 의하여 f는 구간 $[0, \pi/2]$ 상에서 순증가한다. $f(0) = 0$이므로 이것은 $f(x) > 0$ $(0 < x < \pi/2)$임을 주장한다. (ii) $x < 0$일 때는 $-x > 0$이므로 (i)에 의하여 $f(-x) > 0$이다. 분명히, f는 기함수, 즉 $f(-x) = -f(x)$이므로 $f(x) < 0$ $(x < 0)$임을 알 수 있다. 따라서 (i)과 (ii)의 결합은 $x \neq 0$이면 $f(x) \neq 0$임을 주장한다.

21. 먼저 각 구간 (y_i, x_i) $(1 \leq i \leq p)$ 상에서 함수 f의 평균값 정리 5.2.6을 적용하면 $c_i \in (y_i, x_i)$ $(1 \leq i \leq p)$가 존재하여

$$f(x_i) - f(y_i) = f'(c_i)(x_i - y_i) \quad (1 \leq i \leq p)$$

이다. 각 $1 \leq i \leq p$에 대하여 변변끼리 합하면

$$\sum_{i=1}^{p}[f(x_i) - f(y_i)] = \sum_{i=1}^{p} f'(c_i)(x_i - y_i)$$

를 얻는다. 편의상 $f'(c_m) := \min_{1\leq i\leq p} f'(c_i)$와 $f'(c_M) := \max_{1\leq i\leq p} f'(c_i)$ $(1 \leq m, M \leq p)$라 하면 위의 우변 식으로부터 다음을 얻는다.

$$f'(c_m)\sum_{i=1}^{p}(x_i - y_i) \leq \sum_{i=1}^{p}[f(x_i) - f(y_i)] \leq f'(c_M)\sum_{i=1}^{p}(x_i - y_i)$$

을 얻는다. 이제 $\sum_{i=1}^{p}(x_i - y_i) > 0$으로 나눈 후 미분에 대한 중간값 정리인 Daboux 정리 5.2.11을 적용하면 결론이 곧바로 얻어진다.

5.3 L'Hospital 법칙

함수 f, g에 대하여

$$f(x)/g(x), \quad f(x)g(x), \quad f(x)^{g(x)}, \quad f(x) - g(x)$$

의 극한값이 각각

$$(0/0,\ \infty/\infty), \quad 0\cdot\infty, \quad (0^0,\ 1^\infty,\ \infty^0), \quad \infty - \infty$$

등으로 나타나는 모든 형태를 **부정형**(indeterminate form)이라 한다. 로그나 지수 및 대수적인 조작을 통하여 위에 제시된 다른 모든 부정형은 결국 $\frac{0}{0}$, $\frac{\infty}{\infty}$꼴로 변형시킬 수 있으므로 여기서는 이 두 형태에 초점을 맞출것이다.

정리 5.3.1 $f, g : [a, b] \to \mathbb{R}$이고 $f(a) = g(a) = 0$, $g(x) \neq 0$ $(a < x < b)$라 하자. f, g가 a에서 미분가능하고 $g'(a) \neq 0$이면 $\lim\limits_{x\to a+}(f/g)(x)$가 존재하여 다음이 성립한다.

$$\lim_{x\to a+}\frac{f(x)}{g(x)} = \frac{f'(a)}{g'(a)}.$$

정리 5.3.2 (Cauchy 평균값) $f, g \in \mathcal{C}[a, b] \cap \mathcal{D}(a, b)$, $g'(x) \neq 0$ $(a < x < b)$라 하자. 그러면 적당한 $c \in (a, b)$가 존재하여 다음이 성립한다.

$$\frac{f(b) - f(a)}{g(b) - g(a)} - \frac{f'(c)}{g'(c)}.$$

정리 5.3.3 (L'Hospital 법칙: $\frac{0}{0}$) $f, g \in \mathcal{C}[a, b] \cap \mathcal{D}(a, b)$, $f(a) = g(a) = 0$, $g(x)$, $g'(x) \neq 0$ $(a < x < b)$라 하자. 그러면

(a) $\lim\limits_{x\to a+}\frac{f'(x)}{g'(x)} = L \in R$이면 $\lim\limits_{x\to a+}\frac{f(x)}{g(x)} = L$이다.

(b $\lim\limits_{x\to a+}\frac{f'(x)}{g'(x)} = \infty\ (-\infty)$이면 $\lim\limits_{x\to a+}\frac{f(x)}{g(x)} = \infty\ (-\infty)$이다.

정리 5.3.4 $f, g \in \mathcal{C}[b, \infty)$ $(b > 0)$가 미분가능이고, $\lim\limits_{x\to\infty} f(x) = 0 = \lim\limits_{x\to\infty} g(x)$이라 하자. 또한, 모든 $x > b$에 대하여 $g(x)$, $g'(x) \neq 0$라 하면 다음이 성립한다.

$$\lim_{x\to+\infty}\frac{f(x)}{g(x)} = \lim_{x\to+\infty}\frac{f'(x)}{g'(x)}.$$

예제 5.3.5 (a) $x \in [0,1]$에대하여 $f(x) = \sin x$이고 $g(x) = x$라 하면 정리 5.3.1 ($a = 0$)의 모든 가정이 만족되므로 다음이 성립한다.

$$\lim_{x \to 0+} \frac{\sin x}{x} = \lim_{x \to 0+} \frac{\cos x}{1} = 1.$$

(b) $x \in [0,1]$에대하여 $f(x) = \sin x$이고 $g(x) = \sqrt{x}$라 하면 g는 0에서 미분이 불가능하다. 그러므로 정리 5.3.1 ($a = 0$)을 적용할 수 없다. 그러나 정리 5.3.3(L'Hospital 법칙)의 모든 가정이 만족된다. 따라서, 정리 5.3.3(L'Hospital 법칙)을 적용하면 다음이 얻어진다.

$$\lim_{x \to 0+} \frac{\sin x}{\sqrt{x}} = \lim_{x \to 0+} \frac{\cos x}{1/(2\sqrt{x})} = \lim_{x \to 0+} 2\sqrt{x}\cos x = 0.$$

정리 5.3.6 (L'Hospital 법칙: $\frac{\infty}{\infty}$) $f, g \in \mathcal{D}(a,b)$, $f(a+) = g(a+) = \infty$, $g(x)$, $g'(x) \neq 0$ $(a < x < b)$라 하자. 그러면

(a) $\lim\limits_{x \to a+} \frac{f'(x)}{g'(x)} = L \in R$이면 $\lim\limits_{x \to a+} \frac{f(x)}{g(x)} = L$이다.

(b $\lim\limits_{x \to a+} \frac{f'(x)}{g'(x)} = \infty\,(-\infty)$이면 $\lim\limits_{x \to a+} \frac{f(x)}{g(x)} = \infty\,(-\infty)$이다.

예제 5.3.7 (a) $\lim_{x \to \infty} \frac{\ln \sin x}{\ln x} = 1 \qquad (0, \pi)$.

(b) $\lim_{x \to \infty} \frac{\ln x}{x} = 0$.

예제 5.3.8 다음의 극한을 구하라.

(a) $\lim\limits_{x \to 1} (\ln x)^{1-x} \qquad (0, \infty)$.

(b) $\lim\limits_{x \to 0+} x^x \qquad (0, \infty)$.

(c) $\lim\limits_{x \to \infty} \left(1 + \frac{1}{x}\right)^x \qquad (1, \infty)$.

(d) $\lim\limits_{x \to 0} \left(\frac{1}{x} - \frac{1}{\sin x}\right) \qquad (0, \pi/2)$.

연 습 문 제 5.3

1. f, g가 $[b, \infty)$ 상에서 미분가능이고,

$$\lim_{x \to \infty} f(x) = \pm\infty, \quad \lim_{x \to \infty} g(x) = \pm\infty$$

(일반적으로 부호등순일 필요는 없다.) $x > b$에 대하여 $g(x), g'(x) \neq 0$라 하면, 다음이 성립함을 보여라.

$$\lim_{x\to+\infty}\frac{f(x)}{g(x)} = \lim_{x\to+\infty}\frac{f'(x)}{g'(x)}.$$

2. 모든 $x \in [0,1]$에 대하여

$$f(x) = \begin{cases} x^2\sin\frac{1}{x}, & 0 < x \le 1\text{일 때} \\ 0, & x = 0\text{일 때} \end{cases}$$

로 정의하고 $g(x) = x^2$라 하면 f와 g는 $[0,1]$ 상에서 미분가능하고 $x \neq 0$에 대하여 $g(x) > 0$이다. (왜?) 이 때, $\lim_{x\to 0} f(x) = 0 = \lim_{x\to 0} g(x)$이지만 $\lim_{x\to 0} f(x)/g(x)$는 존재하지 않음을 보여라.

3. $f(x) = x^2\sin(1/x)\,(x \neq 0)$, $f(0) = 0$이고 $g(x) = \sin x\,(x \in \mathbb{R})$라 할 때 $\lim_{x\to 0} f(x)/g(x) = 0$이지만 $\lim_{x\to 0} f'(x)/g'(x)$는 존재하지 않음을 보여라.

4. f는 $(0,\infty)$ 상에서 미분가능이고 $\lim_{x\to\infty}[f(x)+f'(x)] = L$이면 $\lim_{x\to\infty} f(x) = L$이고 $\lim_{x\to\infty} f'(x) = 0$임을 증명하여라. [힌트] $f(x) = \frac{e^x f(x)}{e^x}$.

5. 다음 극한을 구하여라.

(a) $\lim_{x\to 0+} x^{\sin x}$ $(0,\infty)$.
(b) $\lim_{x\to\infty} x^{1/x}$ $(0,\infty)$.
(c) $\lim_{x\to 0+} (\sin x)^x$ $(0,\pi)$.
(d) $\lim_{x\to\pi/2-} (\sec x - \tan x)$ $(0,\pi/2)$.

6. 다음 극한을 구하여라.

(a) $\lim_{x\to 0+} \frac{\tan x - x}{x - \sin x}$.
(b) $\lim_{x\to 0} \frac{\ln[(1+x)/(1-x)]}{x}$.
(c) $\lim_{x\to 3} \frac{1}{x-3}\int_3^x c^{\sqrt{1+t^2}}\,dt$.
(d) $\lim_{x\to\infty} \frac{\ln x}{x^{0.0001}}$.
(e) $\lim_{x\to\infty} \frac{x+\ln x}{x\ln x}$.
(f) $\lim_{x\to 0+} x\ln\sin x$.

7. 모든 $x \in \mathbb{R}$에 대하여

$$f(x) = \begin{cases} x^2, & x\text{가 유리수일 때} \\ 0, & x\text{가 무리수일 때} \end{cases}$$

로 정의하고 $g(x) = \sin x$라 하자. 정리 5.3.1을 적용하여 $\lim_{x\to 0}\frac{f(x)}{g(x)} = 0$임을 보여라. 왜 L'Hospital 법칙(정리 5.3.3)을 적용할 수 없는지를 설명하여라.

8. $I \subset \mathbb{R}$이 열린구간이고 $f : I \to \mathbb{R}$이 I 상에서 미분가능이고 모든 $a \in I$에 대하여 $f''(a)$가 존재한다고 가정하자. 그 때,

$$f''(a) = \lim_{h\to 0}\frac{f(a+h) - 2f(a) + f(a-h)}{h^2}$$

임을 보여라. 역은 일반적으로 성립하지 않음을 보여라. 즉, 우측에 있는 극한은 존재하지만 점 a에서 2계 도함수를 갖지 않는 함수의 예를 주어라.

연습문제풀이 및 힌트 5.3

1.

$$\lim_{x\to\infty} f(x) = +\infty = \lim_{x\to\infty} g(x)$$

인 경우의 증명은 정리 5.3.4의 증명과 똑같다. 단지 정리 5.3.3 대신에 정리 5.3.6을 응용하여라. 나머지의 경우도 마찬가지로 쉽게 증명할 수 있다.

2. $\lim_{x\to 0} g(x) = 0$은 자명하다(예제 4.1.4 (b)에서 $c = 0$을 적용하여라). 모든 $x \neq 0$에 대하여 $|x^2 \sin \frac{1}{x}| \leq |x^2| = |g(x)|$이므로 함수에 대한 조임정리 4.2.3으로부터 $\lim_{x\to 0} f(x) = 0$가 얻어진다. 한편, $\frac{f(x)}{g(x)} = \sin \frac{1}{x}$이므로 예제 4.1.6 (b)에 의하여

$$\lim_{x\to 0} \frac{f(x)}{g(x)} = \lim_{x\to 0} \sin \frac{1}{x}$$

는 존재하지 않는다.

3.

$$\begin{aligned}\lim_{x\to 0} \frac{f(x)}{g(x)} &= \lim_{x\to 0} \frac{x^2 \sin(1/x)}{\sin x} \\ &= \lim_{x\to 0} \frac{x \sin(1/x)}{(\sin x/x)} \\ &= \lim_{x\to 0} x \sin(1/x) = 0 \quad (\because \lim_{x\to 0} \frac{\sin x}{x} = 1).\end{aligned}$$

한편 $f'(x) = 2x \sin \frac{1}{x} - \cos \frac{1}{x}$ $(x \neq 0)$, $g'(x) = -\cos x$ $(x \in \mathbb{R})$이다. 만약

$$\lim_{x\to 0} \frac{f'(x)}{g'(x)} = \lim_{x\to 0} \frac{\cos \frac{1}{x} - 2x \sin \frac{1}{x}}{\cos x} = L\,(\in \mathbb{R})$$

이라 가정하자. 그러면 $\lim_{x\to 0} x \sin \frac{1}{x} = 0$, $\lim_{x\to 0} \cos x = 1$이므로 함수에 대한 극한정리 4.2.1을 적용하면 곧바로 $\lim_{x\to 0} \cos \frac{1}{x} = L$을 얻는다. 이것은 예제 4.1.6 (b) (또는 연습문제 4.1.5)에 의하여 모순을 낳는다. 그러므로 $\lim_{x\to 0} \frac{f'(x)}{g'(x)}$은 존재하지 않는다.

4. $f(x) = \frac{e^x f(x)}{e^x}$로 생각하면 부정형 $\frac{\infty}{\infty}$이다. L'Hospital 법칙을 응용하면

$$\begin{aligned}\lim_{x\to\infty} f(x) &= \lim_{x\to\infty} \frac{e^x f(x)}{e^x} \\ &= \lim_{x\to\infty} \frac{e^x f(x) + e^x f'(x)}{e^x} \\ &= \lim_{x\to\infty} \big(f(x) + f'(x)\big) = L\end{aligned}$$

이고

$$\lim_{x\to\infty} f'(x) = \lim_{x\to\infty} \big(f'(x) + f(x)\big) - \lim_{x\to\infty} f(x) = L - L = 0$$

이다.

5. 지수함수 e^x와 그 역함수인 로그함수 $\ln x$가 연속인 사실을 이용하자.

(a) 먼저 다음을 주목하자.

$$\ln(x^{\sin x}) = \sin x \ln x = \frac{\sin x}{x} \cdot (x \ln x) = \frac{\sin x}{x} \cdot \frac{\ln x}{1/x}.$$

한편, $\lim_{x\to 0+} \frac{\sin x}{x} = 1$이고

$$\begin{aligned} \lim_{x\to 0+} \frac{\ln x}{1/x} &= \lim_{x\to 0+} \frac{1/x}{-1/x^2} \quad \text{(L'Hospital 법칙)} \\ &= \lim_{x\to 0+} (-x) = 0 \end{aligned}$$

이므로 $\lim_{x\to 0+} \ln(x^{\sin x}) = 1 \cdot 0 = 0$이다. 이제 $e^{\ln y} = y\ (y > 0)$와 지수함수의 연속성을 적용하면

$$\lim_{x\to 0+} x^{\sin x} = \lim_{x\to 0+} e^{\ln(x^{\sin x})} = e^{\lim_{x\to 0+} \ln(x^{\sin x})} = e^0 = 1$$

을 얻는다.

(b) $\ln x^{1/x} = \frac{\ln x}{x}$이므로 L'Hospital 법칙에 의하여

$$\lim_{x\to\infty} \frac{\ln x}{x} = \lim_{x\to\infty} \frac{1}{x} = 0$$

이 얻어진다. (a)와 마찬가지로 $e^{\ln y} = y\ (y > 0)$와 지수함수의 연속성을 적용하면

$$\lim_{x\to\infty} x^{1/x} = \lim_{x\to\infty} e^{\ln x^{1/x}} = e^{\lim_{x\to\infty}(\ln x/x)} = e^0 - 1$$

을 얻는다.

[**주의**] 특히, (b)에서 $\lim_{n\to\infty} n^{1/n} = 1$ (예제 3.3.7 (d))가 곧바로 얻어진다.

(c) $\ln(\sin x)^x = x \ln \sin x = \frac{\ln \sin x}{1/x}$이므로

$$\begin{aligned} \lim_{x\to 0+} \ln(\sin x)^x &= \lim_{x\to 0+} \frac{\ln \sin x}{1/x} \quad \text{(L'Hospital 법칙)} \\ &= \lim_{x\to 0+} \frac{\frac{\cos x}{\sin x}}{-\frac{1}{x^2}} = \lim_{x\to 0+} \frac{-x \cos x}{\frac{\sin x}{x}} = \frac{0}{1} = 0. \end{aligned}$$

이제 $e^{\ln y} = y\ (y > 0)$와 지수함수의 연속성을 적용하면

$$\lim_{x\to 0+} (\sin x)^x = \lim_{x\to 0+} e^{\ln(\sin x)^x} = e^{\lim_{x\to 0+} \ln(\sin x)^x} = e^0 = 1$$

을 얻는다.

(d) 먼저 $\sec x - \tan x = \frac{1-\sin x}{\cos x}$이므로 L'Hospital 법칙을 적용하여

$$\lim_{x\to\pi/2-}(\sec x - \tan x) = 0$$

임을 보여라.

6. (a) 2 (b) 1 (c) $e^{\sqrt{10}}$ (d) 0 (e) 0 (f) 0

7. 먼저 $f'(0) = 0$은 쉽다. 함수 f의 정의에 의하여

$$\lim_{x\to 0}\frac{f(x)}{g(x)} = \lim_{x\to 0}\frac{x^2}{\sin x} \quad \left(\text{또는} \ \lim_{x\to 0}\frac{0}{\sin x} = 0\right)$$

이고, 정리 5.3.1을 적용하면 어느 경우에도 위 극한이 항상 0임을 알 수 있다. 그러나 $x \neq 0$이면 $f'(x)$는 존재하지 않는다 (따라서 정리 5.3.3을 적용할 수 없다). 이것을 증명하기 위하여 $c\,(\neq 0) \in \mathbb{R}$를 고정하고 $f'(c) = \lim_{x\to c}\frac{f(x)-f(c)}{x-c}$ $(\in \mathbb{R})$가 존재한다고 가정하자. 먼저 c가 유리수라 하고 $\mathbb{Q}$의 조밀성정리 2.3.5에 의하여 $x_n \to c$인 유리수들의 수열 (x_n)을 잡으면 함수의 극한에 대한 수열판정기준 4.1.5에 의하여

$$\frac{f(x_n) - f(c)}{x_n - c} = \frac{x_n^2 - c^2}{x - c} = x_n + c \ \to \ 2c = f'(c)$$

이다. 마찬가지로 무리수의 조밀성(연습문제 2.3.18)에 의하여 $y_n \to c$인 무리수들의 수열 (y_n)을 잡으면

$$\frac{f(y_n) - f(c)}{y_n - c} = \frac{-c^2}{y_n - c} \ \to \ \pm\infty = f'(c) = 2c$$

라는 모순을 낳는다. 유사한 밥법으로 c가 무리수인 경우에도 모순을 유도하여 보아라.

8. 먼저 다음이 성립함을 주목하자.

$$\begin{aligned}
&\lim_{h\to 0}\frac{f(a+h) - 2f(a) + f(a-h)}{h^2} && \left(\frac{0}{0}\right)\\
&= \lim_{h\to 0}\frac{f'(a+h) - f'(a-h)}{2h} && (\text{L'Hospital 법칙})\\
&= \frac{1}{2}\lim_{h\to 0}\left[\frac{f'(a+h) - f'(a)}{h} + \frac{f'(a) - f'(a-h)}{h}\right]\\
&= \frac{1}{2}\left[\lim_{h\to 0}\frac{f'(a+h) - f'(a)}{h} + \lim_{h\to 0}\frac{f'(a-h) - f'(a)}{-h}\right]\\
&= \frac{1}{2}[f''(a) + f''(a)] = f''(a)
\end{aligned}$$

이제 $f(x) = x|x|$ $(x \in \mathbb{R})$라 하면 $f'(x) = 2|x|$ $(x \in \mathbb{R})$이다. 그러므로 $f''(0)$는 존재하지 않는다. 그러나

$$\lim_{h\to 0}\frac{f(0+h) - 2f(0) + f(0-h)}{h^2} = \lim_{h\to 0}\frac{h|h| + (-h|-h|)}{h^2} = 0$$

임을 알 수 있다.

5.4 Taylor 정리

정리 5.4.1 **(Taylor)**

$n \in \mathbb{N}$, $f : I = [a,b] \to \mathbb{R}$, $x_0 \in I$라 하자. 만약 $f, f', f'', \ldots, f^{(n)}$가 I 상에서 연속이고 (a,b) 위에서 $f^{(n+1)}$가 존재하면 각 $x \in I$에 대하여

$$\begin{aligned} f(x) \quad &= \quad f(x_0) + f'(x_0)(x - x_0) + \frac{f''(x_0)}{2}(x - x_0)^2 \\ &\quad + \cdots + \frac{f^{(n)}(x_0)}{n!}(x - x_0)^n + \frac{f^{(n+1)}(c)}{(n+1)!}(x - x_0)^{n+1} \end{aligned}$$

을 만족하는 c가 x와 x_0 사이에 존재한다.

정의 5.4.2

$$P_n(x) = f(x_0) + f'(x_0)(x - x_0) + \cdots + \frac{f^{(n)}(x_0)}{n!}(x - x_0)^n$$

라 하자. (이것을 x_0에서 f에 대한 **Taylor 다항식**(*Taylor polynomial*)라 한다.) $x_0 < x$라 가정하면 Taylor 정리 5.4.1로부터

$$f(x) = P_n(x) + R_n(x), \quad R_n(x) = \frac{f^{(n+1)}(c)}{(n+1)!}(x - x_0)^{n+1} \qquad (c \in (x_0, x))$$

로 주어진다. 여기서 $R_n(x)$를 나머지에 대한 **Lagrange 형식**(*Lagrange form*)이라 한다. $|f(x) - P_n(x)| = |R_n(x)|$이므로 만약 $\lim_{n\to\infty} R_n(x) = 0$이면

$$f(x) = \lim_{n\to\infty} P_n(x) = \sum_{n=0}^{\infty} \frac{f^{(n)}(x_0)}{n!}(x - x_0)^n \tag{5.12}$$

이다. 여기서 $f^{(0)} = f$이다. (5.12)의 우변에 있는 멱급수를 x_0에서 f의 **Taylor 급수**(*Taylor series*) 또는 **Taylor 전개**(*Taylor expansion*)라 한다. 특히, $x_0 = 0$에서 Taylor 급수를 **Maclaurin 급수**(*Maclaurin series*) 또는 **Maclaurin 전개**(*Maclaurin expansion*)라 부른다.

[주의] (5.12)의 우변에 있는 멱급수 표현(즉, x_0에서 f의 Taylor 급수)은 모든 $n \in \mathbb{N}$에 대하여 $f^{(n)}(x_0)$만 존재하면 그 표현이 가능함을 주목하여라. 예를 들면, 다음 함수

$$f(x) = \begin{cases} e^{-1/x^2}, & x \neq 0\text{일 때} \\ 0, & x = 0\text{일 때} \end{cases}$$

는 $f^{(n)}(0) = 0$ ($n \in \mathbb{N}$)(연습문제 8.3.9)이므로 분명히 점 0에서 f의 Taylor 급수는 0이다. 그러나 (5.12)식은 더이상 만족하지 않는다.

예제 5.4.3 (Taylor 정리의 응용)

(a) e의 오차가 10^{-5}보다 작게 근사시켜라.

(b) 모든 $x \in \mathbb{R}$에 대하여 $1 - \frac{1}{2}x^2 \leq \cos x$이다.

(c) 모든 $x \in \mathbb{R}$에 대하여 다음이 성립한다.

$$\sin x = x - \frac{x^3}{3!} + \frac{x^5}{5!} - \cdots = \sum_{n=0}^{\infty} \frac{(-1)^n}{(2n+1)!} x^{2n+1}, \tag{5.13}$$

$$\cos x = 1 - \frac{x^2}{2!} + \frac{x^4}{4!} - \cdots = \sum_{n=0}^{\infty} \frac{(-1)^n}{(2n)!} x^{2n}, \tag{5.14}$$

$$e^x = 1 + x + \frac{x^2}{2!} + \frac{x^3}{3!} + \cdots = \sum_{n=0}^{\infty} \frac{1}{n!} x^n. \tag{5.15}$$

[주의] 만약 (5.15)에서 x대신에 $x-c$를 대입하면 점 c에서 e^x의 Taylor 급수를 얻는다. 즉,

$$e^x = e^c \cdot e^{x-c} = e^c \sum_{n=0}^{\infty} \frac{1}{n!}(x-c)^n = \sum_{n=0}^{\infty} \frac{e^c}{n!}(x-c)^n \qquad (x \in \mathbb{R}).$$

(d) $-1 < x \leq 1$일 경우에 다음이 성립한다.

$$\ln(1+x) = x - \frac{1}{2}x^2 + \frac{1}{3}x^3 - \frac{1}{4}x^4 + \cdots = \sum_{n=1}^{\infty} \frac{(-1)^{n-1}}{n} x^n. \tag{5.16}$$

정리 5.4.4 $f : I\,(= [a,b]) \to \mathbb{R}$, x_0가 구간 I의 내점이고 $n \geq 2$라 하자. x_0의 근방에서 도함수 f', f'', $\ldots$, $f^{(n)}$가 존재하여 연속이고

$$f'(x_0) = \cdots = f^{(n-1)}(x_0) = 0, \quad f^{(n)}(x_0) \neq 0$$

을 만족하면 다음이 성립한다.

(a) n이 짝수이고 $f^{(n)}(x_0) > 0$이면 f는 x_0에서 극소가 된다.

(b) n이 짝수이고 $f^{(n)}(x_0) < 0$이면 f는 x_0에서 극대가 된다.

(c) n이 홀수이면 f는 x_0에서 극대·극소가 되지 않는다.

정의 5.4.5 함수 $f : I(\subset \mathbb{R}) \to \mathbb{R}$가

$$f[(1-t)x + ty] \leq (1-t)f(x) + tf(y) \quad (x, y \in I;\, 0 \leq t \leq 1)$$

를 만족할 때 I 상에서 **볼록**(*convex*)하다고 말한다.

정리 5.4.6 I는 열린구간이고 $f : I \to \mathbb{R}$가 2계 도함수를 가진다고 하자. 그러면 f가 I 상에서 볼록함수가 될 필요충분조건은 모든 $x \in I$에 대하여 $f''(x) \geq 0$이다.

정리 5.4.7 **(Newton 방법)** $f : I(= [a,b]) \to \mathbb{R}$가 I 상에서 두 번 미분가능하고 $f(a)f(b) < 0$이고 모든 $x \in I$에 대하여

$$|f'(x)| \geq m > 0 \quad \text{이고} \quad |f''(x)| \leq M$$

인 상수 m, M이 존재한다고 하자. 그러면 f의 한근 r을 포함하는 부분구간 $J(\subset I)$가 존재해서 임의의 $x_1 \in J$에 대하여

$$x_{n+1} = x_n - \frac{f(x_n)}{f'(x_n)} \qquad (n \in \mathbb{N})$$

로 정의된 수열 $(x_n) \subset J$은 r에 수렴한다. 특히

$$|x_{n+1} - r| \leq K|x_n - r|^2 \qquad (n \in \mathbb{N})$$

이다. 여기서 $K = M/2m$이다.

연 습 문 제 5.4

1. Taylor 정리 5.4.1을 이용하여 다음 부등식을 증명하여라.

   (a) $$x - \frac{1}{2}x^2 + \cdots - \frac{1}{2n}x^{2n} < \ln(1+x) < x - \frac{1}{2}x^2 + \cdots + \frac{1}{2n+1}x^{2n+1}.$$

   (b) $$1 + \frac{1}{2}x - \frac{1}{4}x^2 < \sqrt{1+x} < 1 + \frac{1}{2}x \quad (x > 0).$$

2. 함수 $f : I \to \mathbb{R}$가 구간 I 상에서 볼록(순볼록)이라 할 때 다음 사실들을 증명하여라.

   (a) I°의 모든 점에서 좌·우측도함수가 존재한다. 즉, $\exists f'_+(c),\ f'_-(c)\ (c \in I^\circ)$.

   (b) $f'_+,\ f'_-$는 I° 상에서 증가(순증가)한다.

   (c) $c \in I^\circ$에 대하여 $f'_-(c) \leq f'_+(c)$이고 다음이 성립한다.

$$f(x) \geq f(c) + f'_-(c)(x-c), \quad f(x) \geq f(c) + f'_+(c)(x-c) \quad (x \in I^\circ).$$

3. $I \subset \mathbb{R}$는 구간이고 $[a, b] \subset I^\circ$이라 하자. $f : I \to \mathbb{R}$가 I 상에서 볼록함수라 할 때 다음 사실들을 증명하여라.

   (a) f는 유계인 닫힌구간 $[a, b]$ 상에서 Lipschitz 함수이다. 따라서 f는 $[a, b]$ 상에서 **절대연속**(*absolutely continuous*)이다. 즉 임의의 $\epsilon > 0$에 대하여

   $$\sum_{k=1}^{n}(b_k - a_k) < \delta \;\Rightarrow\; \sum_{k=1}^{n}|f(b_k) - f(a_k)| < \epsilon$$

   를 만족하는 $\delta = \delta_\epsilon > 0$가 존재한다. 여기서, $\{(a_k, b_k)\}_{k=1}^{n}$는 $[a, b]$의 임의의 서로소인 (유한 개의) 열린 부분구간들의 집합족이다.

   (b) f는 I° 상에서 연속이다.

4. I는 $\mathbb{R}$의 임의의 구간(2.4절 참조)이고 $f : I \to \mathbb{R}$라 할 때 다음 두 성질이 서로 동치임을 증명하여라.

   (a) f는 볼록함수(*convex function*)이다.

   (b) 모든 서로 다른 세 점 x_1, x_2, $x_3 \in I$에 대하여

   $$\psi(x_1, x_2, x_3) = \frac{(x_3 - x_2)f(x_1) + (x_1 - x_3)f(x_2) + (x_2 - x_1)f(x_3)}{(x_1 - x_2)(x_2 - x_3)(x_3 - x_1)}$$

   는 비음(*nonnegative*)이다.

5. I는 $\mathbb{R}$의 임의의 구간이고 $f : I \to \mathbb{R}$가 I° 상에서 미분가능일 때, (a) $\Rightarrow$ (b)가 성립함을 증명하여라.

   (a) f는 I 상에서 볼록 (순볼록)이다.

   (b) f'는 I° 상에서 증가 (순증가)이다.

   [주의] (b) $\Rightarrow$ (a)는 일반적으로 성립하지 않는다. 왜냐하면, $-1 < x < 1$일 때 $f(x) = x^2$, $x = \pm 1$일 때 $f(x) = 0$으로 정의 된 함수 f는 $[-1, 1]$ 상에서 (순)볼록함수가 아니지만 f'는 $(-1, 1)$ 상에서 순증가하기 때문이다. 그러나 일반적으로 (b)이면 f는 I° 상에서 볼록 (순볼록)이다 (연습 6.3.10). 더욱, I가 $[a, b]$, $[a, \infty)$, $(-\infty, b]$와 같은 닫힌구간인 경우에도 (b)와 동시에 구간의 끝점에서 $f'_+(a)$, $f'_-(b) \in \mathbb{R}$가 존재한다면 (a)가 성립함을 주목하여라 (연습 6.3.10).

6. $f(x) = x^4$ $(x \in \mathbb{R})$는 순볼록 함수이지만 $f''(0) = 0$임을 보여라. 더 일반적으로 모든 $x \in [0, \infty)$에 대하여 $p > 1$일 때 $g(x) = x^p$ (또는 $0 < p < 1$이면 $g(x) = -x^p$)로 정의된 함수 g도 역시 $[0, \infty)$ 상에서 순볼록임을 보여라.

7. $f \in \mathcal{C}(I)$이면 다음이 성립함을 보여라.

$$f\text{는 볼록이다} \Leftrightarrow f\text{는 중점볼록이다.}$$

8. $\cos 62°$을 구하기 위하여 2차의 Taylor 다항식을 사용하고 이 때 근사값의 오차를 추정하여라.

9. 곱에 대한 n계도함수에 관한 다음 **Leibniz 법칙**을 증명하여라.

$$(fg)^{(n)}(x) = \sum_{k=0}^{n} \binom{n}{k} f^{(n-k)}(x) g^{(k)}(x).$$

10. 방정식 $x = \cos x$의 해를 소숫점 아래 6자리까지 정확하게 근사시켜라.

11. Taylor 정리 5.4.1과 동일한 가정 하에서

$$\begin{aligned} f(x) = f(x_0) + \tfrac{f'(x_0)}{1!}(x - x_0) + \tfrac{f''(x_0)}{2!}(x - x_0)^2 \\ + \cdots + \tfrac{f^{(n)}(x_0)}{n!}(x - x_0)^n + \tfrac{f^{(n+1)}(c)}{n!}(x - c)^n (x - x_0) \end{aligned} \tag{5.23}$$

을 만족하는 c가 x_0와 x 사이에 존재한다. 이것을 나머지 항이 **Cauchy 형식**(*Cauchy form*)을 갖는 **Taylor 정리**라 부른다(정리 6.3.15를 뒤따르는 주의 (b)와 비교하여라). [힌트] 정리 5.4.1의 증명과정에서

$$\begin{aligned} F(t) &= f(x) - f(t) - \tfrac{f'(t)}{1!}(x - t) - \cdots - \tfrac{f^{(n)}(t)}{n!}(x - t)^n, \\ G(t) &= x - t \qquad (t \in J) \end{aligned}$$

라 두고, F, G에 대하여 Cauchy 평균값 정리 5.3.2를 적용하여라.

12. 문제 5.4.11에서 $x_0 = 0$에서 나머지 항이 Cauchy 형식을 갖는 Taylor 정리를 이용하여 예제 5.4.3 (d)의 $-1 < x < 0$인 경우의 증명을 완성하여라.

13. 만약 $x \in \mathbb{R}$이고 $m \in \mathbb{N}$일 때 이항공식(연습문제 2.2.14)에 의하여

$$(1 + x)^m = 1 + mx + \frac{m(m-1)}{2!}x^2 + \cdots + x^m = \sum_{k=0}^{m} \binom{m}{k} x^k$$

임을 알 수 있다. 더욱, $m \in \mathbb{R} \setminus (\mathbb{N} \cup \{0\})$이고 $|x| < 1$일 때도

$$(1 + x)^m = 1 + mx + \frac{m(m-1)}{2!}x^2 + \cdots + \frac{m(m-1)\cdots(m-n-1)}{n!}x^n + \cdots \tag{5.24}$$

가 성립함을 증명하여라.

연습문제풀이 및 힌트 5.4

1. (a) 모든 $x > 0$에 대하여 $f(x) = \ln(1+x)$라 하면 $f'(x) = \frac{1}{1+x}$이다. Taylor 정리 5.4.1로부터 $x_0 = 0$에서의 f의 Taylor 다항식은

$$P_n(x) = x - \frac{1}{2}x^2 + \cdots + (-1)^{n-1}\frac{1}{n}x^n$$

이고 나머지에 대한 Lagrange 형식은

$$R_{n+1}(x) = \frac{(-1)^n}{(n+1)(1+c)^{n+1}}x^{n+1} \qquad (c \in (0,x)).$$

로 주어진다. $x > 0$에 대하여 $f(x) = P_n(x) + R_{n+1}(x)$이고 모든 $k \in \mathbb{N}$에 대하여 $n = 2k$이면 $R_{2k+1}(x) > 0$이고 $n = 2k+1$이면 $R_{2k+2}(x) < 0$이다. 그러므로 모든 $x > 0$에 대하여 다음이 성립한다.

$$\begin{aligned} P_{2k}(x) &< P_{2k}(x) + R_{2k+1}(x) = f(x) \\ &= P_{2k+1}(x) + R_{2k+2}(x) < P_{2k+1}(x). \end{aligned}$$

(b) 모든 $x > 0$에 대하여 $f(x) = \sqrt{1+x}$이라 하자. 그러면 $f'(x) = \frac{1}{2}\frac{1}{\sqrt{1+x}}$, $f''(x) = -\frac{1}{4}\frac{1}{(1+x)\sqrt{1+x}}$, $f'''(x) = \frac{3}{8}\frac{1}{(1+x)^2\sqrt{1+x}}$이다. Taylor 정리 5.4.1에서 $x_0 = 0$로 취하면 $x > 0$에 대하여

$$f(x) = P_2(x) + R_3(x) = 1 + \frac{1}{2}x - \frac{1}{4}x^2 + R_3(x),$$

여기서 $R_3(x) = \frac{f'''(c)}{3!}x^3$ $(0 < c < x)$이다. $f'''(c) = \frac{3}{8}\frac{1}{(1+c)^2\sqrt{1+c}} > 0$이므로 $R_3(x) > 0$이다. 따라서 첫 번째 부등식이 성립한다. 두 번째 부등식을 보이기 위해서는 $f(x) = P_1(x) + R_2(x)$라 두고 $R_2(x) < 0$임을 보여라.

2. 먼저 다음 부등식을 증명하자. $a, b, x \in I$, $a < x < b$라 하자.

$$\frac{f(x) - f(a)}{x - a} \le \frac{f(b) - f(a)}{b - a} \le \frac{f(b) - f(x)}{b - x} \qquad (\heartsuit_1)$$

이것의 증명은 f가 볼록이므로 정의 5.4.5에서 $t = \frac{x-a}{b-a}$라 두고 계산하면

$$f(x) \le \frac{b-x}{b-a}f(a) + \frac{x-a}{b-a}f(b)$$

를 얻고 이 부등식으로부터 곧바로 다음 부등식이 얻어진다.

$$\begin{aligned} f(x) - f(a) &\le \left[\frac{b-x}{b-a}f(a) + \frac{x-a}{b-a}f(b)\right] - f(a) \\ &= \frac{a-x}{b-a}f(a) + \frac{x-a}{b-a}f(b) \\ &= \frac{x-a}{b-a}[f(b) - f(a)] \end{aligned}$$

이고, 이것은 ($\heartsuit_1$)에 있는 첫 번째 부등식이다. 두 번째 부등식도 같은 방법으로 증명할 수 있다. 사실,

$$f(b) - f(x) \geq f(b) - \left[\frac{b-x}{b-a}f(a) + \frac{x-a}{b-a}f(b)\right] = \frac{b-x}{b-a}[f(b) - f(a)]$$

이다.

(a) 먼저 $I^\circ = (a, b)$인 (유한)구간이고, $c \in I^\circ$라 하자. 만약 $x \in (c, b)$이면 $a < c < x < b$이므로 ($\heartsuit_1$)로부터

$$\frac{f(c) - f(a)}{c - a} \leq \frac{f(x) - f(c)}{x - c} \qquad (c < x < b)$$

이므로 집합 $\{\frac{f(x)-f(c)}{x-c} : c < x\}$는 아래로 유계이다. 역시 ($\heartsuit_1$)의 첫 번째 부등식으로부터 함수

$$x \mapsto \frac{f(x) - f(c)}{x - c}$$

는 (c, b) 상에서 증가한다는 사실을 쉽게 알 수 있다. 그러므로 정리 4.4.12를 적용하면 c에서의 f의 우측도함수

$$f'_+(c) = \lim_{x \downarrow c} \frac{f(x) - f(c)}{x - c}$$

가 존재한다. 같은 방법으로 c에서의 f의 좌측도함수 $f'_-(c)$도 존재함을 증명할 수 있다. I°가 무한구간일 때의 증명은 유사하므로 독자들에게 남겨둔다.

(b) $x, y \in I^\circ = (a, b)$이고 $x < y$라 하고, $x < z < y$되는 점 $z \in I^\circ$을 하나 선택하자. 그러면 $a < x < z < y < b$이므로 충분이 작은 $h > 0$(예를 들면, $0 < h < \frac{1}{2}\min\{|x-a|, |z-x|, |y-z|, |b-y|\}$)에 대하여 ($\heartsuit_1$)을 반복 적용하면

$$\begin{aligned} \tfrac{f(x)-f(x-h)}{h} &\leq \tfrac{f(x+h)-f(x)}{h} \\ &\leq \tfrac{f(z)-f(x)}{z-x} \leq \tfrac{f(y)-f(z)}{y-z} \\ &\leq \tfrac{f(y)-f(y-h)}{h} \end{aligned} \qquad (\heartsuit_2)$$

이다. 위 부등식의 양변에 $\lim_{h \downarrow 0}$을 취하면,

$$f'_-(x) \leq f'_+(x) \leq \frac{f(z) - f(x)}{z - x} \leq \frac{f(y) - f(z)}{y - z} \leq f'_-(y) \qquad (x < y) \qquad (\heartsuit_3)$$

을 얻는다. 따라서 f'_-는 증가한다. 유사하게 f'_+도 증가함을 밝혀보아라.

[주의] (i) f가 순볼록(*strictly convex*)이면 앞의 증명과정에서 주어진 두 부등식 ($\heartsuit_1$)과 ($\heartsuit_2$)가 '$\leq$' 대신에 '$<$'으로 성립한다. 그러므로 마지막 ($\heartsuit_3$)에서 극한을 취하더라도

$$f'_-(x) \leq f'_+(x) \leq \frac{f(z) - f(x)}{z - x} < \frac{f(y) - f(z)}{y - z} \leq f'_-(y) \qquad (x < y)$$

와 같이 주어진다. 따라서 f'_-는 순증가한다. 유사하게 f'_+도 순증가함을 밝혀보아라.

(ii) $-1 < x < 1$이면 $f(x) = x^2$, $x = \pm 1$이면 $f(x) = 2$로 정의된 함수 f는 구간 $[-1, 1]$ 상에서 순볼록이지만 $f'_+(-1) = -\infty$, $f'_-(1) = \infty$임을 주목하여라. 일반적으로 $I = [a, b]$이고 f가 I 상에서 볼록(순볼록)이면 적어도 $f'_+(a) = -\infty$, $f'_-(b) = \infty$가 될 수도 있다. 그러므로 f'_+는 $[a, b)$ 상에서 증가(순증가)하고 f'_-는 $(a, b]$ 상에서 증가(순증가)한다(왜?).

(c) $f'_-(c) \le f'_+(c)$ $(c \in I^\circ)$의 증명은 $(\heartsuit_3)$의 첫 번째 부등식에서 얻어졌다. 마지막 두 부등식은 (a)의 증명과 정리 4.4.12로부터

$$\begin{aligned} f'_+(c) &= \lim_{x \downarrow c} \frac{f(x) - f(c)}{x - c} = \inf\left\{ \frac{f(x) - f(c)}{x - c} : x > c,\ x \in I^\circ \right\} \\ f'_-(c) &= \lim_{x \uparrow c} \frac{f(x) - f(c)}{x - c} = \sup\left\{ \frac{f(x) - f(c)}{x - c} : x < c,\ x \in I^\circ \right\} \end{aligned}$$

가 성립한다. 이제 $x \in I^\circ$를 임의로 잡고, (i) $x > c$이면 $f'_+(c) \le \frac{f(x)-f(c)}{x-c}$, 즉 $f(x) \ge f(c) + f'_+(c)(x - c)$가 성립한다. 분명히 $f'_+(c) \ge f'_-(c)$과 결합하면

$$f(x) \ge f(c) + f'_+(c)(x - c) \ge f(c) + f'_-(c)(x - c) \qquad (\diamondsuit_1)$$

낳는다. (ii) $x < c$이면 $f(x) \ge f(c) + f'_-(c)(x - c)$가 성립하며, 이 경우에는 $f'_-(c)(x - c) \ge f'_+(c)(x - c)$가 성립하므로

$$f(x) \ge f(c) + f'_-(c)(x - c) \ge f(c) + f'_+(c)(x - c) \qquad (\diamondsuit_2)$$

이다. 특히, $(\diamondsuit_1)$, $(\diamondsuit_2)$에서 $x = c$이면 등식이 성립한다. 따라서 (i)과 (ii)의 어느 경우에도 $(\diamondsuit_1)$과 $(\diamondsuit_2)$로부터

$$f(x) \ge f(c) + f'_-(c)(x - c), \quad f(x) \ge f(c) + f'_+(c)(x - c) \qquad (x \in I^\circ)$$

을 얻고 증명이 모두 끝난다.

3. $[a, b] \subset I^\circ$라 하면 I°가 열린집합이므로 $c < a < b < d$가 되는 $c, d \in I^\circ$를 선택할 수 있다. 연습문제 5.4.2를 응용하자. 모든 $a \le x < y \le b$에 대하여

$$f'_+(a) \le f'_+(x) \le \frac{f(x) - f(y)}{x - y} \le f'_-(y) \le f'_-(b)$$

이다. 그러므로

$$|f(x) - f(y)| \le K|x - y| \qquad (x, y \in [a, b]),$$

여기서 $K = \max\{|f'_+(a)|, |f'_-(b)|\}$이다. 따라서, f는 $[a, b]$ 상에서 Lipschitz 함수이다. 더욱, f의 $[a, b]$ 상에서 절대연속을 보이기 위해서는 임의의 $\epsilon > 0$에 대하여 $\delta = \epsilon/K$로 선택하면 충분하다.

[주의] $A(\subset \mathbb{R})$이고 $\mathcal{L}(I)$와 $\mathcal{AC}(I)$를 는 각각 I상의 Lipschitz와 절대연속인 함수들의 집합이라 할 때 다음의 포함관계가 성립함을 주목하여라.

$$\mathcal{L}(A) \subset \mathcal{AC}(A) \subset \mathcal{UC}(A) \subset \mathcal{C}(A).$$

(b)는 (a)에 의하여 자명하다. 왜냐하면, 임의의 $c \in I^\circ$에서 f의 연속을 증명하자. (a)에 의하면 $\{c\} = [c, c] \subset I^\circ$ 상에서 Lipschitz 함수이기 때문이다.

4. (a)⇒(b) 임의의 서로 다른 세 점 $x_1, x_2, x_3 \in I$을 선택하고 (일반성을 잃지 않고) $x_1 < x_2 < x_3$라 가정하자. 그러면 $x_2 = \frac{x_3 - x_2}{x_3 - x_1}x_1 + \frac{x_2 - x_1}{x_3 - x_1}x_3$으로 나타낼 수 있고, f가 볼록함수이므로

$$f(x_2) \le \frac{x_3 - x_2}{x_3 - x_1}f(x_1) + \frac{x_2 - x_1}{x_3 - x_1}f(x_3)$$

이다. 이 부등식을 간단히 정리하면

$$(x_3 - x_2)f(x_1) + (x_1 - x_3)f(x_2) + (x_2 - x_1)f(x_3) \ge 0$$

을 얻는다. 분명히, $(x_1 - x_2)(x_2 - x_3)(x_3 - x_1) > 0$이므로 (b)가 얻어진다.

(b)⇒(a) $x, y \in I,\ x \ne y,\ \lambda \in (0, 1),\ z = \lambda x + (1 - \lambda)y$라 하면, $x < z < y$이므로 (b)의 가정에 의하여

$$\psi(x, z, y) = \frac{(y - z)f(x_1) + (x - y)f(z) + (z - x)f(y)}{(x - z)(z - y)(y - x)} \ge 0$$

이다. 한편, $y - z = \lambda(y - x),\ z - x = (1 - \lambda)(y - x)$이므로 위의 부등식을 간단히 정리하면 $f(z) \le \lambda f(x) + (1 - \lambda)f(y)$이므로 (a)가 얻어진다.

5. I° 상에서 $f' = f'_+ = f'_-$이므로 문제 5.4.2 (b)에 의하여 자명하다.

6. $f'(x) = 4x^3$ $(x \in \mathbb{R})$은 순증가하므로 문제 5.4.5의 주의에 의하여 f는 순볼록이다. 또한, $f''(x) = 12x^2$이므로 $f''(0) = 0$이다.

[별해] 정의만을 사용하여 f가 순볼록함수임을 증명해보자. 먼저 다음이 성립함을 주목하여라.

$$(u - v)^2 > 0 \quad \Leftrightarrow \quad 2uv < u^2 + v^2 \qquad (u \ne v). \qquad (\heartsuit)$$

임의의 $x,\, y \in \mathbb{R},\ x \neq y,\ t \in (0,1)$에 대하여 (♡)를 반복적용하면

$$\begin{aligned} & f(tx+(1-t)y) = [tx+(1-t)y]^4 = [t^2x^2+2t(1-t)xy+(1-t)^2y^2]^2 \\ < \;& [t^2x^2+t(1-t)(x^2+y^2)+(1-t)^2y^2]^2 \quad (\because\ u=x,\, v=y \text{ in } (\heartsuit)) \\ = \;& [tx^2+(1-t)y^2]^2 = [t^2x^4+2t(1-t)x^2y^2+(1-t)^2y^4 \\ < \;& [t^2x^4+t(1-t)(x^4+y^4)+(1-t)^2y^4] \quad (\because\ u=x^2,\, v=y^2 \text{ in } (\heartsuit)) \\ = \;& tx^4+(1-t)y^4 = tf(x)+(1-t)f(y) \end{aligned}$$

을 얻는다. 따라서 f는 순볼록이다.

만약 $p > 1$이면 $g'(x) = px^{p-1}$는 $(0,\infty)$ 상에서 순증가하고 $g'_+(0) = 0$이므로, 문제 5.4.5의 주의에 의하여 g는 순볼록하다. 유사하게 $0 < p < 1$인 경우도 밝혀보아라.

7. (⇐)를 보이면 충분하다. $f \in \mathcal{C}(I)$이고 f가 **중점볼록**(*midpoint convex*)이라 가정하자. (a_k)가 I 내에 있는 수열이면

$$\begin{aligned} f\left(\frac{a_1+a_2+a_3+a_4}{4}\right) &\le \frac{1}{2}f\left(\frac{a_1+a_2}{2}\right)+\frac{1}{2}f\left(\frac{a_3+a_4}{2}\right) \\ &\le \frac{1}{4}[f(a_1)+f(a_2)+f(a_3)+f(a_4)] \end{aligned}$$

을 얻는다. 수학적귀납법 2.2.6으로 2^k 형의 모든 n에 대하여

$$f\left(\frac{a_1+a_2+\cdots+a_n}{n}\right) \le \frac{1}{n}\sum_{k=1}^{n} f(a_k) \qquad (\spadesuit)$$

가 성립함을 증명할 수 있다. 이제 수학적귀납법 2.2.6으로 모든 $n \in \mathbb{N}$에 대하여 (♠)이 성립함을 보이자. 먼저 $n = N$에 대하여 (♠)이 성립한다고 가정하자.

$$a_N = \frac{1}{N-1}(a_1+a_2+\cdots+a_{N-1})$$

이라 하면 $(N-1)a_N = a_1+a_2+\cdots+a_{N-1}$, 즉

$$a_N = \frac{1}{N}(a_1+a_2+\cdots+a_N)$$

이다. 그러면 수학적귀납법의 가정에 의하여

$$f(a_N) = f\left(\frac{a_1+\cdots+a_N}{N}\right) \le \frac{1}{N}\sum_{k=1}^{N-1} f(a_k) + \frac{1}{N}f(a_N)$$

이다. 우변의 마지막 항을 좌변으로 이동하여 계산하면

$$\left(1-\frac{1}{N}\right)f(a_N) \le \frac{1}{N}\sum_{k=1}^{N-1} f(a_k)$$

이고, 즉 $f(a_N) \le \frac{1}{N-1}\sum_{k=1}^{N-1} f(a_k)$을 얻는다. 그러므로 $n = N-1$에 대하여 (♠)이 성립한다.

임의의 $n \in \mathbb{N}$에 대하여 $n \le 2^k$를 만족하는 k를 택할 수 있다. (♠)에 의하여 $N = 2^k$에 대하여 성립한다. 이제 앞에서 보인 수학적귀납법 과정에 의하여 $N-1$에 대하여도 (♠)이 성립한다. 계속적으로 반복하면 n에 대해서도 (♠)이 성립한다. 그러므로 모든 자연수 n에 대하여 (♠)이 성립한다.

이제 $x, y \in I$이고 $k, n \in \mathbb{N}$ $(k < n)$라 가정하자. (♠)에서 $a_1 = \cdots = a_k = x$, $a_{k+1} = \cdots = a_n = y$로 선택하면 다음이 주어진다.

$$f\left(\frac{k}{n}x + \frac{n-k}{n}y\right) \le \frac{1}{n}[kf(x) + (n-k)f(y)]$$

다시 말하면, 모든 $x, y \in I$, $r \in (0,1) \cap \mathbb{Q}$에 대하여

$$f[rx + (1-r)y] \le rf(x) + (1-r)f(y) \tag{♡}$$

가 성립한다. 만약 $t \in (0,1)$이면 $\mathbb{Q}$의 조밀성에 의하여 $r_n \to t$를 만족하는 $(0,1)$ 내에 있는 유리수들의 수열 (r_n)이 존재한다. (♡)에서 $r = r_n$으로 바꾸고 극한($\lim_{n\to\infty}$)을 취하면 f가 연속이므로

$$f[tx + (1-t)y] \le tf(x) + (1-t)f(y) \qquad (x, y \in I,\ t \in (0,1))$$

가 얻어진다. 즉, f는 볼록(*convex*)이다.

8. $f(x) = \cos x$ $(x \in \mathbb{R})$라 하자. Taylor 정리에서 $x_0 = 60°$이고 $x = 62°$라 하면

$$\begin{aligned} f(x) &= P_2(x) + R_3(x) = f(x_0) + f'(x_0)(x - x_0) + \frac{f''(x_0)}{2!}(x - x_0)^2 + R_3(x) \\ &= \frac{1}{2} - \frac{\sqrt{3}}{2}(x - 60°) - \frac{1}{4}(x - 60°)^2 + R_3(x) \end{aligned}$$

이다. 여기서 $R_3(x) = \frac{f'''(c)}{3!}(x - x_0)^3$ $(x_0 < c < x)$이다.

$$P_2(62°) = \frac{1}{2} - \frac{\sqrt{3}}{2}\cdot\frac{\pi}{90} - \frac{1}{4}\left(\frac{\pi}{90}\right)^2 \approx 0.469$$

이고

$$|R_3(62°)| = \frac{|\sin c|}{3!}(\pi/90)^3 < 0.7 \times 10^{-5}$$

이므로 $|\cos 62° - 0.46| < 0.7 \times 10^{-5}$이다. 분명히 이것은 소수 2째 자리까지는 정확함을 보여준다.

9. $\binom{n}{k} + \binom{n}{k-1} = \binom{n+1}{k}$를 이용하여 수학적귀납법 2.2.6으로 증명하여라.

10. 구하고자 하는 근사해는 $r = 0.73908513$이다. 정리 5.4.7(Newton 방법) 을 이용하여 이것을 구하여 보자. $f(x) = \cos x - x$라 두면 $f(\pi/6) = \frac{1}{6}(3\sqrt{3} - \pi) > 0$이고 $f(\pi/4) = \sqrt{2}/2 - \pi/4 < 0$이므로 근의 위치정리 4.4.6에 의하여 $(\pi/6, \pi/4)$사이에 $f(r) = 0$되는 r이 존재한다. $f'(x) = -\sin x - 1$이므로 정리 5.4.7(Newton 방법)에 의하여

$$\begin{aligned} x_{n+1} &= x_n - \frac{f(x_n)}{f'(x_n)} \\ &= x_n + \frac{\cos x_n - x_n}{\sin x_n + 1} = \frac{x_n \sin x_n + \cos x_n}{\sin x_n + 1} \end{aligned}$$

이다. 구간 $I = [\pi/6, \pi/4]$ 상에서 $|f'(x)| = |-(\sin x + 1)| \geq \frac{3}{2} = m > 0$이고 $|f''(x)| = |-\cos x| \leq \frac{\sqrt{3}}{2} = M$이므로 정리 5.4.7(Newton 방법)에서 $K = \frac{M}{2m} = \frac{\sqrt{3}}{6} < \frac{3}{10}$ 이므로 $x_1 = \frac{\pi}{4}$로 출발하자. $\frac{\pi}{6} < r < \frac{\pi}{4}$이므로 $|x_1 - r| = |\pi/4 - r| < \frac{\pi}{12} < \frac{3}{10}$이다. 그러므로,

$$\begin{aligned} |x_2 - r| &\leq K|x_1 - r|^2 < \left(\frac{3}{10}\right)^3, \\ |x_3 - r| &\leq K|x_2 - r|^2 < \left(\frac{3}{10}\right)^7, \\ |x_4 - r| &\leq K|x_3 - r|^2 < \left(\frac{3}{10}\right)^{15} \end{aligned}$$

을 얻는다. 소숫점 아래 6자리까지 정확하게 근사시켜려면

$$(3/10)^n < 10^{-7} \Leftrightarrow 7 < n(1 - \log 3) = n(1 - 0.4771\cdots) < 0.53n$$

을 만족하는 n을 구하면 된다. $n > 13$이면 충분하다. 따라서, $x_1 = \pi/4$로 시작하여 x_4까지만 구하면 된다. 계산기를 이용하여 구해보면 다음과 같다.

$$\begin{aligned} x_2 &\approx 0.7395361335, \quad x_3 \approx 0.7390851781 \\ x_4 &\approx 0.7390851332 \end{aligned}$$

11. 먼저 $x_0 < x$라 가정하고 $J = [x_0, x]$라 하자.

$$\begin{aligned} &F(t) = f(x) - f(t) - \tfrac{f'(t)}{1!}(x - t) - \cdots - \tfrac{f^{(n)}(t)}{n!}(x - t)^n, \\ &G(t) = x - t \qquad (t \in J) \end{aligned}$$

라 하면 간단한 계산에 의하여

$$F'(t) = -\frac{f^{(n+1)}(t)}{n!}(x - t)^n$$

을 얻는다. $G'(t) = -1$ $(t \in J)$이므로 F, G에 대하여 Cauchy 평균값 정리 5.3.2를 적용하면

$$\frac{F(x) - F(x_0)}{G(x) - G(x_0)} = \frac{F'(c)}{G'(c)}$$

을 만족하는 $c \in (x_0, x)$가 존재한다. $F(x) = G(x) = 0$이고 $G'(c) = -1$이므로

$$\frac{F(x_0)}{G(x_0)} = -F'(c) = \frac{f^{(n+1)}(c)}{n!}(x-c)^n,$$

즉

$$F(x_0) = \frac{f^{(n+1)}(c)}{n!}(x-c)^n(x-x_0)$$

이다. 이것으로부터 (5.23)이 곧바로 얻어진다. $x < x_0$인 경우에도 유사하게 증명할 수 있으므로 이것의 증명은 독자들에게 남겨둔다.

12. $f(x) = \ln(1+x)$ $(x > -1)$라 두고 문제 5.4.11을 적용하자. 특히, 점 $x_0 = 0$에서 나머지의 Cauchy 형식은 c가 $x_0 = 0$과 x 사이에 존재하고, $f^{(n)}(x) = (-1)^{n-1}\frac{(n-1)!}{(1+x)^n}$이므로

$$\begin{aligned} R_{n+1}(x) &= \frac{f^{(n+1)}(c)}{n!}(x-c)^n(x-x_0) = \frac{f^{(n+1)}(\theta x)}{n!}(1-\theta)^n x^{n+1} \\ &= (-1)^n\frac{(1-\theta)^n x^{n+1}}{(1+\theta x)^{n+1}} \qquad (0 < \theta < 1) \end{aligned}$$

로 주어진다. 만약 $-1 < x < 0$이면 $0 < \theta < 1$의 양변에 x를 곱하고 1을 더하고(다시 $-1 < x < 0$의 양변에 θ를 곱하고 1을 더한 후) 간단히 계산하면

$$1 + \theta x > 1 + x, \quad 0 < \frac{1-\theta}{1+\theta x} < 1$$

을 얻는다. 이 두 부등식을 사용하면 곧바로

$$\begin{aligned} |R_{n+1}(x)| &= \left|(-1)^n\frac{(1-\theta)^n x^{n+1}}{(1+\theta x)^{n+1}}\right| \\ &= \left|\frac{1-\theta}{1+\theta x}\right|^n \cdot \frac{|x|^{n+1}}{|1+\theta x|} < \frac{|x|^{n+1}}{1+x} \to 0 \qquad (n \to \infty) \end{aligned}$$

을 얻는다. 그러므로 $-1 < x < 0$일 때도 $f(x) = \ln(1+x)$는 Maclaurin 전개가 가능하고 예제 5.4.3 (d)의 증명과 결합하면

$$\ln(1+x) = x - \frac{1}{2}x^2 + \frac{1}{3}x^3 - \frac{1}{4}x^4 + \cdots = \sum_{n=1}^{\infty}\frac{(-1)^{n-1}}{n}x^n \qquad (-1 < x \le 1)$$

이다.

13. $f(x) = (1+x)^m$ $(-1 < x < 1)$라 두고 문제 5.4.11을 적용하자. 특히, 점 $x_0 = 0$에서 나머지의 Cauchy 형식은 c가 $x_0 = 0$과 x 사이에 존재하고,

$$f^{(n)}(x) = m(m-1)\cdots(m-n+1)(1+x)^{m-n} \qquad (n = 1, 2, \cdots)$$

이므로 어떤 $\theta \in (0,1)$에 대하여

$$\begin{aligned} R_{n+1}(x) &= \frac{f^{(n+1)}(c)}{n!}(x-c)^n(x-x_0) = \frac{f^{(n+1)}(\theta x)}{n!}(1-\theta)^n x^{n+1} \\ &= \frac{m(m-1)\cdots(m-n)}{n!}\cdot(1+\theta x)^{m-n-1}(1-\theta)^n x^{n+1} \\ &= \frac{m(m-1)\cdots(m-n)}{n!}\left(\frac{1-\theta}{1+\theta x}\right)^n(1+\theta x)^{m-1}x^{n+1} \end{aligned}$$

로 주어진다. $0 < \frac{1-\theta}{1+\theta x} < 1 \ (-1 < x < 1)$은 분명하므로

$$|R_{n+1}(x)| \leq \left|\frac{m(m-1)\cdots(m-n)}{n!}\right|(1+\theta x)^{m-1}|x|^{n+1} \tag{5.5}$$

이다. 한편, $m > 1$이면 $m-1>0$이므로 (5.5)에 있는

$$0 < (1+\theta x)^{m-1} \leq (1+|x|)^{m-1}$$

이고, $m < 1$이면

$$\begin{aligned} 0 < (1+\theta x)^{m-1} &= \frac{1}{(1+\theta x)^{1-m}} \leq \frac{1}{(1-|x|)^{1-m}} \\ &= (1-|x|)^{m-1} \end{aligned}$$

을 얻는다. 따라서 모든 m에 대하여

$$(1+\theta x)^{m-1} \leq (1 \pm |x|)^{m-1}$$

이다. 이것을 (5.5)에 대입하면

$$|R_{n+1}(x)| \leq (1\pm|x|)^{m-1}a_n$$

을 낳는다. 여기서 $a_n := \frac{|m(m-1)\cdots(m-n)||x|^{n+1}}{n!}$이다. 따름정리 7.2.9 (비판정법)을 적용하면 $r = \lim \frac{a_{n+1}}{a_n} = |x| < 1$이므로 $\sum_{n=1}^{\infty} a_n < \infty$임을 알 수 있다. 그러므로 $\lim a_n = 0$, 즉 $\lim R_{n+1}(x) = 0 \ (-1 < x < 1)$이다. 따라서 주어진 함수 $f(x) = (1+x)^m \ (|x| < 1)$는 Maclaurin 전개가 가능하다. 이 때, Maclaurin 급수는 (5.24)처럼 주어진다.

[주의] $0 < x < 1$이고 m이 0과 자연수가 아닐 경우의 이항정리는 나머지가 Lagrange 형식을 갖는 Taylor 정리 5.4.1를 이용하여 증명할 수도 있음을 주목하여라.

제 6 장

적분

6.1 Riemann 적분

$[a,b]$가 $\mathbb{R}$의 유계인 닫힌구간일 때

$$a = x_0 < x_1 < x_2 < \cdots < x_n = b$$

를 만족하는 유한순서집합 $P = \{x_0, x_1, \ldots, x_n\}$를 $[a,b]$의 **분할**(*partition*)이라 한다. $[a,b]$의 모든 분할들의 집합을 $\triangle[a,b]$로 표기한다. 그리고 때때로 구간의 특별한 언급이 필요없을 때는 간단히 $\triangle$로 쓰기로 한다.

[표기] $\mathcal{B}[a,b]$는 $[a,b]$에서 정의된 모든 유계인 실함수들의 족이라 하자. 즉

$$f \in \mathcal{B}[a,b] \quad \Leftrightarrow \quad f : [a,b] \to \mathbb{R}\text{는 유계이다.}$$

$$M = \sup f([a,b]) = \sup_{x \in [a,b]} f(x), \qquad m = \inf f([a,b]) = \inf_{x \in [a,b]} f(x)$$

$P = \{x_0, x_1, \ldots, x_n\} \in \triangle[a,b]$에 대하여

$$\|P\| = \max\{x_k - x_{k-1} : k = 1, 2, \ldots, n\}$$

를 분할 P의 **노름**(*norm*)이라 한다.

정의 6.1.1 $f \in \mathcal{B}[a,b]$라 하자. 임의의 $P = \{x_0, x_1, \ldots, x_n\} \in \triangle[a,b]$에 대하여 (각 $k = 1, 2 \ldots$에 대한 부분구간을 $I_k = [x_{k-1}, x_k]$로 두자),

$$m_k = \inf f(I_k), \qquad M_k = \sup f(I_k)$$

라 할 때,

$$\begin{aligned} L(f,P) &= \sum_{k=1}^{n} m_k (x_k - x_{k-1}), \\ U(f,P) &= \sum_{k=1}^{n} M_k (x_k - x_{k-1}) \end{aligned}$$

를 각각 f의 **하합**(*lower sum*)과 **상합**(*upper sum*)이라 한다.

보조정리 6.1.2 $f \in \mathcal{B}[a,b]$이고 $P \in \triangle[a,b]$이면 다음이 성립한다.

$$m(b-a) \le L(f,P) \le U(f,P) \le M(b-a)$$

정의 6.1.3 $P, Q \in \triangle[a,b]$이고 $P \subset Q$이면, Q를 P의 **세분**(*refinement*)이라 하고 $Q \succ P$ (또는 $P \prec Q$)로 표기한다.

보조정리 6.1.4 $f \in \mathcal{B}[a,b]$이고 $P,\ Q \in \triangle[a,b],\ \ Q \succ P$이면 다음이 성립한다.

$$L(f,P) \le L(f,Q), \qquad U(f,Q) \le U(f,P)$$

보조정리 6.1.5 $f \in \mathcal{B}[a,b]$이고 $P, Q \in \triangle[a,b]$이면 $L(f,P) \le U(f,Q)$이다.

정의 6.1.6 $f \in \mathcal{B}[a,b]$라 하자. 이 때 수

$$L(f) = \sup_{P \in \triangle} L(f,P), \qquad U(f) = \inf_{P \in \triangle} U(f,P)$$

를 각각 $[a,b]$에 대한 f의 **하적분**(*lower integral*)과 **상적분**(*upper integral*)이라 한다.

[표기] 편의상 적분구간을 표시하고자 할 때는 $[a,b]$에 대한 f의 하적분 $L(f)$와 상적분 $U(f)$를 각각

$$\underline{\int_a^b} f = \underline{\int_a^b} f(x)\, dx, \qquad \overline{\int_a^b} f = \overline{\int_a^b} f(x)\, dx$$

로 표기한다.

정리 6.1.7 $f \in \mathcal{B}[a,b]$라 하자. 그러면 $[a,b]$에 대한 f의 하적분 $L(f)$와 상적분 $U(f)$가 존재하고 다음이 성립한다.

$$L(f) \le U(f).$$

정의 6.1.8 $f \in \mathcal{B}[a,b]$라 하자. $L(f) = U(f)$이면 f는 $[a,b]$ 상에서 **적분가능**(*integrable*)이라 한다. 이 경우 값 $L(f) = U(f)$를 $[a,b]$ 상의 f의 **적분**(*integral*)이라 한다.

[주의] 정의 6.1.8에서 앞으로 적분의 구분이 필요한 특별한 경우에는 Riemann 적분가능, Riemann 적분이라 한다.

[표기]

$$\underline{\int_a^b} f = \overline{\int_a^b} f$$

일 때 간단히 다음과 같이 표기한다.

$$\int_a^b f \quad \text{또는} \quad \int_a^b f(x)\,dx$$

구간 $I = [a,b]$ 상에서 (Riemann)적분가능인 모든 함수들의 집합을 $\mathcal{R}(I)$ (또는 간단히 $\mathcal{R}[a,b]$)로 표기한다.

예제 6.1.9 (a) 상수함수는 적분가능하다.

(b) 모든 $f(x) = x^2$는 $[0,1]$ 상에서 적분가능하다.

(c) $[0,1]$ 상에서의 Drichlet 함수(예제 4.3.6)는 적분불가능하다.

Riemann 적분판정기준(*Riemann's criterion for integrability*)이라 한다.

정리 6.1.10 (⋆**Riemann 적분판정기준**⋆)

$f \in \mathcal{B}[a,b]$라 할 때, 다음 사실들은 동치이다.

(a) $\forall \epsilon > 0,\ \exists\, P_\epsilon \in \triangle[a,b]\ :\ U(f,P_\epsilon) - L(f,P_\epsilon) < \epsilon$ (그림 6.1.2).

(b) $f \in \mathcal{R}[a,b]$.

(c) $\exists\, R_n \in \triangle[a,b]\ :\ \lim[U(f,R_n) - L(f,R_n)] = 0$. (이 경우에 $\lim L(f,R_n) = \int_a^b f = \lim U(f,R_n)$이다.)

정리 6.1.11 (단조/연속함수의 적분성) $\mathcal{M}[a,b] \cup \mathcal{C}[a,b] \subset \mathcal{R}[a,b]$.

예제 6.1.12 예제 4.3.7에서 정의된 Thomae 함수 f는 $\mathbb{Q}$의 모든 점에서 불연속이다. 그러나 이 함수 f는 $(0,\infty)$의 모든 유계인 닫힌부분구간 $[a,b]$ 상에서 적분가능하다. 즉 $f \in \mathcal{R}[a,b]$이고 $\int_a^b f(x)\,dx = 0$이다.

연 습 문 제 6.1

1. 다음 함수 중 어느것이 $\mathcal{R}[0,1]$안에 있는가?

   (a) 집합 $A = \{0, \frac{1}{10}, \frac{2}{10}, \ldots, 1\}$의 특성함수 χ_A.

   (b) $f(x) = \sin(1/x) \quad (0 < x \le 1), \quad f(0) = 7.$

   (c) E와 $[0,1]\setminus E$가 동시에 $[0,1]$에서 조밀한 어떤 부분집합 $E \subset [0,1]$의 특성함수 χ_E.

   (d) 구간 $[0,1]$ 내에서 x가 유리수일 때는 $f(x) = 0$, 무리수일 때는 $f(x) = \sin\frac{1}{x}$로 정의된 함수 f.

2. 함수 $f : [0,2] \to \mathbb{R}$가

$$f(x) = \begin{cases} x, & x\text{가 유리수일 때} \\ x^2, & x\text{가 무리수일 때} \end{cases}$$

   로 정의 되었을 때, $f \notin \mathcal{R}[0,2]$임을 보여라. (예제 6.1.9 (c)와 비교하여라.)

3. $f \in \mathcal{C}[0,1]$, $P_n = \{0, 1/n, 2/n, \ldots, n/n = 1\} \in \triangle[0,1]$이고, 모든 $k = 1, 2, \ldots, n$에 대하여 $x_k^* \in [(k-1)/n, k/n]$이면

$$L(f, P_n) \le \frac{1}{n}\sum_{k=1}^{n} f(x_k^*) \le U(f, P_n) \tag{6.4}$$

   임을 보이고 다음을 증명하여라.

$$\lim_{n\to\infty} \frac{1}{n}\sum_{k=1}^{n} f(x^*) = \int_0^1 f.$$

4. $f \in \mathcal{C}[0,1]$이면 $\lim \frac{1}{n}\sum_{k=1}^{n} f(k/n) = \int_0^1 f$임을 증명하여라. 이것을 이용하여 다음 무한급수의 극한을 구하여라(더 일반적인 결과는 연습문제 6.4.1을 참고하여라).

$$\lim_{n\to\infty} \sum_{k=1}^{n} \frac{n}{k^2+n^2} = \lim_{n\to\infty} \left(\frac{1}{1+n^2} + \frac{2}{2^2+n^2} + \cdots + \frac{n}{n^2+n^2} \right).$$

5. 연습문제 6.1.4를 이용하여 $\sum_{n=1}^{\infty}(-1)^{n+1}\frac{1}{n} = \ln 2$임을 보여라. (따름정리 7.1.10을 뒤따르는 주의와 연습문제 8.3.13을 주목하여라.)

6. $\int_a^a f = 0$임을 증명하여라.

7. $f(x) = \sin x$ $(0 \le x \le \pi/2)$이고

$$P_n = \{0, \pi/2n, 2\pi/2n, \ldots, n\pi/2n\} \in \triangle[0, \pi/2]$$

일 때, $U(f, P_n)$을 구하고 다음이 성립함을 보여라.

$$\lim_{n\to\infty} U(f, P_n) = \cos 0 - \cos\frac{\pi}{2} = 1.$$

8. $f, g : [a, b] \to \mathbb{R}$가 유계일 때 다음을 증명하여라.

$$L(f) + L(g) \le L(f+g), \qquad U(f+g) \le U(f) + U(g).$$

9. 연습문제 6.1.8에서 $L(f) + L(g) < L(f+g)$가 되는 유계함수 $f, g : [0, 1] \to \mathbb{R}$를 찾아보아라. 또한, $U(f) + U(g) > U(f+g)$가 되는 유계함수 $f, g : [0, 1] \to \mathbb{R}$를 구하여라.

10. $f \in \mathcal{B}[a, b]$일 때 다음이 성립함을 보여라.
    (a) 모든 $c \in (a, b)$에 대하여 $f \in \mathcal{R}[c, b]$이면 $f \in \mathcal{R}[a, b]$, $\int_a^b f = \lim_{c\to a+} \int_c^b f$이다.
    (b) 모든 $c \in (a, b)$에 대하여 $f \in \mathcal{R}[a, c]$이면 $f \in \mathcal{R}[a, b]$, $\int_a^b f = \lim_{c\to b-} \int_a^c f$이다.

11. $f \in \mathcal{B}[a, b]$가 오직 유한개의 불연속점만 가지면 $f \in \mathcal{R}[a, b]$임을 보여라. (예제 6.1.9 (c)와 비교하여라.)

12. $f \in \mathcal{B}[a, b]$에 대하여 다음을 보여라.

$$\underline{\int_a^b} f = -\overline{\int_a^b}(-f).$$

연습문제풀이 및 힌트 6.1

1. (a) $\chi_A \in \mathcal{R}[0, 1]$. 왜냐하면,

$$P_n = \left\{0, \frac{1}{n}, \frac{2}{n}, \cdots, \frac{n}{n} = 1\right\} \in \triangle[0, 1] \quad (n \ge 10)$$

로 선택하면 $L(\chi_A, P_n) = 0$이고 $U(\chi_A, P_n) = \frac{2}{n}$임을 쉽게 알 수 있다. 이 때, $\lim[U(\chi_A, P_n) - L(\chi_A, P_n)] = 0$을 만족하므로 Riemann적분판정기준 6.1.10에 의하여 $\chi_A \in \mathcal{R}[0, 1]$이다. **[별해]** 연습문제 6.1.10과 6.1.11을 적용하여 보아라.

(b) $f \in \mathcal{R}[0,1]$. 왜냐하면, 임의의 $\epsilon > 0$에 대하여 Archimedian 성질 2.3.4에 의하여 $\frac{8}{K} < \frac{\epsilon}{2}$를 만족하는 $K \in \mathbb{N}$을 하나 선택하자. 그러면, 연속함수의 적분성(정리 6.1.11)에 의하여 $f \in \mathcal{C}\left[\frac{1}{K}, 1\right] \subset \mathcal{R}\left[\frac{1}{K}, 1\right]$이고, Riemann적분판정기준 6.1.10에 의하여

$$U(f, Q_\epsilon) - L(f, Q_\epsilon) < \epsilon/2 \qquad (\spadesuit)$$

를 만족하는 $Q_\epsilon \in \triangle\left[\frac{1}{K}, 1\right]$존재한다. 이제 $P_\epsilon = Q_\epsilon \cup \{0\}$로 선택하면 $f(0) = 7$이고 $t \to 0$일 때 $f(t)$는 1과 -1 사이를 빠르게 진동하므로

$$U(f, P_\epsilon) = \frac{7}{K} + U(f, Q_\epsilon), \quad L(f, P_\epsilon) = \frac{-1}{K} + L(f, Q_\epsilon)$$

이다. ($\spadesuit$)와 $\frac{8}{K} < \frac{\epsilon}{2}$에 의하여

$$U(f, P_\epsilon) - L(f, P_\epsilon) = \frac{8}{K} + [U(f, Q_\epsilon) - L(f, Q_\epsilon)] < \frac{\epsilon}{2} + \frac{\epsilon}{2} = \epsilon$$

이 됨을 알 수 있다. 그러므로 Riemann적분판정기준 6.1.10에 의하여 $f \in \mathcal{R}[0,1]$이다. **[별해]** 연습문제 6.1.11을 적용하여 보아라.

(c) $\chi_E \notin \mathcal{R}[0,1]$. [힌트] 예제 6.1.9 (c)의 증명을 수정하여라.

(d) $f \notin \mathcal{R}[0,1]$. 분할 $P = \{x_0 = 0, x_1, \cdots, x_n = 1\} \in \triangle[0,1]$를 임의로 선택하자. 먼저 모든 $t \in \left[\frac{6}{5\pi}, 1\right]$에 대하여 $\sin\frac{1}{t} \geq \frac{1}{2}$이고 $t \in \left[\frac{6}{11\pi}, \frac{6}{7\pi}\right]$이면 $\sin\frac{1}{t} \leq -\frac{1}{2}$임을 주목하여라. 이제 $Q = P \cup \left\{\frac{6}{11\pi}, \frac{6}{7\pi}, \frac{6}{5\pi}\right\}$로 잡으면 $Q \succ P$이고, 보조정리 6.1.4에 의하여

$$\begin{aligned} U(f,P) &\geq U(f,Q) \geq \frac{1}{2}\left(1 - \frac{6}{5\pi}\right), \\ L(f,P) &\leq U(f,Q) \leq \frac{-1}{2}\left(\frac{6}{7\pi} - \frac{6}{11\pi}\right) = -\frac{12}{77\pi} \qquad (P \in \triangle[0,1]) \end{aligned}$$

을 얻는다. 즉, $U(f) > 0 > L(f)$이므로 $f \notin \mathcal{R}[0,1]$이다.

2. $P = \{x_0, x_1, \ldots, x_n\} \in \triangle = \triangle[0,2]$, $I_k = [x_k, x_{k-1}]$ $(k = 1, 2, \ldots, n)$라 하면

$$\begin{aligned} U(f,P) &= \sum_{k=1}^{n} \sup f(I_k)(x_k - x_{k-1}) \geq \int_0^1 x\,dx + \int_1^2 x^2\,dx = \frac{17}{6} \\ &> \frac{11}{6} = \int_0^1 x^2\,dx + \int_1^2 x\,dx \\ &\geq \sum_{k=1}^{n} \inf f(I_k)(x_k - x_{k-1}) = L(f,P) \qquad (P \in \triangle) \end{aligned}$$

이고

$$U(f) = \inf_{P \in \triangle} U(f,P) = \frac{17}{6} \neq \frac{11}{6} = \sup_{P \in \triangle} L(f,P) = L(f)$$

이므로 $f \notin \mathcal{R}[0,2]$이다.

3. $f \in \mathcal{C}[0,1]$이므로 균등연속정리 4.5.3에 의하여 $f \in \mathcal{UC}[0,1]$이다. 즉, 임의의 $\epsilon > 0$에 대하여

$$x, y \in [0,1],\ |x-y| < \delta\ \Rightarrow\ |f(x) - f(y)| < \epsilon \qquad (\heartsuit_1)$$

를 만족하는 $\delta > 0$가 존재한다. Archimedian 성질 2.3.4에 의하여 $\frac{1}{K} < \delta$가 되는 $K \in \mathbb{N}$을 선택하자. $I_k = \left[\frac{k-1}{n}, \frac{k}{n}\right]$ $(k = 1, 2, \ldots, n)$라 하고 각 부분구간 I_k에 대하여 최대·최소정리 4.4.4를 적용하면

$$\begin{aligned} f(u_k) &= M_k = \sup f(I_k), \\ f(v_k) &= m_k = \inf f(I_k) \end{aligned}$$

를 만족하는 $u_k, v_k \in I_k$가 존재한다. 분명히 $n \geq K$인 $n \in \mathbb{N}$에 대하여

$$|u_k - v_k| \leq \frac{1}{n} \leq \frac{1}{K} < \delta$$

이므로 $(\heartsuit_1)$에 의하여

$$M_k - m_k = f(u_k) - f(v_k) = |f(u_k) - f(v_k)| < \epsilon$$

이다. 한편,

$$\begin{aligned} 0 \leq U(f, P_n) - L(f, P_n) &= \tfrac{1}{n} \textstyle\sum_{k=1}^{n} M_k - \tfrac{1}{n} \sum_{k=1}^{n} m_k \\ &\leq \tfrac{1}{n} \textstyle\sum_{k=1}^{n} (M_k - m_k) < \tfrac{1}{n} \sum_{k=1}^{n} \epsilon = \epsilon \qquad (n \geq K) \end{aligned} \qquad (\heartsuit_2)$$

를 만족한다. $(\heartsuit_2)$로부터 $\lim[U(f, P_n) - L(f, P_n)] = 0$임을 알 수 있고, Riemann적분판정기준 6.1.10 (c)에 의하여 $f \in \mathcal{R}[0,1]$이다. 이 경우에 $\lim L(f, P_n) = \int_0^1 f = \lim U(f, P_n)$은 분명하다. 이제 (6.4)의 양변에 $n \to \infty$를 취한 후, 수열에 대한 조임정리 3.2.4을 적용하면 구하고자 하는 다음 관계식이 얻어진다.

$$\lim_{n\to\infty} \frac{1}{n} \sum_{k=1}^{n} f(x^*) = \int_0^1 f.$$

4. 연습문제 6.1.3에서 $x_k^* = k/n$로 선택하면 분명하다. 이제 $f(x) = \frac{1}{1+x^2}$ $(0 \leq x \leq 1)$라 두면 $f \in \mathcal{C}[0.1]$이고 곧바로 다음이 얻어진다.

$$\lim_{n\to\infty} \sum_{k=1}^{n} \frac{n}{k^2 + n^2} = \lim_{n\to\infty} \frac{1}{n} \sum_{k=1}^{n} \frac{1}{(k/n)^2 + 1} = \int_0^1 \frac{1}{1+x^2}\, dx = \pi/4.$$

5. $s_n = \sum_{k=1}^{n}(-1)^{k+1}\frac{1}{k} \to s$라 하자(주어진 급수는 교대급수판정법 7.1.9에 의하여 수렴한다). 분명히

$$\begin{aligned} s_{2n} &= \frac{1}{1} - \frac{1}{2} + \frac{1}{3} - \frac{1}{4} + \cdots - \frac{1}{2n} \\ &= \frac{1}{1} + \left(\frac{1}{2} - \frac{1}{1}\right) + \frac{1}{3} + \left(\frac{1}{4} - \frac{1}{2}\right) + \cdots + \left(\frac{1}{2n} - \frac{1}{n}\right) \\ &= \frac{1}{n+1} + \frac{1}{n+2} + \cdots + \frac{1}{2n} = \frac{1}{n}\sum_{k=1}^{n}\frac{1}{1+k/n} \end{aligned}$$

이므로 연습문제 6.1.4에서 $f(x) = 1/(1+x)$로 취하면 $f \in C[0,1]$이고

$$\lim_{n\to\infty} s_{2n} = \lim_{n\to\infty}\frac{1}{n}\sum_{k=1}^{n}\frac{1}{1+k/n} = \int_0^1 \frac{1}{1+x}\,dx = \ln(1+x)|_0^1 = \ln 2$$

을 얻는다. 그러므로 $s = \lim s_{2n} = \ln 2$이다.

6. $P = (a) \in \triangle[a,a]$에 대하여 $U(f,P) = 0 = L(f,P)$이므로 $L(f) = 0 = U(f)$이다. 그러므로 $\int_a^a f = 0$이다.

7. $f(x) = \sin x \quad (0 \le x \le \pi/2)$이고

$$P_n = \{0, \frac{\pi}{2n}, \frac{2\pi}{2n}, \ldots, \frac{n\pi}{2n}\} \in \triangle[0, \pi/2]$$

일 때, $U(f, P_n)$을 구하고 다음이 성립함을 보여라.

$$\lim_{n\to\infty} U(f, P_n) = \cos 0 - \cos\frac{\pi}{2} = 1.$$

[힌트] $x \neq 2k\pi$ $(k \in \mathbb{Z})$이면

$$\sin x + \sin 2x + \cdots + \sin nx = \frac{\cos(x/2) - \cos(2n+1)x/2}{2\sin(x/2)} \qquad (\diamondsuit_1)$$

임을 알 수 있다. $(\diamondsuit_1)$는 잘 알려진 3각함수의 가법정리

$$\cos(t+a) - \cos(t-a) = -2\sin t \sin a$$

에서 $t = kx$, $a = \frac{1}{2}x$로 바꾸면

$$\cos\left(k+\frac{1}{2}\right)x - \cos\left(k-\frac{1}{2}\right)x = -2\sin kx \sin\frac{1}{2}x \qquad (\diamondsuit_2)$$

로 주어진다. $(\diamondsuit_2)$에서 $k = 1, 2, \ldots, n$을 대입한 후 양변을 변변끼리 더하면

$$\cos\left(n+\frac{1}{2}\right)x - \cos\frac{1}{2}x = -2\sin\frac{1}{2}x\sum_{k=1}^{n}\sin kx$$

이다. 이것으로부터 ($\diamondsuit_1$)가 곧바로 주어진다. 이제 ($\diamondsuit_1$)에서 $x = \pi/2n$를 대입하여 계산하면

$$\begin{aligned} U(f, P_n) &= \left(\sin\frac{\pi}{2n} + \sin\frac{2\pi}{2n} + \cdots + \sin\frac{n\pi}{2n}\right)\cdot\frac{\pi}{2n} \\ &= \frac{\pi/4n}{\sin(\pi/4n)}\left[\cos\frac{\pi}{4n} - \cos\left(\frac{\pi}{2} + \frac{\pi}{4n}\right)\right] \end{aligned}$$

이다. $\lim_{x\to 0}\frac{\sin x}{x} = 1$이므로 $\lim\frac{\pi/4n}{\sin(\pi/4n)} = 1$이다. 그러므로 윗 식으로부터

$$\lim U(f, P_n) = \cos 0 - \cos\frac{\pi}{2} = 1$$

이다.

8. $P = \{x_0, x_1, \ldots, x_n\} \in \triangle[a,b]$, $I_k = [x_{k-1}, x_k]$ $(k = 1, 2, \ldots, n)$라 하자. 그 때, 각 $k = 1, 2, \ldots, n$에 대하여 연습문제 2.3.15 (c)에 의하여

$$\begin{aligned} \inf f(I_k) + \inf g(I_k) &\leq \inf(f+g)(I_k), \\ \sup f(I_k) + \sup g(I_k) &\geq \sup(f+g)(I_k) \end{aligned}$$

가 성립하고, 이것으로부터 곧바로

$$L(f,P) + L(g,P) \leq L(f+g,P) \qquad (P \in \triangle[a,b]), \tag{$\spadesuit_1$}$$

$$U(f,P) + U(g,P) \geq U(f+g,P) \qquad (P \in \triangle[a,b]) \tag{$\spadesuit_2$}$$

가 성립한다. 먼저 $L(f) + L(g) \leq L(f+g)$임을 증명하자. 임의의 함수 $h \in \mathcal{B}[a,b]$에 대한 하적분 (정의 6.1.6)은 $L(h) = \sup_{P\subset\triangle} L(h,P)$이다. $h = f$와 g에 대하여 보조정리 2.3.3(상한에 대한 근사성질)을 각각 적용하면, 임의의 $\epsilon > 0$에 대하여 $P_1, P_2 \in \triangle[a,b]$가 존재하여 다음을 만족한다.

$$L(f,P_1) > L(f) - \frac{\epsilon}{2}, \qquad L(g,P_2) > L(g) - \frac{\epsilon}{2}. \tag{$\spadesuit_3$}$$

이제 $Q = P_1 \cup P_2$라 하자. 그러면 곧바로

$$\begin{aligned} L(f+g) &= \sup_{P\in\triangle} L(f+g,P) \geq L(f+g,Q) \\ &\geq L(f,Q) + L(g,Q) \qquad ((\spadesuit_1)\text{에 의하여}) \\ &\geq L(f,P_1) + L(g,P_2) \qquad (Q \succ P_1,\ P_2;\ \text{보조정리 6.1.4}) \\ &> L(f) + L(g) - \epsilon \qquad ((\spadesuit_3)\text{에 의하여}) \end{aligned}$$

를 얻고, $\epsilon > 0$이 임의로 주어졌으므로 보조정리 2.3.1에 의하여

$$L(f) + L(g) \le L(f+g)$$

이다. 유사한 방법으로 $U(f+g) \le U(f) + U(g)$임을 증명하여라.

9. 모든 $x \in [0,1]$에 대하여

$$f(x) = \chi_{\mathbb{Q}}(x), \quad g(x) = \chi_{\mathbb{Q}^c}(x)$$

라 두면, $(f+g)(x) = 1$ $(x \in [0,1])$이다. 그러므로 임의의 $P \in \triangle[0,1]$에 대하여

$$L(f,P) = 0 = L(g,P) \quad \text{이고} \quad L(f+g,P) = 1$$

이다. 따라서, $L(f) = 0 = L(g)$이고 $L(f+g) = 1$이다.

이제 x가 유리수이면 $g(x) = -1$, x가 무리수이면 $g(x) = 0$로 정의하자. 그러면 $(f+g)(x) = 0$ $(x \in [0,1])$이다. $U(f) = 1$, $U(g) = 0$이므로

$$U(f) + U(g) = 1 + 0 > 0 = U(f+g)$$

이다.

10. (a) 임의의 $\epsilon > 0$에 대하여 $\delta = \frac{\epsilon}{4M} > 0$로 선택하자. 여기서 $M = \sup_{x\in[a,b]} |f(x)|$이다. 만약 $a < c < a + \delta$라면 $f \in \mathcal{R}[c,b]$이므로 Riemann 적분판정기준 6.1.10 (a)에 의하여 $P_0 \in \triangle[c,b]$가 존재하여

$$U(f,P_0) - L(f,P_0) < \epsilon/2 \qquad (\heartsuit)$$

를 만족한다. 이제 $P = P_0 \cup \{a\} \in \triangle[a,b]$로 택하면

$$\begin{aligned} U(f,P) - L(f,P) &= (M_1 - m_1)(c-a) + [U(f,P_0) - L(f,P_0)] \\ &< 2M\delta + \epsilon/2 = \epsilon, \end{aligned}$$

여기서 $M_1 = \sup f([a,c])$이고 $m_1 = \inf f([a,c])$이다. 다시 Riemann 적분판정기준 6.1.10 (a)을 적용하면 $f \in \mathcal{R}[a,b]$이다. $(\heartsuit)$로부터

$$U(f,P_0) - \int_c^b f < \epsilon/2$$

은 분명하다. 그리고 $U(f,P) = M_1(c-a) + U(f,P_0)$이므로

$$\begin{aligned} 0 \le \int_a^b f - \int_c^b f &\le U(f,P) - \int_c^b f \\ &= M_1(c-a) + U(f,P_0) - \int_c^b f \\ &< M\cdot\delta + \epsilon/2 < \epsilon \qquad (a < c < a+\delta) \end{aligned}$$

이다. 따라서, $\int_a^b f = \lim_{c\to a+} \int_c^b f$이다.

[별해] 6.2절의 정리 6.2.4를 적용하면 $\lim_{c\to a+} \int_c^b f = \int_a^b f$의 증명을 보다 쉽게 할 수가 있다. 왜냐하면, 정리 6.2.4에 의하여

$$\begin{aligned} \left|\int_a^b f - \int_c^b f\right| &= \left|\int_a^c f\right| \le \int_a^c |f| \le M(c-a) \\ &< M\delta = \epsilon/4 < \epsilon \qquad (a < c < a+\delta) \end{aligned}$$

이기 때문이다.

(b)의 증명은 (a)의 증명을 부분적으로 수정하면 곧바로 얻어진다.

11. $[a,b]$ 상에서 f의 서로 다른 유한개의 불연속인 점들을 $c_1 < c_2 < \ldots < c_K$라 하자. $\epsilon > 0$이 임의로 주어졌다고 하자. 그 때,

$$\delta < \frac{1}{3}\min\{(c_{i+1}-c_i) : i = 1,2,\ldots,K-1\} \wedge \frac{\epsilon}{8KM}$$

이 되도록 충분히 작은 $\delta > 0$을 잡자. 여기서 $M = \sup_{x\in[a,b]}|f(x)|$이다. 모든 $i = 1,2,\ldots,K$에 대하여 $x_i = c_i - \delta,\quad y_i = c_i + \delta$라 하자. 그러면

$$\sum_{k=1}^{K}(y_i - x_i) = 2K\delta \le \frac{\epsilon}{4M}$$

이다. 이제 $[a,b]$의 분할 P를 다음과 같이 정의하자.

$$\begin{aligned} z_0 = a \quad &< \quad z_1 = x_1 < z_2 = y_1 < z_3 = x_2 < z_4 = y_2 < \cdots \\ &< \quad z_{2K-1} = x_K < z_{2K} = y_K < b = z_{2K+1}. \end{aligned}$$

(특수한 경우에는 $c_1 = a$와 $c_K = b$일 수도 있음에 유의하자. 그러한 경우의 증명은 약간 수정하기만 하면 된다.) 각 $i = 1,3,\ldots,2K+1$에 대하여

$$f \in \mathcal{C}[z_{i-1}, z_i] \subset \mathcal{R}[z_{i-1}, z_i]$$

이므로 Riemann 적분판정기준 6.1.10 (a)에 의하여 $P_i \in \triangle[z_{i-1}, z_i]$가 존재하여

$$U(f,P_i) - L(f,P_i) < \frac{\epsilon}{2(K+1)}$$

가 성립한다. $P_\epsilon = P_1 \cup P_3 \cup \cdots \cup P_{2K+1}$로 취하면 $P \in \triangle[a,b]$이고

$$\begin{aligned} & U(f,P_\epsilon) - L(f,P_\epsilon) \\ = & \sum_{k=1}^{K}(M_k - m_k)(y_k - x_k) + \sum_{i=0}^{K}\left[U(f,P_{2i+1}) - L(f,P_{2i+1})\right] \\ < & 2M\sum_{k=1}^{K}(y_k - x_k) + (K+1)\cdot\frac{\epsilon}{2(K+1)} \\ \le & 2M\cdot\frac{\epsilon}{4M} + \frac{\epsilon}{2} = \epsilon \end{aligned}$$

이다. 여기서 $M_k = \sup f([x_k, y_k])$이고 $m_k = \inf f([x_k, y_k])$이다. 따라서, 다시 Riemann 적분판정기준 6.1.10 (a)를 적용하면 $f \in \mathcal{R}[a,b]$이다.

[별해] f가 한 점 $c \in [a,b]$에서 불연속이라 하자. 만약 $c = a$이면 정리 6.1.11(연속함수의 적분성)에 의하여 모든 $x \in (a,b)$에 대하여 $f \in \mathcal{R}[x,b]$이므로 연습문제 6.1.10 (a)에 의하여 $f \in \mathcal{R}[a,b]$이고

$$\int_a^b f = \lim_{x\to a+}\int_x^b f$$

이다. $c = b$일 때도 연습문제 6.1.10 (b)를 적용하여 유사하게 증명할 수 있다. 이제 $a < c < b$라 하면 마찬가지로 연습문제 6.1.10에 의하여 $f \in \mathcal{R}[a,c] \cap \mathcal{R}[c,b]$이고

$$\int_a^c f = \lim_{x\to c-}\int_a^x f, \qquad \int_c^b f = \lim_{x\to c+}\int_x^b f$$

이다. 한편, 정리 6.2.4에 의하여 $f \in \mathcal{R}[a,b]$이고

$$\int_a^b f = \int_a^c f + \int_c^b f$$

이다. 이제 앞 결과를 응용하여 유한개의 점에서 불연속일 때를 증명하여라.

12. $P = \{x_0, x_1, \ldots, x_n\} \in \triangle[a,b]$를 임의로 선택하고 $I_k = [x_{k-1}, x_k]$라 두면 연습문제 2.3.9 (b)에 의하여

$$\inf f(I_k) = -\sup[-f(I_k)] \qquad (k = 1, 2, \ldots, n)$$

가 성립하므로 $L(f,P) = -U(-f,P)$이다. 다시 연습문제 2.3.9 (b)를 적용하면

$$L(f) = \sup_{P\in\triangle} L(f,P) = \sup_{P\in\triangle}\left[-U(-f,P)\right] = -\inf_{P\in\triangle} U(-f,P) = -U(-f)$$

을 얻고 증명이 끝난다.

6.2 적분의 성질

정리 6.2.1 (적분의 선형성) $f, g \in \mathcal{R}[a,b]$이고 $c \in \mathbb{R}$라 하자. 그러면 $cf, (f+g) \in \mathcal{R}[a,b]$이고 다음이 성립한다.

(a) $\int_a^b (f+g) = \int_a^b f + \int_a^b g$.

(b) $\int_a^b cf = c\int_a^b f$.

정리 6.2.2 (적분에 대한 양의성질)

$f \in \mathcal{R}[a,b]$이고 $f(x) \geq 0$ $(x \in [a,b])$이면 $\int_a^b f \geq 0$이다.

따름정리 6.2.3 $f, g \in \mathcal{R}[a,b]$이고 $f(x) \leq g(x)$ $(x \in [a,b])$이면 $\int_a^b f \leq \int_a^b g$이다.

정리 6.2.4 $f \in \mathcal{B}[a,b]$이고 $a < c < b$라 하자. 그러면 $f \in \mathcal{R}[a,b] \quad \Leftrightarrow \quad f \in \mathcal{R}[a,c]$이고 $f \in \mathcal{R}[c,b]$이다. 이 때 다음이 성립한다.

$$\int_a^b f = \int_a^c f + \int_c^b f.$$

예제 6.2.5 적분가능한 두 함수의 합성함수는 일반적으로 적분가능하지 않는다.

정리 6.2.6 (합성) $f([a,b]) \subset [c,d]$라 하자. 만약 $f \in \mathcal{R}[a,b]$이고 $g \in \mathcal{C}[c,d]$이면 $g \circ f \subset \mathcal{R}[a,b]$이다.

따름정리 6.2.7 $f \in \mathcal{R}[a,b]$이면 다음이 성립한다.

(a) $|f| \in \mathcal{R}[a,b]$이고 $\left|\int_a^b f\right| \leq \int_a^b |f| \leq K(b-a)$이다. 단, $K = \sup |f|([a,b])$이다.

(b) 모든 $n \in \mathbb{N}$에 대하여 $f^n \in \mathcal{R}[a,b]$이다.

(c) 만약 $f(x) \geq \delta$ $(x \in [a,b])$인 $\delta > 0$가 존재하면 $1/f \in \mathcal{R}[a,b]$이다.

[주의] 따름정리 6.2.7 (a)의 역은 일반적으로 성립하지 않는다. 예를 들면, $x \in [0,1]$에 대하여 만약 x가 유리수이면 $f(x) = 1$, x가 무리수이면 $f(x) = -1$로 정의된 함수 $f : [0,1] \to \mathbb{R}$는 분명히 적분가능하지 않는다. (이것의 증명은 예제 6.1.9 (c)와 유사하다.) 그러나 $|f| = 1 \in \mathcal{R}[0,1]$이다.

정리 6.2.8 $f, g \in \mathcal{R}[a,b]$이면 $fg \in \mathcal{R}[a,b]$이다.

연 습 문 제 6.2

1. $D \subset \mathbb{R}$가 임의의 $\epsilon > 0$에 대하여

$$D \subset \cup_{n=1}^{\infty} I_n, \qquad \sum_{n=1}^{\infty} |I_n| < \epsilon \quad (|I_n| = b_n - a_n)$$

를 만족하는 열린구간(*open interval*) $I_n = (a_n, b_n)$, $a_n \leq b_n$ $(n = 1, 2, \ldots)$가 존재할 때 집합 D는 **측도가** 0(*measure zero*)이라 하고 $m(D) = 0$ 또는 $|D| = 0$로 표기한다. 다음 사실을 증명하라.

(a) 단일집합(*singleton set*)은 측도가 0이다.

(b) $|A_k| = 0$ $(k = 1, 2, \ldots)$이면 $|\cup_{k=1}^{\infty} A_k| = 0$이다.

(c) $|\mathbb{Q}| = 0$이다.

2. $f : \mathbb{R} \to \mathbb{R}$라 하자. 유계인 구간 $J \subset \mathbb{R}$에 대하여

$$\omega(f, J) = \sup f(J) - \inf f(J) \quad (\geq 0)$$

를 J 상에서 f의 **진동**이라 말한다. $x \in \mathbb{R}$에 대하여

$$\omega(f, x) = \inf\{\omega(f, J) : x \in J(\subset \mathbb{R}),\ J\text{는 유계인 열린구간}\} \ (\geq 0)$$

라 할 때, 다음 사실들이 성립함을 보여라.

(a) 유계인 구간 I, J에 대하여 $I \subset J$이면 $\omega(f, I) \leq \omega(f, J)$이다.

(b) f가 c에서 연속이다 $\Leftrightarrow$ $\omega(f, c) = 0$이다.

(c) 각 $r > 0$에 대하여 $D_r = \{x \in \mathbb{R} : \omega(f, x) \geq 1/r\}$라 하면 D_r는 $\mathbb{R}$ 내에서 닫힌집합이다.

(d) $x \in J = [a, b]$에 대하여 $\omega(f, x) < r$이면

$$U(f, P) - L(f, P) < r|J| \qquad (|J| = b - a)$$

를 만족하는 $P \in \Delta(J)$가 존재한다.

[**주의**] (b)에 의하여 $\omega(f,x)$는 단조함수에 대한 점프 $j_f(x)$의 개념(정의 4.4.16)을 일반화시킨 것이다(정리 4.4.17).

3. 명제 P가 $[a,b]$의 **거의 모든 점에서 성립한다**는 뜻은 $|A|=0$인 $A\subset[a,b]$가 존재하여 P는 $[0,1]\setminus A$의 모든 점에서 성립한다는 것이다. 이 때, P *a.e.* $[a,b]$로 표기한다. 예를 들면, f가 구간 $[a,b]$ 상의 거의 모든 점에서 연속일 때,

$$f\in\mathcal{C}[a,b]\ \text{ a.e. }\ [a,b]$$

로 쓴다. $f\in\mathcal{B}[a,b]$에 대하여 다음 **Lebesgue 정리**가 성립함을 증명하여라.

$$f\in\mathcal{R}[a,b]\quad\Leftrightarrow\quad f\in\mathcal{C}[a,b]\ \text{ a.e. }[a,b].$$

4. Lebesgue 정리(연습문제 6.2.3)를 이용하여 연습문제 6.1.1을 풀어보아라.

5. 연습문제 6.1.1에 있는 각각의 함수에 대하여 $\omega(f,x)$ $(x\in[0,1])$를 구하여라.

6. 다음 문장이 참인가 아니면 거짓인가?

   (a) $f\in\mathcal{R}[a,b]$이고, 가산개의 점 $x\in[a,b]$를 제외하고 $f(x)=g(x)$이면 $g\in\mathcal{R}[a,b]$이다.

   (b) $f\in\mathcal{R}[a,b]$이고, 유한개의 점 $x\in[a,b]$를 제외하고 $f(x)=g(x)$이면 $g\in\mathcal{R}[a,b]$이다(연습문제 6.1.11).

7. $f\in\mathcal{C}[0,1]$이면 $\int_0^1[f(x)-f(c)]^3\,dx=0$를 만족하는 적당한 $c\in(0,1)$가 존재함을 보여라.

8. $f\in\mathcal{C}[a,b]$라 할 때 $\lim\left(\int_a^b|f|^n\right)^{1/n}$을 계산하여라(연습문제 3.2.14 (a)).

9. $f\in\mathcal{B}[a,b]$이고 $a<c<b$라 할 때 다음이 성립함을 보여라.

$$\overline{\int_a^b} f=\overline{\int_a^c} f+\overline{\int_c^b} f,\qquad \underline{\int_a^b} f=\underline{\int_a^c} f+\underline{\int_c^b} f.$$

10. $f\in\mathcal{B}[a,b]$ $(a<b)$이고 $f\geq 0$, 즉 $f(x)\geq 0$ $(x\in[a,b])$라 할 때, 다음을 보여라.

   (a) f가 점 $c\,(\in[a,b])$에서 연속이고 $f(c)>0$이면 $\underline{\int_a^b} f>0$이다.

   (b) $f\in\mathcal{C}[a,b]$이면 $\int_a^b f=0\ \Leftrightarrow\ f\equiv 0$이다.

   (c) "$f\geq 0$"라는 가정의 조건을 제거할 수 있는가?

11. $f\in\mathcal{C}[a,b]$이고 $\int_a^b f^2=0$ (또는 $\int_a^b|f|=0$)이면 $f\equiv 0$임을 보여라(연습문제 8.4.1).

12. $f \in \mathcal{C}[-1,1]$가 볼록일 때 다음 부등식을 증명하여라.

$$f(0) \leq \frac{1}{2}\int_{-1}^{1} f.$$

13. $J_1,\ J_2,\ \ldots,\ J_n$은 $[a,b]$ 내에 있는 열린구간이라 하고 집합 $J_1 \cup J_2 \cup \cdots \cup J_n$의 특성함수를 $\chi = \chi_{J_1 \cup J_2 \cup \cdots \cup J_n}$라 할 때, 다음이 성립함을 보여라.

(a) $\chi \in \mathcal{R}[a,b]$이다.

(b) $\chi(x) = \chi_{J_1}(x) + \chi_{J_2}(x) + \cdots + \chi_{J_n}(x)$ $(x \in [a,b])$이다.

(c) $\int_a^b \chi \leq |J_1| + |J_2| + \cdots + |J_n|$, 여기서 $|J|$는 구간 J의 길이를 뜻한다.

연습문제풀이 및 힌트 6.2

1. (a) $|\{a\}| = 0$임을 보이자. 임의의 $\epsilon > 0$에 대하여 $I = (a - \epsilon/2, a + \epsilon/2)$로 잡으면 충분하다.

(b) $A = \cup_{k=1}^{\infty} A_k, \epsilon > 0$라 하자. 각 $k = 1, 2, \ldots$에 대하여 $|A_k| = 0$이므로

$$A_k \subset \cup_{n=1}^{\infty} I_n^k, \qquad \sum_{n=1}^{\infty} |I_n^k| < \epsilon/2^k$$

를 만족하는 유한 또는 가산개의 개구간 I_n^k $(n = 1, 2, \ldots)$가 존재한다. 그 때, $\cup_{k,n=1}^{\infty} I_n^k \supset A$는 가산개의 개구간으로

$$\sum_{k,n=1}^{\infty} |I_n^k| \leq \sum_{k=1}^{\infty} \epsilon/2^k = \epsilon$$

를 만족하므로 $|A| = 0$이다.

(c) $\mathbb{Q} = \cup_{a \in \mathbb{Q}} \{a\}$이므로 (a)와 (b)에 의하여 $|\mathbb{Q}| = 0$이다.

2. (a) $I \subset J$이면 $\sup f(I) \leq \sup f(J),\ \inf f(I) \geq \inf f(J)$이므로 곧바로

$$\omega(f, I) = \sup f(I) - \inf f(I) \leq \sup f(J) - \inf f(J) = \omega(f, J)$$

을 얻는다.

(b) $(\Rightarrow)$ f가 c에서 연속이라 하면, 임의의 $\epsilon > 0$에 대하여

$$|x - c| < \delta_\epsilon \ \ \Rightarrow \ \ |f(x) - f(c)| < \frac{\epsilon}{2}$$

를 만족하는 $\delta_\epsilon > 0$가 존재한다. 만약 $J_\epsilon = (c - \delta_\epsilon, c + \delta_\epsilon)$라 두면 위로부터

$$f(c) - \frac{\epsilon}{2} < f(x) < f(c) + \frac{\epsilon}{2} \qquad (x \in J_\epsilon)$$

이다. 그러므로

$$f(c) - \frac{\epsilon}{2} \le \inf f(J_\epsilon) \le \sup f(J_\epsilon) \le f(c) + \frac{\epsilon}{2}$$

이다. 즉, $0 \le \omega(f, J_\epsilon) \le \epsilon$이고, 함수에 대한 조임정리 4.2.2를 적용하면

$$\lim_{\epsilon \downarrow 0} \omega(f, J_\epsilon) = 0$$

을 얻는다. 따라서 $\omega(f, c) = 0$이다.

($\Leftarrow$) 대우증명을 하자. 만약 f가 c에서 불연속이면 적당한 ϵ_0가 존재하여 모든 $\delta > 0$에 대하여

$$\exists x_\delta \in \mathbb{R} \ \text{ s.t. } \ [\,|x_\delta - c| < \delta \ \text{ 이지만 } \ |f(x_\delta) - f(c)| \ge \epsilon_0\,]$$

를 만족한다. 이제

$$J_\delta = (c - \delta, c + \delta) \ni x_\delta \qquad (\delta > 0)$$

라 두고, 위 마지막 식의 절대값을 풀면 $f(c) + \epsilon_0 \le f(x_\delta)$ 또는 $f(x_\delta) \le f(c) - \epsilon_0$ 이다. 그러므로 $\sup f(J_\delta) \ge f(c) + \epsilon_0$, $\inf f(J_\delta) \le f(c) - \epsilon_0$이고, 곧바로

$$\omega(f, J_\delta) = \sup f(J_\delta) - \inf f(J_\delta) \ge f(c) + \epsilon_0 - [\, f(c) - \epsilon_0 \,] = 2\epsilon_0$$

을 얻는다. 이것으로부터

$$\omega(f, c) = \inf_{\delta > 0} \omega(f, J_\delta) \ge 2\epsilon_0 > 0$$

을 얻고 대우증명이 모두 끝난다.

(c) $D'_r \subset D_r$임을 보이자. $c \in D'_r$라면 $c \in D_r$임을 보이면 된다. 사실,

$$c \in D_r \Leftrightarrow \omega(f, c) \ge 1/r$$

이므로 c를 포함하는 임의의 개구간 $J \subset \mathbb{R}$에 대하여 $\omega(f, J) \ge \frac{1}{r}$임을 보이면 충분하다. $c \in D'_r$이므로 4.1절에 소개된 유도집합의 정의에 의하여, $J \cap D_r \setminus \{c\} \ne \emptyset$이다. $y \in J \cap D_r \setminus \{c\}$를 택하면

$$\omega(f, J) \ge \omega(f, y) \ge \frac{1}{r}$$

을 얻고, 증명이 끝난다.

(d) 각 $x \in J = [a, b]$에 대하여 $\omega(f, \bar{I}_x) < r$, $x \in I_x$를 만족하는 열린 부분구간 I_x가 존재한다(여기서 $\bar{I}$는 I의 닫힘(*closure*)이다). Heine-Borel 정리 3.6.1에 의하여 J는 컴팩트이고, $J \subset \cup_{x \in J} I_x$이므로

$$J \subset I_{x_1} \cup I_{x_2} \cup \cdots \cup I_{x_m}$$

를 만족하는 유한개의 I_{x_k} $(k = 1, \ldots, m)$가 존재한다. 이제 J의 분할

$$P = \{a = z_0, z_1, \ldots, x_n = b\} \in \triangle(J)$$

를 I_{x_k} $(k = 1, \ldots, m)$의 양끝점들로 선택(J의 양 끝점 a, b을 포함하는 구간은 한쪽만 선택)하고 $I_k = [x_{k-1}, I_k]$라 두면 연습문제 6.2.2 (a)에 의하여

$$\omega(f, I_k) < r \qquad (k = 1, \ldots, n)$$

이고,

$$U(f,P) - L(f,P) = \sum_{k=1}^{n} \omega(f, I_k)|I_k| < r \sum_{k=1}^{n} |I_k| = r|J|$$

을 얻는다.

3. Richard R. Goldberg([7])의 pp.186–187에 있는 증명을 소개한다. (또는 Sterling K. Berberian([3])의 11장을 참고하여라.)

($\Rightarrow$) $f \in \mathcal{R}[a, b]$라 하고

$$E = \{x \in [a, b] : f\text{는 } x\text{에서 불연속이다}\}$$

라 할 때, $|E| = 0$임을 보이자. 분명히, 연습문제 6.2.2 (b)에 의하여

$$x \in E \quad \Leftrightarrow \quad \omega(f, x) > 0$$

이다. 이제

$$E_m = \{x \in [a, b] : \omega(f, x) \geq \frac{1}{m}\} \qquad (m \in \mathbb{N})$$

라 두면 $E = \cup_{m=1}^{\infty} E_m$이므로 연습문제 6.2.1 (b)에 의하여 $|E_m| = 0$ $(m \in \mathbb{N})$임을 보이면 충분하다. $m \in \mathbb{N}$을 고정하자. 가정에서 $f \in \mathcal{R}[a, b]$이므로 Riemann 적분판정기준 6.1.1 (a)를 적용하면 임의의 $\epsilon > 0$에 대하여

$$U(f, P_\epsilon) - L(f, P_\epsilon) < \frac{\epsilon}{2m}$$

을 만족하는 $P_\epsilon = \{x_0, x_1, \ldots, x_n\} \in \triangle[a, b]$가 존재한다. 모든 $k = 1, 2, \ldots, n$에 대하여 $I_k = [x_{k-1}, x_k]$라 두고,

$$E_m = E_m^1 \cup E_m^2, \quad E_m^1 = E_m \cap P_\epsilon, \quad E_m^2 = E_m \setminus E_m^1$$

라 하자. 그러면 E_m^1은 유한집합이므로

$$E_m^1 \subset J_1 \cup J_2 \cup \cdots \cup J_p, \qquad |J_1| + |J_2| + \cdots + |J_p| < \frac{\epsilon}{2}$$

를 만족하도록 유한개의 열린 부분구간 J_k $(k = 1, 2, \ldots, p)$을 선택할 수 있다. 한편, $x \in E_m^2$이면 x는 어떤 I_k의 내점이다. 따라서,

$$\omega(f, I_k) \geq \omega(f, x) \geq \frac{1}{m}$$

이다. E_m^2의 점을 내포하고 있는 P_ϵ의 부분구간을 $I_{k_1}, \ldots, I_{k_r}$라 하면

$$E_m^2 \subset I_{k_1}^\circ \cup I_{k_2}^\circ \cup \cdots \cup I_{k_r}^\circ$$

이고

$$\begin{aligned} & \frac{1}{m}\left(|I_{k_1}| + |I_{k_2}| + \cdots + |I_{k_r}|\right) \\ \leq\ & \omega(f, I_{k_1})|I_{k_1}| + \omega(f, I_{k_2})|I_{k_2}| \cdots + \omega(f, I_{k_r})|I_{k_r}| \\ \leq\ & \sum_{k=1}^{n} \omega(f, I_k)|I_k| = \sum_{k=1}^{n} [\sup f(I_k) - \inf f(I_k)](x_k - x_{k-1}) \\ =\ & U(f, P_\epsilon) - L(f, P_\epsilon) < \frac{\epsilon}{2m}, \end{aligned}$$

즉 $|I_{k_1}| + |I_{k_2}| + \cdots + |I_{k_r}| < \epsilon/2$이다. 그러므로

$$E_m = E_m^1 \cup E_m^2 \subset (J_1 \cup \cdots \cup J_p) \cup (I_{k_1}^\circ \cup \cdots \cup I_{k_r}^\circ),$$

$$|J_1| + \cdots + |J_p| + |I_{k_1}| + \cdots + |I_{k_r}| < \frac{\epsilon}{2} + \frac{\epsilon}{2} = \epsilon$$

이고, 연습문제 6.2.1의 정의로부터 $|E_m| = 0$이다.

$(\Leftarrow)$ $f \in \mathcal{C}[a, b]$ a.e. $[a, b]$라 가정하고 $\epsilon > 0$라 하자. Archimedian 성질 2.3.4에 의하여 $\frac{b-a}{m} < \frac{\epsilon}{2}$를 만족하는 $m \in \mathbb{N}$을 선택하고

$$E_m = \{x \in [a, b] : \omega(f, x) \geq \frac{1}{m}\}$$

라 두면 가정에 의하여 $|E_m| = 0$이므로

$$E_m \subset I_1 \cup I_2 \cup \cdots, \qquad \sum_{k=1}^{n} |I_k| < \frac{\epsilon}{2\omega(f, [a, b])}$$

를 만족하는 열린 부분구간 I_k $(k = 1, 2, \ldots)$을 선택할 수 있다(일반적으로 우리는 $\omega(f, [a, b]) > 0$라고 가정할 수 있다. 왜?). 연습문제 6.2.2 (c)에 의하여 E_m은 $[a, b]$의 닫힌집합이다. 그러므로 E_m은 컴팩트집합이다. 즉

$$E_m \subset I_{n_1} \cup I_{n_2} \cup \cdots \cup I_{n_k}$$

를 만족하는 유한개의 부분덮개 $\{I_{n_i} : i = 1, 2, \ldots, k\}$가 존재한다. 분명히

$$[a, b] \setminus (I_{n_1} \cup I_{n_2} \cup \cdots \cup I_{n_k})$$

은 닫힌구간 $J_1, \cdots, J_p$의 합집합으로 주어진다. 즉

$$[a, b] = I_{n_1} \cup I_{n_2} \cup \cdots \cup I_{n_k} \cup J_1 \cup \cdots \cup J_p$$

이다. $i = 1, 2, \ldots, p$에 대하여 J_i는 E_m의 점을 포함하고 있지 않으므로

$$\omega(f, x) < \frac{1}{m} \qquad (x \in J_i)$$

이고, 연습문제 6.2.2 (d)에 의하여

$$U(f, P_i) - L(f, P_i) < \frac{|J_i|}{m}$$

를 만족하는 $P_i \in \triangle(J_i)$ $(i = 1, 2, \ldots, p)$가 존재한다. $P = P_1 \cup P_2 \cup \cdots \cup P_p \in \triangle[a, b]$라 두면 분할 P의 부분구간들은 P_i $(i = 1, 2, \ldots, p)$의 부분구간과

$$\bar{I}_{n_j} \quad (j = 1, 2, \ldots, k)$$

로 구성되어 있으므로

$$\begin{aligned}
& U(f, P) - L(f, P) \\
= & \sum_{i=1}^{p} [U(f, P_i) - L(f, P_i)] + \sum_{j=1}^{k} [\sup f(\bar{I}_{n_j}) - \inf f(\bar{I}_{n_j})] \, |I_{n_j}| \\
< & \frac{1}{m} \sum_{i=1}^{p} |J_i| + \sum_{j=1}^{k} \omega(f, \bar{I}_{n_j}) |I_{n_j}| \\
\leq & \frac{b-a}{m} + \omega(f, [a, b]) \sum_{j=1}^{k} |I_{n_j}| \\
< & \frac{\epsilon}{2} + \omega(f, [a, b]) \cdot \frac{\epsilon}{2\omega(f, [a, b])} = \epsilon
\end{aligned}$$

이다. Riemann 적분판정기준 6.1.1에 의하여 $f \in \mathcal{R}[a, b]$이고 증명이 모두 끝난다.

4. (a)의 χ_A와 (b)의 f는 $[0, 1]$ 내에서 측도가 0인 어떤 집합을 제외한 모든 점에서 연속이다 (왜?). 그러므로 χ_S, $f \in \mathcal{C}[0, 1]$ a.e. $[0, 1]$이고, 연습문제 6.2.3 (Lebesgue정리)에 의하여 χ_S, $f \in \mathcal{R}[0, 1]$이다.

(c) 예제 4.3.6 (Dirichlet의 불연속함수)의 증명과 유사하게 χ_E는 $[0, 1]$의 모든 점에서 불연속임을 증명할 수 있다. 그러므로 $\chi_E \notin \mathcal{C}[0, 1]$ a.e. $[0, 1]$이고, 연습문제 6.2.3 (Lebesgue정리)에 의하여 $\chi_E \notin \mathcal{R}[0, 1]$이다.

(d) $x \in A := \left\{\frac{1}{n\pi} : n \in \mathbb{N}\right\}$이면 $\sin\frac{1}{x} = 0$임을 주목하여라. 주어진 함수 f는 A상에서만 연속이다. $|A| = 0$이기 때문에 $f \notin \mathcal{C}[0,1]$ a.e. $[0,1]$이고, 연습문제 6.2.3 (Lebesgue정리)에 의하여 $f \notin \mathcal{R}[0,1]$이다.

5. 모든 $x \in [0,1]$에 대하여 다음 사실을 주목하여라.

(a) $\omega(\chi_A, x) = \chi_A(x)$. 왜냐하면, $x \in A$이면 x를 포함하는 모든 유계인 열린구간 J에 대하여 $\omega(\chi_A, J) = 1$이므로 $\omega(\chi_A, x) = 1$이다. 반면에 $x \notin A$이면 x를 포함하는 어떤 유계인 열린구간 J에 대하여 $\omega(\chi_A, J) = 0$이므로 $\omega(\chi_A, x) = 0$임을 주목하여라.

(b) $\omega(f,x) = 8\chi_{\{0\}}(x)$. 왜냐하면, $x \neq 0$이면 연습문제 6.2.2 (b)에 의하여 $\omega(f,x) = 0$이다. 분명히 $x \to 0$일 때 $f(x) = \sin\frac{1}{x}$는 -1과 1 사이를 빠르게 진동하므로 0를 포함하는 모든 유계인 열린구간 J에 대하여 $\omega(f,J) = \sup f(J) - \inf f(J) = 7 - (-1) = 8$이다. 그러므로 $\omega(f,0) = 8$이다.

(c) $\omega(\chi_E, x) = 1$. 왜냐하면, $x \in E$이면 x를 포함하는 임의의 유계인 열린구간 J에 대하여 E가 $[0,1]$에서 조밀하기 때문에 $J \cap [0,1] \setminus E \neq \emptyset$이다. 그러므로 $\omega(\chi_E, J) = 1$이므로 $\omega(\chi_E, x) = 1$이다. 유사하게 $x \in [0,1] \setminus E$인 경우에도 $\omega(\chi_E, x) = 1$임을 주목하여라.

(d)

$$\omega(f,x) = \begin{cases} 2, & x = 0\text{일 때}, \\ \left|\sin\frac{1}{x}\right|, & x \notin \{0\} \cup \left\{\frac{1}{n\pi} : n \in \mathbb{N}\right\}\text{일 때}, \\ 0, & x = \frac{1}{n\pi}\ (n \in \mathbb{N})\text{일 때} \end{cases}$$

왜냐하면, $\omega(f,0) = 2$는 분명하다. 임의의 $\epsilon > 0$에 대하여 x를 포함하는 유계인 열린구간 $J_\epsilon = (x-\epsilon, x+\epsilon)$를 생각하자. 먼저 $x = \frac{1}{n\pi}$ $(n \in \mathbb{N})$이면

$$\begin{aligned} \omega(f, J_\epsilon) &= \sup f(J_\epsilon) - \inf f(J_\epsilon) \\ &= \sin\left(\frac{1}{\frac{1}{n\pi} + \epsilon}\right) - \sin\left(\frac{1}{\frac{1}{n\pi} - \epsilon}\right) \to 0 \qquad (\epsilon \to 0) \end{aligned}$$

이므로 $\omega(f,x) = 0$ $(x = \frac{1}{n\pi};\, n \in \mathbb{N})$이다. 마지막으로 $x \notin \{0\} \cup \left\{\frac{1}{n\pi} : n \in \mathbb{N}\right\}$인 경우를 살펴보자. (i) $\sin\frac{1}{y} > 0$ $(y \in J_\epsilon)$인 경우에는

$$\begin{aligned} \omega(f, J_\epsilon) &= \sup f(J_\epsilon) - \inf f(J_\epsilon) = \sup f(J_\epsilon) - 0 \\ &= \sin\left(\frac{1}{x+\epsilon}\right) \vee \sin\left(\frac{1}{x-\epsilon}\right) \downarrow \sin\frac{1}{x} \qquad (\epsilon \to 0) \end{aligned}$$

이고 (ii) $\sin\frac{1}{y} < 0$ $(y \in J_\epsilon)$인 경우에는 유사하게 $\omega(f, J_\epsilon) \downarrow -\sin\frac{1}{x}$ $(\epsilon \to 0)$임을 보일 수 있다. 그러므로 어느 경우에도 $\omega(f,x) = \left|\sin\frac{1}{x}\right|$이다.

6. (a) (거짓) $f \equiv 0 \in \mathcal{C}[0,1] \subset \mathcal{R}[0,1]$, $g = \chi_{\mathbb{Q}\cap[0,1]} \notin \mathcal{R}[0,1]$을 생각하여라. (또는 f는 구간 $[0,1]$ 상에서 정의된 Thomae 함수, g는 Dirichlet함수를 생각하여라.)

   (b) (참) $f \in \mathcal{R}[a,b]$이므로 연습문제 6.2.3에 의하여 $f \in \mathcal{C}[a,b]$ a.e. $[a,b]$이다. 유한개의 점 $x \in [a,b]$를 제외하고 $f(x) = g(x)$이므로 $g \in \mathcal{C}[a,b]$ a.e. $[a,b]$이고, 연습문제 6.2.3을 다시 적용하면 $g \in \mathcal{R}[a,b]$이다. (이것은 연습문제 6.1.11의 다른 증명임을 주목하여라.)

7. f가 상수함수이면 자명하므로 f가 상수함수가 아니라고 가정하자. 그러면 최대·최소정리 4.4.4에 의하여 $a, b \in [0,1]$가 존재하여

$$f(a) = \sup f([0,1]), \qquad f(b) = \inf f([0,1])$$

를 만족한다. 일반성을 잃지 않고 $a < b$라고 가정하자.

$$g(x) = \int_0^1 [f(t) - f(x)]^3\, dt \qquad (x \in [a,b])$$

라 정의하면 적분의 선형성 6.2.1에 의하여 분명히 $g \in \mathcal{C}[a,b]$이고 $g(a) < 0 < g(b)$이다(왜?). 이제 증명을 끝내기 위해서는 중간값정리 4.4.7을 적용하여라.

8. $a = b$인 경우는 주어진 적분값은 0이다. $a < b$라 가정하고 주어진 적분의 극한이 $\max|f| = \max\limits_{a \le x \le b} |f(x)|$가 됨을 보이자. $f \equiv 0$이면 자명하므로 $f \not\equiv 0$라 하고 최대·최소정리 4.4.4에 의하여 먼저 $\max|f| = 1$라 가정하자.

$$A = \{x \in [a,b] : |f(x)| = 1\} \neq \emptyset$$

이다(왜?). 만약 $c \in A$이고 $|f|$가 c에서 연속이므로 임의의 $\epsilon > 0$에 대하여

$$|x - c| < \delta \;\Rightarrow\; \big|\,|f(x)| - 1\,\big| < \epsilon/2$$

를 만족하는 $\delta > 0$가 존재한다. 그러므로

$$1 - \epsilon/2 < |f(x)| (\le 1) \ (x \in [c - \delta/2, c + \delta/2])$$

이다. 따름정리 6.2.3에 의하여

$$\int_{c-\delta/2}^{c+\delta/2} (1 - \epsilon/2)^n\, dx \le \int_a^b |f(x)|^n\, dx \le \int_a^b dx$$

이다. 즉, $\delta(1-\epsilon/2)^n \le \int_a^b |f|^n \le b - a$이고, $x^{1/n}$ 함수는 증가하므로 (정리 4.4.20을 뒤따르는 그림 4.4.2를 참고하여라.)

$$\delta^{1/n}(1 - \epsilon/2) \le \left(\int_a^b |f|^n\right)^{1/n} \le (b-a)^{1/n} \qquad (\clubsuit)$$

를 얻는다. 한편, 연습문제 3.1.4 (d)에 의하여 $n \to \infty$ 일 때 $\delta^{1/n} \to 1$이고 $(b-a)^{1/n} \to 1$이므로

$$|\delta^{1/n} - 1| < \epsilon/2, \ \ |(b-a)^{1/n} - 1| < \epsilon \qquad (n \geq K)$$

를 만족하는 $K \in \mathbb{N}$가 존재한다. 이것으로부터 $n \geq K$이면 $1 - \epsilon/2 < \delta^{1/n}$이고 $(b-a)^{1/n} < 1 + \epsilon$이다. 이것을 (♣)에 대입하여 간단히 계산하면

$$1 - \epsilon < (1 - \epsilon/2)^2 < \left(\int_a^b |f|^n\right)^{1/n} < 1 + \epsilon \qquad (n \geq K)$$

$$\Leftrightarrow \quad \left|\left(\int_a^b |f|^n\right)^{1/n} - 1\right| < \epsilon \qquad (n \geq K)$$

를 얻는다. 즉 $\lim \left(\int_a^b |f|^n\right)^{1/n} = 1$이다.

이제 $\max|f| = k$라 하자. 그러면 앞의 증명에서 f 대신에 f/k로 취하면 똑같은 논거로 $\lim \left(\int_a^b |f/k|^n\right)^{1/n} = 1$을 얻는다. 따라서

$$\lim_{n\to\infty} \left(\int_a^b |f|^n\right)^{1/n} = k = \max|f|$$

이고 증명이 모두 끝난다.

9. $P_1 \in \triangle[a,c]$, $P_2 \in \triangle[c,b]$를 임의로 선택하자. 그러면 $P = P_1 \cup P_2 \in \triangle[a,b]$이고 $U(f,P) = U(f,P_1) + U(f,P_2)$가 성립한다. $U(f) \leq U(f,P) = U(f,P_1) + U(f,P_2)$이다. 즉

$$\overline{\int_a^b} f - U(f,P_1) \leq U(f,P_2)$$

이다. 임의로 $P_2 \in \triangle[c,b]$를 선택했으므로

$$\int_a^b f - U(f,P_1) \leq \overline{\int_c^b} f$$

이고 다시 이것은

$$\overline{\int_a^b} f - \overline{\int_c^b} f \leq U(f,P_1)$$

이고 모든 $P_1 \in \triangle[a,c]$에 대하여 이것이 성립하므로

$$\overline{\int_a^b} f - \overline{\int_c^b} f \leq \overline{\int_a^c} f$$

를 얻는다. 즉

$$\overline{\int_a^b} f \leq \overline{\int_a^c} f + \overline{\int_c^b} f \qquad (\heartsuit_1)$$

이다. $\geq$를 보이기 위하여 $P \in \triangle[a,b]$를 임의로 선택하자. c를 포함하고 있는 P의 세분할 Q를 생각하자. $Q = Q_1 \cup Q_2$를 만족하는 $Q_1 \in \triangle[a,c]$ $Q_2 \in \triangle[c,b]$를 생각하자. 그러면

$$U(f,P) \geq U(f,Q) = U(f,Q_1) + U(f,Q_2) \geq \overline{\int_a^c} f + \overline{\int_c^b} f$$

가 성립한다. $P \in \triangle[a,b]$를 임의로 선택했으므로

$$\overline{\int_a^b} f \geq \overline{\int_a^c} f + \overline{\int_c^b} f \qquad (\heartsuit_2)$$

이다. ($\heartsuit_1$), ($\heartsuit_2$)에 의하여 첫 등식이 성립한다. 첫 등식과 연습문제 6.1.12를 이용하여 쉽게 두번째 등식을 보일 수 있다.

10. (a) 먼저 $a < c < b$라 하자. 보조정리 4.4.5 (a)(부호보존성질)의 증명을 살펴보면 c에서 f가 연속이므로

$$f(x) > \frac{1}{2}f(c) \qquad (c-\delta < x < c+\delta)$$

를 만족하는 $0 < \delta < (c-a) \wedge (b-c)$가 존재한다. 이제

$$m = \inf\{f(x) : x \in [c-\delta/2, c+\delta/2]\}$$

라 두면 $m \geq \frac{f(c)}{2} > 0$이다. $f \geq 0$이므로 연습문제 6.2.9와 보조정리 6.1.2를 적용하면 다음이 곧바로 얻어진다.

$$\underline{\int_a^b} f(x)\,dx \geq \underline{\int_{c-\frac{\delta}{2}}^{c+\frac{\delta}{2}}} f(x)\,dx \geq m\delta > 0$$

이제 $c = a$ 또는 b일 경우에는 부호보존성질인 보조정리 4.4.5 (b) 또는 (c)에 의하여

$$a \leq x < a+\delta \leq b \text{ (또는 } a \leq b-\delta < x \leq b) \;\Rightarrow\; f(x) > \frac{1}{2}f(c)$$

을 만족하는 $\delta > 0$가 존재하므로, 같은 방법으로 유사하게 증명할 수 있다.

(b) ($\Rightarrow$) $\int_a^b f(x)\,dx = 0$라 하고 $f \equiv 0$임을 보이자. 만약 $f \not\equiv 0$, 즉 적당한 $c \in [a,b]$가 존재하여 $f(c) > 0$라 가정하면 (a)에 의하여

$$0 = \int_a^b f(x)\,dx = \underline{\int_a^b} f(x)\,dx > 0,$$

라는 모순을 낳는다. ($\Leftarrow$)은 자명하다.

(c) 구간 $[-a,a]$ 상에 정의된 연속인 기함수를 생각하여라.

11. 연습문제 6.2.10 (b)를 이용하여라.

12. 모든 $x \in [-1, 1]$에 대하여 $f(0) = f\left(\frac{1}{2}x + \frac{1}{2}(-x)\right) \le \frac{1}{2}f(x) + \frac{1}{2}f(-x)$이므로 따름정리 6.2.3에 의하여

$$2f(0) = \int_{-1}^{1} f(0)\,dx \le \frac{1}{2}\left(\int_{-1}^{1} f(x)\,dx + \int_{-1}^{1} f(-x)\,dx\right)$$

을 얻는다. 우변의 두 적분은 동일하므로 주어진 부등식이 얻어진다.

13. (a) 먼저 모든 구간 $J\,(\subset [a, b])$에 대하여 $\chi_J \in \mathcal{R}[a, b]$이고 $\int_a^b \chi_J = |J|$임을 주목하여라. 이제 임의 분할 $P \in \triangle[a, b]$가 J_k $(k = 1, 2, \ldots, n)$의 모든 양끝점을 포함하고 있으면 $U(\chi, P) = L(\chi, P)$이다. 그러므로 Riemann 적분판정기준 6.1.10 (a)에 의하여 $\chi \in \mathcal{R}[a, b]$임을 쉽게 알 수 있다.

(b) $x \in J_1 \cup J_2 \cup \cdots \cup J_n$이면 x는 어떤 J_k에 속한다. 그러면

$$\chi(x) = 1 = \chi_{J_k}(x) \le \chi_{J_1}(x) + \chi_{J_2}(x) + \cdots + \chi_{J_n}(x)$$

이다. $x \notin J_1 \cup J_2 \cup \cdots \cup J_n$이면 x는 모든 J_k $(k = 1, 2, \ldots, n)$에 속하지 않고

$$\chi(x) = 0 = \chi_{J_1}(x) + \chi_{J_2}(x) + \cdots + \chi_{J_n}(x)$$

이다. 그러므로 $\chi \le \sum_{k=1}^{n} \chi_{J_k}$이다.

(c) (b)에서 $\chi \le \sum_{k=1}^{n} \chi_{J_k}$이므로 따름정리 6.2.3을 적용한후 적분의 선형성 6.2.1 및 $\int_a^b \chi_{J_k} = |J_k|$를 적용하면 다음이 얻어진다.

$$\int_a^b \chi < \int_a^b \sum_{k=1}^{n} \chi_{J_k} = \sum_{k=1}^{n} \int_a^b \chi_{J_k} = \sum_{k=1}^{n} |J_k|.$$

6.3 적분의 기본정리

정리 6.3.1 (⋆미적분의 기본정리 I⋆)

$f \in \mathcal{R}[a, b]$이고 $F : [a, b] \to \mathbb{R}$가 다음 두 조건을 만족한다고 하자.

(a) $F \in \mathcal{C}[a, b]$이다.

(b) F'가 존재하고 $F'(x) = f(x)\ [\,x \in (a, b)\,]$이다.

그러면 $\int_a^b f = F(b) - F(a)$이다.

따름정리 6.3.2 (도함수의 적분)

$F \in \mathcal{D}[a, b]$이고 $F' \in \mathcal{R}[a, b]$이면 $\int_a^b F' = F(b) - F(a)\,(= F(x)|_a^b)$이다.

정리 6.3.3 (미적분의 기본정리 II) $f \in \mathcal{R}[a,b]$이고

$$F(x) = \int_a^x f \quad (x \in [a,b])$$

라면 $F \in \mathcal{C}[a,b]$이다. 더욱 f가 $c \in [a,b]$에서 연속이면 F는 c에서 미분가능하고 $F'(c) = f(c)$이다.

[주의] (a) 위의 정리 6.3.3에서, 임의의 상수 $c \in \mathbb{R}$에 대하여 $F(x) = \int_a^x f + c \quad (x \in [a,b])$로 정의하더라도 (증명을 전혀 수정하지 않고) 동일한 결론이 얻어짐을 주목하여라.

(b) 미적분의 기본정리 6.3.3에서 f가 연속이 아니면 일반적으로 도함수가 존재하지 않는다. 예를 들면,

$$f(x) = \begin{cases} 1, & 0 \le x < 1\text{일 때} \\ -1, & -1 \le x < 0\text{일 때} \end{cases}$$

라 하면 연습문제 6.1.11에 의하여 분명히 $f \in \mathcal{R}[-1,1]$이다.

$$F(x) = \int_{-1}^x f(t)\,dt = |x| - 1$$

라 하자. 그러면 f는 0에서 불연속이며 F는 0에서 미분불가능함을 알 수 있다.

따름정리 6.3.4 (적분의 미분) $f \in \mathcal{C}[a,b]$이고

$$F(x) = \int_a^x f \qquad (x \in [a,b])$$

라면 F는 $[a,b]$ 상에서 미분가능이고 $F'(x) = f(x)$ $(x \in [a,b])$이다.

정리 6.3.5 $f \in \mathcal{C}[a,b]$이고 $F(a) = 0$이면 다음 두 성질은 서로 동치이다.

(a) $F'(x) = f(x) \quad (x \in [a,b])$.

(b) $F(x) = \int_a^x f \quad (x \in [a,b])$.

[주의] (a) 정리 6.3.3은 연속함수에 대한 미분(d/dx)과 적분($\int$)은 서로 역함수(*inverse*)관계에 있음을 보여준다.

$$\frac{d}{dx}\left(\int_a^x f\right) = f, \qquad \int_a^x \frac{d}{dx}F = F.$$

(b) 정리 6.3.3(미적분의 기본정리 II)를 뒤따르는 주의 (a)와 따름정리 6.3.2(도함수의 적분)을 결합하면 정리 6.3.5는 다음처럼 수정된다. $f \in \mathcal{C}[a,b]$이면 모든 $x \in [a,b]$에 대하여

$$F'(x) = f(x) \quad \Leftrightarrow \quad F(x) - F(a) = \int_a^x f$$

가 성립한다.

정의 6.3.6 $f:[a,b]\to\mathbb{R}$라 하자. $F'(x)=f(x)$ $(x\in[a,b])$되는 $F:[a,b]\to\mathbb{R}$를 f의 **원시함수**(*antiderivative*)라 한다. 만약 $f\in\mathcal{R}[a,b]$이면

$$F(x)=\int_a^x f \qquad (x\in[a,b])$$

로 정의된 함수 $F:[a,b]\to\mathbb{R}$를 구간 $[a,b]$ 상에서 f의 **부정적분**(*indefinite integral*)이라 한다.

정리 6.3.7 (부분적분법) $f,g\in\mathcal{R}[a,b]$가 $[a,b]$ 상에서 원시함수 F, G를 갖는다면 다음이 성립한다.

$$\int_a^b Fg=[F(b)G(b)-F(a)G(a)]-\int_a^b fG.$$

정리 6.3.8 (치환정리 I) $\varphi:[\alpha,\beta]\to\mathbb{R}$가 연속인 도함수를 가지고 $f\in\mathcal{C}(I)$ $(I\supset\varphi([\alpha,\beta]))$이면 다음이 성립한다.

$$\int_\alpha^\beta f(\varphi(t))\,\varphi'(t)\,dt=\int_{\varphi(\alpha)}^{\varphi(\beta)} f(x)\,dx.$$

예제 6.3.9 $\int_1^5 \frac{t}{1+t^2}\,dt=\frac{1}{2}\int_1^{25}\frac{1}{1+x}\,dx=\frac{1}{2}\ln(1+x)\Big|_1^{25}=\frac{1}{2}\ln 13.$

따름정리 6.3.10 $f'\in\mathcal{C}[a,b]$이고 f가 구간 $[a,b]$ 상에서 증가(↑)한다면

$$\int_a^b f(x)\,dx=[yf^{-1}(y)]_s^t-\int_s^t f^{-1}(y)\,dy$$

이다. 여기서 $s=f(a)$, $t=f(b)$이다.

정리 6.3.11 (치환정리 II) $\varphi:[\alpha,\beta]\to\mathbb{R}$가 연속인 도함수를 가지고 $\varphi'(t)\neq 0$ $(t\in[\alpha,\beta])$이라 하자. I는 $\varphi([\alpha,\beta])$를 포함하는 구간이고 $\psi:I\to\mathbb{R}$를 φ의 역함수라 하자. 만약 $f\in\mathcal{C}(I)$이면 다음이 성립한다.

$$\int_\alpha^\beta f[\varphi(t)]\,dt=\int_{\varphi(\alpha)}^{\varphi(\beta)} f(x)\psi'(x)\,dx.$$

예제 6.3.12 $\int_1^4 \frac{1}{1+\sqrt{t}}\,dt=\int_1^2\frac{1}{1+x}\cdot 2x\,dx=2\int_1^2\left[1-\frac{1}{x+1}\right]dx=2\left(1-\ln\frac{3}{2}\right).$

정리 6.3.13 (적분에 대한 평균값정리) $f\in\mathcal{C}[a,b]$, $p\in\mathcal{R}[a,b]$이고 $p(x)\geq 0$ $(x\in[a,b])$라 하자. 그 때 $c\in[a,b]$가 존재하여 다음식을 만족한다.

$$\int_a^b f(x)p(x)\,dx=f(c)\int_a^b p(x)\,dx.$$

따름정리 6.3.14 $f \in \mathcal{C}[a,b]$이면

$$\int_a^b f(x)\,dx = f(c)(b-a)$$

를 만족한는 $c \in [a,b]$가 존재한다.

정리 6.3.15 **(나머지가 적분형식인 Taylor 정리)** $n \in \mathbb{N}$, $f : I = [a,b] \to \mathbb{R}$, $x_0 \in I$라 하자. 만약 $f, f', f'', \ldots, f^{(n+1)}$가 I 상에서 연속이고 (a,b) 위에서 $f^{(n+1)}$가 존재하면 각 $x \in I$에 대하여

$$\begin{aligned} f(x) &= f(x_0) + \frac{f'(x_0)}{1!}(x-x_0) + \frac{f''(x_0)}{2!}(x-x_0)^2 \\ &\quad + \cdots + \frac{f^{(n)}(x_0)}{n!}(x-x_0)^n + R_{n+1}(x), \end{aligned} \tag{6.1}$$

여기서 $R_{n+1}(x) = \frac{1}{n!}\int_{x_0}^x (x-t)^n f^{(n+1)}(t)\,dt$이다.

연 습 문 제 6.3

1. 연습문제 4.1.4에 있는 부호함수 $\mathrm{sgn} \in \mathcal{R}[-1,1]$이지만 sgn는 $[-1,1]$ 상에서 원시함수를 갖지 않음을 보여라. 그러나, $F(x) = |x|$라 하면 $F'(x) = \mathrm{sgn}(x)$ $(x \neq 0)$이고 다음이 성립함을 주목하여라.

$$\int_{-1}^1 \mathrm{sgn}(x)\,dx = F(1) - F(-1).$$

2. $F(x) = x^2 \sin(\pi/x^2)$ $(0 < x \leq 1])$이고 $F(0) = 0$라 하자. 그러면 모든 $x \in [0,1]$에 대하여 $f(x) = F'(x)$가 존재하지만 $f \notin \mathcal{R}[0,1]$임을 보여라. (즉 f는 $[0,1]$ 상에서 원시함수 F를 갖지만 적분가능하지 않음을 보여준다.) 그러나, $\lim_{a\to 0+}\int_a^1 f(x)\,dx$가 존재함을 보여라.

3. $f \in \mathcal{B}[a,b]$라 하자. 정리 6.2.4를 뒤 따르는 주의 (b)로부터 $x < y$이면

$$\overline{\int_a^y} f = \overline{\int_a^x} f + \overline{\int_x^y} f, \qquad \underline{\int_a^y} f = \underline{\int_a^x} f + \underline{\int_x^y} f$$

가 성립한다. 정의 6.3.6과 유사하게 f의 **부정상적분**(*indefinite upper integral*) G와 **부정하적분**(*indefinite lower integral*) H를 다음과 같이 정의하자.

$$G(x) = \overline{\int_a^x} f, \qquad H(x) = \underline{\int_a^x} f \qquad (x \in [a,b])$$

로 정의하면 $G,\ H:[a,b]\to\mathbb{R}$이고

$$\overline{\int_x^y} f = G(y) - G(x), \qquad \underline{\int_x^y} f = H(y) - H(x)$$

를 얻는다. 따름정리 6.3.4에 의하여 f가 점 $c\in[a,b]$에서 연속이면 그 부정적분 F은 미분가능이고 $F'(c)=f(c)$이다. 더 일반적으로 다음이 성립함을 보여라.

(a) G와 H는 K-Lipschitz 함수이다. 여기서 $K=|m|\vee|M|$, $m=\inf f([a,b])$, $M = \sup f([a,b])$이다.

(b) 점 $c\in[a,b)$ $(c\in(a,b])$에서 우(좌)연속이면 G와 H는 c에서 우측(좌측)미분가능이고 다음 사실이 성립한다.

$$G'_+(c) = H'_+(c) = f(c), \qquad (G'_-(c) = H'_-(c) = f(c)).$$

4. $f,g\in\mathcal{B}[a,b]$이고 오직 유한개의 점을 제외하고 $f=g$라 하면 다음이 성립함을 보여라.

$$\overline{\int_a^b} f = \overline{\int_a^b} g, \qquad \underline{\int_a^b} f = \underline{\int_a^b} g.$$

5. $f\in\mathcal{B}[a,b]$가 열린구간 (a,b)의 모든 점에서 우(또는 좌)극한을 가지면 $f\in\mathcal{R}[a,b]$임을 보여라.

6. $f\in\mathcal{B}[a,b]$이고 $(c_n)\subset[a,b]$에 대하여 $A=\{c_n : n\in\mathbb{N}\}$라 할 때 다음을 증명하여라.

(a) f가 $(a,b)\setminus A$의 모든 점에서 우(또는 좌)극한을 가지면 $f\in\mathcal{R}[a,b]$이다.

(b) 예제 4.3.7에 소개된 Thomae 함수는 $[0,1]$ 상에서 적분가능하고 그 적분값은 0이다(예제 6.1.12).

7. 임의의 미분가능한 함수 h에 대하여 $\int_0^1 fh' + \int_0^1 h = h(1)$가 성립하는 연속함수 f를 구하여라.

8. $f\in\mathcal{C}[a,b]$이고 모든 $x\in(a,b)$에 대하여

$$\alpha\int_a^x f + \beta\int_x^b f = 0$$

를 만족하는 서로 다른 두 실수 $\alpha,\ \beta$가 존재하면 $f\equiv 0$임을 보여라.

9. $g\in\mathcal{D}[a,b]$이고 $g'\in\mathcal{R}[a,b]$라 가정할 때 다음이 성립함을 증명하여라.

(a) 함수 f는 $[a,b]$ 상에서 연속미분가능(*continuously differentiable*)인 증가함수이고, g는 (a,b) 상에서 양(*positive*)이고 $g(a)=g(b)=0$이라면

$$\int_a^b fg' = 0 \quad \Leftrightarrow \quad f'\equiv 0$$

이다. 여기서 $f' \equiv 0$는 f가 $[a,b]$ 상에서 상수함수라는 의미이다.

(b) "g는 (a,b) 상에서 양" 이라는 가정을 "g는 $[a,b]$ 상에서 음이 아니고 (a,b)의 어떤 부분구간 상에서 양" 이라는 조건으로 바꾸면 (a)는 더 이상 성립하지 않음을 보여라.

10. $f \in \mathcal{C}[a,b]$이고 $u,\ v : [c,d] \to [a,b]$, $u, v \in \mathcal{D}[c,d]$라 할 때, 다음을 밝혀보아라.

(a) 모든 $x \in [c,d]$에 대하여

$$F(x) = \int_a^{v(x)} f \qquad \text{또는} \qquad G(x) = \int_{u(x)}^b f$$

로 정의하면 $F, G \in \mathcal{D}[c,d]$이고, 그 때 $F' = (f \circ v)\, v'$, $G' = -(f \circ u)\, u'$이다.

(b) 모든 $x \in [c,d]$에 대하여 $u(x) \le v(x)$이고,

$$H(x) = \int_{u(x)}^{v(x)} f$$

로 정의하면, 그 때 $H \in \mathcal{D}[c,d]$이고 $H' = (f \circ v)\, v' - (f \circ u)\, u'$이다.

(c) 모든 $x \in [0,1]$에 대하여 $H(x) = \int_{x^2}^{\sqrt{x}} \sqrt{1+t^2}dt$로 정의된 함수 H의 도함수 H'를 구하여라.

11. I는 $\mathbb{R}$의 임의의 구간이고 $f : I \to \mathbb{R}$가 I° 상에서 미분가능일 때 (a)와 (b)가 서로 동치가 됨을 보여라.

(a) f는 I°상에서 볼록 (순볼록)이다.

(b) f'는 I°상에서 증가 (순증가)이다.

더욱, I가 $[a,b]$, $[a,\infty)$, $(-\infty,b]$와 같은 닫힌구간인 경우에는 (b)와 동시에 구간의 끝점에서 $f'_+(a)$, $f'_-(b) \in \mathbb{R}$가 존재한다면 f는 I 상에서 볼록 (순볼록) 함수임을 증명하여라 (연습문제 5.4.5의 주의).

12. 정리 6.3.15의 가정 하에서 적분에 대한 평균값정리 6.3.13을 이용하여 나머지 항 $R_{n+1}(x)$에 대한 Lagrange 형식 (정리 5.4.1)과 Cauchy 형식(연습문제 5.4.11)을 각각 유도하여 보아라.

연습문제풀이 및 힌트 6.3

1. 부호함수 sgn는 0을 제외한 $[-1,1]$ 상의 모든 점에서 연속이므로 연습문제 6.1.11에 의하여 $\text{sgn} \in \mathcal{R}[-1,1]$이다. 예제 5.2.12에 의하여

$$F'(x) = \text{sgn}(x) \qquad (x \in [-1,1])$$

를 만족하는 $F : [-1,1] \to \mathbb{R}$는 존재하지 않는다. 따라서, sgn는 $[-1,1]$ 상에서 원시함수를 갖지 않는다.

2. $f(x) = 2x^2 \sin(\pi/x^2) - \frac{2\pi}{x}\cos(\pi/x^2)$ $(x \in (0,])$ 이고 $f(0) = 0$이다. 특히, 모든 $n \in \mathbb{N}$에 대하여 $x = \frac{1}{\sqrt{n}} \in (0,1]$를 택하면 $f(1/\sqrt{n}) = \pm 2\pi\sqrt{n}$이므로 $f \notin \mathcal{B}[0,1]$이다. 그러므로 $f \notin \mathcal{R}[0,1]$이다.

$$\lim_{a \to 0+} \int_a^1 f(x)\,dx$$

가 존재함을 보이자. $0 < a < 1$라 하면 $f \in \mathcal{C}[a,1]$이므로 연속함수의 적분성(정리 6.1.11)에 의하여 $f \in \mathcal{R}[a,1]$이고 미적분의 기본정리 I (정리 6.3.1)에 의하여

$$\int_a^1 f(x)\,dx = F(1) - F(a) = \sin\pi - a^2 \sin(\pi/a^2)$$

이므로

$$\lim_{a \to 0+} \int_a^1 f(x)\,dx = \lim_{a \to 0+} [-a^2 \sin(\pi/a^2)] = 0$$

이다.

3. (a) $x < y$, $m' = \inf f([x,y])$, $M' = \sup f([x,y])$라 하면 $m \le m' \le M' \le M$이므로

$$m(y-x) \le m'(y-x) \le \overline{\int_x^y} f \le M'(y-x) \le M(y-x)$$

이고

$$m(y-x) \le G(y) - G(x) \le M(y-x)$$

이다. $|m| \le K$이고 $|M| \le K$이므로 $-K \le m$이고 $M \le K$이다. 따라서

$$-K(y-x) \le G(y) - G(x) \le K(y-x),$$

즉

$$|G(x) - G(y)| \le K|x-y| \qquad (x, y \in [a,b])$$

이다. H에 대한 증명은 유사하므로 생략한다(또는 연습문제 6.1.12를 적용하여라).

(b) 먼저 f가 $c \in [a,b)$에서 우연속일 때 $G'_+(c) = f(c) = H'_+(c)$가 동시에 성립함을 주장하자. 임의의 $\epsilon > 0$에 대하여 f가 c에서 우연속이므로 $c + \delta < b$와

$$c \le t < c + \delta \quad \Rightarrow \quad |f(t) - f(c)| \le \epsilon/2$$

를 만족하는 $\delta > 0$가 존재한다. $c < x < c + \delta$라 하자. 분명히 모든 $t \in [c.x]$에 대하여 $|f(t) - f(c)| < \epsilon/2$, 즉

$$f(c) - \epsilon/2 < f(t) < f(c) + \epsilon/2$$

이다. $m_x = \inf f([c,x])$, $M_x = \sup f([c.x])$라 하면

$$f(c) - \epsilon < f(c) - \epsilon/2 \le m_x \le M_x \le f(c) + \epsilon/2 < f(c) + \epsilon$$

가 성립한다. 정리 6.1.7을 적용하면 위 등식으로부터

$$\begin{aligned}[f(c) - \epsilon](x - c) < m_x(x - c) &\le \underline{\int_c^x} f \\ &\le \overline{\int_c^x} f \le M_x(x - c) \le [f(c) + \epsilon](x - c)\end{aligned}$$

를 얻는다.

$$\overline{\int_c^x} f = G(x) - G(c), \qquad \underline{\int_c^x} f = H(x) - H(c)$$

를 대입한 후 간단히 계산하면 모든 $c < x < c + \delta$에 대하여

$$\left| \frac{U(x) - U(c)}{x - c} - f(c) \right| < \epsilon$$

를 얻는다. 여기서 U는 G 또는 H이다. 따라서 $G'_+(c) = f(c) = H'_+(c)$이다.

4. 먼저 상적분에 대하여 증명한다. 연습문제 6.2.9에 의하여 (일반성을 잃지 않고) 모든 $x \in (a,b)$에 대하여 $f(x) = g(x)$라 가정하자. f, g의 부정상적분을 각각 F, G라 하면

$$F(x) = \overline{\int_a^x} f, \qquad G(x) = \overline{\int_a^x} g \qquad (x \in [a,b])$$

이고, $a < c < d < b$이면 연습문제 6.3.3의 사실로부터

$$F(d) = F(c) + \overline{\int_c^d} f, \qquad G(d) = G(c) + \overline{\int_c^d} g$$

이다. $[c,d]$ 상에서는 $f = g$이므로

$$F(d) - F(c) = G(d) - G(c) \qquad (\Diamond)$$

를 얻는다. 이제 F와 G가 연속이므로 쉽게 $F(b) = G(b)$가 만족됨을 보일 수 있다. ($\because$ $a < c_n < d_n < b$이고 $c_n \to a$, $d_n \to b$를 만족하는 두 수열 (c_n), (d_n)을 생각하자. $(\diamondsuit)$에서 c, d 대신에 c_n, d_n을 대입하면

$$F(d_n) - F(c_n) = G(d_n) - G(c_n)$$

이다. 연습문제 6.3.3 (a)로부터 분명히 F와 G는 연속이므로 윗 등식에 극한을 취하면 $F(b) - 0 = G(b) - 0$, 즉 $F(b) = G(b)$이다.)

하적분에 대한 증명은 연습문제 6.1.12로부터 자명하다.

5. G와 H가 연습문제 6.3.3과 같이 정의되었다고 가정하자. $c \in (a, b)$에 대하여 G와 H가 c에서 우측미분가능이고 $G'_+(c) = H'_+(c)$가 됨을 먼저 주장하자. ($\because$ 이것을 증명하기 위하여

$$g(x) = \begin{cases} f(x), & x \in [a, b] \setminus \{c\}\text{일 때} \\ f(c+), & x = c\text{일 때} \end{cases}$$

로 정의하면 g는 분명히 c에서 우연속이다. 연습문제 6.3.4에 의하여 g에 대한 부정상·하적분은 f에 대한 것과 똑같다. 연습문제 6.3.3 (b)에 의하여 G와 H는 우측미분가능이고 $G'_+(c) = g(c) = H'_+(c)$이다.) 한편 연습문제 6.3.3 (a)로부터 $G - H \in \mathcal{C}[a, b]$는 자명하다. 또한 $G - H$는 (a, b) 상에서 우측미분가능이고 $(G - H)'_+(c) = 0$ $(a < c < b)$이다. 연습문제 5.2.17 (c)에 의하여 $G - H$는 상수함수이다. 특히,

$$(G - H)(b) = (G - H)(a) = 0 - 0 = 0,$$

즉 $G(b) = H(b)$이므로 $f \in \mathcal{R}[a, b]$이다.

f가 (a, b)의 모든 점에서 좌극한을 가질 경우에도 그 증명은 아주 유사하므로 생략한다.

6. (a) 연습문제 6.3.5의 증명에서 f가 $(a, b) \setminus A$의 모든 점에서 우(좌)극한을 가지면 분명히 그 부정상·하적분은 G와 H는 $(a, b) \setminus A$의 모든 점 c에서 우측미분가능이고 $G'_+(c) = g(c) = H'_+(c)$이다. 그러므로, $G - H$는 모든 점 $x \in (a, b) \setminus A$에서 우측미분가능이고 $(G - H)'_+(x) = 0$이다. 연습문제 5.2.19에 의하여 $G - H$도 상수함수이다. 특히 $(G - H)(b) = (G - H)(a) = 0 - 0$이고 이것은 $G(b) = H(b)$이므로 $f \in \mathcal{R}[a, b]$이다.

(b) (a)에서 $a = 0$, $b = 1$, $A = \mathbb{Q} \cap [0, 1]$로 취하면 예제 4.3.7에 의하여 Thomae 함수 f는 $[0, 1]$ 내의 모든 무리수점에서 연속이다. 그러므로 (a)의 모든 가정은 자명하게 만

족된다. 따라서, $f \in \mathcal{R}[0,1]$이다. 더욱, f의 하적분

$$\underline{\int_0^1} f = 0$$

는 분명하므로 f의 적분값은 $\int_0^1 f = 0$이다.

7. 정리 6.3.7(부분적분법)에 의하여

$$\int_0^1 xh'(x)\,dx = [1h(1) - 0h(0)] - \int_0^1 h(x)\,dx = h(1) - \int_0^1 h(x)\,dx$$

이다. 주어진 가정으로부터

$$\int_0^1 [f(x) - x]h'(x)\,dx = 0$$

을 얻는다. 구하고자 하는 연속함수 $f(x)$에 대하여 $h(x) = \int_0^x [f(t) - t]\,dt$ $(x \in [0,1])$로 선택하자. 그러면 정리 6.3.3 (미적분의 기본정리 II)에 의하여 $h'(x) = f(x) - x$이다. 그러므로 $\int_0^1 [f(x) - x]^2\,dx = 0$을 얻는다. 증명을 끝내기 위하여 연습문제 6.2.11을 적용하여라.

8. 미적분의 기본정리 II (정리 6.3.3)를 적용하자. 주어진 식의 양변을 미분하면 모든 $x \in (a,b)$에 대하여 $(\alpha - \beta)f(x) = \alpha f(x) - \beta f(x) = 0$임을 주목하여라.

9. (a) $(\Rightarrow)$ $f', g' \in \mathcal{R}[a,b]$이므로 정리 6.3.7(부분적분법)을 적용한 후 $g(a) = g(b) = 0$을 대입하면

$$\int_a^b fg' = [f(b)g(b) - f(a)g(a)] - \int_a^b f'g = -\int_a^b f'g \qquad (\heartsuit)$$

을 얻는다. 가정에 의하여 $(\heartsuit)$의 좌변 적분값이 0이므로 $\int_a^b f'g = 0$을 얻는다. f가 증가함수이므로 정리 5.2.6 (a)에 의하여 $f' \geq 0$이고 가정에 의하여 $g \geq 0$이므로 $f'g \geq 0$이다. 그리고 $f'g \in \mathcal{C}[a,b]$은 분명하므로 이제 연습문제 6.2.10 (b)를 적용하면 $f'g = 0$을 얻는다. 구간 (a,b) 상에서 $g > 0$이므로 $f' = 0$이어야 한다. 더욱, f'는 $[a,b]$ 상에서 연속이므로

$$f'(a) = \lim_{x \to a} f'(x) = 0, \qquad f'(b) = \lim_{x \to b} f'(x) = 0$$

가 됨을 주목하여라. 그러므로 $f' \equiv 0$이다.

$(\Leftarrow)$ $f' \equiv 0$ 이면 $(\heartsuit)$의 우변 적분이 0이 되므로 자명하다.

(b) $x \neq 0$이면 $f(x) = e^{-1/x^2}$이고 $x = 0$이면 $f(x) = 0$으로 정의된 함수 f는 구간 $[0,\infty)$ 상에서 연속미분가능이고 증가한다 (연습문제 8.3.9). 이것을 적용시켜 보아라.

10. (a) 모든 $x \in [c, d]$에 대하여 $\widetilde{F}(y) = \int_a^y f(t)dt,\ y = v(x)$라 두면, $F(x) = (\widetilde{F} \circ v)(x)$이므로 정리 5.1.7(연쇄법칙)과 정리 6.3.3(미적분의 기본정리 II)을 각각 적용하면

$$F'(x) = \widetilde{F}'(y)v'(x) = f(y)v'(x) = (f \circ v)(x)\, v'(x)$$

을 얻는다. 유사하게 $\widetilde{G}(y) = \int_y^b f(t)dt,\ y = u(x)$라 두면, $G(x) = (\widetilde{G} \circ u)(x)$이고, $\widetilde{G}'(y) = -f(y)$이다(왜?). 그러므로

$$G'(x) = \widetilde{G}'(y)u'(x) = -f(y)u'(x) = -f(u(x))u'(x) = -(f \circ u)(x)\, u'(x)$$

을 얻는다.

(b) 모든 $x \in [c, d]$에 대하여 $u(x) \leq v(x)$이므로

$$H(x) = \int_{u(x)}^{v(x)} f = \int_a^{v(x)} f - \int_a^{u(x)} f$$

이다. 이제 (a)를 적용하면 $H' = (f \circ v)\, v' - (f \circ u)\, u'$를 얻는다.

(c) (b)의 결과를 이용하면 곧바로 다음을 얻는다.

$$H'(x) = \frac{\sqrt{1+x}}{2\sqrt{x}} - 2x\sqrt{1+x^4}.$$

11. (a) ⇒ (b) 연습문제 5.4.5는 $I = I^\circ$인 경우에도 성립하므로 자명하다.

(b) ⇒ (a) f'가 I°상에서 증가(순증가)한다고 가정하고, $x,\ y \in I^\circ,\ x < y,\ z = tx + (1-t)y\ (0 < t < 1)$라 하자. $x,\ y \in I^\circ$이므로 $a \leq x < y \leq b$를 만족하는 $a,\ b \in I^\circ$가 존재한다. 분명히 $f \subset \mathcal{D}[a, b] \subset \mathbb{C}[a, b]$이므로 구간 $[a, b]$ 상에서 정리 6.3.5를 뒤따르는 주의 (b)를 적용하면,

$$f(x) - f(a) = \int_a^x f' \qquad (x \in [a, b])$$

를 만족한다. $[a, b] \subset I^\circ$이고 f'가 I°상에서 증가하면, f'는 $[a, b]$ 상에서 증가하므로

$$\begin{aligned} tf(x) + (1-t)f(y) - f(z) &= (1-t)\int_z^y f' - t\int_x^z f' \\ &\geq (1-t)f'(z)(y-z) - tf'(z)(z-x) \\ &= f'(z)[tx + (1-t)y - z] = 0 \end{aligned}$$

가 성립한다(f가 I°상에서 순증가하면 위의 부등식은 '≥' 대신에 '>'로 성립함을 주목하여라). 따라서 f는 I°상에서 볼록(순볼록) 함수이다.

더욱, $I = [a,b]$라 가정하자(I가 $[a,\infty)$ 또는 $(-\infty,b]$인 경우의 증명은 유사하므로 독자에게 남겨둔다). 만약 f'가 (a,b) 상에서 증가(순증가)하고 $f'_+(a)$, $f'_-(b) \in \mathbb{R}$가 존재할 경우 f가 $[a,b]$ 상에서 볼록(순볼록) 함수임을 증명해보자.

($\because$) $f'_+(a)$, $f'_-(b) \in \mathbb{R}$가 존재하므로 정의 4.2.7과 따름정리 4.4.14로부터

$$\begin{aligned} f'_+(a) &= \lim_{x\downarrow a} f'(x) = \inf\{f'(x) : a < x < b\}, \\ f'_-(b) &= \lim_{x\uparrow b} f'(x) = \sup\{f'(x) : a < x < b\} \end{aligned}$$

이다. 따라서 f'은 $[a,b]$ 상에서 증가(순증가)한다. 이제 $x < y$인 x, $y \in [a,b]$를 임의로 잡고, 앞 (b)$\Rightarrow$(a)의 증명을 유사하게 따라가면 f는 $[a,b]$ 상에서 볼록(순볼록) 함수가 됨을 곧바로 알 수 있다(왜?).

12. 정리 6.3.15에서 먼저 $x > x_0$라 가정하고, 정리 6.3.13(적분에 대한 평균값정리)에서 $p(t) = \frac{(x-t)^n}{n!} \geq 0$ ($t \in [x_0, x]$)로 취하면

$$\begin{aligned} R_{n+1}(x) &= \frac{1}{n!}\int_{x_0}^{x} (x-t)^n f^{(n+1)}(t)\,dt \\ &= \int_{x_0}^{x} p(t) f^{(n+1)}(t)\,dt \\ &= f^{(n+1)}(c)\int_{x_0}^{x} p(t)\,dt = \frac{f^{(n+1)}(c)}{(n+1)!}(x-x_0)^{n+1} \end{aligned}$$

을 만족하는 $c \in [x_0, x]$가 존재한다. 유사하게 $x < x_0$일 때도 $p(t) = \frac{(t-x)^n}{n!} \geq 0$ ($t \in [x, x_0]$)로 취하면 된다. 왜냐하면,

$$\begin{aligned} R_{n+1}(x) &= \frac{1}{n!}\int_{x_0}^{x} (x-t)^n f^{(n+1)}(t)\,dt \\ &= -\int_{x}^{x_0} (-1)^n p(t) f^{(n+1)}(t)\,dt \\ &= (-1)^{n+1} f^{(n+1)}(c)\int_{x}^{x_0} p(t)\,dt = \frac{f^{(n+1)}(c)}{(n+1)!}(x-x_0)^{n+1} \end{aligned}$$

이기 때문이다. 그러므로 어느 경우에도 나머지의 Lagrange형식이 곧바로 얻어진다. 끝으로 연습문제 5.4.11에서 소개했던 나머지의 Cauchy 형식을 얻기 위해서는 앞과 유사하게 적분에 대한 평균값정리 6.3.13에서 $p(t) = 1$로 취하면 충분하다. 이것의 증명은 어렵지 않으므로 독자들에게 남겨둔다.

6.4 극한으로서의 적분

정의 6.4.1 $f \in \mathcal{B}[a,b]$이고 $P = \{x_0, x_1, \ldots, x_n\} \in \triangle[a,b]$라 하자. 각 $k = 1, 2, \ldots, n$에 대하여 $x_k^* \in [x_{k-1}, x_k]$을 택할 때

$$S(f,P) = \sum_{k=1}^{n} f(x_k^*)(x_k - x_{k-1})$$

을 분할 P와 중간점 x_k^*에 대응하는 f의 **Riemann 합**이라 한다.

[주의] 위 정의로부터 다음 부등식은 분명하다.

$$L(f,P) \le S(f,P) \le U(f,P) \qquad (P \in \triangle[a,b]).$$

정리 6.4.2 $f \in \mathcal{R}[a,b]$이면, 임의의 $\epsilon > 0$에 대하여

$$\left| S(f,P) - \int_a^b f \right| < \epsilon \qquad (P \succ P_\epsilon)$$

를 만족하는 $P_\epsilon \in \triangle[a,b]$가 존재한다.

정리 6.4.3 $f \in \mathcal{B}[a,b]$라 하자. $A \in \mathbb{R}$가 존재하여, 임의의 $\epsilon > 0$에 대하여

$$|S(f,P) - A| < \epsilon \qquad (P \succ P_\epsilon)$$

를 만족하는 $P_\epsilon \in \triangle[a,b]$가 존재한다고 가정하면 $f \in \mathcal{R}[a,b]$이고 $\int_a^b f = A$이다.

보조정리 6.4.4 $P = \{x_0, x_1, \ldots, x_n\} \in \triangle[a,b]$, Q는 m개의 새로운 점을 추가 하여 얻어진 P의 세분이라 하면

$$\begin{aligned} U(f,P) - U(f,Q) &\le 2mK \cdot \|P\|, \\ L(f,Q) - U(f,P) &\le 2mK \cdot \|P\| \end{aligned}$$

이다. 여기서 $K = \sup\{|f(x)| : x \in [a,b]\}$이다.

정리 6.4.5 (Darboux) $f \in \mathcal{R}[a,b]$라 하자. 임의의 $\epsilon > 0$에 대하여

$$P \in \triangle[a,b], \ \ \|P\| < \delta \ \Rightarrow \ \left| S(f,P) - \int_a^b f \right| < \epsilon$$

를 만족하는 $\delta > 0$가 존재한다. 즉, $\lim\limits_{\|P\| \to 0} S(f,P) = \int_a^b f$이다.

정리 6.4.6 (Darboux 정리의 역) $f \in \mathcal{B}[a,b]$라 하자. $A \in \mathbb{R}$가 존재하여 $\lim_{\|P\|\to 0} S(f,P) = A$가 성립하면 $f \in \mathcal{R}[a,b]$이고 $A = \int_a^b f$이다.

예제 6.4.7 (a) $\int_1^\infty \frac{1}{x} = \lim_{b\to\infty} \int_1^b \frac{1}{x}\,dx = \infty$.
(b) $\int_\infty^\infty \frac{1}{1+x^2}\,dx = \int_{-\infty}^0 \frac{1}{1+x^2}\,dx + \int_0^\infty \frac{1}{1+x^2}\,dx = \pi$.

예제 6.4.8 다음 극한은 $n!$을 근사하는데 사용된 **Stirling의 공식**($n! \sim n^n e^{-n}\sqrt{2\pi n}$)[1]의 줄인 형임을 주목하여라(연습문제 6.4.9).

$$\lim_{n\to\infty} \frac{\sqrt[n]{n!}}{n} = \frac{1}{e} \quad \Leftrightarrow \quad n! \sim n^n e^{-n}. \tag{6.11}$$

연 습 문 제 6.4

1. $f \in \mathcal{R}[a,b]$이면 $\lim \frac{1}{n}\sum_{k=1}^n f(k/n) = \int_0^1 f$임을 증명하여라(연습문제 6.1.4).
2. 연습문제 6.4.1을 이용하여 $[0,1]$ 상에서 Thomae 함수의 적분값을 구하여라(예제 6.1.12 또는 연습문제 6.3.6 (b)를 참고하여라.)
3. $\int_1^\infty \frac{1}{x^2}\,dx = 1$임을 보여라.
4. 모든 $b > a$에 대하여 $f \in \mathcal{R}[a,b]$이고 $\int_a^\infty |f|$가 수렴할 때, $\int_a^\infty f$가 **절대수렴**한다고 한다. $\int_a^\infty f$가 절대수렴하면 수렴함을 보여라.
5. $\int_a^\infty f$가 수렴하나 절대수렴하지 않을 때를 **조건부수렴**한다고 한다. $\int_\pi^\infty \frac{\sin x}{x}\,dx$가 조건부수렴함을 보여라. 조화급수 $\sum_{n=1}^\infty \frac{1}{n}$는 발산한다는 사실을 이용하여라(예제 7.1.18).
6. $\int_1^\infty f$가 절대수렴하면 $\lim_{n\to\infty}\int_1^\infty f(x^n)\,dx = 0$임을 보여라.
7. $f \in \mathcal{C}[1,\infty)$이고 $\int_1^\infty f(x)\,dx$가 수렴하면 $\lim_{x\to\infty} f(x) = 0$? [힌트] (거짓). (정리 7.1.6과 비교하여 보아라.)
8. $\int_1^\infty f(x)\,dx$가 수렴하고 $\lim_{x\to\infty} f(x) = L$이면 $L = 0$임을 보여라.
9. **Stirling의 공식**($n! \sim n^n e^{-n}\sqrt{2\pi n}$)으로부터 (6.11)을 유도하여라.

[1] William R. Wade, *An Introduction to Analysis*, p. 435, 2nd edn., Prentice-Hall, Inc., Englewood Cliffs, New Jersey, 2000.

10. 다음을 증명하여라.

    (a) $\int_1^\infty \frac{\sqrt{x}}{(1+x)^2}\,dx = \frac{1}{2}+\frac{\pi}{4}$.

    (b) $\int_1^\infty \frac{1}{\sqrt{1+3x^2}}\,dx = \infty$.

    (c) $\lim_{n\to\infty}\left(\frac{1}{n!}\int_1^\infty x^n e^{-x}dx\right) = 1$. [힌트] $\lim_{n\to\infty}\sum_{k=0}^{n}\frac{1}{k!} = e$ (정리 8.3.1)이다.

11. 함수 f가 구간 (a,b) 상에서 볼록이면, 모든 $c, x \in (a,b)$에 대하여 다음 등식이 성립함을 증명하여라(연습문제 5.4.2과 5.4.3참조).

$$f(x) - f(c) = \int_c^x {f_-}'(t)dt = \int_c^x {f_+}'(t)dt.$$

연습문제풀이 및 힌트 6.4

1. $f \in \mathcal{R}[0,1]$이므로 Darboux 정리 6.4.5에 의하여 $\lim_{\|P\|\to 0} S(f,P) = \int_0^1 f$이다. 특히, $P_n = \left\{0, \frac{1}{n}, \frac{2}{n}, \ldots, \frac{n}{n}\right\} \in \triangle[a,b]$로 택하고 Riemann 합의 중간점 $x_k^* = k/n$로 선택하면 분명히 $\|P_n\| \to 0$ $(n \to \infty)$이고 $S(f,P_n) = \sum_{k=1}^{n} f(k/n)\frac{1}{n}$이다. 따라서, $\lim \frac{1}{n}\sum_{k=1}^{n} f(k/n) = \int_0^1 f$가 곧바로 얻어진다.

2. 예제 6.1.12 또는 연습문제 6.2.4 (c) 또는 연습문제 6.3.6(b)에 의하여 $f \in \mathcal{R}[a,b]$이다 ($f \notin \mathcal{C}[a,b]$임을 주목하여라). 연습문제 6.4.1에 의하여

$$\begin{aligned}\int_0^1 f &= \lim_{n\to\infty}\frac{1}{n}\sum_{k=1}^{n} f\left(\frac{k}{n}\right) = \lim_{n\to\infty}\frac{1}{n}\left[0+\frac{1}{n}+\cdots+\frac{1}{n}+1\right] \\ &= \lim_{n\to\infty}\frac{1}{n}\left[\frac{n-2}{n}+1\right] = 0\end{aligned}$$

이다.

3. 모든 $b > 1$에 대하여 $\int_1^b \frac{1}{x^2}\,dx = 1 - \frac{1}{b}$이므로

$$\int_1^\infty \frac{1}{x^2}\,dx = \lim_{b\to\infty}\left(1-\frac{1}{b}\right) = 1$$

이다.

4.

$$0 \le f(x) + |f(x)| \le 2|f(x)| \quad (a \le x < \infty)$$

이고 $\int_a^\infty 2|f|$가 수렴하므로 $\int_a^\infty (f+|f|)$도 수렴한다. 역시, 가정에서 $\int_a^\infty |f|$가 수렴하므로 이 값을 빼주면 $\int_a^\infty f$가 수렴한다(정리 6.2.1).

5. 각 $b > \pi$에 대하여 정리 6.3.7(부분적분법)을 적용하면

$$\int_\pi^b \frac{\sin x}{x}\, dx = -\frac{1}{\pi} - \frac{\cos b}{b} - \int_\pi^b \frac{\cos x}{x^2}\, dx$$

을 얻는다.

$$\frac{|\cos x|}{x^2} \le \frac{1}{x^2} \quad (\pi \le x < \infty)$$

이고 연습문제 6.4.3에 의하여 $\int_1^\infty \frac{1}{x}^2\, dx$가 (절대)수렴하므로 $\int_\pi^\infty \frac{\cos x}{x^2}\, dx$도 절대수렴한다. 연습문제 6.4.4에 의하여 수렴한다. 그러므로

$$\int_\pi^\infty \frac{\sin x}{x}\, dx = \lim_{b\to\infty} \int_\pi^b \frac{\sin x}{x}\, dx = -\frac{1}{\pi} - \int_\pi^\infty \frac{\cos x}{x^2}\, dx$$

임에 유의하자. 이제 $\int_\pi^\infty \frac{\sin x}{x}\, dx$가 절대수렴하지 않음을 보이자. 각 $n \in \mathbb{N}$에 대하여

$$\begin{aligned}\int_\pi^{n\pi} \frac{|\sin x|}{x}\, dx &= \sum_{k=1}^{n-1} \int_{k\pi}^{(k+1)\pi} \frac{|\sin x|}{x}\, dx \\ &\ge \sum_{k=1}^{n-1} \frac{1}{(k+1)\pi} \int_{k\pi}^{(k+1)\pi} |\sin x|\, dx \\ &= \frac{1}{\pi} \sum_{k=1}^{n-1} \frac{1}{(k+1)} \int_0^\pi |\sin(t+k\pi)|\, dt\end{aligned}$$

임에 유의하자. $\sin(t+k\pi) = \sin t \cos k\pi$이고 $\cos k\pi = \pm 1$이므로

$$|\sin(t+k\pi)| = |\sin t|$$

이다. 만약 $0 \le t \le \pi$이면 $|\sin t| = \sin t$가 되므로

$$\int_\pi^{n\pi} \frac{|\sin x|}{x}\, dx \ge \frac{1}{\pi} \sum_{k=1}^{n-1} \frac{1}{(k+1)} \int_0^\pi \sin t\; dt = \frac{2}{\pi} \sum_{k=1}^{n-1} \frac{1}{(k+1)} = \frac{2}{\pi} \sum_{k=2}^{n} \frac{1}{k}$$

이다. 이제 $n \to \infty$하면 부등식의 우변에 있는 조화급수는 발산한다(예제 7.1.18). 그러므로 $\int_\pi^\infty \frac{\sin x}{x}\, dx$는 절대수렴하지 않는다.

6. $t = x^n$ $(1 \le x < \infty)$로 두고 치환하면 $dt = nx^{n-1}\, dx \Leftrightarrow dx = \frac{1}{n} \frac{1}{t^{1-1/n}}\, dt$이고

$$\int_1^\infty f(x^n)\, dx = \frac{1}{n} \int_1^\infty f(t) \frac{1}{t^{1-1/n}}\, dt$$

이다. 한편 $0 < \frac{1}{t^{1-1/n}} = (1/t)^{1-1/n} \le 1$ $(1 \le t < \infty)$이고 $K := \int_1^\infty |f| < \infty$이므로

$$\begin{aligned}\left|\int_1^\infty f(x^n)\, dx\right| &= \frac{1}{n} \left|\int_1^\infty f(t) \frac{1}{t^{1-1/n}}\, dt\right| \\ &\le \frac{1}{n} \int_1^\infty |f(t)|\, dt = \frac{K}{n} \to 0 \qquad (n \to \infty)\end{aligned}$$

가 얻어짐을 주목하여라.

7. 일반적으로 이러한 사실은 성립하지 않는다. 예를 들면, 홀수 $n = 1, 3, 5, \ldots$에서 항상 높이는 1로 고정하고 면적이 $\frac{1}{1^2}, \frac{1}{2^2}, \frac{1}{3^2}, \ldots$가 되도록 이등변 삼각형을 만들면서 연속 함수를 그려 보아라. 그러면 $\lim_{n\to\infty} f(2n+1) = 1$이지만 $\lim_{n\to\infty} f(2n) = 0$이 되어 $\lim_{x\to\infty} f(x)$는 존재 하지 않는다. 그러나

$$\int_1^\infty f(x)\,dx = \sum_{n=1}^\infty \frac{1}{n^2}$$

가 되어 수렴한다.

8. 모순증명으로 보이자. 먼저 $L > 0$이라 가정하자. 그러면 $\lim\limits_{x\to\infty} f(x) = L$이므로 $\epsilon = \frac{L}{2} > 0$에 대하여

$$|f(x) - L| < \frac{L}{2} \qquad (x \geq M)$$

를 만족하는 충분히 큰 $M \geq 1$이 존재한다.

$$\frac{L}{2} < f(x) \qquad (x \geq M)$$

이므로 따름정리 6.2.3에 의하여 M보다 더 큰 임의의 $t \in \mathbb{R}$에 대하여

$$\frac{L}{2}(t - M) = \int_M^t \frac{L}{2}\,dx \leq \int_M^t f(x)\,dx \leq \int_1^t f(x)\,dx$$

를 얻는다. 위 식의 양변에 극한 $\lim\limits_{t\to\infty}$를 취하면 우측에 있는 적분은 $\int_1^\infty f(x)\,dx$로 수렴하지만 좌측은 ∞로 발산한다. 이것은 서로 모순이다.

만약 $L < 0$이면 L 대신에 $-L$을 사용하여 유사하게 모순을 유도하여라.

9. Stirling의 공식은

$$\begin{aligned} & n! \sim n^n e^{-n}\sqrt{2\pi n} \qquad \left(\text{i.e.,} \quad \lim_{n\to\infty} \frac{n!}{n^n e^{-n}\sqrt{2\pi n}} = 1\right) \\ \Leftrightarrow \quad & \sqrt[n]{n!} \sim ne^{-1}[\sqrt{2\pi n}]^{1/n} \\ \Leftrightarrow \quad & \frac{\sqrt[n]{n!}}{n} \sim e^{-1}[\sqrt{2\pi n}]^{1/n} \end{aligned}$$

임을 주목하여라. $\lim\limits_{n\to\infty} [\sqrt{2\pi n}]^{1/n} = 1$은 분명하므로

$$\lim_{n\to\infty} \frac{\sqrt[n]{n!}}{n} = \frac{1}{e}$$

을 얻는다.

10. (a) 이상적분의 정의에 의하여 $\int_1^\infty \frac{\sqrt{x}}{(1+x)^2}\,dx = \lim_{t\to\infty}\int_1^t \frac{\sqrt{x}}{(1+x)^2}\,dx$이다. 먼저 정리 6.3.7(부분적분법)을 적용하면

$$\begin{aligned}\int_1^t \tfrac{\sqrt{x}}{(1+x)^2}\,dx &= \left[\sqrt{x}\left(-\tfrac{1}{1+x}\right)\right]_1^t - \int_1^t \left(-\tfrac{1}{1+x}\right)\tfrac{1}{2\sqrt{x}}\,dx \\ &= \tfrac{1}{2} - \tfrac{\sqrt{t}}{1+t} + \int_1^t \tfrac{1}{1+x}\left(\tfrac{1}{2\sqrt{x}}\right)dx\end{aligned} \qquad (\heartsuit_1)$$

이다. 우측에 있는 적분은 $u=\sqrt{x}$로 두면 치환정리 6.3.8에 의하여

$$\begin{aligned}\int_1^t \tfrac{1}{1+x}\left(\tfrac{1}{2\sqrt{x}}\right)dx &= \int_1^{\sqrt{t}} \tfrac{1}{1+u^2}\,du \\ = \left[\tan^{-1}u\right]_1^{\sqrt{t}} &= \tan^{-1}\sqrt{t} - \tfrac{\pi}{4}\end{aligned} \qquad (\heartsuit_2)$$

이다. $(\heartsuit_2)$을 $(\heartsuit_1)$에 대입한 후 $t\to\infty$로 취하면

$$\frac{\sqrt{t}}{1+t} \to 0, \qquad \tan^{-1}\sqrt{t} \to \frac{\pi}{2}$$

이므로 $\int_1^\infty \frac{\sqrt{x}}{(1+x)^2}\,dx = \frac{1}{2}+\frac{\pi}{4}$을 얻는다.

[별해] $\sqrt{x}=\tan t$로 치환하면 $dx = 2\tan t\sec^2 t\,dt$이고, 주어진 이상적분

$$\int_1^\infty \frac{\sqrt{x}}{(1+x)^2}\,dx = 2\int_{\pi/4}^{\pi/2}\sin^2\,dt$$

로 주어짐을 주목하여라.

(b) $x=\frac{1}{\sqrt{3}}\tan t$ $(\frac{\pi}{3}\le t\le\frac{\pi}{2})$라 두면, 주어진 이상적분은 치환정리 6.3.8에 의하여

$$\int_1^\infty \frac{1}{\sqrt{1+3x^2}}\,dx = \int_{\frac{\pi}{3}}^{\frac{\pi}{2}} \frac{\frac{1}{\sqrt{3}}\sec^2 t\ dt}{\sqrt{1+\tan^2 t}} = \frac{1}{\sqrt{3}}\int_{\frac{\pi}{3}}^{\frac{\pi}{2}}\sec t\,dt$$

가 된다. 그리고 우변의 적분 역시 이상적분이고 $\frac{d}{dt}\ln(\sec t+\tan t)=\sec t$이므로

$$\begin{aligned}\int_{\frac{\pi}{3}}^{\frac{\pi}{2}}\sec t\,dt &= \lim_{\alpha\to\frac{\pi}{2}}\int_{\frac{\pi}{3}}^{\alpha}\sec t\,dt \qquad (\because\ \text{이상적분}) \\ &= \lim_{\alpha\to\frac{\pi}{2}}\left[\ln(\sec t+\tan t)\right]_{\frac{\pi}{3}}^{\alpha} \\ &= \lim_{\alpha\to\frac{\pi}{2}}\left[\ln\left(\frac{1+\sin\alpha}{\cos\alpha}\right) - \ln(2+\sqrt{3})\right] \\ &= \lim_{\alpha\to\frac{\pi}{2}}[\ln(1+\sin\alpha) - \ln\cos\alpha - \ln(2+\sqrt{3})] = \infty\end{aligned}$$

을 얻는다. 따라서 주어진 적분 $\int_1^\infty \frac{1}{\sqrt{1+3x^2}}\,dx = \infty$이다.

[별해] (i) 먼저 $\sqrt{1+3x^2} = t - \sqrt{3}x$로 치환하면 $x = \frac{t^2-1}{2\sqrt{3}t}$이고 $dx = \frac{\sqrt{3}(t^2+1)}{6t^2}dt$이다. 그러므로 $\sqrt{1+3x^2} = t - \sqrt{3}x = t - \frac{t^2-1}{2t} = \frac{t^2+1}{2t}$이고 주어진 이상적분은

$$\begin{aligned}\int_1^\infty \frac{1}{\sqrt{1+3x^2}}\,dx &= \lim_{\alpha\to\infty}\int_1^\alpha \frac{1}{\sqrt{1+3x^2}}\,dx \\ &= \lim_{\alpha\to\infty}\frac{\sqrt{3}}{3}\int_{2+\sqrt{3}}^{\sqrt{1+3\alpha^2}+\sqrt{3}\alpha}\frac{1}{t}\,dt \qquad (\because\ t = \sqrt{1+3x^2}+\sqrt{3}x) \\ &= \frac{\sqrt{3}}{3}\lim_{\alpha\to\infty}\ln[(\sqrt{1+3\alpha^2}+\sqrt{3}\alpha) - \ln(2+\sqrt{3})] = \infty\end{aligned}$$

가 됨을 주목하여라.

(ii) 미분적분학에서 모든 쌍곡선함수들는 지수함수로 정의되었으므로 그들의 역함수들은 모두 대수함수로 표현된다. 특히, $\sinh^{-1}x = \ln(x+\sqrt{x^2+1})$ $(x \in \mathbb{R})$이고, $\frac{d}{dx}\sinh^{-1}x = \frac{1}{\sqrt{x^2+1}}$이다. 이것으로부터

$$\int \frac{1}{\sqrt{ax^2+1}}\,dx = \frac{1}{\sqrt{a}}\ln(\sqrt{a}x+\sqrt{ax^2+1})+c \qquad (a>0)$$

임을 주목하여라. 이제 위 부정적분을 이용하여 (b)를 증명하여 보아라.

(c) 먼저 이상적분의 정의, 정리 6.3.7(부분적분법), 및 $\lim_{b\to\infty}\frac{b^k}{e^b} = 0$ $(k\in\mathbb{N})$을 적용하면, 모든 $k\in\mathbb{N}$에 대하여

$$\begin{aligned}\int_1^\infty x^k e^{-x}dx &= \lim_{b\to\infty}\int_1^b x^k e^{-x}dx \\ &= \lim_{b\to\infty}\left\{[-x^k e^{-x}]_{x=1}^b + k\int_1^b x^{k-1}e^{-x}dx\right\} \\ &= e^{-1} + k\int_1^\infty x^{k-1}e^{-x}dx\end{aligned}$$

가 됨을 주목하여라. 이제 양변을 $k!$로 나누면

$$\frac{1}{k!}\int_1^\infty x^k e^{-x}dx = \frac{e^{-1}}{k!} + \frac{1}{(k-1)!}\int_1^\infty x^{k-1}e^{-x}dx \qquad (k\in\mathbb{N}) \qquad (\heartsuit)$$

이다. 위의 등식 $(\heartsuit)$에서 $k = n, n-1, \cdots, 1$을 차례로 반복하여 대입하면

$$\begin{aligned}\frac{1}{n!}\int_1^\infty x^n e^{-x}dx &= \frac{e^{-1}}{n!} + \frac{1}{(n-1)!}\int_1^\infty x^{n-1}e^{-x}dx \\ &= \frac{e^{-1}}{n!} + \frac{e^{-1}}{(n-1)!} + \frac{1}{(n-2)!}\int_1^\infty x^{n-2}e^{-x}dx \\ &\ \ \vdots \\ &= e^{-1}\left(\frac{1}{n!} + \frac{1}{(n-1)!} + \cdots + \frac{1}{1!}\right) + \frac{1}{0!}\int_1^\infty e^{-x}dx \\ &= e^{-1}\sum_{k=0}^n \frac{1}{k!}\end{aligned}$$

을 얻는다. 양변에 $n \to \infty$을 취하면 $\lim_{n\to\infty} \sum_{k=0}^{n} \frac{1}{k!} = e$이므로 우변의 극한은 1이 되고 증명이 모두 끝난다.

11. $c,\ x \in (a,b)$이고 $c \le x$라 가정하자. 연습문제 5.4.2 (b) (또는 연습문제 5.4.3 (b))에 의하여 $f'_+,\ f'_- \in \mathcal{R}[c,x]$이다(단조/연속함수의 적분성 정리 6.1.11 참조).

$$P:\ x_0 = c < x_1 < x_2 < \cdots < x_{k-1} < x_k < \cdots < x_n = x$$

를 구간 $[c,x]$의 임의의 분할이라 하자. 또한, $I_k = [x_{k-1}, x_k](k = 1, 2, \ldots, n)$를 $[c,x]$의 부분구간이라 하고, 연습문제 5.4.2 (c)를 적용하면

$$f'_-(x_{k-1}) \le f'_+(x_{k-1}) \le \frac{f(x_k) - f(x_{k-1})}{x_k - x_{k-1}} \le f'_-(x_k) \le f'_+(x_k) \qquad (\spadesuit)$$

을 얻는다. $(\spadesuit)$의 양변에 $x_k - x_{k-1}$를 곱한 후 $k = 1$에서부터 n까지 합하면

$$\begin{aligned} S_1(f'_-, P) &:= \textstyle\sum_{k=1}^{n} f'_-(x_{k-1})(x_k - x_{k-1}) \\ &\le \textstyle\sum_{k=1}^{n}[f(x_k) - f(x_{k-1})] = f(x) - f(c) \\ &\le \textstyle\sum_{k=1}^{n} f'_-(x_k)(x_k - x_{k-1}) := S_2(f'_-, P) \end{aligned} \qquad (\heartsuit)$$

을 낳는다. 한편, 정리 6.4.2에 의하여

$$\lim_{\|P\|\to 0} S_1(f'_-, P) = \int_c^x f'_-(t)dt = \lim_{\|P\|\to 0} S_2(f'_-, P)$$

이므로 $(\heartsuit)$에서 $\|P\| \to 0$로 취하면

$$f(x) - f(c) = \int_c^x f'_-(t)dt$$

을 얻는다. 증명을 끝내기 위하여 유사한 방법으로 $f(x) - f(c) = \int_c^x f'_+(t)dt$가 성립함을 보여라.

제 7 장

무한급수

7.1 무한급수의 수렴

정의 7.1.1 (a_n)을 $\mathbb{R}$ 내에 있는 수열이라 하자. 각 $n \geq 1$에 대하여

$$s_n = a_1 + a_2 + \cdots + a_n$$

로 정의된 수열 (s_n)은 (a_n)에 의하여 생성된 **무한급수**(*infinite series*) 또는 간단히 **급수**라 한다. 이 때, a_n을 급수의 **제 n항**이라 하고 s_n을 급수의 제 n항까지의 **부분합**(*partial sum*)이라고 한다.

정의 7.1.2 $\sum_{n=1}^{\infty} a_n$을 정의 7.1.1에서 정의된 급수라 하자. 수열 (s_n)이 $s \in \mathbb{R}$에 수렴하면 급수 $\sum_{n=1}^{\infty} a_n$이 s에 **수렴**한다고 말하고, (s_n)이 발산할 때 $\sum_{n=1}^{\infty} a_n$이 **발산**한다고 한다.

정리 7.1.3 $c \in \mathbb{R}$이고 $\sum_{n=1}^{\infty} a_n = s$, $\sum_{n=1}^{\infty} b_n = t$라면

(a) $\sum_{n=1}^{\infty}(a_n \pm b_n) = s \pm t$.

(b) $\sum_{n=1}^{\infty}(ca_n) = cs$.

정의 7.1.4 주어진 무한급수 $\sum_{n=1}^{\infty} a_n$과 (n)의 (순↑ 하는) 부분수열 (n_k)에 대하여

$$b_k = a_{n_{k-1}+1} + a_{n_{k-1}+2} + \cdots + a_{n_k} \qquad (k \in \mathbb{N},\ n_0 \equiv 0)$$

라 할 때, 급수 $\sum_{k=1}^{\infty} b_k$를 $\sum_{n=1}^{\infty} a_n$의 **재그룹핑**(*regrouping*)이라 한다.

정리 7.1.5 $\sum_{n=1}^{\infty} a_n$가 $s\,(\in \mathbb{R})$에 수렴하면 $\sum_{n=1}^{\infty} a_n$의 정의 7.1.4에서 처럼 정의된 모든 재그룹핑 $\sum_{k=1}^{\infty} b_k$도 s에 수렴한다.

정리 7.1.6 $\sum_{n=1}^{\infty} a_n$이 수렴하면 $\lim a_n = 0$이다.

정리 7.1.7 (급수에 대한 코시판정기준) 급수 $\sum_{n=1}^{\infty} a_n$이 수렴할 동치 조건은 임의로 주어진 $\epsilon > 0$에 대하여

$$\left|\sum_{k=m+1}^{n} a_k\right| < \epsilon \qquad (n \geq m \geq K)$$

를 만족하는 $K \in \mathbb{N}$가 존재한다는 것이다.

정의 7.1.8 각 항들의 부호가 교대로 바뀌는 급수를 **교대급수**(*alternating series*)라 한다. 따라서 모든 교대급수들은

$$\sum_{n=1}^{\infty} (-1)^{n+1} a_n$$

로 표현된다. 단, 각 $n \geq 1$에 대하여 $a_n > 0$ (또는 $a_n < 0$)이다.

정리 7.1.9 (교대급수판정법) 모든 $n \geq 1$에 대하여 $a_n > 0$이고

(a) (a_n)이 감소(즉, $a_1 \geq a_2 \geq \cdots$)하고

(b) $\lim_{n\to\infty} a_n = 0$이면

교대급수 $\sum_{n=1}^{\infty} (-1)^{n+1} a_n$은 수렴한다.

따름 정리 7.1.10 정리 7.1.9(교대급수판정법)의 가정하에서 $\sum_{n=1}^{\infty} (-1)^{n+1} a_n$이 s에 수렴하면 다음이 성립한다.

$$|s_k - s| \leq a_{k+1} \qquad (k \geq 1)$$

정의 7.1.11 $\sum_{n=1}^{\infty} |a_n|$이 수렴할 때 급수 $\sum_{n=1}^{\infty} a_n$가 **절대수렴**(*absolute convergence*)한다고 말한다. 그리고 $\sum_{n=1}^{\infty} a_n$가 수렴하지만 절대수렴하지 않을 때 **조건부수렴**(*conditional convergence*)이라 한다.

정리 7.1.12 절대수렴하는 모든 급수는 수렴한다.

예제 7.1.13 (기하급수)

(a) $|x| < 1$이면 급수 $\sum_{n=0}^{\infty} x^n$은 $\frac{1}{1-x}$에 수렴한다.

(b) $|x| \geq 1$이면 $\sum_{n=0}^{\infty} x^n$은 발산한다.

정의 7.1.14 주어진 무한급수 $\sum_{n=1}^{\infty} a_n$에 대하여 $b_k = a_{\sigma(k)}$ $(k \in \mathbb{N})$로 정의된 전단사 함수 $\sigma : \mathbb{N} \to \mathbb{N}$가 존재한다면 급수 $\sum_{k=1}^{\infty} b_k$를 $\sum_{n=1}^{\infty} a_n$의 **재배열**(*rearrangement*)이라 말한다.

정리 7.1.15 (급수의 재배열) 급수 $\sum_{n=1}^{\infty} a_n$가 절대수렴하면 $\sum_{n=1}^{\infty} a_n$의 모든 재배열된 급수도 동일한 값 $\sum_{n=1}^{\infty} a_n$에 수렴한다.

정리 7.1.16 모든 n에 대하여 $a_n \geq 0$이면 급수 $\sum_{n=1}^{\infty} a_n$가 수렴할 동치조건은 수열 (s_n)이 유계이다.

정리 7.1.17 (Cauchy 응집판정법) (a_n)가 양$(a_n > 0)$의 감소$(\downarrow)$수열일 때, 급수 $\sum_{n=1}^{\infty} a_n$ 가 수렴할 동치조건은 급수 $\sum_{n=1}^{\infty} 2^n a_{2^n}$가 수렴한다는 것이다.

예제 7.1.18 p-급수 $\sum_{n=1}^{\infty} \frac{1}{n^p}$는 $p > 1$이면 수렴하고 $p \leq 1$이면 발산한다.

정리 7.1.19 (Dirichlet 판정법) 두 수열 (a_n), (b_n)에 대하여 $s_n = \sum_{k=1}^{n} a_k$ (제 n항까지의 부분합)이고 $b_n \geq 0$라 하자. 이 때,

(a) 부분합들의 수열 (s_n)이 유계수열이고

(b) (b_n)은 0에 수렴하는 감소수열이면

급수 $\sum_{n=1}^{\infty} a_n b_n$은 수렴한다.

보조정리 7.1.20 (a_n), (b_n)은 실수들의 수열이고 $s_n = \sum_{k=1}^{n} a_k$라 하면 다음이 성립한다.

$$\sum_{k=1}^{n} a_k b_k = s_n b_{n+1} - \sum_{k=1}^{n} s_k (b_{k+1} - b_k) \qquad (n \in \mathbb{N}). \tag{7.1}$$

보조정리 7.1.21 (Abel) 두 수열 (a_n), (b_n)에 대하여 $s_n = \sum_{k=1}^{n} a_k$이고 $b_n \geq 0$라 하자.

(a) $m \leq s_n \leq M$ $(n \in \mathbb{N})$를 만족하는 m, $M \in \mathbb{R}$이 존재하고

(b) (b_n)은 감소수열이면

$mb_1 \leq \sum_{k=1}^{n} a_k b_k \leq Mb_1$ $(n \in \mathbb{N})$을 만족한다.

예제 7.1.22 모든 $x \in \mathbb{R}$에 대하여 급수 $\sum_{n=1}^{\infty} \frac{\sin nx}{n}$와 $\sum_{n=1}^{\infty} \frac{\sin nx}{\ln n}$는 수렴한다.

정리 7.1.23 (Abel 판정법) $\sum_{n=1}^{\infty} a_n$은 수렴하고 (b_n)는 수렴하는 단조수열이면, 급수 $\sum_{n=1}^{\infty} a_n b_n$는 수렴한다.

예제 7.1.24 (a) 급수 $0 - \frac{1}{2} + \frac{1}{2^2} - \frac{1}{3} + \frac{2}{3^2} - \frac{1}{4} + \frac{3}{4^2} + \cdots$는 교대급수판정법 7.1.9를 적용할 수 없지만 수렴한다.

(b) 급수 $\sum_{n=1}^{\infty} \left(1 + \frac{1}{n}\right)^n \left(\frac{\ln(n+1)}{\sqrt{n+1}} - \frac{\ln n}{\sqrt{n}}\right)$는 수렴한다.

정리 7.1.25 ‡ (Mertens [2]) $\sum a_n$이 절대수렴하고 $\sum b_n$이 수렴하면 앞에 정의된 Cauchy 곱 $\sum c_n$도 수렴하고 다음 등식이 성립한다.

$$\sum_{n=0}^{\infty} c_n = \left(\sum_{n=0}^{\infty} a_n\right)\left(\sum_{n=0}^{\infty} b_n\right).$$

연 습 문 제 7.1

1. (a) 정리 7.1.3의 가정 하에서 $\sum_{n=1}^{\infty}(a_n b_n) = st$가 성립하는가? 성립하지 않다면 그 반례는 무엇인가?

   (b) 정리 7.1.4를 뒤따르는 주의에서

$$\left|\sum_{k=m+1}^{n} (-1)^k \frac{1}{k}\right| \leq \frac{1}{m+1} \qquad (n \geq m)$$

   임을 밝혀보아라.

[2] K. Knopp, *Theory and Application of infinite series*, p. 321; Walter Rudin, *Principles of Mathematical Analysis*, p. 77. 3rd edn., McGraw-Hill, New York, 1976.

2. $\sum_{n=1}^{\infty} a_n = s$이면 $\sum_{n=2}^{\infty} a_n = s - a_1$임을 보여라.

3. 급수 $\sum_{n=1}^{\infty} \frac{1}{n(n+1)}$은 수렴함을 보여라.

4. 급수 $\sum_{n=1}^{\infty} \ln\left(1+\frac{1}{n}\right)$의 수렴·발산을 판별하여라.

5. 급수 $\sum_{n=1}^{\infty} a_n$에 대하여

$$p_n = \begin{cases} a_n, & a_n > 0 \text{일 때} \\ 0, & a_n \le 0 \text{일 때} \end{cases}$$

라 하자. 유사한 방법으로

$$q_n = \begin{cases} a_n, & a_n \le 0 \text{일 때} \\ 0, & a_n > 0 \text{일 때} \end{cases}$$

라 하면, $p_n = a_n \vee 0 = (|a_n - 0| + a_n + 0)/2$이고 $q_n = a_n \wedge 0 = (-|a_n - 0| + a_n + 0)/2$이다. 즉,

$$2p_n = a_n + |a_n|, \quad 2q_n = a_n - |a_n|, \quad a_n = p_n + q_n \tag{7.2}$$

이다. 다음을 증명하라.

(a) $\sum_{n=1}^{\infty} a_n$이 절대수렴하면, $\sum_{n=1}^{\infty} p_n$, $\sum_{n=1}^{\infty} q_n$은 수렴한다.

(b) $\sum_{n=1}^{\infty} a_n$이 조건부수렴하면, $\sum_{n=1}^{\infty} p_n$, $\sum_{n=1}^{\infty} q_n$은 발산한다.

(c) $\sum_{n=1}^{\infty} p_n$, $\sum_{n=1}^{\infty} q_n$이 수렴하면, $\sum_{n=1}^{\infty} a_n$은 절대수렴한다.

6. 급수 $\sum_{n=1}^{\infty} a_n$이 조건부수렴한다고 가정할 때 각 $x \in \mathbb{R}$에 수렴하는 $\sum_{n=1}^{\infty} a_n$의 재배열된 수열들이 존재함을 보여라.

7. Cauchy 응집판정법 7.1.17을 이용하여 다음 급수의 수렴·발산을 판정하여라.

(a) $\sum_{n=1}^{\infty} \frac{1}{n^2}$. (b) $\sum_{n=1}^{\infty} \frac{1}{n}$. (c) $\sum_{n=1}^{\infty} \frac{1}{n \ln n}$. (d) $\sum_{n=1}^{\infty} \frac{1}{n(\ln n)^2}$.

8. 연습문제 3.5.8을 이용하여 정리 7.1.12를 증명하여라.

9. $(1-2) - (1-2^{1/2}) + (1-2^{1/3}) - (1-2^{1/4}) + \cdots$의 수렴·발산을 판정하여라.

10. 교대급수

$$\sum_{n=1}^{\infty} \frac{(-1)^{n+1}}{n} = 1 - \frac{1}{2} + \frac{1}{3} - \frac{1}{4} + \frac{1}{5} - \frac{1}{6} + \cdots$$

는 수렴하지만 절대수렴 하지는 않는다. 이 급수를 다음과 같이 재배열하자. 처음 p개의 양항을 더한 후, 다음에 q개의 음항을 나열하는 과정을 계속 반복하여 얻어진 재배열 급수

$$\overbrace{1 + \frac{1}{3} + \cdots}^{p} \overbrace{-\frac{1}{2} - \frac{1}{4} - \cdots}^{q} + \overbrace{\cdots}^{p} - \overbrace{\cdots}^{q} + \cdots$$

는 $\ln\left(2\sqrt{\frac{p}{q}}\right)$에 수렴함을 증명하여라. 특히, 다음 사실을 주목하여라.

(a) $1 - \frac{1}{2} + \frac{1}{3} - \frac{1}{4} + \frac{1}{5} - \frac{1}{6} + \cdots = \ln 2$.

(b) $1 + \frac{1}{3} - \frac{1}{2} + \frac{1}{5} + \frac{1}{7} - \frac{1}{4} + \cdots = \frac{3}{2}\ln 2$.

(c) $1 - \frac{1}{2} - \frac{1}{4} - \frac{1}{6} + \frac{1}{3} - \frac{1}{10} - \frac{1}{12} - \frac{1}{14} + \frac{1}{5} + \cdots = 0$.

11.
$$a_n = \frac{1}{\sqrt{n}} + \frac{(-1)^{n-1}}{n} \qquad (n \in \mathbb{N})$$
라 할 때, 급수 $\sum_{n=1}^{\infty}(-1)^{n+1}a_n$가 발산함을 보여라. (여기서 $a_n > 0$이고 $a_n \to 0$이다. 왜 정리 7.1.9(교대급수판정법)를 적용할 수 없는가?)

12. 수열 $(a_n)\,(\subset \mathbb{R})$가 주어졌을 때, 다음을 밝혀라.

(a) (a_n)가 감소(decreasing)하고 $\sum_{n=1}^{\infty} a_n$가 수렴하면 $\lim na_n = 0$이다.

(b) (a)에서 (a_n)가 '감소'라는 조건을 제거하면 어떻게 되는가?

(c) (a)를 이용하여 조화급수 $\sum_{n=1}^{\infty} \frac{1}{n}$가 발산함을 보여라.

[주의] (a)를 정리 7.1.6과 비교하여라. 비록 Abell에 의하여 처음 발견되었지만 이 결과를 **Pringsheim 정리**라 부른다.

13. $x_1, x_2 \in \mathbb{R}$이고 $d = x_2 - x_1 > 0$이라 하자. 임의의 실수 α에 대하여
$$x_n = \alpha x_{n-1} + (1-\alpha)x_{n-2} \qquad (n \geq 3)$$
로 정의된 수열 (x_n)가 수렴할 α의 영역과 그 극한 $\lim x_n$을 구하여라 (연습문제 3.5.19).

14. $(0,1)$내에 있는 실수 x의 **p-진법 전개**(*p-adic expansion*) $(p \in \mathbb{N},\ p \geq 2)$를 소개하자. 반개구간 $[0,1)$을 p-개의 반개구간 $\left[0, \frac{1}{p}\right)$, $\left[\frac{1}{p}, \frac{2}{p}\right)$, $\ldots$, $\left[\frac{p-1}{p}, 1\right)$로 분할하자. x는 이들 중의 어느 하나에 반드시 속한다. 그것을
$$\left[\frac{k_1}{p}, \frac{k_1+1}{p}\right) \qquad (k_1 \in \mathbb{N},\ 0 \leq k_1 < p)$$
이라 하자. 다시 반개구간 $\left[\frac{k_1}{p}, \frac{k_1+1}{p}\right)$을 똑같은 길이를 갖는 p-개의 반개구간
$$\left[\frac{k_1}{p}, \frac{k_1}{p} + \frac{1}{p^2}\right),\ \left[\frac{k_1}{p} + \frac{1}{p^2}, \frac{k_1}{p} + \frac{2}{p^2}\right),\ \cdots,\ \left[\frac{k_1}{p} + \frac{p-1}{p^2}, \frac{k_1+1}{p}\right)$$
로 분할하고 x가 속하는 반개구간을 $\left[\frac{k_1}{p} + \frac{k_2}{p^2}, \frac{k_1}{p} + \frac{k_2+1}{p^2}\right)$ $(k_1 \in \mathbb{N},\ 0 \leq k_2 < p)$라 하자. 이러한 과정을 연속적으로 반복하면, 각 $n \in \mathbb{N}$에 대하여 부등식
$$\frac{k_1}{p} + \frac{k_2}{p^2} + \cdots + \frac{k_n}{p^n} \leq x < \frac{k_1}{p} + \frac{k_2}{p^2} + \cdots + \frac{k_n}{p^n} + \frac{1}{p^n} \quad (k_j \in \mathbb{N},\ 0 \leq k_j < p)$$
를 얻는다. $x = \sum_{n=1}^{\infty} \frac{k_n}{p^n}$임을 보여라. (이 때 $x = (0.k_1k_2\cdots)_p$로 표기한다.)

15. 테니스 게임에서 포인트를 얻는 것은 독립적이고 서버권을 가진 공격자가 확률 p로 각 포인트를 이긴다고 가정할 때 서버권을 가진 공격자가 게임에서 이길 확률은 얼마인가?

16. Mertens 정리 7.1.25를 이용하여 $0 \leq x < 1$일 때 $\left(\frac{1}{1-x}\right)^2 = \sum_{n=0}^{\infty}(n+1)x^n$임을 보여라.

17. $\sum a_n$과 $\sum b_n$이 조건부수렴하면 일반적으로 Mertens 정리 7.1.25가 성립하지 않음을 보여라.

18. $a_{ij} \geq 0$ $(i, j \in \mathbb{N})$이라 하고 **이중급수**(*double series*) $\sum_{i=1}^{\infty}\sum_{j=1}^{\infty} a_{ij}$가 수렴한다고 가정할 때, 다음이 성립함을 보여라.

(a) 합하는 순서(*order of summation*)를 서로 바꿀 수 있다. 즉,

$$\sum_{j=1}^{\infty}\sum_{i=1}^{\infty} a_{ij} = \sum_{i=1}^{\infty}\sum_{j=1}^{\infty} a_{ij}.$$

(b) a_{ij}가 양과 음의 값을 동시에 갖는다면 (a)는 더 이상 성립하지 않는다.

19. 급수 $\sum_{n=0}^{\infty} a_n$에 대하여 제 n번째 부분합 $s_n = \sum_{k=0}^{n-1} a_k$라 하고

$$\sigma_n = \frac{s_1 + \cdots + s_n}{n} = \sum_{k=0}^{n-1}\left(1 - \frac{k}{n}\right)a_k \qquad (n \in \mathbb{N})$$

라 하자. 만약 $\lim \sigma_n = L \ (\in \mathbb{R})$이면 $\sum_{n=0}^{\infty} a_n$는 L에로 **Cesáro 합가능**(*Cesáro summable*)이라 할 때, 다음 사실들을 증명하여라.

(a) $a_n \in \mathbb{R}$ $(n \in \mathbb{N})$이고 $\lim s_n = L$이면 $\sum_{n=0}^{\infty} a_n$은 L에로 Cesáro 합가능하다.

(b) $\sum_{n=0}^{\infty}(-1)^n$은 $\frac{1}{2}$로 Cesáro 합가능하다 (즉, (a)의 역은 성립하지 않는다).

(c) $a_n \geq 0$ $(n \in \mathbb{N})$이고 $\sum_{n=0}^{\infty} a_n$가 L에로 Cesáro 합가능이면 $\sum_{n=0}^{\infty} a_n = L$이다(이것은 **Tauber**에 의하여 증명되었다).

20. $K \in \mathbb{N}$가 존재하여 $a_n \geq 0$ $(n \geq K)$라 하고 급수 $\sum_{n=1}^{\infty} \frac{a_n}{n}$가 수렴한다고 할 때, 다음이 성립함을 보여라.

$$\lim_{k\to\infty}\sum_{n=1}^{\infty}\frac{a_n}{k+n} = 0.$$

21. 모든 $x \in [-1, 1]$에 대하여 급수 $\sum_{n=1}^{\infty} \frac{x^n \sin nx}{n}$가 수렴함을 보여라.

22. Dirichlet 판정법 7.1.19로부터 교대급수판정법 7.1.9를 유도하여라.

23. 급수 $\sum_{n=1}^{\infty} na_n$가 수렴하면 $\sum_{n=1}^{\infty} a_n$도 수렴함을 보여라.

24. 삼각함수에 대한 공식 $\sin(\alpha+\beta) - \sin(\alpha-\beta) = 2\cos\alpha\sin\beta$를 이용하여 (a)를 보인 후 (b)를 증명하여라.

(a) $\sum_{k=1}^{n} \cos kx = \cos x + \cos 2x + \cdots + \cos nx = \frac{\sin 2nx}{2 \sin x} \quad (\sin x \neq 0)$.

(b) 급수 $\sum_{n=1}^{\infty} \frac{\cos(2n-1)x}{2n-1} \quad (x \neq \pm n\pi,\ n \in \mathbb{N})$는 수렴한다.

연습문제풀이 및 힌트 7.1

1. (a) $a_n = b_n = \frac{(-1)^n}{\sqrt{n}}$.

(b) $\frac{1}{m+1}$에서 $\frac{1}{n}$까지 항들의 개수가 짝수 또는 홀수일 경우로 나누어 증명하면 충분하다. 먼저 짝수이면

$$\begin{aligned} \Big|\sum_{k=m+1}^{n} (-1)^k \frac{1}{k}\Big| &= \Big|\frac{1}{m+1} - \frac{1}{m+2} + \cdots + \frac{1}{n-1} - \frac{1}{n}\Big| \\ &= \frac{1}{m+1} - \Big(\frac{1}{m+2} - \frac{1}{m+3}\Big) - \cdots - \Big(\frac{1}{n-2} - \frac{1}{n-1}\Big) - \frac{1}{n} \\ &\leq \frac{1}{m+1} \end{aligned}$$

이고 홀수일 때도 마찬가지로

$$\begin{aligned} \Big|\sum_{k=m+1}^{n} (-1)^k \frac{1}{k}\Big| &= \Big|\frac{1}{m+1} - \frac{1}{m+2} + \cdots - \frac{1}{n-1} + \frac{1}{n}\Big| \\ &= \frac{1}{m+1} - \Big(\frac{1}{m+2} - \frac{1}{m+3}\Big) - \cdots - \Big(\frac{1}{n-1} - \frac{1}{n}\Big) \\ &\leq \frac{1}{m+1} \end{aligned}$$

이다.

2. 가정에 의하여 $s_n = a_1 + a_2 + \cdots + a_n \to s$이다. 만약 $t_n = a_2 + a_3 + \cdots + a_{n+1}$라 두면 $t_n = s_{n+1} - a_1$이다. 그러므로 다음 등식이 성립한다.

$$\sum_{n=2}^{\infty} a_n = \lim_{n\to\infty} t_n = \lim_{n\to\infty} (s_{n+1} - a_1) = s - a_1.$$

3. $\frac{1}{n(n+1)} = \frac{1}{n} - \frac{1}{n+1}$ $(n \in \mathbb{R})$임을 주목하여라.

4. 모든 $n \in \mathbb{N}$에 대하여

$$s_n = \sum_{k=1}^{n} \ln\left(1 + \frac{1}{k}\right) = \sum_{k=1}^{n} [\ln(k+1) - \ln k] = \ln(n+1)$$

임을 주목하여라.

5. (a) 가정에 의하여 $\sum_{n=1}^{\infty} a_n$과 $\sum_{n=1}^{\infty} |a_n|$이 수렴한다. 정리 7.1.3 (a)에 의하여 $\sum_{n=1}^{\infty} (a_n + |a_n|)$도 수렴한다. (7.1)에 의하여 $\sum_{n=1}^{\infty} 2p_n$은 수렴한다. 정리 7.1.3 (b)에 의하여 $\sum_{n=1}^{\infty} p_n$도 수렴한다. 같은 방법으로 $\sum_{n=1}^{\infty} q_n$도 수렴한다.

(b) 가정에 의하여 $\sum_{n=1}^{\infty} a_n$은 수렴하지만 $\sum_{n=1}^{\infty} |a_n|$은 발산한다. (7.1)로부터 $|a_n| = 2p_n - a_n$이므로 $\sum_{n=1}^{\infty} p_n$이 수렴한다고 가정하면 정리 7.1.1(a)에 의하여

$$\sum_{n=1}^{\infty}(2p_n - a_n) = \sum_{n=1}^{\infty} |a_n|$$

도 역시 수렴한다. 이것은 모순이다. 그러므로 $\sum_{n=1}^{\infty} p_n$은 발산한다. 같은 방법으로 $\sum_{n=1}^{\infty} q_n$이 발산함을 보일 수 있다.

(c) $p_n = (a_n + |a_n|)/2$, $q_n = (a_n - |a_n|)/2$이므로 $|a_n| = p_n - q_n$이다. 따라서, $\sum_{n=1}^{\infty} p_n$, $\sum_{n=1}^{\infty} q_n$이 동시에 수렴하면, $\sum_{n=1}^{\infty} |a_n|$도 수렴한다.

6. 연습문제 7.1.5 (b)에 의하여 $\sum_{n=1}^{\infty} p_n = \infty$, $\sum_{n=1}^{\infty} q_n = -\infty$이다. $x \in \mathbb{R}$에 대하여, $\sum_{n=1}^{\infty} p_n = \infty$이므로

$$\sum_{k=1}^{K_1} p_k > x \geq \sum_{k=1}^{K_1-1} p_k$$

를 만족하는 가장 작은 자연수 K_1을 잡으면, $-p_{K_1} \leq x - \sum_{k=1}^{K_1} p_k < 0 < p_{K_1}$이므로

$$|x - \sum_{k=1}^{K_1} p_k| \leq p_{K_1}$$

이 성립한다. 그리고 $\sum_{n=1}^{\infty} q_n = -\infty$이므로

$$\sum_{k=1}^{K_1} p_k + \sum_{k=1}^{J_1} q_k \leq x < \sum_{k=1}^{K_1} p_k + \sum_{k=1}^{J_1-1} q_k$$

를 만족하는 가장 작은 자연수 J_1을 잡을 수 있고,

$$\left| x - \Big(\sum_{k=1}^{K_1} p_k + \sum_{k=1}^{J_1} q_k \Big) \right| \leq -q_{J_1}$$

을 얻는다. 다시,

$$\begin{aligned} & \sum_{k=1}^{K_1} p_k + \sum_{k=1}^{J_1} q_k + \sum_{k=K_1+1}^{K_2} p_k \\ > \quad & x \geq \sum_{k=1}^{K_1} p_k + \sum_{k=1}^{J_1} q_k + \sum_{k=K_1+1}^{K_2-1} p_k \end{aligned}$$

를 만족하는 K_1부다 큰 가장 작은 자연수 K_2을 잡으면

$$\left| x - \Big(\sum_{k=1}^{K_1} p_k + \sum_{k=1}^{J_1} q_k + \sum_{k=K_1+1}^{K_2} p_k \Big) \right| \leq p_{K_2}$$

을 얻는다. 다시 한번 반복하면

$$\begin{aligned}&\sum_{k=1}^{K_1} p_k + \sum_{k=1}^{J_1} q_k + \sum_{k=K_1+1}^{K_2} p_k + \sum_{k=J_1+1}^{J_2} q_k \\ \le \quad & x < \sum_{k=1}^{K_1} p_k + \sum_{k=1}^{J_1} q_k + \sum_{k=K_1+1}^{K_2} p_k + \sum_{k=J_1+1}^{J_2-1} q_k\end{aligned}$$

를 만족하는 J_1보다 큰 가장 작은 자연수 J_2을 잡으면

$$\left| x - \left(\sum_{k=1}^{K_1} p_k + \sum_{k=1}^{J_1} q_k + \sum_{k=K_1+1}^{K_2} p_k + \sum_{k=J_1+1}^{J_2} q_k \right) \right| \le -q_{J_2}$$

을 얻는다. 이러한 과정을 계속하여 구축한 수열

$$\sum_{k=1}^{K_1} p_k + \sum_{k=1}^{J_1} q_k + \sum_{k=K_1+1}^{K_2} p_k + \sum_{k=J_1+1}^{J_2} q_k + \cdots$$

은 $\sum_{n=1}^{\infty} a_n$의 재배열이고 분명히 x에 수렴한다(왜?).

7. (a) $a_n = 1/n^2$라 하면

$$\sum_{n=1}^{\infty} 2^n a_{2^n} = \sum_{n=1}^{\infty} 2^n \cdot \frac{1}{(2^n)^2} = \sum_{n=1}^{\infty} \left(\frac{1}{2}\right)^n < \infty$$

임을 주목하여라.

(b) $a_n = 1/n$라 하면

$$\sum_{n=1}^{\infty} 2^n a_{2^n} = \sum_{n=1}^{\infty} 2^n \cdot \frac{1}{2^n} = \sum_{n=1}^{\infty} 1 = \infty$$

임을 주목하여라.

(c) $a_n = \frac{1}{n \ln n}$라 하면

$$\sum_{n=1}^{\infty} 2^n a_{2^n} = \sum_{n=1}^{\infty} 2^n \cdot \frac{1}{2^n \ln 2^n} = \frac{1}{\ln 2} \sum_{n=1}^{\infty} \frac{1}{n}$$

임을 주목하여라.

(d) $a_n = \frac{1}{n(\ln n)^2}$라 하면

$$\sum_{n=1}^{\infty} 2^n a_{2^n} = \sum_{n=1}^{\infty} 2^n \cdot \frac{1}{2^n (\ln 2^n)^2} = \frac{1}{(\ln 2)^2} \sum_{n=1}^{\infty} \frac{1}{n^2}$$

임을 주목하여라.

8. 연습문제 3.5.8과 Cauchy 수렴판정기준 3.5.2를 적용하여라.

9. $a_n = 2^{\frac{1}{n}} - 1$라 하면, $a_n > 0$이고 $a_n \to 0$이다. 한편,

$$2^{\frac{1}{n}} > 1 \Leftrightarrow 2^{\frac{1}{n}+1} > 2 \Leftrightarrow 2^{\frac{n+1}{n}} > 2 \Leftrightarrow 2^{\frac{1}{n}} > 2^{\frac{1}{n+1}} \Leftrightarrow 2^{\frac{1}{n}} - 1 > 2^{\frac{1}{n+1}} - 1$$

가 성립하므로 수열 (a_n)은 감소($\downarrow$)한다. 교대급수판정법 7.1.9에 의하여 급수 $(2-1) - (2^{1/2}-1) + (2^{1/3}-1) - (2^{1/4}-1) + \cdots$는 수렴한다. 그러므로 $(1-2) - (1-2^{1/2}) + (1-2^{1/3}) - (1-2^{1/4}) + \cdots$도 역시 수렴한다. ($c = -1$로 정리 7.1.3 (b)를 적용하여라.)

10. 예제 3.3.7 (c) [**Euler상수**]에 의하여

$$\gamma_n = 1 + \frac{1}{2} + \frac{1}{3} + \cdots + \frac{1}{n} - \ln n - \gamma \quad \to \quad 0$$

이다. 여기서 γ는 Euler상수이다. 만약

$$\alpha_n = 1 + \frac{1}{2} + \frac{1}{3} + \cdots + \frac{1}{n} = \ln n + \gamma + \gamma_n$$

라 두면,

$$\frac{1}{2} + \frac{1}{4} + \cdots + \frac{1}{2p} = \frac{1}{2}\alpha_p = \frac{1}{2}\ln p + \frac{1}{2}\gamma + \frac{1}{2}\gamma_p$$

이고

$$1 + \frac{1}{3} + \frac{1}{5} + \cdots + \frac{1}{2q-1} = \alpha_{2q} - \frac{1}{2}\alpha_q = \ln 2 + \frac{1}{2}\ln q + \frac{1}{2}\gamma + \gamma_{2q} - \frac{1}{2}\gamma_q.$$

이다. 그러므로

$$\overbrace{1 + \frac{1}{3} + \cdots}^{p} \; \overbrace{-\frac{1}{2} - \frac{1}{4} - \cdots}^{q} = \ln\left(2\sqrt{\frac{p}{q}}\right) + \left(\frac{1}{2}\gamma_p - \gamma_{2q} + \frac{1}{2}\gamma_q\right)$$

이다. 이것은 주어진 재배열된 급수의 n-째 부분합 s_n이

$$\ln\left(2\sqrt{\frac{p}{q}}\right) + \delta_n, \qquad \lim_{n\to\infty} \delta_n = 0$$

의 꼴로 주어진다는 것이다. 따라서 $\lim s_n = \ln\left(2\sqrt{\frac{p}{q}}\right)$이다.

(a) $p = 1$, $q = 1$로 재배열된 급수를 생각하여라.

(b) $p = 2$, $q = 1$로 재배열된 급수를 생각하여라.

(c) $p = 1$, $q = 4$로 재배열된 급수를 생각하여라.

11. 모든 $n \in \mathbb{N}$에 대하여 $a_{2n} = \frac{1}{2n}(\sqrt{2n}-1) > 0$, $a_{2n-1} = \frac{1}{2n-1}(\sqrt{2n-1}+1) > 0$이고 $\lim a_n = 0$임을 주목하자.

$$\begin{aligned}\sum_{n=3}^{\infty}(-1)^{n+1}a_n &= (a_3-a_4)+(a_5-a_6)+\cdots+\\ &= \left[\left(\frac{\sqrt{3}}{3}+\frac{1}{3}\right)-\left(\frac{\sqrt{4}}{4}-\frac{1}{4}\right)\right]+\left[\left(\frac{\sqrt{5}}{5}+\frac{1}{5}\right)-\left(\frac{\sqrt{6}}{6}-\frac{1}{6}\right)\right]+\cdots\\ &> \frac{1}{3}+\frac{1}{4}+\frac{1}{5}+\frac{1}{6}+\cdots=\infty\end{aligned}$$

이므로 주어진 급수 $\sum_{n=1}^{\infty}(-1)^{n+1}a_n$도 발산한다. 한편,

$$a_1 = 2 > a_2 = \frac{\sqrt{2}-1}{2} < a_3 = \frac{\sqrt{3}+1}{3} > a_4 = \frac{\sqrt{4}-1}{4} < \cdots$$

이므로 수열 (a_n)은 감소하지 않는다. 그러므로 교대급수판정법 7.1.9를 적용할 수 없다.

12. (a) 먼저 (a_n)이 양의 감소수열이고 $s_n = \sum_{k=1}^{n} a_k \to s$라 하자. 그러면

$$s_{2n} - s_n = a_{n+1} + \cdots + a_{2n} \geq na_{2n} \geq 0$$

이고 $\lim(s_{2n} - s_n) = 0$이므로 수열에 대한 조임정리 3.2.4에 의하여 $\lim na_{2n} = 0$이다. 즉 $\lim 2na_{2n} = 0$이다. 한편 $a_{2n+1} \leq a_{2n}$이고

$$(2n+1)a_{2n+1} \leq \left(\frac{2n+1}{2n}\right)(2na_{2n})$$

이므로 다시 수열에 대한 조임정리 3.2.4를 적용하면 $\lim(2n+1)a_{2n+1} = 0$이다. 수열 (na_n)의 짝수항과 홀수항들의 부분수열들이 동일한 극한값 0에 수렴했으므로 연습문제 3.1.10에 의하여 $\lim na_n = 0$이다. 이제 일반성을 잃지 않고 (a_n)이 음의 감소수열이라 하자. 앞의 증명과 유사하게

$$s_{2n} - s_{n-1} = a_n + a_{n+1} + \cdots + a_{2n} \leq (n+1)a_n \leq 0 \quad (n \geq 2)$$

이고 $\lim(s_{2n} - s_{n-1}) = 0$이므로 수열에 대한 조임정리 3.2.4에 의하여 $\lim(n+1)a_n = 0$을 얻는다. 정리 7.1.6에 의하여 $\lim a_n = 0$이므로 $na_n = (n+1)a_n - a_n \to 0$이다.

(b) 교대급수 $\sum_{n=1}^{\infty} \frac{(-1)^{n+1}}{n}$을 생각하여라.

(c) $a_n = \frac{1}{n}$라 하면, 분명히 (a_n)은 감소수열이다. 그러나 $na_n = 1 \not\to 0$이므로 $\sum_{n=1}^{\infty} \frac{1}{n}$은 수렴할 수 없다.

13. $r = \alpha - 1$라 두고 먼저 주어진 수열을 변형하면 $k = 2, 3, \ldots$에 대하여

$$\begin{aligned} x_{k+1} - x_k &= (1-\alpha)(x_{k-1} - x_k) \\ &= r(x_k - x_{k-1}) = \cdots \\ &= r^{k-1}(x_2 - x_1) = r^{k-1}d \qquad (d = x_2 - x_1) \end{aligned}$$

로 주어진다($k = 1$인 경우에도 위의 등식은 분명히 성립한다). 곧바로 $k = 1, 2, \ldots,$ $(n-1)$을 위의 등식에 대입한 후 양변을 변변끼리 더하면

$$x_n - x_1 = d\sum_{k=0}^{n-2} r^k \Leftrightarrow x_n = x_1 + d\sum_{k=0}^{n-2} r^k \qquad (\spadesuit)$$

가 얻어진다. 분명히 $\sum_{n=0}^{\infty} r^n$은 기하급수판정법(예제 7.1.13)에 의하여 $|r| < 1$이면 $\frac{1}{1-r}$에 수렴하고, $|r| \geq 1$이면 발산한다. 따라서 $|r| < 1$ $(\Leftrightarrow 0 < \alpha < 2)$이면 $(\spadesuit)$에 의하여 주어진 수열 (x_n)은 수렴하고 그 때, (x_n)의 극한은

$$\begin{aligned} \lim_{n\to\infty} x_n &= \ = x_1 + d\sum_{k=0}^{\infty} r^k = x_1 + d \cdot \frac{1}{1-r} \\ &= x_1 + (x_2 - x_1) \cdot \frac{1}{2-\alpha} = \frac{(1-\alpha)x_1 + x_2}{2-\alpha} \qquad (0 < \alpha < 2) \end{aligned}$$

로 주어진다. 한편, $|r| \geq 1$, 즉 $\alpha \leq 0$ 또는 $\alpha \geq 2$이면 기하급수 $\sum_{n=0}^{\infty} r^n$가 발산하므로 수열 (x_n)도 발산한다.

14. $s_n = \sum_{j=1}^{n} \frac{k_j}{p^j}$이라 두면 마지막 부등식으로부터 $|s_n - x| < \frac{1}{p^n}$이 됨을 주목하여라. 부등식의 양변에 극한 $\lim_{n\to\infty}$을 취하면 $x = \lim s_n = \sum \frac{k_n}{p^n}$을 얻는다.

15. $q = 1 - p$라 하자. 먼저 공격자가 4점을 얻으면 이길 수 있다. 공격자가 4점을 얻는 동안에 상대 선수는 0, 1, 또는 2점을 얻을 수 있으므로 이 경우의 확률은

$$p^4 + \binom{4}{1} p^4 q + \binom{5}{2} p^4 q^2$$

이다. 다음 서버권을 가진 공격자가 듀스(*deuce*; 40대 40의 득점) 후에 이길 경우를 생각하자. 듀스가 일어날 확률은 $\binom{6}{3} p^3 q^3$이다. 이 경우 공격자가 k번의 동점(*tie*) 후에 계속 2점을 따서 이길 확률은 $(2pq)^k p^2$이다. 모든 $k \geq 0$에 대하여 합하면 기하급수 $p^2 \sum_{k=0}^{\infty} (2pq)^k = \frac{p^2}{1-2pq}$을 얻는다. 그러므로 전체 확률은

$$p^4(1 + 4q + 10q^2) + \frac{20p^5q^3}{1-2pq}$$

이다(마지막 값은 듀스 후 이길 확률을 의미한다). $p = \frac{3}{5}$이면 서버권을 가진 공격자가 게임에서 이길 확률은 0.736이고 $p = 0.7$이면 0.901이 된다. 이것은 서버권을 가진 공격자가 매우 유리함을 암시한다.

16. 기하급수판정법(예제 7.1.13)에 의하여 $\sum_{n=0}^{\infty} x^n = \frac{1}{1-x}$ $(0 \le x < 1)$이므로 Mertens 정리 7.1.25를 적용할 수 있다. $a_n = b_n = x^n$ $(n = 0, 1, 2, \ldots)$라 하면 $c_n = \sum_{k=0}^{n} a_k b_{n-k} = \sum_{k=0}^{n} x^n = (n+1)x^n$이고

$$\left(\frac{1}{1-x}\right)^2 = \left(\sum_{n=0}^{\infty} x^n\right)\left(\sum_{n=0}^{\infty} x^n\right) = \sum_{n=0}^{\infty}(n+1)x^n$$

이다.

17. $a_n = b_n = (-1)^n \frac{1}{\sqrt{n+1}}$ $(n = 0, 1, 2, \ldots)$라 하면 $\sum a_n$과 $\sum b_n$는 분명히 조건부 수렴한다. 그러나

$$c_n = \sum_{k=0}^{n} a_k b_{n-k} = (-1)^n \sum_{k=0}^{n} \frac{1}{\sqrt{(k+1)(n-k+1)}}$$

이고

$$(k+1)(n-k+1) = \left(\frac{n}{2}+1\right)^2 - \left(\frac{n}{2}-k\right)^2 \le \left(\frac{n}{2}+1\right)^2$$

이므로

$$|c_n| \ge \sum_{k=0}^{n} \frac{2}{n+2} = 2 \cdot \frac{n+1}{n+2} \ge 1 \qquad (n \in \mathbb{N})$$

를 얻는다. 분명히 $c_n \not\to 0$이므로 정리 7.1.6에 의하여 $\sum c_n$은 발산한다.

18. (a) $a_{ij} \ge 0$ $(i, j \in \mathbb{N})$이므로 모든 $n, m \in \mathbb{N}$에 대하여

$$\sum_{j=1}^{n}\sum_{i=1}^{m} a_{ij} = \sum_{i=1}^{m}\sum_{j=1}^{n} a_{ij} \le \sum_{i=1}^{m}\left(\sum_{j=1}^{\infty} a_{ij}\right) \le \sum_{i=1}^{\infty}\left(\sum_{j=1}^{\infty} a_{ij}\right) = a$$

임을 주목하여라. 단조수렴정리 3.3.2 (a)에 의하여 위 부등식의 양변에 먼저 극한 $\lim_{m\to\infty}$를 취한 후 $\lim_{n\to\infty}$로 취하면

$$b = \sum_{j=1}^{\infty}\sum_{i=1}^{\infty} a_{ij} \le a$$

를 얻는다. 유사한 논거로 $a \le b$임을 쉽게 보일 수 있다 (왜?).

(b) $j = i+1$이면 $a_{ij} = 1$, $j = i-1$이면 $a_{ij} = -1$, 그 밖에서는 모두 $a_{ij} = 0$으로 정의된 다음과 같은 무한 행렬 (a_{ij})내에 있는 모든 성분 a_{ij}들의 무한 합을 생각하여라.

$$\begin{pmatrix} 0 & 1 & 0 & 0 & \cdots \\ -1 & 0 & 1 & 0 & \cdots \\ 0 & -1 & 0 & 1 & \cdots \\ 0 & 0 & -1 & 0 & \cdots \\ \vdots & \vdots & \vdots & \vdots & \ddots \end{pmatrix}$$

위 좌측으로부터 얻어지는 모든 $n \times n$ 정방행렬내에 있는 성분들의 합들은

$$\sum_{i=1}^{n}\sum_{j=1}^{n} a_{ij} = 0$$

임을 알 수 있다. 그러므로

$$\lim_{n\to\infty}\sum_{i=1}^{n}\sum_{j=1}^{n} a_{ij} = 0$$

이 된다. 그러나, 일반적으로 $m \times n$행렬들의 내부에 있는 성분들의 합

$$\sum_{i=1}^{m}\sum_{j=1}^{n} a_{ij} = \sum_{j=1}^{n}\sum_{i=1}^{m} a_{ij}$$

이고 , $n > m$ (열이 행보다 많을 경우)일 때는 1이고, $m > n$ (행이 열보다 많을 경우)일 때는 -1이 됨을 알 수 있다. 그러므로

$$\sum_{i=1}^{\infty}\sum_{j=1}^{\infty} a_{ij} = 1 \neq -1 = \sum_{j=1}^{\infty}\sum_{i=1}^{\infty} a_{ij}$$

가 성립함을 주목하여라.

19. (a) 연습문제 3.1.12 (b)를 이용하여라.

(b) 제 n째 부분합의 수열 (s_n)은 $(1, 0, 1, 0, \ldots)$로 진동하므로 발산한다. 반면에

$$\sigma_{2n} = \frac{s_1 + \cdots + s_{2n}}{2n} = \frac{\overbrace{1+0+1+\cdots+1+0}^{2n}}{2n} = \frac{n}{2n} = \frac{1}{2}$$

이고 유사하게 $\sigma_{2n-1} = \frac{n}{2n-1}$임을 쉽게 알 수 있다. 그러므로

$$\lim \sigma_{2n} = \frac{1}{2} = \lim \sigma_{2n-1}$$

이다. 연습문제 3.1.10에 의하여 $\lim \sigma_n = \frac{1}{2}$이다.

(c) 급수 $\sum_{n=0}^{\infty} a_n$가 발산한다고 가정하자. 그러면 정리 7.1.16에 의하여

$$\sum_{n=0}^{\infty} a_n = \lim_{n\to\infty} s_n = \infty$$

이다. 즉, L 보다 충분히 큰 임의의 $M > 0$에 대하여

$$s_n > M \qquad (n \geq K)$$

를 만족하는 $K \in \mathbb{N}$가 항상 존재한다. 이 때 $n > K$에 대하여

$$\sigma_n = \frac{s_1 + \cdots + s_n}{n} \geq \frac{s_1 + \cdots + s_{K-1}}{n} + \left(1 - \frac{K-1}{n}\right) M$$

을 얻는다. 위 부등식의 양변에 극한 $\lim_{n\to\infty}$을 취하면 곧바로 $L \geq M\,(> L)$라는 모순을 얻는다. 이 모순은 주어진 급수 $\sum_{n=0}^{\infty} a_n$가 수렴한다는 것을 의미하며, 또한 (a)에 의하여 그 극한값은 반드시 L이 됨을 주목하여라.

20. $\sum_{j=1}^{\infty} \frac{a_j}{k+j} = \sum_{j=1}^{K-1} \frac{a_j}{k+j} + \sum_{j=K}^{\infty} \frac{a_j}{k+j}$이고 $\lim_{k\to\infty} \sum_{j=1}^{K-1} \frac{a_j}{k+j} = 0$이므로

$$\lim_{k\to\infty} \sum_{j=K}^{\infty} \frac{a_j}{k+j} = 0$$

을 보이면 충분하다. 먼저 다음을 주목하여라.

$$c_k = \sum_{j=K}^{\infty} \frac{a_j}{k+j} \leq \sum_{j=K}^{\infty} \frac{a_j}{j} < \infty \qquad (k \in \mathbb{N}).$$

더욱, (c_k)는 음이 아닌(*nonegative*) 감소수열이므로 단조수렴정리 3.3.2 (b)에 의하여 $\lim c_k\ (= c \in \mathbb{R})$가 항상 존재한다. 이제 $n > K$에 대하여

$$0 \leq c_k = \sum_{j=K}^{\infty} \frac{a_j}{k+j} \leq \sum_{j=K}^{n} \frac{a_j}{k+j} + \sum_{j=n+1}^{\infty} \frac{a_j}{k+j} \leq \sum_{j=K}^{n} \frac{a_j}{k+j} + \sum_{j=n+1}^{\infty} \frac{a_j}{j}$$

이므로 양변에 먼저 극한 $\lim_{k\to\infty}$를 취하면 $0 \leq c \leq \sum_{j=n+1}^{\infty} \frac{a_j}{j}$을 얻는다. 다시 극한 $\lim_{n\to\infty}$를 취하면 우변항은 0으로 수렴하므로 (왜?) $c = 0$을 얻고 증명이 모두 끝난다.

21. $x = 0$일 때는 분명하다. $x = \pm 1$이면 주어진 급수는 $\sum_{n=1}^{\infty} \frac{\sin n}{n}$이 되고, 이것은 예제 7.1.22 ($x = 1$인 경우)에 의하여 수렴한다. 이제 $0 < |x| < 1$라 하자. $\left|\frac{\sin x}{x}\right| \leq 1\ (x \neq 0)$이므로 다음이 성립한다.

$$\begin{aligned} \left|\sum_{n=1}^{\infty} \frac{x^n \sin nx}{n}\right| &= \left|\sum_{n=1}^{\infty} \frac{x^{n+1} \sin nx}{nx}\right| \leq \sum_{n=1}^{\infty} |x|^{n+1} \left|\frac{\sin nx}{nx}\right| \\ &\leq \sum_{n=1}^{\infty} |x|^{n+1} = \frac{|x|^2}{1-|x|} \qquad (0 < |x| < 1) \end{aligned}$$

이다. (마지막 등식은 예제 7.1.13 (기하급수판정법)을 적용하였다.) 그러므로 모든 $0 < |x| < 1$에 대하여 $\sum_{n=1}^{\infty} \frac{x^n \sin nx}{n}$는 수렴한다.

22. 교대급수판정법 7.1.9에서 수열 $(1, -1, 1, -1, \ldots)$의 부분합들의 수열 (s_n)은 1과 0로 진동하므로 유계수열이다. 또한 $a_n \downarrow 0$ 이므로 Dirichlet 판정법 7.1.19에 의하여 교대급수 $\sum_{n=1}^{\infty}(-1)^{n+1}a_n$는 수렴한다.

23. $b_n = \frac{1}{n} \downarrow 0$이므로 Abel 판정법 7.1.23을 적용하면 $\sum_{n=1}^{\infty}(na_n)\frac{1}{n}$도 수렴한다.

24. (a) 삼각함수에 대한 공식

$$\sin(\alpha+\beta) - \sin(\alpha-\beta) = 2\cos\alpha\sin\beta$$

에서 차례로 $\alpha = x, 3x, 5x, \ldots, (2n-1)x$와 $\beta = x$를 대입한 후 양변을 각각 더하고 $2\sin x$로 나누면 (a)가 얻어진다.

(b) 먼저 $\sin x \neq 0 \ \Leftrightarrow\ x \neq \pm n\pi \ (n \in \mathbb{N})$임을 주목하여라. 이제 $a_n = \cos(2n-1)x$라 두고, x가 π의 배수가 아니면 (a)에 의하여

$$|s_n| = \left|\sum_{k=1}^{n} \cos(2k-1)x\right| \leq \frac{1}{2|\sin x|} \qquad (n \in \mathbb{N})$$

가 되므로 (s_n)은 유계이다. 한편 $b_n = \frac{1}{2n-1} \downarrow 0$ 이므로 Dirichlet 판정법 7.1.19에 의하여 급수 $\sum_{n=1}^{\infty} \frac{\cos(2n-1)x}{2n-1}$는 수렴한다.

7.2 절대수렴에 대한 판정법

정리 7.2.1 (비교판정법)

$$0 \leq x_n \leq y_n \quad (n \geq K)$$

되는 $K \in \mathbb{N}$가 존재한다고 하자.

(a) $\sum_{n=1}^{\infty} y_n$이 수렴하면 $\sum_{n=1}^{\infty} x_n$도 수렴하고

(b) $\sum_{n=1}^{\infty} x_n$이 발산하면 $\sum_{n=1}^{\infty} y_n$도 발산한다.

예제 7.2.2 다음 급수의 수렴·발산을 판별하여라.

(a) $\sum_{n=1}^{\infty} \frac{e^{-\sqrt{n}}}{\sqrt{n}}$. (b) $\sum_{n=1}^{\infty} \frac{1}{2n+5}$.

정리 7.2.3 (극한비교판정법) $x_n,\ y_n > 0\,(n \geq 1)$라 하자.

(a) 만약 $\lim \frac{x_n}{y_n} \neq 0$ 라면 $\sum_{n=1}^{\infty} x_n$이 수렴할 필요충분조건은 $\sum_{n=1}^{\infty} y_n$이 수렴하는 것이다.

(b) $\lim \frac{x_n}{y_n} = 0$인 경우 $\sum_{n=1}^{\infty} y_n$이 수렴하면 $\sum_{n=1}^{\infty} x_n$도 수렴한다.

예제 7.2.4 $\sum_{n=1}^{\infty} \frac{1}{n(n+1)}$는 수렴한다.

정리 7.2.5 (Root 판정법) $\rho = \limsup_{n\to\infty} |x_n|^{\frac{1}{n}}$라 하자.

(a) 만약 $\rho < 1$이면 $\sum_{n=1}^{\infty} x_n$은 절대수렴하고

(b) $\rho > 1$이면 $\sum_{n=1}^{\infty} x_n$은 발산한다.

(c) $\rho = 1$이면 판정할 수 없다.

따름정리 7.2.6 $\rho = \lim |x_n|^{\frac{1}{n}}$가 존재한다고 하자.

(a) 만약 $\rho < 1$이면 $\sum_{n=1}^{\infty} x_n$은 절대수렴하고

(b) $\rho > 1$이면 $\sum_{n=1}^{\infty} x_n$은 발산한다.

(c) $\rho = 1$이면 판정할 수 없다.

정리 7.2.7 $x_n \neq 0\,(n \geq 1)$라 하면 다음이 성립한다.

$$\begin{aligned} \limsup_{n\to\infty} |x_n|^{\frac{1}{n}} &\leq \limsup_{n\to\infty} \frac{|x_{n+1}|}{|x_n|}, \\ \liminf_{n\to\infty} |x_n|^{\frac{1}{n}} &\geq \liminf_{n\to\infty} \frac{|x_{n+1}|}{|x_n|}. \end{aligned}$$

정리 7.2.8 (비판정법)

$$\rho = \limsup_{n\to\infty} \frac{|x_{n+1}|}{|x_n|}, \quad \tau = \liminf_{n\to\infty} \frac{|x_{n+1}|}{|x_n|} \qquad (\tau \leq \rho)$$

라 하자.

(a) 만약 $\rho < 1$이면 $\sum_{n=1}^{\infty} x_n$은 절대수렴하고

(b) $\tau > 1$이면 $\sum_{n=1}^{\infty} x_n$은 발산한다.

(c) $\tau \leq 1 \leq \rho$이면 판정할 수 없다.

따름정리 7.2.9 $r = \lim \frac{|x_{n+1}|}{|x_n|}$가 존재한다고 하자.

(a) 만약 $r < 1$이면 $\sum_{n=1}^{\infty} x_n$은 절대수렴하고

(b) $r > 1$이면 $\sum_{n=1}^{\infty} x_n$은 발산한다.

(c) $r = 1$이면 판정할 수 없다.

예제 7.2.10 $\sum_{n=1}^{\infty} \frac{n^n}{n!}$의 수렴·발산을 판별하여라.

정리 7.2.11 (Raabe 판정법) $x_n \neq 0\,(n \geq 1)$라 하자.

(a)

$$\frac{|x_{n+1}|}{|x_n|} \leq 1 - \frac{p}{n} \qquad (n \geq K) \tag{7.3}$$

를 만족하는 실수 $p > 1$와 $K \in \mathbb{N}$가 존재하면 급수 $\sum_{n=1}^{\infty} x_n$는 절대수렴하고

(b)

$$\frac{|x_{n+1}|}{|x_n|} \geq 1 - \frac{p}{n} \qquad (n \geq K) \tag{7.4}$$

를 만족하는 실수 $p \leq 1$와 $K \in \mathbb{N}$가 존재하면 급수 $\sum_{n=1}^{\infty} x_n$는 절대수렴하지 않는다.

따름정리 7.2.12 $x_n \neq 0\,(n \geq 1)$라 하자.

$$r = \lim_{n\to\infty} n\left(1 - \frac{|x_{n+1}|}{|x_n|}\right)$$

라 하자.

(a) $r > 1$이면 $\sum_{n=1}^{\infty} x_n$는 절대수렴하고

(b) $r < 1$이면 $\sum_{n=1}^{\infty} x_n$는 절대수렴하지 않는다.

예제 7.2.13 급수

$$\left(\frac{1}{2}\right)^p + \left(\frac{1\cdot 3}{2\cdot 4}\right)^p + \left(\frac{1\cdot 3\cdot 5}{2\cdot 4\cdot 6}\right)^p + \cdots$$

는 $p > 2$이면 절대수렴하고 $p \leq 2$이면 발산한다.

정리 7.2.14 (적분판정법) $f : [1, \infty) \to \mathbb{R}$가 비음(*nonnegative*)인 감소함수라 할 때, $\sum_{n=1}^{\infty} f(n)$가 수렴할 동치조건은 이상적분

$$\int_1^{\infty} f(t)\,dt = \lim_{n\to\infty} \int_1^n f(t)\,dt$$

가 존재하는 것이다. 더욱 부분합 $s_n = \sum\limits_{k=1}^{n} f(k)$가 s에 수렴할 때 다음 관계식이 성립한다.

$$\int_{n+1}^{\infty} f(t)\,dt \leq s - s_n \leq \int_n^{\infty} f(t)\,dt.$$

예제 7.2.15 다음 급수의 수렴·발산을 판별하여라.

(a) $\sum_{n=1}^{\infty} ne^{-n^2}$. (b) $\sum_{n=2}^{\infty} \frac{1}{n \ln n}$.

연 습 문 제 7.2

1. (a) 비교판정법 7.2.1 (b)를 증명하여라.

   (b) 비교판정법 7.2.1을 이용하여 급수 $\sum_{n=1}^{\infty} \frac{1}{n^{(1+1/n)}}$의 수렴·발산을 판별하여라 (예제 7.1.18).

2. 극한비교판정법 7.2.3 (b)를 증명하고 일반적으로 역은 성립하지 않음을 보여라.

3. 정리 7.2.7의 $\liminf |x_n|^{\frac{1}{n}} \geq \liminf \frac{|x_{n+1}|}{|x_n|}$가 성립함을 증명하여라.

4. 따름정리 7.2.12 (b)를 증명하여라.

5. 따름정리 7.2.12를 이용하여 p-급수 $\sum_{n=1}^{\infty} \frac{1}{n^p}$는 $p > 1$이면 수렴하고 $p \leq 1$이면 발산함을 보여라.

6. 정리 7.2.7을 이용하지 않고 비판정법 7.2.8을 직접 증명하여라.

7. 급수 $\sum_{n=1}^{\infty} \frac{n}{n^2+1}$는 ($r = 1$이므로) 따름정리 7.2.12로는 일반적으로 판정할 수 없다. 그러나 Raabe 판정법 7.2.11을 적용하여 주어진 급수가 발산함을 보여라.

8. $\alpha \in \mathbb{R}$라 할 때, $\sum_{n=1}^{\infty} n^{\alpha} x^n$의 수렴·발산을 판별하여라.

9. Root 판정법의 따름정리 7.2.6을 이용하여 다음 급수들의 수렴·발산을 판별하여라.

   (a) $\sum_{n=1}^{\infty} \frac{x^n}{n^p}$. (b) $\sum_{n=1}^{\infty} \frac{1}{(\log n)^n}$. (c) $\sum_{n=1}^{\infty} \frac{(1+1/n)^{2n}}{e^n}$. (d) $\sum_{n=1}^{\infty} \frac{x^n}{n^n}$.

10. $a_1 = 1$이고 a_n을 $a_n = (-1)^n \left(1 + n \sin \frac{1}{n}\right)^{-1} a_{n-1}$ $(n \geq 2)$와 같이 반복적으로 주어졌을 때 급수 $\sum_{n=1}^{\infty} a_n$는 절대수렴함을 보여라.

11. 적분판정법 7.2.14를 이용하여 p-급수 $\sum_{n=1}^{\infty} \frac{1}{n^p}$의 수렴·발산을 판별하여라.

12. 급수 $\sum_{n=1}^{\infty} \frac{1}{n[\ln(n+1)]^p}$가 수렴할 모든 $p\,(\geq 0)$의 값을 구하여라.

13. 적분판정법 7.2.14를 이용하여 급수 $\sum_{n=1}^{\infty} \frac{e^{-\sqrt{n}}}{\sqrt{n}}$가 수렴함을 보여라 (예제 7.2.2(a)).

14. 다음 조건 (a) 또는 (b)를 만족하고 구간 $[1, \infty)$ 상에서 비음(*nonnegative*)인 연속함수 f의 예를 각각 주어라.

   (a) $\sum_{n=1}^{\infty} f(n)$은 수렴하지만 $\int_1^{\infty} f(x)\,dx$는 발산한다.

   (b) $\sum_{n=1}^{\infty} f(n)$은 발산하지만 $\int_1^{\infty} f(x)\,dx$는 수렴한다.

   [주의] 이것은 적분판정법 7.2.14의 가정에서 f가 구간 $[1, \infty)$ 상에서 감소한다는 조건이 반드시 필요함을 시사한다.

15. f가 구간 $[1, \infty)$ 상에서 비음(*nonnegative*)인 감소함수이고 $\int_1^{\infty} f(x)\,dx$가 수렴한다고 가정하면 $\lim_{x\to\infty} xf(x) = 0$임을 보여라. [힌트] 연습문제 7.1.12 (a).

16. $x_n,\, y_n > 0$, $\sum x_n = \infty$, $\sum x_n y_n < \infty$이면 $\liminf y_n = 0$임을 보여라.

연습문제풀이 및 힌트 7.2

1. (a) $\sum_{n=1}^{\infty} x_n$이 발산한다고 가정하자. 정리 7.1.16에 의하여 (s_n)은 유계가 아니다. $t_n = \sum_{k=1}^{n} y_k$라 하면 $x_n \leq y_n$ $(n \geq K)$이므로 (t_n)도 유계가 아니다(왜?). 다시 정리 7.1.16을 적용하면 $\sum_{n=1}^{\infty} y_n$은 발산한다.

[주의] 정리 7.2.1(a)의 대우로부터 비교판정법 7.2.1 (b)의 증명은 자명하다.

(b) 먼저 $\lim n^{1/n} = 1$임을 주목하여라(예제 3.1.7 (b)). 그러므로 이것의 역수 $\lim \frac{1}{n^{1/n}} = 1$이다. 곧바로 극한의 정의에 의하여 충분히 큰 $K \in \mathbb{N}$가 존재하여

$$\left|\frac{1}{n^{1/n}} - 1\right| < \frac{1}{2} \ (n \geq K) \ \Rightarrow \ \frac{1}{2} < \frac{1}{n^{1/n}} \ (n \geq K)$$

이다. 양변에 $\frac{1}{n}$을 곱하면 $\frac{1}{2n} < \frac{1}{n^{(1+1/n)}}$ $(n \geq K)$을 얻는다. 예제 7.1.18 $(p = 1)$로부터 조화급수 $\sum_{n=1}^{\infty} \frac{1}{n}$은 발산하므로 비교판정법 7.2.1 (b)에 의하여 $\sum_{n=1}^{\infty} \frac{1}{n^{(1+1/n)}}$도 발산한다.

2. $\epsilon = 1 > 0$에 대하여 $\lim(x_n/y_n) = 0$이므로

$$0 < x_n/y_n < 1 \qquad (n \geq K)$$

를 만족하는 $K \in \mathbb{N}$가 존재한다. $x_n < y_n$ $(n \geq K)$이므로 정리 7.2.1(a)에 의하여 $\sum_{n=1}^{\infty} y_n$이 수렴하면 $\sum_{n=1}^{\infty} x_n$도 수렴한다. 만약 $x_n = \frac{1}{n(n+1)}$, $y_n = \frac{1}{n}$로 잡으면 분명히 $\lim(x_n/y_n) = \lim \frac{1}{n+1} = 0$이다. 예제 7.2.4에서 $\sum_{n=1}^{\infty} \frac{1}{n(n+1)}$은 수렴하지만 조화급수 $\sum_{n=1}^{\infty} \frac{1}{n}$은 발산한다.

3. 먼저 $\liminf \frac{|x_{n+1}|}{|x_n|} = 0$이면 $|x_n|^{\frac{1}{n}} \geq 0$ $(n \in \mathbb{N})$이므로 정리 3.4.6에 의하여

$$\liminf_{n\to\infty} |x_n|^{\frac{1}{n}} \geq 0$$

이다. 그러므로 주어진 부등식이 성립한다. $\rho = \liminf \frac{|x_{n+1}|}{|x_n|} > 0$이라 가정하자. 먼저 $\rho < \infty$이면 $\epsilon < \rho$를 만족하는 임의의 $\epsilon > 0$에 대하여, 정리 3.4.7(b)에 의하여

$$\frac{|x_{n+1}|}{|x_n|} > \rho - \epsilon \qquad (n \geq K)$$

를 만족하는 $K \in \mathbb{N}$가 존재한다. 반복적으로 대입하면,

$$|x_n| = |x_{K+(n-K)}| \geq (\rho - \epsilon)^{n-K}|x_K| = M(\rho - \epsilon)^n \qquad (n \geq K)$$

이다. 여기서 $M = \frac{|x_K|}{(\rho-\epsilon)^K} > 0$라 하자. 다시 말하면,

$$|x_n|^{\frac{1}{n}} \geq M^{\frac{1}{n}}(\rho-\epsilon) \qquad (n \geq K)$$

가 성립한다. 분명히 $\lim M^{\frac{1}{n}} = 1$(연습문제 3.1.4 (b))이므로, 정리 3.4.6에 의하여

$$\liminf_{n\to\infty} |x_n|^{\frac{1}{n}} \geq \rho - \epsilon$$

이다. ϵ이 임의로 주어졌으므로 $\liminf |x_n|^{\frac{1}{n}} \geq \rho$가 성립한다. 마지막으로 $\rho = \infty$ 이면 $\lim \frac{|x_{n+1}|}{|x_n|} = \infty$이다. 즉, 임의의 $M > 0$에 대하여 $K_0 \in \mathbb{N}$가 존재하여

$$\frac{|x_{n+1}|}{|x_n|} > M \qquad (n \geq K_0)$$

가 만족된다. 그러므로

$$|x_n| = |x_{K_0+(n-K_0)}| \geq M^{n-K_0}|x_{K_0}| \qquad (n \geq K_0)$$

가 주어지고 양변에 n-승근을 취하면 곧바로

$$|x_n|^{\frac{1}{n}} \geq M^{1-\frac{K_0}{n}}|x_{K_0}|^{\frac{1}{n}} \qquad (n \geq K_0)$$

을 얻는다. 연습문제 3.1.4 (b)와 정리 3.4.6을 적용하면

$$\liminf_{n\to\infty} |x_n|^{\frac{1}{n}} \geq M$$

가 얻어진다. 즉, $M > 0$이 임의로 주어졌으므로 $\liminf |x_n|^{\frac{1}{n}} = \infty$이다.

4. $r < 1$라 하고 $r < p < 1$되는 p를 선택하자. $\epsilon = p - r > 0$에 대하여

$$\left| n\left(1 - \frac{|x_{n+1}|}{|x_n|}\right) - r \right| < p - r \qquad (n \geq K)$$

를 만족하는 $K \in \mathbb{N}$가 존재한다. 즉,

$$\frac{|x_{n+1}|}{|x_n|} > 1 - \frac{p}{n} \qquad (n \geq K)$$

이므로 Raabe 판정법 7.2.11 (b)를 적용하면 $\sum_{n=1}^{\infty} x_n$는 절대수렴하지 않는다.

5. $x_n = \frac{1}{n^p}$라 하자. L'Hospital 법칙 5.3.3을 적용하면 $\lim\limits_{x\to 0+} [(1+x)^p - 1]/x = p$이다. 특히,

$$\lim_{n\to\infty} \frac{(1+1/n)^p - 1}{1/n} = p$$

이다. 이것을 이용하면

$$\begin{aligned} r &= \lim_{n\to\infty} n\left(1 - \frac{|x_{n+1}|}{|x_n|}\right) \\ &= \lim_{n\to\infty} n\left[\frac{(n+1)^p - n^p}{(n+1)^p}\right] \\ &= \lim_{n\to\infty} \frac{(1+1/n)^p - 1}{1/n} \cdot \lim_{n\to\infty} \frac{1}{(1+1/n)^p} \\ &= p \cdot 1 = p \end{aligned}$$

를 얻는다. 따름정리 7.2.12에 의하여 p-급수 $\sum_{n=1}^{\infty} \frac{1}{n^p}$는 $p > 1$이면 절대수렴하고 $p < 1$이면 발산한다. 특히, $p = 1$이면

$$\frac{|x_{n+1}|}{|x_n|} = \frac{n}{n+1} = 1 - \frac{1}{n+1} > 1 - \frac{1}{n} \qquad (n \in \mathbb{N})$$

이므로 Raabe 판정법 7.2.11 (b)에 의하여 조화급수 $\sum_{n=1}^{\infty} \frac{1}{n}$도 발산한다.

6. (a) $\rho < 1$이면 $\rho < r < 1$인 r을 잡자. $\epsilon = r - \rho > 0$라 두면 정리 3.4.7 (a)에 의하여 적당한 $K \in \mathbb{N}$가 존재하여

$$\frac{|x_{n+1}|}{|x_n|} < \rho + \epsilon = r \qquad (n \geq K)$$

가 성립한다. 그러면

$$|x_{K+1}|/|x_K| < r, \quad |x_{K+2}|/|x_{K+1}| < r, \quad \cdots$$

이므로

$$\frac{|x_{K+2}|}{|x_K|} = \frac{|x_{K+2}|}{|x_{K+1}|}\frac{|x_{K+1}|}{|x_K|} \leq r^2$$

를 만족한다. 유사한 방법으로 $j \geq 0$에 대하여

$$\frac{|x_{K+j}|}{|x_K|} = \frac{|x_{K+j}|}{|x_{K+j-1}|} \cdots \frac{|x_{K+1}|}{|x_K|} \leq r^j$$

을 얻는다. 그러므로

$$|x_{K+j}| \leq |x_K| r^j \quad (j = 0, 1, 2, \ldots) \leq (\clubsuit)$$

이고 $0 < r < 1$이므로 기하급수 $\sum_{j=0}^{\infty} r^j$는 수렴한다(예제 7.1.13). ($\clubsuit$)에 비교판정법 7.2.1을 적용하자. $\sum_{j=0}^{\infty} |x_K| r^j$가 수렴하므로 $\sum_{j=0}^{\infty} |x_{K+j}|$도 수렴한다. 따라서, $\sum_{n=1}^{\infty} |x_n|$도 수렴한다(왜?).

(b) $\tau > 1$이면 $\tau > d > 1$인 d을 잡자. $\epsilon = \tau - d > 0$라 두면 정리 3.4.7 (b)에 의하여 적당한 $K \in \mathbb{N}$가 존재하여

$$\frac{|x_{n+1}|}{|x_n|} > \tau - \epsilon = d > 1 \qquad (n \geq K)$$

가 성립한다. 그러면 $|x_K| < |x_{K+1}| < |x_{K+2}| < \cdots$, 즉 $\lim x_n \neq 0$이다. 정리 7.1.6에 의하여 $\sum_{n=1}^{\infty} x_n$는 발산한다.

(c) $\tau = 1 = \rho$인 경우에는 역시 다음 두 급수를 생각하여라.

$$\sum_{n=1}^{\infty} \frac{1}{n}, \qquad \sum_{n=1}^{\infty} \frac{1}{n^2}.$$

7. $\frac{x_{n+1}}{x_n} > 1 - \frac{1}{n}$임을 보여라.

8. 따름정리 7.2.6에 의하여

$$\rho = \lim_{n\to\infty} (n^{\alpha}|x|^n)^{1/n} = |x| < 1$$

이면 주어진 급수 $\sum_{n=1}^{\infty} n^{\alpha} x^n$는 절대수렴한다. $\rho > 1$이면 $\sum_{n=1}^{\infty} n^{\alpha} x^n$는 발산한다.

9. (a) 예제 3.1.7 (b)에 의하여 $\lim n^{\frac{1}{n}} = 1$이므로 $\rho = \lim \left|\frac{x^n}{n^p}\right|^{\frac{1}{n}} = |x|$이다. 따름정리 7.2.6에 의하여 $|x| < 1\,(\rho < 1)$이면 급수 $\sum \frac{x^n}{n^p}$는 절대수렴하고 $|x| > 1\,(\rho > 1)$이면 발산한다. $x = \pm 1\,(\rho = 1)$인 경우을 생각하자. $x = -1$이면 교대급수판정법 7.1.9에 의하여 수렴한다. 그리고 $x = 1$인 경우에는 p-급수가 되므로 연습문제 7.2.5를 이용하여라.

(b) $\rho = \lim \left|\frac{1}{(\log n)^n}\right|^{\frac{1}{n}} = 0$이다. 따름정리 7.2.6에 의하여 급수 $\sum \frac{1}{(\log n)^n}$는 절대수렴한다.

(c) $\rho = \lim \left|\frac{(1+1/n)^{2n}}{e^n}\right|^{\frac{1}{n}} = \frac{1}{e} < 1$이다. 따름정리 7.2.6에 의하여 급수 $\sum \frac{(1+1/n)^{2n}}{e^n}$는 절대수렴한다.

(d) $\rho = \lim \left|\frac{x^n}{n^n}\right|^{\frac{1}{n}} = 0$이다. 따름정리 7.2.6에 의하여 급수 $\sum \frac{x^n}{n^n}$는 절대수렴한다.

10. 먼저 $\lim n \sin \frac{1}{n} = 1$이므로 $r = \lim \left|\frac{a_n}{a_{n-1}}\right| = \frac{1}{2}$임을 보인 후 비판정법(따름정리 7.2.9)을 적용하여라.

11. (i) $p > 0$이라 하자. $f(t) = \frac{1}{t^p}$는 분명히 $[1, \infty)$ 상에서 양의 값을 갖는 감소함수이고

$$\begin{aligned} \int_1^n \frac{1}{t}\,dt &= \ln n - \ln 1, \\ \int_1^n \frac{1}{t^p}\,dt &= \frac{1}{1-p}(n^{1-p} - 1) \qquad (p \neq 1) \end{aligned}$$

이므로 이상적분 $\int_1^\infty \frac{1}{t^p}\,dt$는 $p > 1$이면 수렴하고 $0 < p \le 1$이면 발산한다. 적분판정법 7.2.14에 의하여 p-급수 $\sum_{n=1}^\infty \frac{1}{n^p}$도 $p > 1$이면 수렴하고 $0 < p \le 1$이면 발산한다. (ii) $p \le 0$인 경우에는 $\lim f(n) \ne 0$이므로 정리 7.1.6에 의하여 주어진 p-급수 $\sum_{n=1}^\infty \frac{1}{n^p}$는 항상 발산한다.

12. 먼저 다음을 주목하여라.

$$\sum_{n=2}^\infty \frac{1}{n(\ln n)^p} < \sum_{n=1}^\infty \frac{1}{n[\ln(n+1)]^p} < \frac{1}{(\ln 2)^p} + \sum_{n=2}^\infty \frac{1}{n(\ln n)^p}.$$

그러므로 적분판정법 7.2.14을 이용하여 급수 $\sum_{n=2}^\infty \frac{1}{n(\ln n)^p}$의 수렴·발산을 조사하면 충분하다. $f(x) = \frac{1}{x(\ln x)^p}$은 분명히 구간 $[2,\infty)$ 상에서 양의 값을 갖는 감소함수이다. $p \ne 1$이라 하자(만약 $p = 1$이면 예제 7.2.15 (b)에 의하여 급수 $\sum_{n=2}^\infty \frac{1}{n \ln n}$는 발산한다). 치환정리 6.3.8과 미적분의 기본정리 6.3.1을 차례로 적용하면 곧바로

$$\begin{aligned}\int_2^t \frac{1}{x(\ln x)^p}\,dx &= \int_{\ln 2}^{\ln t} u^{-p}\,du \qquad [\because\ u = \ln x] \\ &= \frac{1}{1-p}[\,(\ln t)^{1-p} - (\ln 2)^{1-p}\,]\end{aligned}$$

가 얻어진다. 따라서 $p > 1$이면

$$\int_2^\infty \frac{1}{x(\ln x)^p}\,dx = \lim_{t\to\infty}\int_2^t \frac{1}{x(\ln x)^p}\,dx = \frac{1}{(p-1)(\ln 2)^{p-1}}$$

로 수렴하고, 반면에 $0 \le p < 1$이면 발산함을 알 수 있다. 그러므로 적분판정법 7.2.7에 의하여 급수 $\sum_{n=2}^\infty \frac{1}{n(\ln n)^p}$도 $p > 1$이면 수렴하고 $0 \le p \le 1$이면 발산한다. 따라서 주어진 급수도 $p > 1$이면 수렴하고 $0 \le p \le 1$이면 발산한다.

13. $f(t) = \frac{e^{-\sqrt{t}}}{\sqrt{t}}$는 $[1,\infty)$ 상에서 감소하고

$$\int_1^\infty \frac{e^{-\sqrt{t}}}{\sqrt{t}}\,dx = 2e^{-1}$$

임을 보인 후 적분판정법 7.2.14를 적용하여라.

14. (a) 각 $n \in \mathbb{N}$에 대하여 $\frac{1}{n^2}$를 지나고 구간 $[n, n+1]$의 중점에서 높이가 $\frac{1}{n}$인 선분들로 이루어진 연속함수를 그려 보아라. 그러면 $\sum_{n=1}^\infty f(n) = \sum_{n=1}^\infty \frac{1}{n^2}$은 수렴한다. 반면에 $\int_1^\infty f(x)\,dx \ge \sum_{n=2}^\infty \frac{1}{n}$는 발산한다.

(b) 각 $n\,(\in \mathbb{N}) \ge 2$에 대하여 구간 $\left[n - \frac{1}{n}, n + \frac{1}{n}\right]$ 상에서 높이가 $\frac{1}{n}$인 이등변삼각형을, 구간 $[0,\infty)$의 나머지 점에서는 항등적으로 0이 되도록 연속함수를 그려 보아라. 그러면 $\sum_{n=2}^\infty f(n) = \sum_{n=2}^\infty \frac{1}{n}$은 분명히 발산한다. 반면에 $\int_1^\infty f(x)\,dx = \sum_{n=1}^\infty \frac{1}{n^2}$는 수렴한다.

15. 적분판정법 7.2.14에 의하여 급수 $\sum_{n=1}^{\infty} f(n)$가 수렴한다. 그러므로 연습문제 7.1.12 (a)에 의하여 $\lim nf(n) = 0$이다. 임의의 $x\,(\in \mathbb{R}) \geq 1$에 대하여 연습문제 2.3.19에 의하여 $n \leq x < n+1$을 만족하는 오직 하나의 $n \in \mathbb{N}$이 존재한다. f가 비음(*nonnegative*)인 감소함수이므로 $0 \leq f(x) \leq f(n)$이고 양변에 $x\,(\geq 1)$를 곱한 후 $x < n+1$을 적용하면

$$0 \leq xf(x) \leq xf(n) < (n+1)f(n) = \frac{n+1}{n} \cdot nf(n) \;\to\; 0 \qquad (n \to \infty)$$

이고, $n \to \infty \;\Leftrightarrow\; x \to \infty$이므로 수열에 대한 조임정리 3.2.4에 의하여 곧바로 $\lim\limits_{x\to\infty} xf(x) = 0$을 얻는다.

16. $L = \liminf y_n > 0$이라 가정하자. 그러면 $2\epsilon < L$를 만족하도록 충분히 작은 $\epsilon > 0$을 선택하자. 정리 3.4.7 (b)에 의하여

$$y_n > L - \epsilon > \epsilon \qquad (n \geq K)$$

를 만족하는 $K \in \mathbb{N}$가 존재한다. 모든 $n \geq K$에 대하여 $x_n\epsilon < x_n y_n$이다. 양변에 $\sum_{n=K}^{\infty}$를 취하면

$$\epsilon \sum_{n=K}^{\infty} x_n \leq \sum_{n=K}^{\infty} x_n y_n < \infty$$

을 얻는다. 가정에서 $\sum x_n = \infty$이므로 이것은 불가능하다.

제 8 장

함수들의 수열과 극한

8.1 점마다 수렴과 균등수렴

정의 8.1.1 각 $n \in \mathbb{N}$에 대하여 $f_n : A(\subset \mathbb{R}) \to \mathbb{R}$이고 $f : A \to \mathbb{R}$라 하자. $\forall \epsilon > 0, x \in A$에 대하여

$$n \geq K \;\Rightarrow\; |f_n(x) - f(x)| < \epsilon$$

를 만족하는 $K \in \mathbb{N}$가 존재할 때 수열 (f_n)은 A상에서 f에 **점마다 수렴** 또는 간단히 **수렴한다**(*converges*)라고 말한다. $\forall \epsilon > 0$에 대하여

$$x \in A,\, n \geq K \Rightarrow |f_n(x) - f(x)| < \epsilon$$

를 만족하는 $K \in \mathbb{N}$가 존재할 때 수열 (f_n)은 A상에서 f에 **균등수렴한다**(*converges uniformly*)라고 하고 $f_n \overset{A}{\rightrightarrows} f$로 표기한다. 특히, $A = \mathbb{R}$인 경우에는 간단히 $f_n \rightrightarrows f$로 표기한다.

보조정리 8.1.2 $A \subset \mathbb{R}$, $f_n \in \mathcal{B}(A)$, $f : A \to \mathbb{R}$라 하자.

$$f_n \overset{A}{\rightrightarrows} f \quad \Leftrightarrow \quad \|f_n - f\|_A = \sup_{x \in A} |f_n(x) - f(x)| \to 0.$$

예제 8.1.3 $A=[0,1]$라 하고 각 $n\in\mathbb{N}$에 대하여

$$f_n(x)=\begin{cases} x, & 0\le x\le \frac{1}{n}\text{일 때} \\ 0, & \frac{1}{n}<x\le 1\text{일 때}\end{cases}$$

라 하면 $\|f_n\|_A=\frac{1}{n}$이므로 $f_n \overset{A}{\rightrightarrows} 0$이다. 한편,

$$g_n(x)=\begin{cases} nx, & 0\le x\le \frac{1}{n}\text{일 때} \\ 0, & \frac{1}{n}<x\le 1\text{일 때}\end{cases}$$

라 하면 $\|g_n\|_A=1$이므로 $g_n \overset{A}{\not\rightrightarrows} 0$이다.

정의 8.1.4 각 $n\in\mathbb{N}$에 대하여 $f_n: A(\subset\mathbb{R})\to\mathbb{R}$라 하자. $\forall\epsilon>0$에 대하여

$$n,m\ge K \Rightarrow \|f_n-f_m\|_A<\epsilon$$

를 만족하는 $K\in\mathbb{N}$가 존재할 때 수열 (f_n)은 A상에서 **균등코시**(*uniform Cauchy*)라 한다.

[표기] $\mathcal{B}[a,b]$, $\mathcal{C}[a,b]$, $\mathcal{D}[a,b]$와 마찬가지로 집합 $A(\subset\mathbb{R})$에 대한 $\mathcal{B}(A)$, $\mathcal{C}(A)$와 $\mathcal{D}(A)$를 각 각 A상의 유계함수, 연속함수 및 미분가능한 함수들의 집합을 나타낸다.

보조정리 8.1.5 (균등수렴에 관한 코시판정기준) $A\subset\mathbb{R}$, $f_n\in\mathcal{B}(A)$, $f: A\to\mathbb{R}$이라면,

$$f_n \overset{A}{\rightrightarrows} f \quad\Leftrightarrow\quad (f_n)\text{는 균등코시이다.}$$

정의 8.1.6 $A\subset\mathbb{R}$이고 $f_n\in\mathcal{B}(A)$라 하자. 각 $x\in A$에 대하여 급수 $\sum_{n=1}^{\infty}f_n(x)$가 수렴할 때

$$f(x)=\sum_{n=1}^{\infty}f_n(x)\quad (x\in A)$$

로 정의하고 함수들의 급수 $\sum_{n=1}^{\infty}f_n$가 f에 **점마다 수렴** 또는 간단히 **수렴한다**라고 말한다. 수열 (f_n)의 부분합 $s_n=\sum_{k=1}^{n}f_k$들의 수열 (s_n)이 A상에서 f에 균등수렴할때 급수 $\sum_{n=1}^{\infty}f_n$가 A상에서 f에 **균등수렴**한다고 한다.

정리 8.1.7 (Weierstrass M-판정법) $A\subset\mathbb{R}$이고

$$|f_n(x)|\le M_n \qquad (x\in A)$$

를 만족하는 $f_n\in\mathcal{B}(A)$라 하자. 만약 $\sum_{n=1}^{\infty}M_n$이 수렴하면 $\sum_{n=1}^{\infty}f_n$은 A상에서 균등수렴한다.

예제 8.1.8 $\sum_{n=1}^{\infty} \frac{x^2}{n^2}$은 $[-1,1]$ 상에서 균등수렴한다.

정리 8.1.9 $A \subset \mathbb{R}$라 하자. $f_n \in \mathcal{C}(A)$이고 $f_n \overset{A}{\rightrightarrows} f$이면 $f \in \mathcal{C}(A)$이다.

예제 8.1.10 정리 8.1.9에서 연속함수들의 수열 (f_n)의 균등수렴 조건은 반드시 필요하다. $A = [0,1]$, $f_n(x) = x^n$ $(x \in A)$라 하자. $f_n \in \mathcal{C}[0,1]$이지만

$$f(x) = \begin{cases} 0, & 0 \le x < 1\text{일 때} \\ 1, & x = 1\text{일 때} \end{cases}$$

로 정의된 불연속 함수 f에 수렴한다. 한편, $\|f_n - f\|_A = \sup\{x^n : 0 < x < 1\} = 1$ 이므로 보조정리 8.1.2에 의하여 $f_n \overset{A}{\not\rightrightarrows} f$이다.

따름정리 8.1.11 $f_n \in \mathcal{C}(A)$이고 $\sum_{n=1}^{\infty} f_n$이 A 상에서 f에 균등수렴하면 $f \in \mathcal{C}(A)$이다.

따름정리 8.1.12 $f_n \in \mathcal{B}(A) \cap \mathcal{C}(A)$이고 $|f_n(x)| \le a_n$ $(x \in A)$라 하자. 만약 $\sum_{n=1}^{\infty} a_n$이 수렴하면 $f = \sum_{n=1}^{\infty} f_n \in \mathcal{C}(A)$이다.

예제 8.1.13 $f(x) = \sum_{n=1}^{\infty} e^{-nx^2}/n^2$ $(x \in \mathbb{R})$은 $\mathbb{R}$ 상에서 연속이다.

따름정리 8.1.14 I는 $\mathbb{R}$의 구간이고 (f_n)가 I 상에서 연속인 함수들의 균등수렴하는 수열이고 $c \in I$라면 다음이 성립한다.

$$\lim_{n\to\infty} \lim_{x\to c} f_n(x) = \lim_{x\to c} \lim_{n\to\infty} f_n(x).$$

예제 8.1.15 (f_n)가 균등수렴하지 않으면 따름정리 8.1.14는 더 이상 성립하지 않는다. 각 $n \in \mathbb{N}$에 대하여

$$f_n(x) = \begin{cases} x^n, & 0 \le x \le 1\text{일 때} \\ (2-x)^n, & 1 \le x \le 2\text{일 때} \end{cases}$$

로 정의 되었을 때, 쉽게 우리는 다음 사실을 알 수 있다.

$$\lim_{x\to 1} \lim_{n\to\infty} f_n(x) = 0 \ne 1 = \lim_{n\to\infty} \lim_{x\to 1} f_n(x).$$

(예제 8.1.10에 의하여 (f_n)이 균등수렴하지 않음을 주목하여라).

따름정리 8.1.16 (균등수렴하는 급수와 극한의 교환) I는 $\mathbb{R}$의 구간이고 $c \in I$라 하자. $f_n \in \mathcal{C}(I)$, $\sum_{n=1}^{\infty} f_n$이 I 상에서 균등수렴하면 다음이 성립한다.

$$\lim_{x\to c}\sum_{n=1}^{\infty} f_n(x) = \sum_{n=1}^{\infty} f_n(c) = \sum_{n=1}^{\infty}\lim_{x\to c} f_n(x).$$

예제 8.1.17 (van der Waerden의 연속/미분불가능 함수)

주어진 $x \in \mathbb{R}$에 대하여 $d(x) = \inf_{n\in\mathbb{Z}} |x-n|$로 정의하면 연습문제 4.5.13에 의하여 d는 균등연속이다(따라서 연속이다).

$$f(x) = \sum_{n=0}^{\infty} \frac{1}{10^n} d(10^n x) \quad (x \in \mathbb{R})$$

로 정의하면 f는 연속이지만 $\mathbb{R}$의 모든 점에서 미분불가능하다. (여기 소개한 함수의 구축은 Bartel Leendert van der Waerden(1903-1996)에 기인한다.)

연 습 문 제 8.1

1. $A \subset \mathbb{R}$이고 $f \in \mathcal{B}(A)$에 대하여

$$\|f\|_A = \sup_{x\in A} |f(x)|$$

로 정의하면 $\|\cdot\|$는 $\mathcal{B}(A)$ 상의 노름(*norm*)이 됨을 보여라(연습문제 2.3.24).

2. $f(x) = \sum_{n=0}^{\infty} \frac{1}{2^n}\cos(3^n x)$ $(x \in \mathbb{R})$로 정의 된 함수 f는 $\mathbb{R}$ 상에서 연속임을 보여라. (더욱, f는 $\mathbb{R}$의 모든 점에서 미분불가능하다. 이것의 증명은 쉽지 않지만, 주어진 급수를 항별로 미분하면 $-\sum_{n=0}^{\infty}\left(\frac{3}{2}\right)^n \sin 3^n x$를 얻는다. 이 급수는 x가 π의 배수가 아니면 분명히 발산한다. 이 사실은 f가 모든 점에서 미분불가능함을 암시한다.)

3. 예제 8.1.17의 증명과정에서 얻어진 다음 식을 계산하여라.

$$\frac{d\left(10^n(x+h_m)\right) - d(10^n x)}{h_m} = \begin{cases} \alpha_{n+1}10^n, & n < m\text{일 때} \\ 0, & n \geq m\text{일 때} \end{cases}$$

4. $f(x) = \sum_{n=0}^{\infty} \frac{1}{2^n}\sin(3^n x)$로 정의된 함수 $f : \mathbb{R} \to \mathbb{R}$는 $\mathbb{R}$ 상에서 연속이지만 0에서 미분불가능함을 보여라. ([**참고**] 모든 점에서 미분불가능하다.)

5. $f_n(x) = \frac{x^2}{x^2+n^2}$라 할 때, 다음을 증명하여라.

   (a) (f_n)이 $\mathbb{R}$ 상에서 0에 수렴한다.

   (b) $f_n \not\Rightarrow 0$이다.

6. $\alpha \in \mathbb{R}$라 하고, 모든 $x \in [0,1]$에 대하여 (f_n)과 (g_n)가

$$\begin{aligned} f_n(x) &= n^\alpha x^n(1-x), \\ g_n(x) &= n^\alpha x^n(1-x^n) \end{aligned}$$

   으로 정의되었을 때 다음이 성립함을 보여라.

   (a) (f_n)와 (g_n)는 0에 (점마다) 수렴한다.

   (b) $f_n \overset{[0,1]}{\Rightarrow} 0 \quad \Leftrightarrow \quad \alpha < 1$.

   (c) 모든 $\alpha\,(\in \mathbb{R})$에 대하여 $g_n \overset{[0,1]}{\not\Rightarrow} 0$이다.

7. $a, b \in \mathbb{R}$이고 $0 < a < b$라 할 때 $(1+x/n)^n \overset{[a,b]}{\Rightarrow} e^x$임을 보여라(연습문제 8.2.3).

8. $I \subset \mathbb{R}$라 하자. 만약 $f_n \overset{I}{\Rightarrow} f$이고 $g_n \overset{I}{\Rightarrow} g$이면 $f_n + g_n \overset{I}{\Rightarrow} f + g$임을 보여라.

9. $f_n \in \mathcal{B}(A)$이고 $f_n \overset{A}{\Rightarrow} f$이면 $f \in \mathcal{B}(A)$임을 보여라.

10. $A = [0, \infty)$, $f_n(x) = \frac{nx}{1+nx^2}$ $(x \in A)$, f를 A 상의 f_n의 극한이라 할 때, 다음을 보여라.

    (a) 모든 f_n은 A 상에서 유계이다.

    (b) f는 A 상에서 유계가 아니다.

    (c) $f_n \overset{A}{\Rightarrow} f$인가?

    [주의] 문제 8.1.9에서 균등수렴(*uniform convergence*) 대신에 점마다 수렴(*pointwise convergence*)으로 바꾸면 더 이상 성립하지 않는 한 예가 이것임을 주목하여라.

11. $I \subset \mathbb{R}$이고 $f_n, g_n \in \mathcal{B}(I)$라 하자. 만약 $f_n \overset{I}{\Rightarrow} f$, $g_n \overset{I}{\Rightarrow} g$이면 $f_n g_n \overset{I}{\Rightarrow} fg$임을 보여라. f_n과 g_n이 I 상에서 유계가 아니면 위 사실은 일반적으로 성립하지 않음을 보여라.

12. f가 $\mathbb{R}$ 상에서 균등연속이고 $f_n(x) = f(x + 1/n)$이면 (f_n)는 $\mathbb{R}$ 상에서 f에 균등수렴함을 보여라.

13. 급수 $\sum_{n=0}^{\infty} x(1-x)^n$는 $[0,1]$ 상에서

$$f(x) = \begin{cases} 0, & x = 0 \text{ 또는 } 1\text{일 때} \\ 1, & 0 < x < 1\text{일 때} \end{cases}$$

    로 정의된 함수 f에 수렴하지만 균등수렴하지 않음을 보여라.

14. **멱급수**(*power series*) $\sum_{n=0}^{\infty} a_n x^n$에 대하여 다음을 보여라.

(a) $|x| < R$에 대하여 급수 $\sum_{n=0}^{\infty} a_n x^n$는 수렴하고 $|x| > R$이면 발산하는 $R \geq 0$이 존재한다. 이 R을 **수렴반경**(*radius of convergence*)이라 한다.

(b) $\sum_{n=0}^{\infty} a_n x^n$가 $x = R$에서 수렴하고 $0 < r < R$이면 주어진 급수는 구간 $[-r, r]$ 상에서 균등수렴한다.

(c) 멱급수 $\sum_{n=0}^{\infty} \frac{x^n}{n!}$의 수렴반경 $R = \infty$이다. 그러므로 모든 실수 x에 대하여 $\lim \frac{x^n}{n!} = 0$이다.

15. $[0,1]$ 내에 있는 유리수들을 $(r_1, r_2, \ldots)$로 나열하고, 각 $n \in \mathbb{N}$에 대하여

$$f_n(x) = \begin{cases} 0, & 0 \leq x < r_n \text{일 때} \\ \frac{1}{n^2}, & r_n \leq x \leq 1 \text{일 때} \end{cases}$$

로 정의한 후,

$$f(x) = \sum_{n=1}^{\infty} f_n(x) \qquad (x \in [0,1])$$

라 할 때 다음이 성립함을 보여라.

(a) f는 $[0,1]$ 상에서 증가($\uparrow$)하고, 모든 $r_n \in \mathbb{Q}$에서 불연속이다.

(b) 급수 $\sum_{n=1}^{\infty} f_n$는 $[0,1]$ 상에서 f에 균등수렴한다.

(c) f는 $[0,1]$ 내에 있는 무리수들의 점에서는 연속이다.

연습문제풀이 및 힌트 8.1

1. 모든 $f \in \mathcal{B}(A)$에 대하여

$$\|f\|_A = \sup_{x \in A} |f(x)| = 0 \iff f(x) = 0 \ (x \in A) \iff f = 0$$

이다. 그러므로 (N_1)이 성립한다. $\alpha \in \mathbb{R}$에 대하여

$$\|\alpha f\|_A = \sup_{x \in A} |\alpha f(x)| = |\alpha| \sup_{x \in A} |f(x)| = |\alpha| \, \|f\|_A$$

이므로 (N_2)가 성립한다. (N_3)를 보이기 위하여 $f, g \in \mathcal{B}(A)$라 하자. 그러면

$$\begin{aligned} \|f + g\|_A &= \sup_{x \in A} |f(x) + g(x)| \leq \sup_{x \in A} (|f(x)| + |g(x)|) \\ &= \sup(|f| + |g|)(A) \qquad (|f|(x) = |f(x)| \ (x \in A) \\ &\leq \sup |f|(A) + \sup |g|(A) \qquad (\text{연습문제 } 2.3.15\,(\text{c})\text{에 의하여}) \\ &= \sup_{x \in A} |f(x)| + \sup_{x \in A} |g(x)| = \|f\|_A + \|g\|_A \end{aligned}$$

이므로 (N_3)가 성립한다. 연습문제 2.3.24에 있는 조건 (N_1)-(N_3)를 모두 만족하므로 $\|\cdot\|_A$는 $\mathcal{B}(A)$ 상의 노름이다.

2. $f_n(x) = \frac{1}{2^n}\cos(3^n x)$는 $\mathbb{R}$ 상에서 연속함수이다. 그리고 $|f_n(x)| \leq \frac{1}{2^n}$ $(x \in \mathbb{R})$이므로 Weierstrass M-판정법 8.1.7에 의하여 $\sum_{n=0}^{\infty} f_n$는 $\mathbb{R}$ 상에서 균등수렴하고, 따름정리 8.1.11에 의하여 f는 $\mathbb{R}$ 상에서 연속이다.

3. (i) $a_m \neq 4$ (또는 9) $(m \geq 2)$라 하자. 그러면, 주어진 식의 좌변은

$$10^m[d(10^n(x + 10^{-m})) - d(10^n x)]$$

가 되고, $x = a_0.a_1a_2\ldots$이므로

$$x + 10^{-m} = a_0.a_1a_2\ldots a_{m-1}(a_m + 1)a_{m+1}\ldots$$

이다. 만약 $n < m$라면 $10^n(x + 10^{-m})$의 소수부분은

$$0.a_{n+1}a_{n+2}\ldots a_{m-1}(a_m + 1)a_{m+1}\ldots$$

이므로 $a_{n+1} \in \{0,1,2,3,4\}$인 경우와 $a_{n+1} \in \{5,6,7,8,9\}$인 두 경우로 나누어서 생각해 보자. 먼저 첫 번째 경우(특히 $n+1 = m$이더라도 $a_m \neq 4$이므로 $a_m + 1 \in \{1,2,3,4\}$이다)에는

$$d(10^n(x + 10^{-m})) = d(10^n x) + 10^{n-m}$$

이다. 그러므로,

$$10^m[d(10^n(x + 10^{-m})) - d(10^n x)] = 10^m 10^{n-m} = 10^n$$

을 얻는다. 두 번째 경우, 즉 $a_{n+1} \in \{5,6,7,8,9\}$인 경우(특히 $n+1 = m$이 되더라도 $a_m \neq 9$이므로 $a_m + 1 \in \{6,7,8,9\}$이다)에는

$$\begin{aligned} d(10^n(x + 10^{-m})) &= 1 - (10^{n-m} + 0.a_{n+1}a_{n+2}\cdots), \\ d(10^n x) &= 1 - 0.a_{n+1}a_{n+2}\cdots \end{aligned}$$

이다. 이 경우 $10^m[d(10^n(x + 10^{-m})) - d(10^n x)] = -10^n$이다. 그러므로 $n < m$일 때는 위의 두 경우로부터

$$10^m[d(10^n(x + 10^{-m})) - d(10^n x)] = \alpha_{n+1}10^n$$

이다. 반면에 $n \geq m$이면 $10^{n-m} \in \mathbb{Z}$이므로 $d(10^n x + 10^{n-m}) = d(10^n x)$은 자명하다.

(ii) $a_m = 4$ (또는 9) $(m \geq 2)$라 하자. 이 경우에는 주어진 식의 좌변이

$$-10^m[d(10^n(x - 10^{-m})) - d(10^n x)]$$

이다. 먼저 $n < m$라 하자. 그러면 $10^n(x - 10^{-m})$의 소수부분은

$$0.a_{n+1}a_{n+2}\ldots a_{m-1}(a_m - 1)a_{m+1}\ldots$$

이다. 특히, $n + 1 = m$이면

$$\begin{aligned} d[10^n(x - 10^{-m})] &= 0.(a_m - 1)a_{m+1}\cdots = 0.a_m a_{m+1}\cdots - 10^{-1} \\ &= d(10^n x) - 10^{-1} \end{aligned}$$

이다. 그러므로,

$$-10^m[d(10^n(x - 10^{-m})) - d(10^n x)] = -10^m(-10^{-1}) = 10^{m-1} = 10^n$$

을 얻는다. 이제 $n + 1 \neq m$이고 $a_{n+1} \in \{0, 1, 2, 3, 4\}$인 경우라면

$$\begin{aligned} d[10^n(x - 10^{-m})] &= 0.a_{n+1}a_{n+2}\ldots a_{m-1}(a_m - 1)a_{m+1}\ldots \\ &= 0.a_{n+1}a_{n+2}\ldots a_{m-1}a_m a_{m+1}\ldots - 10^{n-m} \\ &= d(10^n x) - 10^{n-m} \end{aligned}$$

이고

$$-10^m[d(10^n(x - 10^{-m})) - d(10^n x)] = -10^m(-10^{n-m}) = 10^n$$

을 얻는다. 마찬가지로 $n + 1 \neq m$이고 $a_{n+1} \in \{5, 6, 7, 8, 9\}$이면

$$\begin{aligned} d[10^n(x - 10^{-m})] &= 1 - 0.a_{n+1}a_{n+2}\ldots a_{m-1}(a_m - 1)a_{m+1}\ldots \\ &= 1 - 0.a_{n+1}a_{n+2}\ldots a_{m-1}a_m a_{m+1}\ldots + 10^{n-m} \\ &= d(10^n x) + 10^{n-m} \end{aligned}$$

이므로

$$-10^m[d(10^n(x - 10^{-m})) - d(10^n x)] = -10^m(10^{n-m}) = -10^n$$

을 얻는다. 그러므로 $n < m$ 일 때는 위의 어떠한 경우에도

$$-10^m[d(10^n(x - 10^{-m})) - d(10^n x)] = \alpha_{n+1}10^n$$

임을 알 수 있다. 반면에 $n \geq m$이면 $10^{n-m} \in \mathbb{Z}$이므로 $d(10^n x - 10^{n-m}) = d(10^n x)$은 자명하다.

4. $f_n(x) = \frac{1}{2^n}\sin(3^n x)$는 연속이고 $|f_n(x)| \leq \frac{1}{2^n}$ $(x \in \mathbb{R})$이므로 Weierstrass M-판정법 8.1.7에 의하여 $\sum_{n=0}^{\infty} f_n$는 $\mathbb{R}$ 상에서 균등수렴하고, 따름정리 8.1.11에 의하여 f는 연속이다. 이제 f는 0에서 미분불가능함을 보이자. $h_m = \frac{1}{3^m}$라 하고 $\frac{1}{2^m} < \sin 1$을 만족하는 충분히 큰 $m \in \mathbb{N}$을 먼저 선택하자. 그러면

$$\frac{f(0+h_m) - f(0)}{h_m} = \frac{\sum_{n=0}^{\infty} \frac{1}{2^n}\sin(3^n h_m)}{h_m} = 3^m \sum_{n=0}^{\infty} \frac{1}{2^n} \sin 3^{n-m} \qquad (\heartsuit)$$

이 된다. 계산의 편의를 위하여 $(\heartsuit)$의 우변을 다음과 같이 나누어서 생각하자.

$$\begin{aligned} & 3^m \left[\sum_{n=0}^{m-1} \frac{1}{2^n} \sin 3^{n-m} + \frac{\sin 1}{2^m} + \sum_{n=m+1}^{2m} \frac{1}{2^n} \sin 3^{n-m} + \sum_{n=2m+1}^{\infty} \frac{1}{2^n} \sin 3^{n-m} \right] \\ = \; & 3^m \left[\sum_{n=0}^{m-1} \left(\frac{1}{2^n} \sin 3^{n-m} + \frac{1}{2^{2m-n}} \sin 3^{m-n} \right) + \frac{\sin 1}{2^m} + \sum_{n=2m+1}^{\infty} \frac{1}{2^n} \sin 3^{n-m} \right] \\ = \; & 3^m \left[(A) + \frac{\sin 1}{2^m} + (B) \right]. \end{aligned}$$

만약 $n < m$이면 (A)의 괄호 속에 있는 식을 $x = m - n (\geq 1)$라 두고 다시 표현하면

$$\frac{1}{2^{m-x}} \sin 3^{-x} + \frac{1}{2^{m+x}} \sin 3^x \qquad (x \geq 1)$$

이다. 분명히 $\sin x \geq x - \frac{1}{3!}x^3$ $(0 \leq x < 1)$이고 $\sin x \geq -1$ $(x \in \mathbb{R})$이므로

$$\begin{aligned} & \frac{1}{2^{m-x}} \sin 3^{-x} + \frac{1}{2^{m+x}} \sin 3^x \\ \geq \; & \frac{1}{2^{m-x}} \left[\frac{1}{3^x} - \frac{1}{3!} \left(\frac{1}{3^x} \right)^3 \right] - \frac{1}{2^{m+x}} \\ = \; & \frac{1}{2^{x+m}} \left[\left(1 + \frac{1}{3} \right)^x - \frac{1}{2} \left(\frac{4}{81} \right)^x - 1 \right] \\ \geq \; & \frac{1}{2^{x+m}} \left[1 + \frac{1}{3}x - \frac{1}{2} \left(\frac{4}{81} \right)^x - 1 \right] > 0 \qquad (x \geq 1) \end{aligned}$$

이다. 즉 $(A) > 0$이다. 역시 $(B) \geq -\sum_{n=2m+1}^{\infty} \frac{1}{2^n} = -\frac{1}{2^{2m}}$이다. 따라서

$$3^m \left[(A) + \frac{\sin 1}{2^m} + (B) \right] \geq \left(\frac{3}{2} \right)^m \left(\sin 1 - \frac{1}{2^m} \right)$$

이다. 즉 $(\heartsuit)$의 우변은

$$\begin{aligned} 3^m \sum_{n=0}^{\infty} \frac{1}{2^n} \sin 3^{n-m} \; &= \; 3^m \left[(A) + \frac{\sin 1}{2^m} + (B) \right] \\ &> \; \left(\frac{3}{2} \right)^m \left(\sin 1 - \frac{1}{2^m} \right) \end{aligned}$$

을 얻는다. $m \to \infty$로 취하면 우변은 발산한다. 그러므로 $(\heartsuit)$의 좌변도 발산한다. 따라서, f는 0에서 미분 불가능하다.

5. (a)는 분명하다.

(b) $\|f_n - 0\| = \sup_{x\in\mathbb{R}} \left|\frac{x^2}{x^2+n^2}\right| = 1$임을 쉽게 보일 수 있다. 이것은 $x = n^2$을 대입하고 $n \to \infty$ 하면 된다. 따라서, 보조정리 8.1.2에 의하여 $f_n \not\rightrightarrows 0$이다.

6. (a) 연습문제 7.2.10의 증명 결과에 의하여 $|x| < 1$이면 모든 $\alpha \in \mathbb{R}$에 대하여 급수 $\sum_{n=1}^{\infty} n^\alpha x^n$는 수렴하고, 정리 7.1.6을 적용하면 $\lim n^\alpha x^n = 0$ $(|x| < 1)$을 얻는다. 그러므로 (f_n)과 (g_n)은 $[0,1]$ 상에서 0에 (점마다) 수렴한다.

(b) $[0,1]$ 상에서 함수 f_n의 최대값을 구해보자. $f_n'(x) = n^\alpha x^{n-1}[n-(n+1)x] = 0$인 점 $x = \frac{n}{n+1} \in (0,1)$에서 최대가 됨을 주목하여라. 그러므로,

$$\|f_n - 0\|_{[0,1]} = \sup_{x\in[0,1]} |f_n(x)| = n^\alpha \left(\frac{n}{n+1}\right)^n \frac{1}{n+1}$$

이 된다. 예제 3.3.7 (a)에 의하여

$$\lim_{n\to\infty} \left(\frac{n}{n+1}\right)^n = \left(1+\frac{1}{n}\right)^{-n} = \frac{1}{e}$$

이고

$$\frac{n^\alpha}{n+1} \to \begin{cases} 0, & \alpha < 1\text{일 때} \\ 1, & \alpha = 1\text{일 때} \\ +\infty, & \alpha > 1\text{일 때} \end{cases}$$

임을 쉽게 계산할 수 있다. 보조정리 8.1.2에 의하여 (f_n)가 $[0,1]$ 상에서 0에 균등수렴할 동치조건은 $\alpha < 1$이다.

(c) (b)와 유사하게 함수 g_n는 점 $x = (1/2)^{1/n} \in (0,1)$에서 최대값을 갖고, 그 때

$$\|g_n - 0\|_{[0,1]} = \sup_{x\in[0,1]} |g_n(x)| = n^\alpha/4 \not\to 0$$

가 됨을 주목하여라.

7. $f_n(x) = (1+x/n)^n$라 두면 예제 5.2.13을 뒤 따르는 주의에 의하여 $f_n(x) \uparrow e^x$이다. 이제 $f_n \overset{[a,b]}{\rightrightarrows} f\,(=e^x)$임을 보이기 위하여 $[a,b] \subset [-K,K]$를 만족하는 충분히 큰 $K \in \mathbb{N}$를 먼저 선택한 후 $n \geq K$이라 하자. 그러면 구간 $[a,b]$내에서 함수 $e^x - \left(1+\frac{x}{n}\right)^n$는 양수이고 분명히 증가(왜?)하므로 그 최대값은 $x = b$에서 주어진다. 즉

$$\|f_n - f\|_{[a,b]} = \sup_{a\le x\le b} |f_n(x) - f(x)\| = e^b - \left(1+\frac{b}{n}\right)^n$$

이다. 분명히 $\left(1+\frac{b}{n}\right)^n \to e^b$이므로 $\|f_n - f\|_{[a,b]} \to 0$이고 보조정리 8.1.2에 의하여 $f_n \overset{[a,b]}{\rightrightarrows} f\,(=e^x)$이다.

8. $\|(f_n+g_n)-(f+g)\|_I \le \|f_n - f\|_I + \|g_n - g\|_I$임을 보여라.

9. $f_n \overset{A}{\rightrightarrows} f$이므로, $\epsilon = 1$에 대하여

$$x \in A,\ n \ge K \ \Rightarrow\ |f_n(x) - f(x)| < 1$$

을 만족하는 $K \in \mathbb{N}$가 존재한다. 특히, $|f(x)| < |f_K(x)| + 1 \ (x \in A)$이다. 양변에 $\sup_{x\in A}$을 취하면 $\|f\|_A \le \|f_K\|_A + 1$이다.

10. (a) $|f_n(x)| \le \sqrt{n}/2 \ (x \in A)$임을 보여라.

(b) 다음이 성립함을 보여라.

$$f(x) = \begin{cases} 0, & x = 0\text{일 때} \\ 1/x, & x > 0\text{일 때} \end{cases}$$

(c) 연습문제 8.1.9를 이용하여라. 또는 다음 부등식을 직접 확인하여라.

$$\|f_n - f\|_A = \sup_{x>0}|f_n(x) - f(x)| = \sup_{x>0}\frac{1}{x(1+nx^2)} \ge \frac{\sqrt{n}}{2}$$

(마지막 부등식을 위하여 $x = \frac{1}{\sqrt{n}}$을 대입하여라). 따라서 $f_n \overset{A}{\not\rightrightarrows} f$이다.

11. $f_n \in \mathcal{B}(I)$이고 $f_n \overset{I}{\rightrightarrows} f$이므로 연습문제 8.1.9에 의하여 $f \in \mathcal{B}(I)$이다. 그러므로 $|f(x)| \le M_1$, $|g_n(x)| \le M_2 \ (x \in \mathbb{R})$을 만족하는 두 양의 상수 M_1, M_2가 존재한다.

$$\begin{aligned} \|f_ng_n - fg\|_I &= \|(f_ng_n - fg_n) + (fg_n - fg)\|_I \\ &\le M_2\|f_n - f\|_I + M_1\|g_n - g\|_I \end{aligned}$$

임을 보여라. $f_n(x) = x + 1/n$, $f(x) = x \ (x \in \mathbb{R})$라 하면, $f_n \rightrightarrows f$이지만 (f_n^2)는 $\mathbb{R}$ 상에서 f^2에 균등수렴하지 않음을 쉽게 알 수 있다.

12. f가 $\mathbb{R}$ 상에서 균등연속이므로 임의로 주어진 $\epsilon > 0$에 대하여

$$|x - y| < \delta \Rightarrow |f(x) - f(y)| < \epsilon \qquad (\diamondsuit)$$

를 만족하는 $\delta > 0$가 존재한다. Archimedian 성질 2.3.4에 의하여 $K > \frac{1}{\delta}$인 $K \in \mathbb{N}$을 잡을 수 있다. 만약 $x \in \mathbb{R}$이고 $n \ge K$이면 $(\diamondsuit)$로부터

$$|f_n(x) - f(x)| = |f(x + 1/n) - f(x)| < \epsilon$$

을 얻는다. 정의 8.1.1에 의하여 (f_n)는 $\mathbb{R}$ 상에서 f에 균등수렴한다.

13. 만약 $0 < x < 1$이면,

$$\sum_{n=1}^{\infty} x(1-x)^n = x\sum_{n=0}^{\infty}(1-x)^n = 1$$

이다. 분명히 $f_n(x) = x(1-x)^n$ $(0 \le x \le 1)$라 하면, $f_n \in \mathcal{C}[0,1]$이다. $f \notin \mathcal{C}[0,1]$이므로 따름정리 8.1.11에 의하여 $\sum_{n=1}^{\infty} f_n$는 $[0,1]$ 상에서 균등수렴하지 않는다.

14. (a) $\rho = \limsup |a_n|^{1/n}$라 하면 $\limsup |a_n x^n|^{1/n} = \rho|x|$이다. Root 판정법 7.2.5에 의하여 $\rho|x| < 1$이면 주어진 급수는 절대수렴하고 $\rho|x| > 1$이면 발산한다. $R = \frac{1}{\rho}$로 잡으면 충분하다.

[**별해**] $r = \lim |a_{n+1}|/|a_n|$라 하면

$$\limsup_{n\to\infty} \frac{|a_{n+1}x^{n+1}|}{|a_n x^n|} = r|x|$$

이다. 따름정리 7.2.9에 의하여 $\rho|x| < 1$이면 주어진 급수는 절대수렴하고 $r|x| > 1$이면 발산한다. 그러므로 $R = \frac{1}{r}$로 잡으면 충분하다.

(b) $s_n(x) = \sum_{k=0}^{n} a_k x^k$라 하자. 균등수렴에 관한 코시판정기준 8.1.2에 의하여 $[-r,r]$ 상에서 (s_n)가 균등코시임을 보이면 충분하다. 이것을 보이자. $\sum\limits_{n=0}^{\infty} a_n R^n$이 수렴하므로 정리 7.1.6에 의하여 $\lim(a_n R^n) = 0$이다. 그러므로 수렴수열의 유계성에 의하여

$$|a_n R^n| \le C \qquad (n \ge 0)$$

을 만족하는 상수 $C > 0$가 존재한다. $x \in [-r,r]$, $n > m$에 대하여

$$\begin{aligned} |s_n(x) - s_m(x)| &= \left|\sum_{k=m+1}^{n} a_k x^k\right| \le \sum_{k=m+1}^{n} |a_k x^k| = \sum_{k=m+1}^{n} |a_k R^k| \left|\frac{x}{R}\right|^k \\ &\le C\sum_{k=m+1}^{n} \left|\frac{x}{R}\right|^k \le C\sum_{k=m+1}^{n} \left(\frac{r}{R}\right)^k \end{aligned}$$

을 얻는다. 한편 $r/R < 1$이므로 우변의 기하급수는 급수에 대한 코시판정기준 7.1.7에 의하여 임의로 주어진 $\epsilon > 0$에 대하여

$$\sum_{k=m+1}^{n} \left(\frac{r}{R}\right)^k < \epsilon/C \qquad (n > m \ge K)$$

를 만족하는 $K \in \mathbb{N}$를 잡을 수 있다. 그러므로

$$\|s_n - s_m\|_{[-r,r]} < \epsilon \qquad (n > m \ge K)$$

이다. 정의 8.1.4에 의하여 (s_n)는 균등코시이다.

(c) $a_n = 1/n!$, $r = \lim |a_{n+1}|/|a_n| = \lim \frac{1}{n+1} = 0$이므로 $R = 1/r = \infty$이다. (a)에 의하여 $|x| < \infty$에 대하여 주어진 급수는 수렴하며, 정리 7.1.6에 의하여 $\lim x^n/n! = 0$ $(x \in \mathbb{R})$이 성립한다.

15. (a) f가 증가함수임을 보이기 위하여 먼저 모든 유리수들의 점 r_n에서 생각하자. $0 \le r_m < r_n \le 1$이라 하자. 그러면 분명히 모든 f_k $(k \in \mathbb{N})$는 증가함수이므로 $f_k(r_m) \le f_k(r_n)$이다. 간단히 계산하면

$$
\begin{aligned}
f(r_m) &= \sum_{k=1}^{\infty} f_k(r_m) \\
&= \sum_{k \neq m,n} f_k(r_m) + [f_m(r_m) + f_n(r_m)] \\
&= \sum_{k \neq m,n} f_k(r_m) + \left[\frac{1}{m^2} + 0\right] < \sum_{k \neq m,n} f_k(r_n) + \left[\frac{1}{m^2} + \frac{1}{n^2}\right] \\
&= \sum_{k \neq m,n} f_k(r_n) + [f_m(r_n) + f_n(r_n)] \\
&= \sum_{k=1}^{\infty} f_k(r_n) = f(r_n)
\end{aligned}
$$

임을 알 수 있다. 서로 이웃하는 두 유리수$(r_m < r_n)$의 사이에는 오직 무리수만 있으므로 모든 $x \in [x_m, x_n)$에 대하여 $f(x) = f(r_m)$이다. 그러므로 f는 구간 $[0,1]$ 상에서 증가한다. 또한 위 부등식으로부터 모든 유리수들의 점 r_n에서는 점프를 함을 알 수 있다.

(b) $s_n = \sum_{k=1}^{n} f_k$라 할 때,

$$
\begin{aligned}
\|s_n - f\|_{[0,1]} &= \sup_{x \in [0,1]} |s_n(x) - f(x)| = \sup_{x \in [0,1]} \left| \sum_{k=n+1}^{\infty} f_k(x) \right| \\
&\le \sum_{k=n+1}^{\infty} f_k(1) = \frac{1}{(n+1)^2} + \frac{1}{(n+2)^2} + \cdots \ \rightarrow \ 0
\end{aligned}
$$

이므로 $s_n \overset{[0,1]}{\Rightarrow} f$이다. (마지막 0으로의 수렴은 급수 $\sum_{n=1}^{\infty} \frac{1}{n^2}$가 수렴하기 때문이다.)

(c) s_n은 $[0,1]$ 내에 있는 (기껏해야 유한개의 유리수들의 점을 제외한) 모든 무리수들의 점에서 연속이다. 그러므로 (b)와 따름정리 8.1.11을 적용하면 모든 무리수에서 연속임을 알 수 있다.

8.2 균등수렴의 응용

정리 8.2.1 $I=[a,b]$, $f_n \in \mathcal{R}(I)$이고 $f_n \overset{I}{\rightrightarrows} f$이면 $f \in \mathcal{R}(I)$이고

$$\lim_{n\to\infty} \int_a^b f_n(x)\,dx = \int_a^b f(x)\,dx$$

가 성립한다.

예제 8.2.2 (a) 정리 8.1.9를 뒤따르는 주의에서 소개한 연속함수 (f_n)는 $[0,1]$ 상에서 $f \equiv 0$에 수렴한다. 그러나, $\int_0^1 f(x)\,dx = 0 \neq 1 = \lim_{n\to\infty} \int_0^1 f_n(x)\,dx$임을 알 수 있다.

(b) $I=[0,1]$라 하고

$$f_n(x) = \begin{cases} 2n, & \frac{1}{n} \le x \le \frac{2}{n} \text{일 때} \\ 0, & 0 \le x < \frac{1}{n},\ \frac{2}{n} < x \le 1 \text{일 때} \end{cases}$$

라 하면 $\lim_{n\to\infty} \int_0^1 f_n(x) \neq \int_0^1 \lim_{n\to\infty} f_n(x)\,dx$이다.

정리 8.2.3 (도함수와 극한의 교환) $I=[a,b]$라 하자. 모든 $x \in I$에 대하여 ${f_n}'(x)$가 존재하고, ${f_n}' \in \mathcal{C}(I)$, (f_n)이 I 상에서 f에 수렴하고 $f_n' \overset{I}{\rightrightarrows} g$이면 $g(x)=f'(x)$ $(x \in I)$이다. 즉,

$$\lim_{n\to\infty} f_n'(x) = f'(x) \quad (x \in I).$$

연습문제 8.2

1. $[0,1]$의 모든 점에서 불연속이고 $[0,1]$의 모든 점에서 연속인 어떤 함수에 균등수렴하는 함수들의 수열을 구축하여라.

2. $f_n(x) = \frac{nx}{1+nx}$ $(x \in [0,1])$라 할 때, 다음 사실을 보여라.

   (a) (f_n)은 적분가능한 어떤 함수 f에 수렴한다.

   (b) $f_n \overset{[0,1]}{\not\rightrightarrows} f$이다.

   (c) $\int_0^1 f(x)\,dx = \lim \int_0^1 f_n(x)\,dx$이다.

3. $[a,b]$는 $\mathbb{R}$의 유계인 닫힌구간이라 하자. $f_n,\ g \in \mathcal{C}[a,b]$이고 $f_n \overset{[a,b]}{\rightrightarrows} f$이면

$$\lim_{n\to\infty}\int_a^b f_n g = \int_a^b fg$$

임을 보여라. 더욱 위 사실을 적용하여 $0 < a$이면

$$\lim_{n\to\infty}\int_a^b \left(1+\frac{x}{n}\right)^n e^{-x}\,dx = b-a$$

가 성립함을 보여라(연습문제 8.1.7).

4. $f_n(x) = nx(1-x^2)^n$ $(0 \le x \le 1)$라 할 때 다음을 보여라.

   (a) (f_n)는 $[0,1]$ 상에서 0에 수렴한다.

   (b) $\lim\int_0^1 f_n(x)\,dx = \frac{1}{2}$이다.

   (c) (f_n)는 균등수렴하지 않는다.

5. $f_n(x) = \frac{\sin nx}{n}$ $(0 \le x \le 1)$라 할 때, (f_n)는 $[0,1]$ 상에서 0에 균등수렴하지만 (f_n')는 $[0,1]$ 상에서 0에 수렴하지 않음을 보여라.

6. $f_n \in \mathcal{R}[a,b]$라 하자. 급수 $\sum_{n=1}^\infty f_n$가 $[a,b]$ 상에서 f에 균등수렴하면 $f \in \mathcal{R}[a,b]$이고 다음이 성립함을 보여라.

$$\int_a^b f(x)\,dx = \sum_{n=1}^\infty \int_a^b f_n(x)\,dx.$$

7. $f_n \in \mathcal{D}[a,b]$이고 $f_n' \in \mathcal{C}[a,b]$이라 하자. $\sum_{n=1}^\infty f_n$는 $[a,b]$ 상에서 f에 수렴하고, $\sum_{n=1}^\infty f_n'$는 $[a,b]$ 상에서 균등수렴할 때 다음이 성립함을 보여라.

$$f'(x) = \sum_{n=1}^\infty f_n'(x) \quad (a \le x \le b).$$

8. 멱급수 $\sum_{n=0}^\infty a_n x^n$의 수렴반경을 R이라 하자. 만약 $0 < r < R$이고,

$$f(x) = \sum_{n=0}^\infty a_n x^n \qquad (x \in [-r,r])$$

라 하면 f는 $(-r,r)$에서 미분가능이고

$$f'(x) = \sum_{n=1}^\infty a_n n x^{n-1}$$

임을 보여라. **[힌트]** 연습문제 3.4.8 (c)의 (3.15)를 이용하여라.

9. $I = [0,2]$, $f_n(x) = (1+x^n)^{1/n}$ $(x \in I)$라 할 때, 다음을 증명하여라.

   (a) f_n는 I 상에서 미분가능이다.

   (b) (f_n)는 I 상에서 어떤 함수 f에 균등수렴한다.

   (c) f는 $(0,2)$의 어떤 점에서 미분불가능하다.

연습문제풀이 및 힌트 8.2

1. 각 $n \in \mathbb{N}$에 대하여,

$$f_n(x) = \begin{cases} \frac{1}{n}, & x\text{가 } [0,1]\text{의 유리수 일 때} \\ 0, & [0,1]\text{의 무리수 일 때} \end{cases}$$

라 하면 (f_n)은 $f \equiv 0$에 균등수렴함을 쉽게 알 수 있다.

2. (a) (f_n)은 다음과 같이 정의된 함수 f에 점마다 수렴한다.

$$f(x) = \begin{cases} 0, & x = 0\text{일 때} \\ 1, & 0 < x \le 1\text{일 때} \end{cases}$$

연습문제 6.1.11에 의하여 $f \in \mathcal{R}[0,1]$이다.

(b) $\|f_n - f\|_{[0,1]} = \sup\limits_{0<x\le 1} \left|\frac{nx}{1+nx} - 1\right| = \sup\limits_{0<x\le 1} \frac{1}{1+nx} = 1$임을 보여라.

(c) $\int_0^1 f(x)\,dx = 1$임은 자명하다. 한편,

$$\int_0^1 f_n(x)\,dx = 1 - \frac{\ln(1+n)}{n}, \quad \lim_{n\to\infty} \frac{\ln(1+n)}{n} = 0$$

임을 보여라.

3. $(f_n g)$가 $[a,b]$ 상에서 fg에 균등수렴함을 보여라. 두 번째 식을 보이기 위하여 $f_n(x) = (1+x/n)^n$라 하면 연습문제 8.1.7에 의하여 (f_n)은 $[a,b]$ 상에서 e^x에 균등수렴한다.

4. (a) $f_n(x) = nx(1-x)^n(1+x)^n$이므로 $x = 0$(또는 1)이면 $f_n(x) = 0$이다. 만약 $0 < x < 1$이면 $(1-x)^n \to 0$이다.

(b) $\int_0^1 f_n(x)\,dx = \int_0^1 nx(1-x^2)^n\,dx = \frac{n}{2}\int_0^1 t^n\,dt = \frac{1}{2}\frac{n}{n+1}$을 보여라.

(c) (f_n)이 0에 균등수렴한다고 가정하면. 정리 8.2.1에 의하여

$$\frac{1}{2} = \lim_{n\to\infty} \int_0^1 f_n(x)\,dx = \int_0^1 \lim_{n\to\infty} f_n(x)\,dx = 0,$$

이것은 모순이다. 따라서, (f_n)는 균등수렴하지 않는다.

5. $f_n'(x) = \cos nx$임을 이용하여라.

6. $I = [a,b]$, $s_n = \sum_{k=1}^n f_k$라 하자. $s_n \in \mathcal{R}[a,b]$이고 $s_n \overset{I}{\rightrightarrows} f$이므로 정리 8.2.1에 의하여 $f \in \mathcal{R}[a,b]$이고

$$\int_a^b f(x)\,dx = \lim_{n\to\infty} \int_a^b s_n(x)\,dx$$

이다. 적분의 선형성에 의하여

$$\int_a^b s_n(x)\,dx = \int_a^b [f_1(x) + \cdots + f_n(x)]\,dx = \sum_{k=1}^{n} \int_a^b f_k(x)\,dx$$

을 만족하므로 곧바로 다음을 얻는다.

$$\lim_{n\to\infty} \int_a^b s_n(x)\,dx = \lim_{n\to\infty} \sum_{k=1}^{n} \int_a^b f_k(x)\,dx = \sum_{k=1}^{\infty} \int_a^b f_k(x)\,dx.$$

7. $I = [a,b]$, $s_n = \sum_{k=1}^{n} f_k$라 하면, (s_n)는 $[a,b]$ 상에서 f에 점마다 수렴한다. $s_n' = f_1' + \cdots + f_n'$이므로 (s_n') 는 $[a,b]$ 상에서 $g = \sum_{n=1}^{\infty} f_n'$에 균등수렴한다. 정리 8.2.3에 의하여

$$f'(x) = g(x) \quad (a \le x \le b)$$

이고 증명이 끝난다.

8. 연습문제 3.4.8 (c)의 (3.13)과 Root 판정법 7.2.5에 의하여 멱급수

$$\sum_{n=1}^{\infty} a_n n x^{n-1}$$

의 수렴반경도 R이다. 연습문제 8.1.14 (b)에 의하여 급수 $\sum_{n=1}^{\infty} a_n n x^{n-1}$는 $[-r,r]$ 상에서 균등수렴한다. 도함수와 극한의 교환(정리 8.2.3)에 의하여 f는 $(-r,r)$ 상에서 미분가능하고, 연습문제 8.2.7에 의하여 $f'(x) = \sum_{n=1}^{\infty} a_n n x^{n-1}$이다.

9. (a) $f_n'(x) - x^{n-1}(1+x^n)^{\frac{1}{n}-1}$.

(b) 만약 $0 \le x \le 1$이면, $1 \le f_n(x) \le 2^{1/n}$이다. 그러므로, 수열에 대한 조임정리 3.2.4에 의하여 $\lim f_n(x) = 1$이나. $1 < x \le 2$이면,

$$f_n(x) = (1+x^n)^{1/n} = x\left(1 + \frac{1}{x^n}\right)^{1/n} = x\left[1 + \left(\frac{1}{x}\right)^n\right]^{1/n}$$

이고

$$\lim_{n\to\infty} \left[1 + \left(\frac{1}{x}\right)^n\right]^{1/n} = 1$$

이다. 즉, $\lim f_n(x) = x$이다. 그러므로 수열 (f_n)은

$$f(x) = \begin{cases} 1, & 0 \le x \le 1\text{일 때} \\ x, & 1 < x \le 2\text{일 때} \end{cases}$$

로 정의된 함수 f에 (점마다)수렴한다. 한편,

$$\|f_n - f\|_I = \sup_{0\le x\le 1} |(1+x^n)^{1/n} - 1| \vee \sup_{1<x\le 2} |(1+x^n)^{1/n} - x| \le 2(2^{1/n} - 1) \to 0$$

이므로 보조정리 8.1.2에 의하여 $f_n \overset{I}{\rightrightarrows} f$이다. (앞의 sup은 $2^{1/n}-1$이고 뒤의

$$\begin{aligned}\sup_{1<x\le 2}\left|(1+x^n)^{1/n}-x\right| &= \sup_{1<x\le 2}\left|x\left[1+\left(\frac{1}{x}\right)^n\right]^{1/n}-x\right| \\ &= \sup_{1<x\le 2} x\left(\left[1+\left(\frac{1}{x}\right)^n\right]^{1/n}-1\right) \\ &\le 2(2^{1/n}-1)\end{aligned}$$

임을 각각 보여라.)

(c) $f'_+(1)=1$, $f'_-(1)=0$을 쉽게 보일 수 있으므로 $f'(1)$는 존재하지 않는다.

8.3 지수함수와 로그함수

이 절에서는 **지수함수**(*exponential function*)과 **로그함수**(*logarithmic function*)을 소개한 후, 몇 가지 중요한 성질을 유도한다.

지수함수

각 $x \in \mathbb{R}$에 대하여

$$E(x)=\sum_{n=0}^{\infty}\frac{x^n}{n!}$$

로 정의한다.

정리 8.3.1 $E(1)=e$, 여기서 e는 Euler 수 (예제 3.3.7 (a))이다.

정리 8.3.2 모든 $x \in \mathbb{R}$에 대하여 $E(x)=e^x$이다.

정리 8.3.3 $x, y \in \mathbb{R}$이라 하자.

(a) $e^x = \sum_{n=0}^{\infty}\frac{x^n}{n!}$이다.

(b) e^x는 연속이고 미분가능하다.

(c) $(e^x)'=e^x$이다.

(d) e^x는 $\mathbb{R}$ 상에서 순증가 하고 $e^x>0$이다.

(e) $e^{x+y} = e^x e^y$이다.

(f) $\lim_{x\to\infty} e^x = \infty$이고 $\lim_{x\to-\infty} e^x = 0$이다.

로그함수

정리 8.3.3으로부터 $E(x)\,(= e^x)$는 $\mathbb{R}$에서 $(0,\infty)$ 위로 대응하는 순증가인 연속함수이다. 연속역정리 4.4.18에 의하여 E는 $(0,\infty)$로부터 $\mathbb{R}$ 위로 대응하는 역함수 $L = E^{-1}$를 갖는다. (더욱, 이 역함수 L도 순증가하는 연속함수이다.) 이 역함수 L을 **로그함수**(*logarithmic function*)라 하고, 앞으로

$$\ln x = L(x) \qquad [x \in (0,\infty)]$$

로 표기하기로 한다.

[주의] $L(E(x)) = x\ (x \in \mathbb{R}),\ E(L(y)) = y\ (y > 0)$이므로 다음이 성립한다.

$$\ln e^x = x \ \ (x \in \mathbb{R}), \qquad e^{\ln y} = y \ \ (y > 0).$$

정리 8.3.4 $x, y \in (0,\infty)$이라 하자.

(a) $\ln x$는 구간 $(0,\infty)$ 상에서 순증가하며, 연속이고 미분가능한 함수이다.

(b) $(\ln)'x = 1/x$이다.

(c) $\ln 1 = 0$이고 $\ln e = 1$이다.

(d) $\ln(xy) = \ln x + \ln y$이고 $\ln(x/y) = \ln x - \ln y$이다.

(e) $\ln x^\alpha = \alpha \ln x\ (\alpha \in \mathbb{R})$이다.

(f) $\lim_{x\to 0+} \ln x = -\infty$이고 $\lim_{x\to\infty} \ln x = \infty$이다.

연 습 문 제 8.3

1. $a > 0$라 할 때, 실수의 지수 a^x (연습문제 3.3.18)에 대한 다음 성질들을 증명하여라.

   (a) $a^x = e^{x \ln a}\ (x \in \mathbb{R})$이고, $(a^x)' = \ln a \cdot a^x$이다.

   (b) a^x는 $\mathbb{R}$ 상에서 순증가하고 연속이다.

(c) $a \neq 1$라 하면 연속역정리 4.4.18에 의하여 역함수 $(a^x)^{-1}$가 존재한다. 이 역함수를 $\log_a x\ (x > 0)$로 표기하고 이것을 밑을 a로 갖는 x의 **로그함수**라 한다. $a = e$이면 $\log_e x = \ln x$이고 $(\log_a x)' = \frac{1}{\ln a \cdot x}$이다.

2. $E(x)^\alpha = E(\alpha x)\ (x, \alpha \in \mathbb{R})$임을 보여라. (이것은 $(e^x)^\alpha = e^{\alpha x}$임을 뜻한다.)

3. 함수 $f : \mathbb{R} \to \mathbb{R}$가 $f'(x) = f(x)\ (x \in \mathbb{R})$이고 $f(0) = 1$를 만족하는 함수 f는 유일함을 보여라(따라서 이러한 성질을 갖는 모든 함수는 바로 $f(x) = e^x$이다.)

4. 연습문제 8.3.3에서 $f'(x) = f(x)\ (x \in \mathbb{R})$, $f(0) = 1$를 만족하는 함수 f는 유일하다. 이러한 성질을 갖는 유일한 함수를 $E : R \to R$로 정의할 때, E가 다음 성질을 만족함을 보여라(정리 8.3.1–8.3.3).

   (a) $E(x) \neq 0\ (x \in \mathbb{R})$이다.

   (b) $E(x + y) = E(x)E(y)\ (x, y \in \mathbb{R})$이다.

   (c) $E(1) = e$ (예제 3.3.7 (a)에 있는 Euler수)라 하면 $E(r) = e^r\ (r \in \mathbb{Q})$이다.

   (d) $E(\cdot)$는 $\mathbb{R}$ 상에서 순증가(*strictly increasing*) 한다.

   (e) $\lim_{x \to -\infty} E(x) = 0$, $\lim_{x \to \infty} E(x) = \infty$이고, E의 치역은 $(0, \infty)$이다.

5. $f(x+y) = f(x)f(y)\ (x, y \in \mathbb{R})$를 만족하는 함수 f가 점 0에서 연속이고 $f \not\equiv 0$이면 f는 $\mathbb{R}$ 상에서 미분가능하고 적당한 상수 c가 존재하여 $f(x) = e^{cx}$가 됨을 보여라.

6. $\lim_{x \to \infty} \frac{x^n}{e^x} = 0\ (n \in \mathbb{N})$임을 보여라.

7. I는 0을 포함하는 $\mathbb{R}$의 어떤 구간(*interval*)이라 하자. 만약 $T'(t) = cT(t)\ (t \in I)$이면 $T(t) = T(0)e^{ct}\ (t \in I)$임을 보여라.

8. $f'(x) \geq f(x)\ (x \in \mathbb{R})$이면 어떤 상수 c가 존재하여 $f(x) \geq ce^x\ (x \in \mathbb{R})$가 성립함을 보여라.

9. $$f(x) = \begin{cases} e^{-1/x^2}, & x \neq 0 \text{일 때} \\ 0, & x = 0 \text{일 때} \end{cases}$$

   라 할 때, $f^{(n)}(0) = 0\ (n \in \mathbb{N})$임을 보여라.

10. $a_n > 0\ (n \in \mathbb{N})$이라 할 때, 다음 사실을 증명하여라.

$$a_n \to a > 0,\ x_n \to x \in \mathbb{R} \quad \Rightarrow \quad a_n^{x_n} \to a^x.$$

11. $g(xy) = g(x) + g(y)$ $\big(x, y \in (0, \infty)\big)$를 만족하는 g가 1에서 연속이고 상수함수가 아니면 g는 $(0, \infty)$ 상에서 미분가능하고 적당한 상수 $c\,(\neq 0) \in \mathbb{R}$가 존재하여 $g(x) = c \ln x$가 됨을 보여라(연습문제 5.1.6).

12. $\int_1^x \frac{1}{t}\, dt = \ln x$ $(x > 0)$임을 보여라.

13. $|x| < 1$ 일 때, 다음 함수전개를 증명하여라.

$$\ln\left(\frac{1+x}{1-x}\right) = 2\sum_{n=1}^{\infty} \frac{x^{2n-1}}{2n-1}.$$

특히, $x = 1/3$로 선택하면 $\ln 2 = 2 \sum\limits_{n=1}^{\infty} \frac{1}{3^{2n-1}(2n-1)}$ 이다(연습문제 6.1.5).

14. 모든 $n \in \mathbb{N}$에 대하여 $\lim\limits_{x\to\infty} x^{-n} \ln x = 0$임을 보여라.

15. $\lim \left(\frac{n!}{n^n}\right)^{1/n} = 1/e$임을 증명하여라.

16. $x_i > 0$ $(i = 1, 2, \ldots, n)$ 일 때 $1 + x \leq e^x$ $(x \in \mathbb{R})$ $\big($예제 5.2.13 (c)$\big)$를 이용하여 다음 부등식이 성립함을 보여라(연습문제 2.2.18 (c)).

$$\sqrt[n]{x_1 x_2 \cdots x_n} \leq \frac{x_1 + x_2 + \cdots + x_n}{n}.$$

더욱, 위의 식이 등식이 될 동치조건은 $x_1 = x_2 = \cdots = x_n$임을 보여라.

연습문제풀이 및 힌트 8.3

1. (a) $e^{\ln y} = y$ $(y > 0)$이므로 $y = a^x$ $(x \in \mathbb{R})\,(> 0)$로 취한 후 정리 8.3.4 (e)를 적용하면 곧바로

$$a^x = e^{\ln a^x} = e^{x \ln a} \qquad (x \in \mathbb{R})$$

을 얻는다. 그리고 $f(x) = x \ln a$라 두고 연쇄법칙(정리 5.1.7)을 적용하면

$$(a^x)' = (e^{f(x)})' = e^{f(x)} f'(x) = a^x \ln a$$

을 얻는다. (a)에 의하여 (b)는 자명하다.

(c) (a)에 의하여 $(a^x)' = a^x \ln a > 0$ $(a \neq 1)$이고

$$y = \log_a x \ (x > 0) \quad \Leftrightarrow \quad x = a^y \ (y \in \mathbb{R})$$

이므로 정리 5.1 11에 의하여

$$(\log_a x)' = \frac{dy}{dx} = \frac{1}{dx/dy} = \frac{1}{a^y \ln a} = \frac{1}{x \cdot \ln a}$$

이다.

2. $x \in \mathbb{R}$을 고정한 후 $a = E(x) > 0$라 하자. $\alpha \in \mathbb{R}$라 하면 유리수들의 수열 (r_n)이 존재하여 $\lim r_n = \alpha$이다. 연습문제 8.3.1 (b)에 의하여 실수의 지수함수 a^t는 연속이므로 $a^\alpha = \lim a^{r_n}$ (즉, $E(x)^\alpha = \lim E(x)^{r_n}$)이다. 정리 8.3.2의 증명을 수정하면 $E(rx) = E(x)^r$ $(r \in \mathbb{Q})$임을 증명할 수 있다. 그러므로 E의 연속성을 적용하면 곧바로 다음을 얻는다.

$$E(x)^\alpha = \lim_{n\to\infty} E(x)^{r_n} = \lim_{n\to\infty} E(r_n x) = E(\alpha x).$$

3. f와 g가 주어진 두 성질을 만족하는 함수라 할 때, $f = g$임을 보이자.

$$F(x) = f(x) - g(x) \qquad (x \in \mathbb{R})$$

라 두면 $F'(x) = F(x)$ $(x \in \mathbb{R})$이고 $F(0) = 0$가 됨을 쉽게 알 수 있다. $F' = F$이므로, 모든 $n \in \mathbb{N}$에 대하여 $F^{(n)}(x) = F(x)$ $(x \in \mathbb{R})$이다. 이제 임의로 $x \in \mathbb{R}$를 잡은 후 $F(x) = 0$임을 보이면 충분하다. I_x를 0과 x를 양 끝점으로 갖는 닫힌구간(*closed interval*)이라 하자. F가 구간 I_x에서 연속이므로 유계성정리 4.4.2에 의하여 $|F(t)| \le K$ $(t \in I_x)$를 만족하는 $K > 0$가 존재한다. 구간 I_x 상에서 F에 대한 Taylor 정리 5.4.1 $(x_0 = 0)$과 $F^{(k)}(0) = F(0) = 0$ $(k \in \mathbb{N})$을 적용하면, 각 $n \in \mathbb{N}$에 대하여

$$\begin{aligned} F(x) &= F(0) + \frac{F'(0)}{1!}x + \frac{F''(0)}{2!}x^2 + \cdots + \frac{F^n(0)}{n!}x^n + \frac{F^{(n+1)}(c_n)}{(n+1)!}x^{n+1} \\ &= \frac{F(c_n)}{(n+1)!}x^{n+1} \end{aligned}$$

를 만족하는 $c_n \in I_x$가 존재한다. 그러므로

$$|F(x)| \le \frac{K|x|^{n+1}}{(n+1)!} \qquad (n \in \mathbb{N})$$

이다. 연습문제 8.1.14 (c)에 의하여 $\lim \frac{|x|^{n+1}}{(n+1)!} = 0$이므로 $F(x) = 0$을 얻고 증명이 끝난다.

4. (a) 모순증명법으로 증명한다. 어떤 $x_0 \in \mathbb{R}$가 존재하여 $E(x_0) = 0$라 가정하자. 그리고 I_{x_0}를 0과 x_0를 양 끝점으로 갖는 닫힌구간이라 하고, 연속함수의 유계성정리 4.4.2에 의하여 $|E(t)| \le K$ $(t \in I_{x_0})$를 만족하는 $K > 0$를 선택하자. 이제 구간 I_{x_0} 상에서 E에 대한 Taylor 정리 5.4.1 $(x = 0)$와 $E^{(k)}(x_0) = 0$ $(k \in \mathbb{N})$를 적용하면, 각 $n \in \mathbb{N}$에 대하여

$$\begin{aligned} E(0) = E(x_0) &+ \frac{E'(x_0)}{1!}(-x_0) + \frac{E''(x_0)}{2!}(-x_0)^2 + \cdots + \frac{E^n(x_0)}{n!}(-x_0)^n \\ &+ \frac{E^{(n+1)}(c_n)}{(n+1)!}(-x_0)^{n+1} = \frac{E(c_n)}{(n+1)!}(-x_0)^{n+1} \end{aligned}$$

를 만족하는 $c_n \in I_{x_0}$가 존재한다. 그러므로

$$0 < 1 = E(0) = |E(0)| \leq \frac{K|x_0|^{n+1}}{(n+1)!} \qquad (n \in \mathbb{N})$$

이다. 연습문제 8.1.14 (c)에 의하여 $\lim \frac{|x_0|^{n+1}}{(n+1)!} = 0$이므로 $0 < 1 \leq 0$이라는 모순을 얻는다.

(b) $y \in \mathbb{R}$를 하나 임의로 잡은 후 고정하면 (a)에 의하여 $E(y) \neq 0$이다.

$$G(x) = \frac{E(x+y)}{E(y)} \qquad (x \in \mathbb{R})$$

로 $G : \mathbb{R} \to \mathbb{R}$를 정의하면 $G'(x) = G(x)$ $(x \in \mathbb{R})$이고 $G(0) = 1$이다. 그러므로 이러한 성질을 만족하는 함수는 유일하고 바로 E이다. 그러므로

$$E(x+y) = E(x)E(y)$$

이다. $y \in \mathbb{R}$를 임의로 선택했으므로 (b)가 성립한다.

(c) (b)로부터

$$E(nx) = E(x)^n \qquad (n \in \mathbb{N},\ x \in \mathbb{R})$$

이다. $x = 1/n$로 취하면

$$e = E(1) = E\left(n \cdot \frac{1}{n}\right) = E\left(\frac{1}{n}\right)^n$$

이므로 $E(1/n) = e^{1/n}$을 얻는다. 한편, $1 = E(0) = E(m-m) = E(m)E(-m)$이므로 $E(-m) = 1/E(m) = 1/e^m = e^{-m}$ $(m \in \mathbb{N})$이다. 그러므로

$$E(m/n) = E(\overbrace{1/n + \cdots + 1/n}^{m}) = [E(1/n)]^m = (e^{1/n})^m = e^{m/n}$$

을 얻고, 모든 $r \in \mathbb{Q}$에 대하여 $E(r) = e^r$임을 알 수 있다.

(d) 먼저 $E(0) = 1 > 0$이고 (a)에 의하여 $E(x) \neq 0$ $(x \in \mathbb{R})$임을 주목하자. $E \in C(\mathbb{R})$이므로 근의 위치정리 4.4.6 (또는 중간값정리 4.4.7)에 의하여 $E(x) > 0$ $(x \in \mathbb{R})$이다. (왜냐하면, $E(x_0) \leq 0 < E(0) = 1$라면 근의 위치정리 4.4.6에 의하여 $E(c) = 0$되는 c가 x_0와 0 사이에 존재한다. 이것은 모순이다.) 그래서 $E'(x) = E(x) > 0$ $(x \in \mathbb{R})$이다. 정리 5.2.9에 의하여 E는 $\mathbb{R}$ 상에서 순증가한다.

(e) $2 < e$이므로 $2^n < e^n = E(n)$ $(n\mathbb{N})$이고, $\lim E(n) = \infty$이다. E가 순증가하므로 $\lim_{x\to\infty} E(x) = \infty$이다. 역시, $0 < E(-n) = e^{-n} < 2^{-n}$ $(n \in \mathbb{N})$이므로 $\lim E(-n) = 0$이고, $\lim_{x\to-\infty} E(x) = 0$을 쉽게 보일 수 있다. 중간값정리 4.4.7에 의하여 E의 치역은 $(0, \infty)$임이 분명하다.

5. 가정에 의하여 $f(x) = f(x/2 + x/2) = f(x/2)^2 \geq 0$ $(x \in \mathbb{R})$임을 알 수 있다. 그리고 $f \not\equiv 0$이므로 $f(x_0) \neq 0$이 되는 $x_0 \in \mathbb{R}$가 존재한다. 그러면 $f(x_0) = f(x_0 + 0) = f(x_0)f(0)$이고 $f(0) = 1$을 얻는다. 먼저 $a = f(1) > 0$임을 보이자. 만약 $f(1) = 0$이면 $f(1) = f(1/2 + 1/2) = f(1/2)^2$이므로 $f(1/2) = 0$이다. 수학적귀납법에 의하여 $f(1/2^n) = 0$ $(n \in \mathbb{R})$임을 보일 수 있다. 이제 0에서 f의 연속성을 적용하면 $1 = f(0) = \lim f(1/2^n) = 0$이라는 모순을 낳는다. 따라서 이 모순은 $a = f(1) > 0$임을 증명한다. 또한, 주어진 가정으로부터 $f(r) = a^r$ $(r \in \mathbb{Q})$임을 알 수 있다(연습문제 8.3.4 (c)의 증명). 더욱, 연습문제 4.3.12 (c)에 의하여 f가 $\mathbb{R}$ 상에서 연속이고 연습문제 8.3.1 (b)에 의하여 a^x도 연속이므로

$$f(x) = a^x \qquad (x \in \mathbb{R}) \tag{$\clubsuit$}$$

임을 곧바로 보일 수 있다. (위의 ($\clubsuit$)으로부터 모든 $x \in \mathbb{R}$에 대하여 $f(x) > 0$임을 주목하여라.) 이제 ($\clubsuit$)을 적용하면

$$\begin{aligned} f'(0) &= \lim_{h\to 0} \frac{f(h) - f(0)}{h} = \lim_{h\to 0} \frac{f(1)^h - 1}{h} \\ &= \lim_{h\to 0} \frac{a^h - 1}{h} = \ln a \ (= c) \in \mathbb{R} \end{aligned}$$

이고, 각 $x \in \mathbb{R}$에 대하여

$$\begin{aligned} f'(x) &= \lim_{h\to 0} \frac{f(x+h) - f(x)}{h} = \lim_{h\to 0} \frac{f(x)f(h) - f(x)}{h} \\ &= \lim_{h\to 0} \frac{f(x)[f(h) - f(0)]}{h} \qquad (\because\ f(0) = 1\text{이므로}) \\ &= f(x)f'(0) = cf(x) \end{aligned}$$

이다. 그래서 f는 $\mathbb{R}$ 상에서 미분가능하다. 이제 $F(x) = f(x) - e^{cx}$ $(x \in \mathbb{R})$라 정의하면 $F'(x) = cF(x)$이고 $F(0) = 0$이다. 먼저 모든 $n \in \mathbb{N}$에 대하여 $F^{(n)}(x) = c^n F(x)$ $(x \in \mathbb{R})$임을 주목하여라. 한 점 $x \in \mathbb{R}$를 고정한 후 $F(x) = 0$임을 증명하면 충분하다. 이것의 증명은 연습문제 8.3.3의 증명과정과 매우 유사하므로 생략한다.

6. 모든 $n \in \mathbb{N}$에 대하여 $\lim\limits_{x\to\infty} x^n = \lim\limits_{x\to\infty} e^x = \infty$이고 $(e^x)' = e^x$이므로 L'Hospital 법칙(연습문제 5.3.1)을 유한번 반복적용하면 다음을 쉽게 얻는다.

$$\lim_{x\to\infty} \frac{x^n}{e^x} = \lim_{x\to\infty} \frac{n!}{e^x} = 0.$$

7. $H(t) = T(t)e^{-ct}$ $(t \in I)$라 두면 $H'(t) = 0$ $(t \in I)$이다. 정리 5.2.7에 의하여 구간 I 상에서 H는 상수함수이다. 특히, $H(0) = T(0)$이므로 $H(t) = T(0)$ $(t \in I)$이어야 한다. 그러므로 $T(t) = T(0)e^{ct}$이다.

8. $H(x) = e^{-x}f(x)$ $(x \in \mathbb{R})$라 두면 $H'(x) \geq 0$ $(x \in \mathbb{R})$이다. $c = H(0) = f(0)$로 선택하고, $G(x) = H(x) - c$ $(x \in \mathbb{R})$라 하면 $G'(x) \geq 0$이고 $G(0) = 0$이다. 평균값정리 5.2.6을 적용하면 곧바로 $G(x) \geq 0$ $(x \in \mathbb{R})$을 얻는다. 즉 $H(x) \geq c$ $(x \in \mathbb{R})$이고 이것은 $f(x) \geq ce^x$ $(x \in \mathbb{R})$와 동치이다.

9. L'Hospital 법칙을 이용하여 먼저

$$\lim_{x\to 0} \frac{f(x)}{x^k} = 0 \qquad (k \in \mathbb{N}) \qquad (\heartsuit_1)$$

임을 주목하여라. ($\because$ $k \in \mathbb{N}$를 고정하고 L'Hospital 법칙을 n번 반복적용하면 다음 식이 주어진다.

$$\begin{aligned} \lim_{x\to 0} \frac{f(x)}{x^k} &= \lim_{x\to 0} \frac{x^{-k}}{e^{1/x^k}} = \frac{k}{2} \lim_{x\to 0} \frac{x^{-k+2}}{e^{1/x^k}} && (\infty/\infty;\ \text{L'Hospital 법칙}) \\ &= \frac{k(k-2)}{2^2} \lim_{x\to 0} \frac{x^{-k+4}}{e^{1/x^k}} = \cdots\cdots && (\infty/\infty;\ \text{L'Hospital 법칙}) \\ &= \frac{k(k-2)\cdots(k-2(n-1))}{2^n} \lim_{x\to 0} \frac{x^{-k+2n}}{e^{1/x^k}}. \end{aligned}$$

특히, $n = [(k+1)/2]$ (Gauss함수; 연습문제 2.3.19)로 선택하면 $-k+2n$은 0 또는 1이다. 그러므로 위의 우변에 있는 극한은 $\lim_{x\to 0} \frac{x^{-k+2n}}{e^{1/x^k}} = 0$이 된다.) 한편, 도함수 $f^{(n)}$에 대한 미분의 계수를 줄여가기 위하여 Leibniz법칙 (연습문제 5.4.6)을 반복적용하면 모든 $n \in \mathbb{N}$, $x \neq 0$에 대하여

$$\begin{aligned} f^{(n)}(x) &= \left(\tfrac{2}{x^3} f(x)\right)^{(n-1)} - \textstyle\sum_{k=0}^{n-1} \binom{n-1}{k} f^{(n-k-1)}(x) \left(\tfrac{2}{x^3}\right)^{(k)} \\ &= \textstyle\sum_{k=0}^{n-1} \binom{n-1}{k} f^{(n-k-1)}(x) \left(\tfrac{(-1)^k (k+2)!}{x^{k+3}}\right) \qquad (\heartsuit_2) \\ &= f(x) \left(\tfrac{2^n}{x^{3n}} - \cdots + (-1)^{n-1} \tfrac{(n+1)!}{x^{n+2}}\right) \end{aligned}$$

가 됨을 주목하여라. 이제 수학적 귀납법으로 $f^{(n)}(0) = 0$임을 보이자. $(\heartsuit_1)$에서 $k = 1$로 택하면 $f'(0) = 0$은 분명하다. 이제 $f^{(k)}(0) = 0$라 가정할 때, $f^{(k+1)}(0) = 0$임을 보이자. $(\heartsuit_2)$와 $(\heartsuit_1)$을 차례로 적용하면

$$\begin{aligned} f^{(k+1)}(0) &= \lim_{x\to 0} \frac{f^{(k)}(x) - f^{(k)}(0)}{x} = \lim_{x\to 0} \frac{f^{(k)}(x)}{x} \\ &= \lim_{x\to 0} \left(2^k \frac{f(x)}{x^{3k+1}} - \cdots + (-1)^{k-1}(k+1)! \frac{f(x)}{x^{k+3}}\right) = 0 \end{aligned}$$

이다. 그러므로 쉬학적귀납법에 의하여 모든 $n \in \mathbb{N}$에 대하여 $f^{(n)}(0) = 0$이다.

10. 연습문제 8.3.1 (a)에 의하여 $a_n^{x_n} = e^{x_n \ln a_n}$이다. 먼저 수열에 대한 극한정리 3.2.2 (b)와 ln의 연속성에 의하여 $c_n = x_n \ln a_n \to x \ln a$이다. 이제 지수함수 e^x의 연속성을 적용하면 $a_n^{x_n} = e^{c_n} \to e^{x \ln a} = a^x$를 얻는다.

11. 주어진 관계식으로부터 $g(1) = 0$과 $g(x^r) = rg(x)$ $(x > 0, r \in \mathbb{Q})$임을 쉽게 알 수 있다. 더욱, 연습문제 8.3.1 (a)와 g의 연속성 (연습문제 5.1.6 (b))을 적용하면

$$g(x^y) = yg(x) \qquad (x > 0,\ y \in \mathbb{R}) \qquad (\diamondsuit)$$

임을 쉽게 보일 수 있다. 더욱,

$$g(x/y) = g(x) + g(1/y) = g(x) + g(y^{-1}) = g(x) - g(y) \qquad (x, y > 0)$$

이다. 이제 $g(e) \neq 0$임을 보이자. 만약 $g(e) = 0$이면 $(\diamondsuit)$로부터

$$g(e^x) = xg(e) = 0 \qquad (x \in \mathbb{R})$$

이므로 $g \equiv 0$이다. 이것은 g가 상수함수가 아니라는 사실에 모순이다. 그러므로 $g(e) \neq 0$이다. 또한, $\lim_{h\to 0}(1+h)^{1/h} = e$이므로

$$\begin{aligned} g'(1) &= \lim_{h\to 0}\frac{g(1+h)-g(1)}{h} = \lim_{h\to 0}\frac{1}{h}g(1+h) \qquad (\because\ g(1) = 0\text{이므로}) \\ &= \lim_{h\to 0} g\Big((1+h)^{1/h}\Big) \qquad (\because\ (\diamondsuit)\text{로부터}) \\ &= g\Big(\lim_{h\to 0}(1+h)^{1/h}\Big) = g(e) \in \mathbb{R} \qquad (\because\ g\text{의 연속성}) \end{aligned}$$

이고, 모든 $x > 0$에 대하여

$$\begin{aligned} g'(x) &= \lim_{h\to 0}\frac{g(x+h)-g(x)}{h} = \lim_{h\to 0}\frac{g\left(\frac{x+h}{x}\right)}{h} \\ &= \lim_{h\to 0}\frac{g\left(1+\frac{h}{x}\right)-g(1)}{h} \qquad (\because\ g(1) = 0\text{이므로}) \\ &= \lim_{t\to 0}\frac{g(1+t)-g(1)}{xt} \qquad \left(t = \tfrac{h}{x}\right) \\ &= \frac{1}{x}g'(1) = c\frac{1}{x} \qquad (c = g'(1) = g(e) \neq 0) \end{aligned}$$

이다. 그러므로 g는 $(0, \infty)$ 상에서 미분가능하다. 끝으로 $g(x) = c\ln x$ $(x > 0)$임을 보이기 위하여 $G(x) = g(x) - c\ln x$ $(x > 0)$라 정의하면 $G'(x) = 0$ $(x > 0)$이다. 그러므로 G는 상수함수이다 (정리 5.2.7). 한편 $G(1) = g(1) - c\ln 1 = 0$이므로 $G \equiv 0$이다. 즉, $g(x) = c\ln x$ $(x > 0)$이다.

12. $F(x) = \int_1^x \frac{1}{t}\,dt - \ln x$ $(x > 0)$라 두면 $F'(x) = 0$ $(x > 0)$이고 $F(1) = 0$이다. 그러므로 정리 5.2.7에 의하여 $F(x) = F(1) = 0$ $(x > 0)$이다.

13. 먼저 $|x| < 1$일 때, 다음 두 함수전개를 먼저 밝혀보자.

$$\ln(1+x) = \sum_{n=1}^{\infty}\frac{(-1)^{n+1}x^n}{n}, \qquad \ln(1-x) = -\sum_{n=1}^{\infty}\frac{x^n}{n}$$

$f(x) = \ln(1+x)$, $g(x) = \ln(1-x)$라 두면, 모든 $n \in \mathbb{N}$과 $|x| < 1$에 대하여

$$f^{(n)}(x) = \frac{(-1)^{n+1}(n-1)!}{(1+x)^n}, \qquad g^{(n)}(x) = \frac{(n-1)!}{(1-x)^n}$$

임을 주목하자. 이제 I_x를 0과 x를 양끝점으로 갖는 닫힌구간이라 하자. 먼저 $f(x)$에 대한 Maclaurin급수전개를 구하면

$$f(x) = f(0) + \frac{f'(0)}{1!}x + \frac{f''(0)}{2!}x^2 + \cdots + \frac{f^{(n)}(0)}{n!}x^n + R_n(x)$$

이다. 여기서 $R_n(x) = \frac{f^{n+1)}(c)}{(n+1)!} \cdot x^{n+1}$ $(c \in I_x^\circ)$이다. 분명히

$$|R_n(x)| = \frac{1}{n+1} \cdot \left|\frac{x}{1+c}\right|^{n+1} \to 0 \qquad (n \to \infty)$$

이 됨을 보일 수 있다. (왜냐하면, $0 < x < 1$이면 분명하다. 만약 $-1 < x < 0$이면 $x < c < 0$이므로 $\frac{x}{1+x} < \frac{x}{1+c} < x < 0$이다. 그러므로

$$x^n < \left(\frac{x}{1+c}\right)^n < \left(\frac{x}{1+x}\right)^n \qquad (n\text{이 짝수})$$
$$\left(\frac{x}{1+x}\right)^n < \left(\frac{x}{1+c}\right)^n < x^n \qquad (n\text{이 홀수})$$

이고, 수열에 대한 조임정리 3.2.4에 위하여 $\lim \left(\frac{x}{1+c}\right)^n = 0$이다. 그러므로 $R_n(x) \to 0$이다.) 모든 $n \in \mathbb{N}$에 대하여 $f^{(n)}(0) = (-1)^{n+1}(n-1)!$이므로

$$f(x) = \ln(1+x) = \sum_{n=1}^{\infty} \frac{(-1)^{n+1}x^n}{n}$$

을 얻는다. 유사하게 $g(x) = \ln(1-x) = \sum\limits_{n=1}^{\infty} \frac{x^n}{n}$임을 보일 수 있다. (이것의 증명은 독자에게 남겨둔다.) 끝으로 정리 7.1.3을 적용하면 곧바로 다음을 얻는다.

$$\begin{aligned}\ln\left(\frac{1+x}{1-x}\right) &= \ln(1+x) - \ln(1-x) \\ &= \sum_{n=1}^{\infty} \frac{(-1)^{n+1}x^n}{n} - \sum_{n=1}^{\infty} \frac{x^n}{n} \\ &= \sum_{n=1}^{\infty} \left[\frac{(-1)^{n+1}x^n}{n} - \frac{x^n}{n}\right] = 2\sum_{n=1}^{\infty} \frac{x^{2n-1}}{2n-1}.\end{aligned}$$

14. $\lim\limits_{x\to\infty} \ln x = \infty = \lim\limits_{x\to\infty} x^n$이므로 L'Hospital 법칙(연습문제 5.3.1)을 적용하여라.

15. 먼저 모든 $n \in \mathbb{N}$에 대하여 다음을 주목하여라.

$$\ln\left(\frac{n!}{n^n}\right)^{1/n} = \frac{1}{n}(\ln n! - n\ln n) = \frac{1}{n}\sum_{k=1}^{n}(\ln k - \ln n) = \frac{1}{n}\sum_{k=1}^{n}\ln\left(\frac{k}{n}\right).$$

이제 $n \to \infty$로 취하면 연습문제 6.1.11과 연습문제 6.4.1에 의하여 마지막 항은 $\int_0^1 \ln x\,dx$로 수렴한다. 즉,

$$\begin{aligned}\int_0^1 \ln x\,dx &= \lim_{c\to 0+}\int_c^1 \ln x\,dx = \lim_{c\to 0+}\left([x\ln x]_{x=c}^1 - \int_c^1 dx\right)\\ &= \lim_{c\to 0+}(-c\ln c - 1 + c) = -1\end{aligned}$$

을 얻는다. (위의 마지막 등식은 $\lim_{x\to 0+} x\ln x = 0$ (예제 5.3.8 (b)의 증명과정)을 이용하였다.)

16. $A = (x_1 + \cdots + x_n)/n$은 $x_1, \ldots, x_n$의 산술평균이다. $t_k = \frac{x_k}{A} - 1$ $(k = 1, 2, \ldots, n)$라 두면

$$t_1 + \cdots + t_n = \left(\frac{x_1 + \cdots + x_n}{A}\right) - n = \frac{nA}{A} - n = 0$$

이고, 주어진 부등식에 의하여 $1 + t_k \le e^{t_k}$ $(k = 1, 2, \ldots, n)$이므로

$$\begin{aligned}\frac{x_1 \cdots x_n}{A^n} &= \frac{x_1}{A}\cdots\frac{x_n}{A} = (1 + t_1)\cdots(1 + t_n)\\ &\le e^{t_1}\cdots e^{t_n} = e^{t_1 + \cdots + t_n} = e^0 = 1\end{aligned}$$

을 얻는다. 즉, $(x_1 \cdots x_n)^{1/n} \le A$이다. 마지막으로 주어진 식이 등식이 될 동치조건을 증명한다. (⇒) 예제 5.2.13 (c)에서

$$1 + x = e^x \quad \Leftrightarrow \quad x = 0$$

이므로 위의 부등식이 $(x_1 \cdots x_n)^{1/n} = A$이기 위해서는 $t_k = 0$ $(k = 1, 2, \ldots, n)$이다. 즉, $x_k = A$ $(i = 1, 2, \ldots, n)$이다. (⇐)은 분명하다.

8.4 Weierstrass 근사정리

모든 다항함수(연습문제 2.2.7)

$$P(x) = a_n x^n + a_{n-1}x^{n-1} + \cdots + a_1 x + a_0 \qquad (x \in \mathbb{R})$$

는 연속이다. 특히, 구간 $[a, b]$ 상에서도 연속이다. Weierstrass(1815-1897)는 $\mathcal{C}[a, b]$안에 있는 모든 함수는 다항함수들로 균등하게 근사시킬 수 있음을 보였다. 이 결과를 **Weierstrass 근사정리**(*Weierstrass approximation theorem*)라 한다.

정리 8.4.1 (⋆Weierstrass 근사정리⋆)

$I = [a, b]$, $f \in \mathcal{C}(I)$라 하면, 임의의 $\epsilon > 0$에 대하여

$$|P_\epsilon(x) - f(x)| < \epsilon \qquad (x \in I) \quad (\Leftrightarrow \quad \|P_\epsilon - f\| < \epsilon) \tag{8.6}$$

을 만족하는 다항함수 P_ϵ가 존재한다.

[주의] (8.6)은 $f \in \mathcal{C}(I)$에 대하여 $P_n \overset{I}{\rightrightarrows} f$ 되는 다항함수들의 수열 (P_n)이 존재한다는 것이다.

보조정리 8.4.2 $f \in \mathcal{C}[0, 1]$에 대하여 정리 8.4.1을 증명하면 충분하다.

다음 정리의 증명을 위하여 Serge Bernstein은 다음 다항식을 생각하였다. $f \in \mathcal{C}[0, 1]$에 대하여

$$B_n(x) = \sum_{k=0}^{n} \binom{n}{k} x^k (1-x)^{n-k} f\left(\frac{k}{n}\right) \qquad (x \in [0, 1];\ n \in \mathbb{N})$$

라 하자, 여기서

$$\binom{n}{k} = \frac{n!}{k!(n-k)!}$$

이다. 다항함수 B_n을 n차의 **Bernstein 다항식**이라 한다.

정리 8.4.3 (Bernstein 근사정리) $f \in \mathcal{C}[0, 1]$라 하면, $B_n \overset{[0,1]}{\rightrightarrows} f$되는 Bernstein 다항식들의 수열 (B_n)이 존재한다, i.e., 임의의 $\epsilon > 0$에 대하여

$$\|f - B_n\| < \epsilon \qquad (n \geq K)$$

를 만족하는 $K \in \mathbb{N}$가 존재한다.

연 습 문 제 8.4

1. $f \in \mathcal{C}[a, b]$이고 만약

$$\int_a^b x^n f(x) = 0 \quad (n = 0, 1, 2, \ldots)$$

이면 $f(x) = 0$ $(x \in [a, b])$임을 보여라(연습문제 6.2.11).

2. $f \in \mathcal{C}[-1,1]$는 우함수($f(-x) = f(x)$)이고 더욱

$$\int_{-1}^{1} x^{2n} f(x)\,dx = 0 \quad (n = 0, 1, 2, \ldots)$$

를 만족하면 $f \equiv 0$임을 보여라.

3. f가 $\mathbb{R}$ 상에서 연속이면 $\mathbb{R}$의 각 유계인 부분집합 상에서 f에 균등수렴하는 다항식들의 수열 (P_n)이 존재함을 보여라.

4. $f(x) = \sin x$ (또는 e^x)이면 $\mathbb{R}$ 상에서 f에 균등수렴하는 다항식들의 수열은 존재하지 않음을 보여라.

5. $f(x) = x$ (또는 x^2)에 대한 n차의 Bernstein 다항식을 계산하여라.

6. $I = [a, b]$, $f \in \mathcal{C}(I)$이라 할 때, $P_n \overset{I}{\rightrightarrows} f$와 $P_n(a) = f(a)$ $(n \in \mathbb{N})$를 만족하는 다항식들의 수열 (P_n)이 존재함을 보여라.

7. $a, b \in \mathbb{R}$라 하고, 모든 정수 $n \geq 0$에 대하여 $\int_0^1 x^n P(x)\,dx = \frac{a}{n+3} + \frac{b}{n+3}$를 만족하는 다항식 $P(x)$를 구하여라.

연습문제풀이 및 힌트 8.4

1. $I = [a, b]$라 하면, $f \in \mathcal{C}(I)$이므로 Weierstrass 근사정리 8.4.1을 뒤따르는 주의로부터 $P_n \overset{I}{\rightrightarrows} f$ 인 다항식들의 수열 (P_n)이 존재한다. 적분의 선형성 7.2.1과 가정에 의하여

$$\int_a^b P_n(x) f(x)\,dx = 0$$

을 얻는다. 연습문제 8.1.11에 의하여 $P_n f \overset{I}{\rightrightarrows} f^2$ 이므로, 정리 8.2.1에 의하여

$$\int_a^b f^2(x)\,dx = \lim_{n\to\infty} \int_a^b P_n(x) f(x)\,dx = 0$$

을 얻는다. 연습문제 6.2.8에 의하여 $f \equiv 0$이다.

2. $I = [-1, 1]$라 하면, $f \in \mathcal{C}(I)$이므로 Weierstrass 근사정리 8.4.1을 뒤따르는 주의로부터 $P_n \overset{I}{\rightrightarrows} f$ 인 다항식들의 수열 (P_n)이 존재한다. 각 $x \in I$에 대하여

$$P_n(x) = a_n x^n + a_{n-1} x^{n-1} + \cdots + a_1 x + a_0$$

라 두자. 그러면 f가 우함수이므로

$$\int_{-1}^{1} x^{2k+1} f(x)\,dx = 0 \quad (k = 0, 1, 2, \ldots) \qquad (\spadesuit)$$

이다. 이제 정리 7.2.1 (적분의 선형성)을 이용한 후 (♠)과 주어진 가정을 적용하면 곧 바로

$$\int_{-1}^{1} P_n(x)f(x)\,dx = 0$$

을 얻는다. 나머지 증명은 연습문제 8.4.1과 동일하다.

3. 각 $n \in \mathbb{N}$에 대하여 유계인 구간 $[-n, n]$을 생각하자. $f \in \mathcal{C}[-n, n]$이므로 Weierstrass 근사정리 8.4.1을 뒤따르는 주의로부터

$$|P_n(x) - f(x)| < 1/n \quad (x \in [-n, n])$$

를 만족하는 다항식 P_n가 존재한다.

4. (a) 모순증명을 하자. 먼저 $f(x) = \sin x$라 할 때, P_n이 다항식이고 $P_n \rightrightarrows f$라 가정하면

(♣) $$|P_n(x) - \sin x| < 1 \quad (x \in \mathbb{R},\ n \geq K)$$

를 만족하는 $K \in \mathbb{N}$가 존재한다. 특히, $|P_K(x) - \sin x| < 1$ $(x \in \mathbb{R})$이므로 다항식 P_K는 상수함수가 될 수 없다. ($\because$ $P_K \equiv k$라 하면 $k-1 < \sin x < k+1$ $(x \in \mathbb{R})$이다. 만약 $k > 0$이면 $k-1 > -1$이고 $k-1 > \alpha > -1$을 만족하는 $\alpha \in \mathbb{R}$를 선택하면 sin함수에 대하여 중간값정리 4.4.7을 적용하면 $\sin c = \alpha$를 만족하는 $c \in \mathbb{R}$가 존재한다. 즉 $k-1 < \sin c = \alpha < k-1$, 이것은 모순이다. $k < 0$인 경우에도 유사한 방법으로 모순을 낳는다.) P_K가 상수함수가 아닌 다항식이면 P_K는 $\mathbb{R}$ 상에서 유계가 아니다. sin함수는 유계이므로 $p_K - \sin$는 유계가 될 수 없다. 이것은 (♣)에 모순이다.

(b) $f(x) = e^x$라 하고, $|e^x - \sum_{k=0}^{n-1} a_k x^k| < 1$ $(x \in \mathbb{R})$라 가정하자. $x > 0$에 대하여

$$e^x - \sum_{k=0}^{n-1} a_k x^k \geq \frac{1}{n!}x^n - \sum_{k=0}^{n-1} |a_k| x^k$$

이 성립한다. 충분히 큰 x에 대하여 우변은 항상 1보다 크게 할 수 있음을 보여라.

5. $B_n(x) = x, \quad B_n(x) = x^2\left(1 - \frac{1}{n}\right) + \frac{x}{n}$

6. Weierstrass 근사정리 8.4.1에 의하여 $Q_n \overset{I}{\rightrightarrows} f$인 다항식들의 수열 (Q_n)이 존재한다. $P_n(x) = Q_n(x) - Q_n(a) + f(a)$라 두면 증명이 끝난다(왜?).

7. 먼저 $\int_0^1 x^{n+p} dx - \frac{1}{n+p+1}$ $(p \neq -n-1)$임을 주목하여라. 이것으로부터 $\frac{a}{n+3} + \frac{b}{n+1} = \int_0^1 (ax^{n+2} + bx^n)dx$이다. 이제 주어진 식은

$$\int_0^1 x^n[P(x) - (ax^2 + b)]\,dx = 0 \qquad (n = 0, 1, 2, \ldots)$$

로 나타낼 수 있다. $f(x) := P(x) - (ax^2 + b)$ $(x \in [0,1])$라 두면 $f \in \mathcal{C}[0,1]$이므로 연습문제 8.4.1로부터 곧바로 $P(x) = ax^2 + b$이다.

참고문헌

1. Charalambos D. Aliprantis & Owen Burkinshaw, *Principles of Real Analysis*, 2nd edition, Academic Press, Inc., 1990.
2. Robert G. Bartle & Donald R. Sherbert, *Introduction to Real Analysis*, 2nd edition, John Wiley & Sons, Inc., New York, 1992; 3rd edition (2000).
3. Sterling K. Berberian, *A First Course in Real Analysis*, Springer-Verlag, New York, Inc., 1997.
4. John P. Dángelo & Douglas B. West, *Mathematical Thinking*, 2nd edition, Prentice-Hall, Inc., 2000.
5. Heinrich Dörrie, *100 Great Problems of Elementary Mathematics –THEIR HISTORY AND SOLUTION*, New York Dover Publications, Inc., 1965.
6. Howard Eves, *AN INTRODUCTION TO THE HISTORY OF MATHEMATICS*, fifth edition, The Saunders Series, CBS College Publishing, New York-Philadelphia, 1983.
7. Richard R. Coldberg, *METHODS OF REAL ANALYSIS*, 2nd edition, John Wiley and Sons, Inc., New York, 1975.
8. Edwin Hewitt, *Real and Abstract Analysis*:a modern treatment of the theory of functions of a real variable, Springer-Verlag, Inc., 1967.
9. R. Johnsombaugh and W. E. Pfaffenberger, *Foundation of Mathematical Analysis*, Marcel Dekker, Inc., New York, 1981.
10. Gabriel Klambauer, *Mathematical Analysis*, Marcel-Dekker, Inc., New York, 1977.
11. Erwin Kreyszig, *Introductory Functional Analysis with Applications*, John Wiley & Sons, Inc., New York, 1978.
12. Charles C. Pinter, *Set Theory*, Addison-Wesley Publishing Company, Inc., 1971.
13. Kenneth A. Ross, *Elementary Analysis*: The Set Theory of Calculus, Springer-Verlag New York Inc., 1980.

14. Walter Rudin, *Principles of Mathematical Analysis*, 3rd edition, McGraw-Hill, Inc., 1975.

15. Robert S. Strichartz, *The Way of Analysis*, Jones and Bartlett Publishers, Inc., New York, 1999.

16. Jan van Tiel, *Convex Analysis*-An Introductory Text, John Wiley & Sons, Inc., New York, 1987.

17. William F. Trench, *Introduction to Real Analysis*, online book, 2003; Free Edition 1, 2009.

18. Alan Tucker, *Applied Combinatorics*, 3rd edition, John Wiley & Sons, Inc., New York, 1977.

19. William R. Wade, *AN INTRODUCTION TO ANALYSIS*, International editions, Prentice-Hall, Inc., Englewood Cliffs, New Jersey, 1995

찾아보기

김 태 화(金泰和)

경북대학교 수학과 졸업
동대학원 석 · 박사과정 졸업
아이오와대학 방문교수
현재 부경대학교 교수

〈저서〉
(웃으면서 배우는) 해석학 입문
(수리과학적으로 바라보는) 이상의 줌과 이미지
(Mathematical Thinking을 키우는) 해석학 입문 연습문제 탐구

[제3판]
Mathematical Thinking을 키우는 해석학 입문
연습문제 탐구

2001년 3월 2일 초 판 발행
2023년 11월 30일 제3판 2쇄 발행

저 자 / 김태화
발행자 / 오판근
발행처 / 교우사

주 소 / 서울 동대문구 제기2동 148-19
전 화 / 925-2861(代), 편집부 / 925-2825
팩 스 / 925-2860

E-mail / kyowoo@kyowoo.co.kr
http://www.kyowoo.co.kr

등록 / 1994. 3. 24 제6-0256호

ISBN 978-89-8172-284-5 (93410)

값 28,000 원